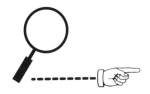

U0390132

本书由科技部"国家标本资源共享平台"和中国植物园联盟"本土植物全覆盖保护计划"项目资助。

丛 书 主 编：马克平

丛 书 编 委：曹　伟　陈　彬　冯虎元　郎楷永

　　　　　　李振宇　彭　华　覃海宁　田兴军

　　　　　　邢福武　严岳鸿　杨亲二　应俊生

　　　　　　于　丹　张宪春

本 册 主 编：刘　冰　林秦文　李　敏

参 与 编 写 人 员：刘　夙　汪　远　王钧杰

　　　　　　　　杨　南　闫　璐　朱仁斌

本 册 审 稿：刘全儒　张志翔

技 术 指 导：刘　冰　陈　彬

特 约 编 辑：刘建梅

封 面 主 图：孙　利

审 图 号：GS（2012）581

FIELD GUIDE TO
WILD PLANTS OF CHINA

中国常见植物
野外识别手册

Beijing
北京册

商务印书馆
创于1897
The Commercial Press

图书在版编目(CIP)数据

中国常见植物野外识别手册.北京册/马克平主编；刘冰,林秦文,李敏本册主编.—北京:商务印书馆,2018(2023.9重印)

ISBN 978 - 7 - 100 - 15980 - 7

Ⅰ.①中… Ⅱ.①马…②刘…③林…④李… Ⅲ.①植物—识别—中国—手册②植物—识别—北京—手册 Ⅳ.①Q949 - 62

中国版本图书馆 CIP 数据核字(2018)第 053660 号

中国常见植物野外识别手册
北京册
马克平 主编
刘冰 林秦文 李敏 本册主编

商 务 印 书 馆 出 版
(北京王府井大街36号 邮政编码100710)
商 务 印 书 馆 发 行
南京爱德印刷有限公司印刷
ISBN 978 - 7 - 100 - 15980 - 7

2018 年 4 月第 1 版　　　　开本 787×1092　1/32
2023 年 9 月第 7 次印刷　　　印张 18⅜

定价:78.00 元

序 Foreword

　　历经四代人之不懈努力，浸汇三百余位学者毕生心血，述及植物三万余种，卷及126册的巨著《中国植物志》已落笔告罄。然当今已不是"腹中贮书一万卷，不肯低头在草莽"的时代，如何将中国植物学的知识普及芸芸众生，如何用中国植物学知识造福社会民众，如何保护当前环境中岌岌可危的濒危物种，将是后《中国植物志》时代的一项伟大工程。念及国人每每旅及欧美，常携一图文并茂的 *Field Guide*（《野外工作手册》），甚是方便；而国人及外宾畅游华夏，却只能搬一块大部头的*Flora*（《植物志》），实乃吾辈之遗憾。由中国科学院植物研究所马克平所长主持编撰的这套《中国常见植物野外识别手册》丛书的问世，当是填补空白之举，令人眼前一亮，颇觉欢喜，欣然为序。

　　丛书的作者主要是全国各地中青年植物分类学骨干，既受过系统的专业训练，又熟悉当下的新技术和时尚。由他们编写的植物识别手册已兼具严谨和活泼的特色，再经过植物分类学专家的审订，益添其精准之长。这套丛书可与《中国植物志》《中国高等植物图鉴》《中国高等植物》等学术专著相得益彰，满足普通植物学爱好者及植物学研究专家不同层次的需求。更可喜的是，这种老中青三代植物学家精诚合作的工作方式，亦让我辈看到了中国植物学发展新的希望。

　　"一花独放不是春，百花齐放春满园。"相信本系列丛书的出版，定能唤起更多的植物分类学工作者对科学传播、环保宣传事业的关注；能够指导民众遍地识花，感受植物世界之魅力独具。

　　谨此为序，祝其有成。

王文采

2009年3月31日

前言 Preface

　　自然界丰富多彩，充满神奇。植物如同一个个可爱的精灵，遍布世界的各个角落：或在茫茫的戈壁滩上，或在漫漫的海岸线边，或在高高的山峰，或在深深的峡谷，或形成广袤的草地，或构筑茂密的丛林。这些精灵们一天到晚忙碌着，成全了世界的五彩缤纷，也为人类制造赖以生存的氧气并满足人们衣食住行中方方面面的需求。中国是世界上植物种类最多的国家之一，全世界已知的30余万种高等植物中，中国的高等植物超过3万种。当前，随着人类经济社会的发展，人与环境的矛盾日益突出：一方面，人类社会在不断地向植物世界索要更多的资源并破坏其栖息环境，致使许多植物濒临灭绝；另一方面，又希望植物资源能可持续地长久利用，有更多的森林和绿地能为人类提供良好的居住环境和新鲜的空气。

　　如何让更多的人认识、了解和分享植物世界的妙趣，从而激发他们合理利用和有效保护植物的热情？近年来，在科技部和中国科学院的支持下，我们组织全国20多家标本馆建设了中国数字植物标本馆（Chinese Virtual Herbarium，CVH）、中国自然植物标本馆（Chinese Field Herbarium，CFH）等植物信息共享平台，收集整理了包括超过10万张经过专家鉴定的植物彩色照片和近20套植物志书的数字化植物资料并实现了网络共享。这个平台虽然给植物学研究者和爱好者提供了方便，却无法顾及野外考察、实习和旅游的便利性和实用性，可谓美中不足。这次我们邀请全国各地植物的分类学专家，特别是青年学者编撰一套常见野生植物识别手册的口袋书，每册包括具有区系代表性的地区、生境或类群中的500～700种常见植物，是这方面的一次尝试。

　　记得1994年我第一次去美国时见到*Peterson Field Guide*（《野外工作手册》），立刻被这种小巧玲珑且图文并茂的形式所吸引。近年来，一直想组织编写一套适于植物分类爱好者、初学者的口袋书。《中国植物志》等志书专业性非常强，《中国高等植物图鉴》等虽然有大量的图版，但仍然很专业。而且这些专业书籍都是多卷册的大部头，不适于非专业人士使用。有鉴于此，我们力求做一套专业性的科普丛书。专业性主要体现在丛书的文字、内容、照片的科学性，要求作者是专业人员，且内容经过权威性专家审定；普及性即考虑到爱好者的接受能力，注意文字内容的通俗性，以精彩的照片"图说"为主。由此，丛书的编排方式摒弃了传统的学院式排列及检索方式，采用人们易于接受的形式，诸如：按照植物的生活型、叶形叶序、花色等植物性状进行分类；在选择地区或生境类型时，除考虑区系代表性外，还特别重视游人多的自然景点或学生野外实习基地。植物收录范围主要包括某一地区或生境常见的、重要或有特色的野生植物种类。植物中文名主要参考《中国植物志》；拉丁学名以"中国生物物种名录"(http://base.sp2000.cn/colchina_c13/search.php)为主要依据；英文名主要参考美国农业部网站(http://www.usda.gov)和《新编拉汉英种子植物名称》。同时，为了方便外国朋友学习中文名称的发音，特别标注了汉语拼音。

本丛书自2007年初开始筹划，2009年和2013年在高等教育出版社出版了山东册和古田山册，受到读者的好评。2013年9月与商务印书馆教科文中心主任刘雁等协商，达成共识，决定改由商务印书馆出版，并承担出版费用。欣喜之际，特别感谢王文采院士欣然作序热情推荐本丛书；感谢各位编委对于丛书整体框架的把握；感谢各分册作者辛苦的野外考察和通宵达旦的案头工作；感谢刘冰协助我完成书稿质量把关和图片排版等重要而烦琐的工作；感谢严岳鸿、陈彬、刘夙、李敏和孙英宝等诸位年轻朋友的热情和奉献。同时也非常感谢科技部平台项目的资助；感谢普兰塔论坛(http://www.planta.cn)的"塔友"为本书的编写提出的宝贵意见，感谢读者通过亚马逊(http://www.amazon.cn)和豆瓣读书(http://book.douban.com)等对本书的充分肯定和改进建议。

尽管因时间仓促，疏漏之处在所难免，但我们还是衷心希望本丛书的出版能够推动中国植物科学知识的普及，让人们能够更好地认识、利用和保护祖国大地上的一草一木。

马克平
于北京香山
2014年9月2日

本册简介 Introduction to this book

读者朋友，您也许是喜欢户外运动和野外观花的驴友，也许是植物分类学的爱好者，也许是需要进行样方调查的生态学工作者，总之，只要您需要在野外识别植物，本书就会成为您的好帮手。书中介绍了北京地区常见植物127科565属1221种（含5亚种，9变种，1变型，1品种），占北京维管植物总数的3/4以上，植物种类选择除考虑常见之外，还收录了一些具有本区特色的植物。此外，由于植物区系的相似性，本书也可为您在华北地区（山西、河北、内蒙古东南部、河南、山东）野外识别植物提供参考。

北京是中国首都，位于华北平原北端，面积约1.64万平方公里，经2015年行政区划调整之后，共辖16个区。北京地势由西北向东南倾斜，西部山区为西山，属太行山脉，主要在房山和门头沟境内，与河北交界的东灵山为北京最高峰；北部山区为军都山，属燕山山脉，主要在延庆、怀柔、密云、平谷境内，与河北交界的高山有海坨山、雾灵山；两条山脉在昌平交会，山区约占全市面积的3/5，也是野生植物种类主要分布的地区；东南部为地势平缓的北京平原，包括城区的东城、西城、朝阳、海淀、石景山、丰台，及近郊的顺义、通州、大兴，海拔多在60米以下，主要为农田和城镇。

北京野生维管植物约有139科657属1582种，其中80%以上的植物种类分布于西部和北部山区，15%的种类分布于各区的平原地带。北京平原地区的植物多为路旁、荒地、农田的杂草，或人工栽培的庭院、公园花卉及行道树，在河滩、池塘可见到一些水生、湿生或耐盐碱植物；海拔700米以下的低山区阳坡主要为山桃山杏林、人工侧柏林、荆棘灌丛、绣线菊灌丛、杂灌草丛，阴坡为杂木林或人工油松林，沟谷常为杨柳林；海拔700~1500米的山坡主要为油松和华北落叶松的人工林、栎林或针阔叶混交林，山脊常为以胡枝子、鼠李、绣线菊为主的低矮灌丛，沟谷则为胡桃楸、杨属、桦木属、榆属占优势的杂木林，藤本植物也较为发达；海拔1500米以上为蒙古栎林、华北落叶松林、桦木林，林下草本植物种类较为丰富；百花山、东灵山、海坨山、雾灵山在海拔1900米以上的阳坡、山顶或鞍部常形成亚高山草甸，有极为丰富的草本植物和少数灌木，阴坡则为以华北落叶松、桦木为主的亚高山森林，林下植物也很丰富。

下页地图标示出了在北京观赏野生植物的主要分布点：

❶ 百花山：位于房山、门头沟、河北涞水交界处，属百花山国家级自然保护区，主峰位于东北方向，海拔1991米，向西南方向为白草畔，最高峰海拔2043米。

❷ 东灵山：位于门头沟与河北涿鹿交界处，海拔2303米，为北京最高峰，东坡北京境内为自然风景区，西坡河北境内属小五台山国家级自然保护区。

❸ 海坨山：又名海陀山，位于延庆与河北赤城交界处，主峰海拔2241米，南坡北京境内属松山国家级自然保护区，北坡河北境内属

4

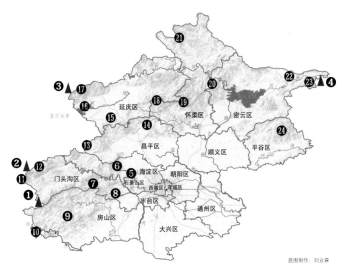

底图制作：刘业森

大海陀国家级自然保护区。

④ 雾灵山：位于密云与河北兴隆交界处，主峰海拔2118米，属雾灵山国家级自然保护区。

⑤ 小西山：地跨海淀、石景山、门头沟三区，山脉呈十字形，西至三家店水库，北达温泉，中部有香山、植物园樱桃沟，东到百望山，南至八大处。

⑥ 金山：地跨海淀、门头沟、昌平三区，山脊和西坡为妙峰山，主峰海拔1291米，南坡为鹫峰，东坡为阳台山，沿山脊向北可达凤凰岭和后花园景区。

⑦ 九龙山：位于门头沟王平镇东南，有京西古道穿越其中，北面为石古岩村和韭园村、南面为圈门，向西至瓜草地，向东到三家店水库。

⑧ 潭柘寺：位于门头沟东南部，向东与丰台交界处有千灵山、戒台寺。

⑨ 上方山：位于房山中部，北面为周口店坡峰岭。

⑩ 十渡：位于房山西南部，拒马河穿流而过，自东向西从一渡至十八渡，西端与河北涞水野三坡相邻，北面蒲洼乡境内有蒲洼市级自然保护区。

⑪ 小龙门：位于门头沟西部，东灵山南坡，为高校学生野外实习基地。

⑫ 黄草梁：位于东灵山东部，主峰海拔1773米，向西可达灵山，东南部山脚下为柏峪村和爨底下村，南部为龙门涧。

⑬ 高楼峰：昌平最高峰，海拔1439米，位于昌平西部与河北交界处，有多处野长城，峰顶为黄花坡，西面为长峪城，南面为老峪沟，东面为白羊沟。

5

⑭ 十三陵：位于昌平北部，东有十三陵水库和蟒山，西有碓白峪、双龙山和虎峪。

⑮ 八达岭：位于延庆南部，有八达岭、水关长城、居庸关及其他野长城。

⑯ 野鸭湖：位于延庆西部，南为康西草原，向西下游为官厅水库，均为湿生植被。

⑰ 玉渡山：位于延庆西北部，松山东面，东南为龙庆峡。

⑱ 凤凰坨：位于延庆和怀柔交界处，海拔1529米，南部怀柔境内有鳞龙山、莲花山、黄花城。

⑲ 箭扣：位于怀柔中西部的险峻长城段，西侧为"北京结"和九眼楼，东南接慕田峪长城，附近有响水湖景区。

⑳ 云蒙山：位于怀柔与密云交界处，主峰海拔1414米，北坡有龙潭涧，南坡有幽谷神潭，向东为黑龙潭，向西为崎峰山。

㉑ 喇叭沟门：位于怀柔北部，西部有白桦林景区，与河北丰宁交界处的南猴顶为怀柔最高峰，海拔1703米，南部有汤河口镇银河谷。

㉒ 古北口：位于密云东北部的长城段，自东向西依次为司马台、金山岭、蟠龙山、卧虎山四段长城。

㉓ 坡头：位于密云东北部的林场，北边为云岫谷。

㉔ 熊儿寨：位于平谷北部，西边有老象峰和丫髻山，东边有京东大峡谷和石林峡，向北至密云方向有梨花顶和锥峰山。

此外，朝阳的奥林匹克森林公园，海淀的翠湖湿地公园、颐和园、圆明园，永定河沿岸（门头沟斋堂水库至丰台卢沟桥），怀柔的怀九河沿岸，顺义的汉石桥湿地也是寻找水生和湿生植物的好去处。

书中所载的每种植物都配有花果期图例（蕨类植物为孢子期），大多来自作者多年的野外经验积累。海拔跨度较大的物种则适当放宽了花果期范围，以期与读者实际观察到的结果相一致。在正文部分，详细介绍的种一般附带1～2个相似种，这里所谓的"相似"是形态上的相似，而非亲缘关系上的相近。本书选择相似种的范围比较宽泛，只要在叶、花、果的任何一方面有相似之处，即予以收录。根据分子系统学的研究成果，许多科的范畴都发生了变化，因此对于所属科发生变化的种类，同时标注了传统科名和新分类系统的科名。

正文所述的分布信息，对于常见物种写各区平原或山区；对于某些区常见的物种，精确到该区；某些小地点（一般是山名）分布的物种，精确到该地点；上述未出现的地点，则写某区的某乡镇。植物分布与海拔也有密切的关系，正文所述的低海拔为700米以下，中海拔为700～1500米，高海拔为1500米以上。

希望本书能为您在北京的旅行带来更多的快乐，认识更多的花草树木。更希望您对本书提出宝贵的意见和建议，以便我们完善本书。

使用说明 How to use this book

本书的检索系统采用目录树形式的逐级查找方法。先按照植物的生活型分为三大类：木本、藤本和草本。

木本植物按叶形的不同分为三类：叶较窄或较小的为针状或鳞片状叶，叶较宽阔的分为单叶和复叶。藤本植物不再作下级区分。草本植物首先按花色分为七类，由于蕨类植物没有花的结构，禾草状植物没有明显的花色区分，列于最后。每种花色之下按花的对称形式分为辐射对称和两侧对称*。辐射对称之下按花瓣数目再分为二至六；两侧对称之下分为蝶形、唇形、有距、兰形及其他形状；花小而多，不容易区分对称形式的单列，分为穗状花序和头状花序两类。

正文页面内容介绍和形态学术语图解请见后页。

* **注**：为方便读者理解和检索，本书采用了"辐射对称"与"两侧对称"这种在学术上并不严谨的说法。

9

乔木和灌木（人高1.7米）
Tree and shrub (The man is 1.7 m tall)

草本和禾草状草本（书高18厘米）
Herb and grass-like herb (The book is 18 cm tall)

植株高度比例 Scale of plant height

上半页所介绍种的生活型、花特征的描述
Description of habit and flower features of the species placed in the upper half of the page

上半页所介绍种的图例
Legend for the species placed in the upper half of the page

叶、花、果期（空白处表示落叶）
Growing, flowering and fruiting seasons (Blank means deciduousness)

在中国的地理分布
Distribution in China

属名 Genus

传统科名 Traditional family

新分类系统科名 Current family

中文名 Chinese name

别名 Chinese local name

学名（拉丁名）Scientific name

英文名 Common name

拼音 Pinyin

主要形态特征的描述
Description of main features

在北京的分布
Distribution in Beijing

生境 Habitat

在形态上相似的种
（并非在亲缘关系上相近）
Species similar in appearance, sometimes unrelated

识别要点
（识别一个种或区分几个种的关键特征）
Distinctive features
(Key characters to identify or distinguish species)

相似种的叶、花、果期
Growing, flowering and fruiting seasons of the similar species

附注 Note

草本植物 花黄色 辐射对称 花科六

北黄花菜 / 野黄花　阿福花科/百合科 萱草属
Hemerocallis lilioasphodelus
Yellow Daylily ｜ běihuánghuācài

多年生草本。根鞘肉质，中下部纺锤状膨大。叶基生，二列，带状①，长20~50厘米、宽3~12毫米；顶生假二歧状的总状花序或圆锥花序①②，具4至多朵花；花被片扩有形；花漏斗状②，花被黄色③。下部合生，花被管长1.5~2.5厘米，花被裂片长5~7厘米，内三片宽约1.5厘米，雄蕊6，向上卷曲③；蒴果椭圆形，长约2厘米。花蕾可作蔬菜，生食有毒（含秋水仙碱），高温加热后方可食用。
——产各区山地。生于山坡林缘、灌草丛中至高山草甸。常见。
相似种：**小黄花菜**【*Hemerocallis minor*，阿福花科/百合科 萱草属】多年生草本。根稍条状；叶基生，条形①。花被黄色③，稀为3朵；花被管长1~2.5厘米。产西山、门头沟、怀柔、密云、平谷；生境同上。
北黄花菜的花序明显分枝，具3至多朵花；小黄花菜的花序不分枝，仅具1~3朵花。

1 2 3 4 5 6 7 8 9 10 11

1 2 3 4 5 6 7 8 9 10

少花万寿竹 秋水仙科/百合科 万寿竹属
Disporum uniflorum
Few-flower Fairy Bells ｜ shǎohuāwànshòuzhú

多年生草本。茎直立，上部具分叉；叶互生，卵形或椭圆形，叶基具3~7条脉，两端渐尖，脉上和边缘有乳头状突起，有明显至无柄；花伞状①，黄色或淡黄色，花被片1~3朵着生于茎上端，花被长1~2厘米；花被片6①，基部具片1~2毫米的短距；雄蕊6，花药黄色；浆果椭圆形，成熟时黑色。
——产西山、门头沟至昌平、密云、平谷。生于山坡或沟谷林下。
相似种：**小顶冰花**【*Gagea terracciananoa*，百合科 顶冰花属】多年生草本。鳞茎卵形；基生叶1枚①，长12~18厘米、宽1~3毫米；花序具2~5朵花①；花被片条状披针形③，内面淡黄色①，外面黄绿色；蒴果倒卵形。产云山、小龙门、玉渡山、百花山、东灵山；生沟谷林下及湿草地。
少花万寿竹叶宽大，茎生；茎生叶下垂；花被片黄色；花序生于茎顶端。小顶冰花叶2枚，基生；花被片黄绿色。
少花万寿竹过去被认定为宝铎草*Disporum sessile*，后者产日本和俄罗斯，不产中国。

1 2 3 4 5 6 7 8 9 10

1 2 3 4 5 6 7 8 9 10

花辐射对称，花瓣二

花两侧对称，蝶形

植株禾草状，花序特化为小穗

花辐射对称，花瓣三

花两侧对称，唇形

花小 或无花被 或花被不明显

花辐射对称，花瓣四

花两侧对称，有距

花小而多，组成穗状花序

花辐射对称，花瓣五

花两侧对称，兰形或其他形状

花小而多，组成头状花序

花辐射对称，花瓣六*

花辐射对称，花瓣多数

* 注： 花瓣分离时为花瓣六，花瓣合生时为花冠裂片六，花瓣缺时为萼片六或萼裂片六，正文中不再区分，一律为"花瓣六"；其他数目者亦相同。

花的大小比例（短线为1厘米）
Scale of flower size (The band is 1 cm long)

下半页所介绍种的生活型、花特征的描述
Description of habit and flower features of the species placed in the lower half of the page

下半页所介绍种的图例
Legend for the species placed in the lower half of the page

上半页所介绍种的图片
Pictures of the species placed in the upper half of the page

图片序号对应左侧文字介绍中的①②③...
The numbers of pictures correspond to ①, ②, ③, etc. in the description on the left

下半页所介绍种的图片
Pictures of the species placed in the lower half of the page

草本植物 花黄色 辐射对称 花瓣六

页码 Page number

术语图解 Illustration of Terminology

叶 Leaf

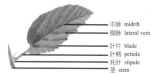

中脉 midrib
侧脉 lateral vein
叶片 blade
叶柄 petiole
托叶 stipule
茎 stem

禾草状植物的叶 Leaf of Grass-like Herb

杆 culm
叶片 blade
叶舌 ligule
叶鞘 sheath

叶形 Leaf Shapes

针状
acerose

条形
linear

披针形
lanceolate

倒披针形
oblanceolate

卵形
ovate

倒卵形
obovate

鳞片状
scale-like

椭圆形
elliptic

圆形
rounded

箭形
sagittate

心形
cordate

肾形
reniform

叶缘 Leaf Margins

全缘
entire

锯齿
serrate

重锯齿
biserrate

圆齿
crenate

波状
undulate

刺状锯齿
spiny-serrate

叶的分裂方式 Leaf Segmentation

不裂
entire

羽状分裂
pinnatifid

大头羽状分裂
lyrate

二回羽状分裂
bipinnatifid

掌状分裂
palmatifid

鸟足状分裂
pedate

单叶和复叶 Simple Leaf and Compound Leaves

单叶
simple leaf

奇数羽状复叶
odd-pinnately
compound leaf

偶数羽状复叶
even-pinnately
compound leaf

二回羽状复叶
bipinnately
compound leaf

掌状复叶
palmately
compound leaf

单身复叶
unifoliate
compound leaf

叶序 Leaf Arrangement

互生
alternate

螺旋状着生
spirally arranged

对生
opposite

轮生
whorled

簇生
fasciculate

基生
basal

花 Flower

花瓣 petal
花药 anther
花丝 filament
柱头 stigma
萼片 sepal
花柱 style
子房 ovary
花托 receptacle
花梗/花柄 pedicel

花梗/花柄 pedicel
花托 receptacle
萼片 sepal 〕统称 花萼 calyx ⎱
花瓣 petal 〕统称 花冠 corolla ⎰ 花被 perianth
花丝 filament 〕雄蕊 stamen 〕统称 雄蕊群 androecium ⎱
花药 anther ⎰ ⎰ 花 flower
子房 ovary
花柱 style 〕雌蕊 pistil 〕统称 雌蕊群 gynoecium ⎰
柱头 stigma

花序 Inflorescences

总状花序 raceme

穗状花序 spike

伞形花序 umbel

伞房花序 corymb

柔荑花序 catkin

头状花序 head

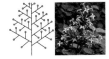
圆锥花序/复总状花序 panicle

复穗状花序 compound spike

复伞形花序 compound umbel

隐头花序 hypanthodium

蝎尾状聚伞花序 cincinnus

镰状聚伞花序 drepanium

二歧聚伞花序 dichasium

多歧聚伞花序 polychasium

轮状聚伞花序/轮伞花序 verticillaster

果实 Fruits

浆果 berry

核果 drupe

梨果 pome

荚果 legume

蓇葖果 follicle

蒴果 capsule

长角果，短角果 silique, silicle

瘦果 achene

翅果 samara

坚果 nut

聚合果 aggregate fruit

聚花果/复果 multiple fruit

13

油松 红皮松 松科 松属

Pinus tabuliformis

Chinese Pine | yóusōng

常绿乔木②；树皮常为灰褐色；一年生枝淡红褐色，无毛；冬芽红褐色；针叶2针一束①，粗硬，长10～15厘米，部分针叶有扭曲现象，叶鞘宿存；球果卵圆形①，长4～10厘米，成熟后在枝上宿存数年，暗褐色；种鳞的鳞盾肥厚，有刺尖，横脊显著；种子长6～8毫米，种翅长约10毫米。

产各区山地。生于中低海拔林中，多为人工林，或植于村落、公园。

相似种：白皮松【*Pinus bungeana*，松科 松属】常绿乔木；树皮灰绿色或灰褐色，内皮白色，裂成不规则薄片脱落④；冬芽红褐色；针叶3针一束③，粗硬，叶鞘早落；球果卵圆形③；种鳞先端厚，鳞盾顶端有刺尖。原产我国，各区有引种；生山坡林中，或植于公园。

油松的树皮灰褐色，裂成鳞状块片，针叶较长，2针一束，叶鞘宿存；白皮松的树皮裂成不规则薄片脱落，针叶较短，3针一束，叶鞘早落。

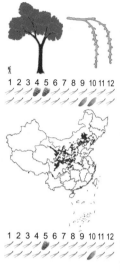

华北落叶松 松科 落叶松属

Larix gmelinii var. *principis-rupprechtii*

North China Larch | huáběiluòyèsōng

落叶乔木①；树皮暗灰褐色，成小块片脱落；有长短枝之分，长枝上的叶螺旋状散生，短枝上的叶簇生③；雌球花生于短枝顶端②；叶条形，长2～3厘米，宽约1毫米；球果卵圆形或圆柱状卵形③，长2～3.5厘米，径约2厘米，含种鳞20～45枚；种鳞近五角状卵形，中部宽约4毫米，边缘不反卷③；球果基部苞鳞的先端露出；种子连翅长1～1.2厘米，种翅上部三角状。

产各区山地。生于海拔900米以上的山坡或沟谷林中，多为人工林，百花山、雾灵山有野生大树，公园也有栽培。

相似种：日本落叶松【*Larix kaempferi*，松科 落叶松属】落叶乔木；树皮暗褐色；球果卵圆形，种鳞圆形或矩圆形，边缘向外反卷④。原产日本，海淀、昌平、延庆有引种；生林中，或植于公园。

华北落叶松的种鳞为五角形，边缘不反卷；日本落叶松的种鳞为圆形，边缘向外反卷。

白杆　松科 云杉属

Picea meyeri

Meyer's Spruce　｜ báiqiān

常绿乔木，树冠塔形①；树皮灰褐色，裂成不规则的薄块片脱落；一年生枝黄褐色，二三年生枝淡褐色，芽鳞的先端常向外反曲（①右下）；叶螺旋状着生②，四棱状条形，微弯曲，长1.3～3厘米，宽约2毫米，先端钝尖或钝，四面有白色气孔线；球果矩圆状圆柱形，成熟时黄褐色或红褐色②，长6～9厘米，径2.5～3.5厘米；种鳞倒卵形，种子连翅长约1.3厘米。

产雾灵山，各区有引种。生于亚高山林中，或植于庭院。

相似种：青杆【*Picea wilsonii*，松科 云杉属】常绿乔木；小枝淡灰色，芽鳞紧贴小枝，不反卷④；叶长0.8～1.8厘米，径约1毫米，先端尖；球果成熟时淡黄色③。产地同上；生境同上。

白杆的小枝黄色，芽鳞先端向外反曲，叶较粗，显白色；青杆的小枝淡灰色，芽鳞不反卷，叶较细，绿色。

1 2 3 4 5 6 7 8 9 10 11 12

1 2 3 4 5 6 7 8 9 10 11 12

侧柏　柏树 扁柏　柏科 侧柏属

Platycladus orientalis

Oriental Arborvitae　｜ cèbǎi

常绿乔木②；树皮浅灰褐色，纵裂成条片；小枝扁平，在竖直方向上排成一平面①；叶鳞形①，交互对生，长1～3毫米，叶背中部有腺槽；雌雄同株；球果卵圆形，长1.5～2厘米，熟前肉质，蓝绿色①，被白粉，熟后木质化，张开露出种子①；种鳞4对，中部种鳞各有种子1～2粒；种子卵圆形。

原产我国，各区有引种造林。生于中低海拔阳坡林中或悬崖，多为人工林，庭院也有栽培。

相似种：圆柏【*Juniperus chinensis*，柏科 刺柏属】常绿乔木③；有刺形叶和鳞形叶两种④，幼树全为刺形，成树两者兼有，老树则多为鳞形；球果近球形，被白粉④，不开裂。原产我国，各区有引种；植于村落、公园。

侧柏的小枝扁平面排成一平面，成树全为鳞叶，球果成熟后开裂；圆柏的小枝不排成平面，成树有刺叶和鳞叶，球果成熟后不开裂。

1 2 3 4 5 6 7 8 9 10 11 12

1 2 3 4 5 6 7 8 9 10 11 12

草麻黄   麻黄科 麻黄属

Ephedra sinica

Chinese Ephedra | cǎomáhuáng

小灌木，常呈草本状，木质茎短或匍匐；小枝对生或轮生，节间长2.5～5.5毫米；叶膜质鞘状，生于节上，下部1/3～2/3合生，上部2裂；雄球花有多数密集的雄花，黄色（①左上）；球果成熟时肉质，红色①，近圆形，含种子2粒。

产门头沟、昌平、延庆。生于中低海拔干旱山坡灌丛中。

相似种：单子麻黄【*Ephedra monosperma***，麻黄科 麻黄属】**草本状矮小灌木②，高约10厘米；小枝常微弯曲②；球果成熟时红色②，含种子1粒（②左上）。产东灵山、延庆张山营；生中高海拔岩石缝中。**木贼麻黄【***Ephedra equisetina***，麻黄科 麻黄属】**灌木，具粗壮的木质茎③④；小枝细，径约1毫米；雄球花黄色③；球果成熟时红色④，含种子1粒。产延庆张山营；生中低海拔干旱山坡岩壁上。

草麻黄木质茎不明显，球果含种子2粒；单子麻黄植株矮小，不超过10厘米，球果含种子1粒；木贼麻黄木质茎明显，球果含种子1粒。

甘蒙柽柳   柽柳科 柽柳属

Tamarix austromongolica

Southern Mongolian Tamarisk | gānměngchēngliǔ

灌木；枝条直伸，不下垂，老枝紫红色；叶互生，鳞片状，长2～3毫米，灰蓝绿色③；春夏开两次或三次花；总状花序或圆锥花序①，花序轴质硬而直伸①，花密集②；花5数，紫红色②；雄蕊伸出花瓣之外②，花丝丝状；蒴果长圆锥形。

产丰台、门头沟、昌平、延庆。生于水边、河滩盐碱地。

相似种：宽苞水柏枝【*Myricaria bracteata***，柽柳科 水柏枝属】**灌木；多分枝⑤；叶在枝上密生⑤，条状披针形，扁平，长2～5毫米；总状花序顶生④，花粉色；雄蕊略短于花瓣，花丝下部合生成筒状。产十渡、玉渡山；生山坡草地、河滩。

甘蒙柽柳的叶小而鳞片状，雄蕊明显长于花瓣，花丝离生；宽苞水柏枝的叶扁平，稍宽，雄蕊短于花瓣，花丝下部合生。

柽柳*Tamarix chinensis*与甘蒙柽柳相似，但枝条和花序细弱、下垂，在北京仅见栽培。

木本植物 单叶

旱柳 柳树 杨柳科 柳属

Salix matsudana

Corkscrew Willow | hànliǔ

　　乔木①；树皮暗灰黑色，有裂沟；枝细长，直立或斜展；叶互生，叶片披针形②，长5～10厘米，宽1～1.5厘米，边缘有细锯齿，上面有光泽，下面苍白色；叶柄短，长5～8毫米；花叶同放，花序直立，苞片卵形，具腺体2；雄花序长1～1.5厘米，黄色（②右下），雄蕊2；雌花序长1～2厘米，绿色②；蒴果2瓣裂，种子具白色绵毛。

　　产各区平原和低山区。生于村寨、路旁、河边，或植于庭院、公园。

　　相似种：绦柳【*Salix matsudana* f. *pendula*，杨柳科 柳属】小枝细长，下垂③。各区均有栽培；生路旁，或植于庭院。**蒿柳**【*Salix schwerinii*，杨柳科 柳属】灌木或小乔木；叶片狭披针形④，全缘或有波状钝齿，下面灰白色，密生丝状茸毛（④左）。产门头沟、延庆、怀柔；生中高海拔沟谷林缘。

　　蒿柳的叶全缘，叶背白色，被毛，其余二者叶缘有细锯齿，叶背无毛；旱柳的枝条直立，绦柳的枝条下垂。

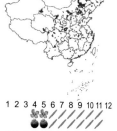

中国黄花柳 杨柳科 柳属

Salix sinica

Chinese Willow | zhōngguóhuánghuāliǔ

　　灌木或小乔木；小枝红褐色；叶片椭圆状披针形②，长3.5～6厘米，全缘或具不规则锯齿，背面被茸毛，老时变稀疏；花先叶开放①，雄花序宽椭圆形，长2～2.5厘米，花药黄色（①右下）；雌花序短圆柱形；蒴果条状锥形②，种子具白色绵毛。

　　产各区山地。生于山坡、沟谷，常见。

　　相似种：谷柳【*Salix taraikensis*，杨柳科 柳属】灌木或小乔木；叶片宽披针形③，全缘，萌枝叶常有细齿，背面无毛，被白粉③。产地同上；生境同上。**乌柳**【*Salix cheilophila*，杨柳科 柳属】灌木；叶片条形④⑤，背面被绢状柔毛；花叶同放④；花药黄色④；雌花序具密花；蒴果卵状锥形⑤。产门头沟、延庆、密云；生河边、沟谷林缘。

　　乌柳的叶片条形，花叶同放，其余二者花先叶开放；中国黄花柳的叶片椭圆状披针形，叶背有毛；谷柳的叶片宽披针形，叶背无毛，被白粉。

　　华北所产谷柳过去被误定为皂柳*Salix wallichiana*，后者产我国西南地区，不产华北。

木本植物 单叶

毛白杨 白杨 杨柳科 杨属

Populus tomentosa

Chinese White Poplar │ máobáiyáng

乔木；树皮灰白色，老时深灰色，纵裂；冬芽
卵形；长枝的叶质硬，三角状卵形①②，长10～15
厘米，宽8～12厘米，先端渐尖，基部心形或截
形，有深波状牙齿（②左），幼时密生灰色毡毛（②
右），后逐渐脱落；叶柄长2.5～5.5厘米；短枝的
叶较小，卵形或三角状卵形；雄花序长约10厘米，
苞片密生长毛（①左下）；雌花序长4～7厘米；蒴果
长卵形，熟时开裂，种子小，具白色绵毛①。

原产我国，各区均有栽培。常作行道树。

相似种：银白杨【*Populus alba***，杨柳科 杨属】**
乔木；长枝的叶宽卵形或三角卵形（④左），长5～12
厘米，3～5掌状圆裂或不裂，背面密生白色茸毛（④
右），永不脱落；花序苞片密生长毛③。原产欧洲、
中亚至新疆，各区均有栽培；常作行道树。

毛白杨的叶片卵形或三角状卵形，幼时被毛，
后脱落；银白杨的叶片3～5掌裂或不裂，叶背密被
白色茸毛，不脱落。

山杨 杨柳科 杨属

Populus davidiana

David Poplar │ shānyáng

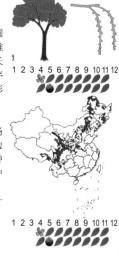

乔木①；树皮灰白色，光滑①；叶三角状圆
形，长宽近相等，边缘有整齐的波状钝齿②；雄
花序长4～7厘米，苞片棕褐色，边缘密被白色长
毛，雄蕊4～12枚，花药暗红色（①左下）；雌花序
长4～7厘米，柱头红色（①右下）；蒴果卵状圆锥形
②，长约5毫米，成熟时2裂；种子具白色绵毛。

产各区山地。生于山坡或沟谷林中，常见。

相似种：小叶杨【*Populus simonii***，杨柳科 杨
属】**乔木；叶菱状倒卵形③④，中部以上较宽，边
缘具细锯齿④；花先叶开放；果序长达15厘米；种
子具绵毛④。产海淀、门头沟、昌平、延庆；生中
低海拔沟谷林中，常与山杨、青杨混生。

山杨的叶片三角状圆形，边缘波状钝齿；小叶
杨的叶片菱状倒卵形，边缘具细锯齿。

青杨 杨柳科 杨属

Populus cathayana

Cathayan Poplar | qīngyáng

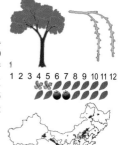

乔木①；树皮幼时光滑，灰绿色，老时暗灰色①，纵裂；短枝的叶片卵形或狭卵形②，长5～10厘米，宽3.5～7厘米，最宽处在中部以下，先端渐尖，基部圆形，稀近心形，边缘具圆锯齿②；长枝或萌枝叶较大，雄花序长5～6厘米；雌花序长4～5厘米，柱头2～4裂；果序长10～18厘米；蒴果卵球形②，长6～9毫米，3～4瓣裂。

产各区山地。生于海拔1000米以上的山坡、沟谷、河岸。

相似种：加杨【*Populus × canadensis*，杨柳科杨属】乔木；树皮纵裂；叶片三角状卵形④，长宽约6～20厘米，边缘有圆钝锯齿④；雄花序长约7厘米，花药紫红色③；雌花序绿色；蒴果卵形④，长约8毫米，先端锐尖，2～3瓣裂。本种为欧洲育成的杂交种，各区均有栽培；常作行道树。

青杨的叶片卵形，蒴果卵球形，较宽，3～4瓣裂；加杨的叶片三角状卵形，蒴果卵形，较窄，先端尖，2～3瓣裂。

栓皮栎 软木栎 壳斗科 栎属

Quercus variabilis

Chinese Cork Oak | shuānpílì

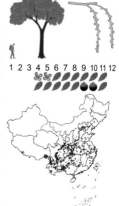

乔木；树皮黑褐色，木栓层发达，厚可达10厘米；叶矩圆状披针形①，长8～15厘米，宽2～6厘米，边缘具芒状锯齿①②，幼叶下面粉白色，密生星状细茸毛，老时毛宿存②，侧脉14～18对；雄花序柔荑状，下垂；壳斗杯形，包围坚果2/3以上，直径1.9～2.1厘米，苞片钻形，反曲（①右下）；坚果球形至卵形，长1.6～1.9厘米；果脐隆起。

产各区山地。生于中低海拔山坡林中。

相似种：栗【*Castanea mollissima*，壳斗科栗属】乔木；叶长椭圆形，边缘有芒状锯齿③；雄花成直立的穗状花序③；壳斗球形，密布锐刺④，内包1～3个坚果（④左下）；果可食，称为"板栗"。原产我国，各区山区均有栽培；生村旁。

栓皮栎的雄花序下垂，壳斗无刺，包被坚果的一部分；栗的雄花序直立，壳斗有刺，全包坚果。

槲树 柞栎 大叶波罗 壳斗科 栎属
Quercus dentata
Daimyo Oak | húshù

乔木；树皮深纵裂；小枝有灰黄色星状柔毛；叶倒卵形或长倒卵形①②，长10～30厘米，宽6～20厘米，边缘有4～10对波状齿①②，幼时有毛①，老时仅下面有灰色柔毛和星状毛，侧脉4～10对；叶柄极短，长2～5毫米；雄花序为柔荑状①；壳斗杯形，包围坚果1/2，直径1.5～1.8厘米，苞片狭披针形，反卷，红棕色（②右上）；坚果卵形至宽卵形，直径约1.5厘米，长1.5～2厘米。

产各区山地。生于中低海拔向阳山坡林中。

相似种：槲栎【*Quercus aliena*，壳斗科 栎属】乔木；叶片倒卵形③，长10～22厘米，宽5～14厘米，叶缘具波状钝齿③，叶背被灰棕色细茸毛，侧脉10～15对；叶柄明显③，长1～3厘米；壳斗包围坚果1/2，直径1.2～2厘米，苞片卵状披针形，排列紧密④；坚果椭球形④。产地同上；生境同上。

槲树的叶柄极短，壳斗苞片反卷，红棕色；槲栎的叶柄较长，壳斗苞片排列紧密。

蒙古栎 小叶槲树 壳斗科 栎属
Quercus mongolica
Mongolian Oak | měnggǔlì

乔木；叶倒卵形①，长7～17厘米，宽4～10厘米，先端钝或急尖，基部耳形，边缘具8～9对深波状钝齿①，幼时叶脉有毛，侧脉7～11对①；雄花成下垂的柔荑花序；壳斗杯形②，包围坚果1/3～1/2②，直径1.5～2厘米，高0.8～1.5厘米，壁厚；苞片小，三角形，背面有疣状突起②；坚果卵形至长卵形，长2～2.3厘米。

产各区山地。生于山坡或沟谷林中。

相似种：辽东栎【*Quercus wutaishanica*，壳斗科 栎属】乔木；叶倒卵形③，边缘有5～7对波状圆齿③，侧脉5～7对③；叶柄长2～4毫米；壳斗浅杯形④，包围坚果约1/3④；苞片长三角形，扁平或微突起④；坚果卵形。产地同上；生境同上。

蒙古栎侧脉7～11对，壳斗苞片有明显的疣状突起；辽东栎侧脉5～7对，壳斗苞片扁平。

有观点认为蒙古栎和辽东栎应为同一种。

坚桦 杵榆 桦木科 桦木属

Betula chinensis

Chinese Birch ｜ jiānhuà

灌木或小乔木；叶互生，叶片卵形或长卵形①②，长1.5～5.5厘米，宽1～5厘米，边缘有不规则重锯齿①；背面沿脉被长柔毛，侧脉7～9对，果枝叶片侧脉较营养枝为少；叶柄长2～10毫米；果序单生，椭圆形或球形②③，长1～1.7厘米，果序柄极短；果苞长5～9毫米，中裂片长为侧裂片的3～4倍（③下）；小坚果宽倒卵形，长2～3毫米，疏被短柔毛，具极狭的翅或几无翅（③下）。

产各区山地。生于沟谷或阳坡林中，常见。

相似种：硕桦【*Betula costata*，桦木科 桦木属】乔木；树皮白色或黄褐色，成层剥裂；叶片卵形⑤，侧脉8～10对，果枝叶片侧脉较少；果序单生，长圆形④，长1.5～2厘米；果苞中裂片为侧裂片的3倍（④下），果翅宽为坚果之半（④下）。产喇叭沟门、坡头、雾灵山；生境拔1500米以上的林中。

坚桦常为灌木，叶较小，果翅较窄；硕桦为乔木，叶较大，果翅明显，宽为坚果之半。

红桦 桦木科 桦木属

Betula albosinensis

Chinese Red Birch ｜ hónghuà

乔木；树皮淡红褐色①，成层剥裂；叶互生，叶片卵形或宽卵形②，长3～8厘米，宽2～5厘米，边缘具不规则的重锯齿③，下面密生腺点，沿脉疏被白色柔毛或近无毛③，侧脉10～14对，果枝叶片侧脉较营养枝为少；果序单生或2～4枚簇生，圆柱形②，长3～4厘米，径约1厘米，果序梗纤细；果苞长4～7毫米，中裂片长为侧裂片的3倍；小坚果卵形，果翅宽为坚果之半。

产百花山、东灵山。生于中高海拔林中。

相似种：糙皮桦【*Betula utilis*，桦木科 桦木属】乔木；树皮暗黄白色（⑤左下），成层剥裂；叶片卵形⑤，长4～8厘米，下面沿脉密被白色长柔毛，脉腋间具密髯毛④；果序单生或簇生，圆柱形⑤，长3～5厘米；果苞中裂片为侧裂片的3～4倍，果翅较坚果略窄。产地同上；生境同上。

红桦的树皮淡红褐色，叶背面沿脉疏被长柔毛或无毛，脉腋间通常无髯毛；糙皮桦的树皮暗黄白色，叶背面沿脉密被长柔毛，脉腋间具密髯毛。

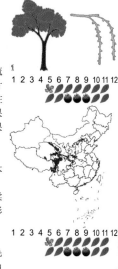

白桦 桦树 桦木科 桦木属

Betula platyphylla

Asian White Birch | báihuà

乔木①；树皮白色，成层剥裂（①左下）；小枝红褐色；叶片三角状卵形至三角状菱形②，长3～9厘米，边缘具重锯齿，侧脉5～7对；叶柄细瘦，长1～2.5厘米；果序单生，圆柱状或矩圆状圆柱形②，通常下垂；果苞长3～7毫米，中裂片三角形，侧裂片通常开展至向下弯（①右下）；翅果狭椭圆形，膜质翅与果等宽或稍宽（①右上）。

产各区山地。生于海拔1000米以上的山坡和沟谷林中。

相似种：黑桦【*Betula dahurica*，桦木科 桦木属】乔木；树皮灰褐色，龟裂（③上）；叶卵形或长卵形④，长4～8厘米，宽3.5～5厘米，边缘具重锯齿，侧脉6～8对；果序单生，圆柱状④，长2～2.5厘米；果苞长5～8毫米；翅果卵形，膜质翅宽为果之半（③下）。产地同上；生境同上。

白桦的树皮白色，成层剥裂，叶片三角状卵形，果翅与坚果等宽；黑桦的树皮灰褐色，龟裂，叶片卵形，果翅宽为坚果之半。

榛 平榛 桦木科 榛属

Corylus heterophylla

Siberian Hazelnut | zhēn

灌木或小乔木；小枝黄褐色，密被短柔毛兼被疏生的长柔毛；叶互生，倒卵形，长4～13厘米，宽2.5～10厘米，边缘有不规则重锯齿，并在中部以上常有小浅裂①，先端平截或骤尖，下面沿脉有短柔毛，侧脉3～5对；花单性，雌雄同株，先叶开放；雄花序长圆柱状（①左下），雌花具1枚苞片和2枚小苞片；果1～6个簇生；果苞钟状，上部浅裂②；坚果近球形②，长7～15毫米，可食。

产各区山地。生于海拔1200米以下的林下。

相似种：毛榛【*Corylus mandshurica*，桦木科 榛属】灌木或小乔木；叶宽卵形，长6～12厘米，中部以上具浅裂或缺刻③，先端尾状；果数个簇生，果苞长管状④，中上部缢缩，外面密生刚毛和短柔毛④。产地同上；生海拔1000米以上的山坡林中。

榛的叶片先端常平截，果苞钟状；毛榛的叶片先端尾状，果苞长管状。

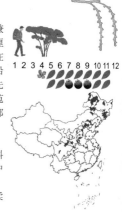

木本植物 单叶

虎榛子　桦木科 虎榛子属

Ostryopsis davidiana

Hazel-hornbeam ｜ hǔzhēnzi

灌木；叶互生，宽卵形或椭圆状卵形②，长2～6.5厘米，宽1.5～5厘米，边缘有重锯齿③，中部以上有浅裂，侧脉7～9对，上面疏被短柔毛，下面密被褐色腺点和短柔毛；花先叶开放，雄花序单生小枝叶腋，雄蕊红色①；雌花基部具1枚苞片与2枚小苞片，花柱2，分离，红色①；果序簇生成头状③；果苞囊状，顶端3裂，小坚果宽卵圆形（②右下），完全为果苞所包。

产门头沟、延庆、怀柔、密云。生于山坡向阳处，常形成优势灌丛。

相似种：铁木【*Ostrya japonica*，桦木科 铁木属】乔木；树皮暗灰色，粗糙，纵裂；叶卵形④，长3.5～12厘米，顶端渐尖，边缘具不规则的重锯齿；果序总状，果苞囊状④，膜质，完全包被小坚果④。产云岫谷、雾灵山；生境同上。

虎榛子为灌木，果序紧密，排成头状；铁木为乔木，果序疏松，排成总状。

鹅耳枥　桦木科 鹅耳枥属

Carpinus turczaninowii

Turczaninow's Hornbeam ｜ é'ěrlì

乔木；叶互生，卵形或卵状菱形②，长2.5～5厘米，宽1.5～3.5厘米，侧脉8～12对，边缘具规则或不规则的重锯齿；托叶条形；花先叶开放，雌花生于苞片内，柱头外露①，雄花序弯垂，雄蕊红色①；果序长3～5厘米；果苞卵形，半包小坚果，外缘具不规则缺刻状粗锯齿或2～3个深裂片①；小坚果宽卵形③，长约3毫米，无毛。

产各区山地。生于阳坡或山脊林中（常形成优势种）、沟谷杂木林中。

相似种：千金榆【*Distegocarpus cordatus*，桦木科 千金榆属】乔木；叶矩圆形，长8～15厘米，基部心形⑤，偏斜，边缘具刺毛状重锯齿⑤；果苞覆瓦状排列④⑤，全部遮盖小坚果，边缘具锯齿④；小坚果矩圆形，长4～6毫米，径约2毫米，无毛。产门头沟、延庆、密云；生沟谷林中。

鹅耳枥的叶小，侧脉少，果序短，果苞两侧不对称；千金榆的叶大，侧脉多，基部心形，果序较长，果苞两侧近对称。

榆 榆树 家榆 榆科 榆属

Ulmus pumila

Siberian Elm | yú

乔木；叶互生，椭圆状披针形①，长2～8厘米，两面无毛，侧脉9～16对，边缘多为单锯齿①；花于早春先叶开放，簇生，雄蕊紫红色（①左上）；翅果近圆形或宽倒卵形①②，长1.2～1.5厘米，无毛；种子位于翅果的中部或近上部；果实即俗称的"榆钱"，可食。

产各区平原和低山区。生于房前屋后、路旁、水边、山坡，极常见。

相似种：旱榆【*Ulmus glaucescens*，榆科 榆属】乔木；叶卵形或长卵形③，长2.5～5厘米；翅果宽椭圆形或近圆形③，长2～2.5厘米。产房山、门头沟、延庆；生山坡向阳处或崖壁上。**榔榆【*Ulmus parvifolia*，榆科 榆属】**叶披针形④，长2.2～5厘米；花秋季开放；翅果椭圆形④，长1～1.3厘米。原产我国，海淀、门头沟有栽培；植于庭院。

榔榆秋季开花，果实很小，长约1厘米，其余二者春季开花；榆的花先叶开放，果实小，长达1.5厘米；旱榆花叶同放，果实大，长达2.5厘米。

大果榆 山榆 毛榆 榆科 榆属

Ulmus macrocarpa

Big-fruit Elm | dàguǒyú

乔木；枝常具扁平的木栓质翅①；叶互生，宽倒卵形②，长5～9厘米，边缘具大而浅钝的重锯齿，两面被短硬毛，用手摸有明显的粗糙感；花先叶开放（①右下）；翅果宽倒卵状圆形或近圆形②，长2.5～3.5厘米，两面和边缘被毛（①左上）。

产各区山地。生于中低海拔向阳山坡林中或石缝中，极常见。

相似种：裂叶榆【*Ulmus laciniata*，榆科 榆属】叶倒三角形，先端通常3～7裂③；翅果椭圆形③，无毛。产房山、门头沟、延庆、怀柔、密云；生沟谷林中。**脱皮榆【*Ulmus lamellosa*，榆科 榆属】**树皮裂成不规则薄片脱落④；幼枝密被伸展的腺毛；叶倒卵形⑤；翅果圆形，长2.5～3.5厘米，两面被短柔毛⑤。产地同上；生境同上。

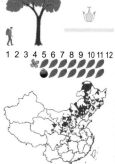

大果榆的枝条常有木栓翅，叶两面极粗糙，果实大，被毛；裂叶榆叶先端3～7裂，叶面微粗糙，翅果小，无毛；脱皮榆树皮薄片状脱落，幼枝密被腺毛，叶面微粗糙，果实大，被毛。

春榆 白皮榆 日本榆 榆科 榆属
Ulmus davidiana var. *japonica*
Japanese Elm | chūnyú

乔木；枝条有时具木栓质翅；叶互生，倒卵
状椭圆形或椭圆形①②，长3～9厘米，宽1.5～4厘
米，边缘具重锯齿②，侧脉8～16对，叶两面均被
毛，有时毛脱落而较平滑；花先叶开放，簇生于去
年枝的叶腋；翅果倒卵形②，长7～15毫米，无毛
②；种子位于果实的上部，上端接近凹缺处。

产各区山地。生于沟谷林中、水边。

相似种：黑榆【*Ulmus davidiana*，榆科 榆属】
与春榆的区别为：果核部分有微毛③。产地同上；
生境同上。**刺榆**【*Hemiptelea davidii*，榆科 刺榆
属】小乔木或灌木，常有枝刺④；叶椭圆形或椭圆
状矩圆形④⑤，长4～7厘米，叶缘具整齐的单锯齿
⑤；坚果扁，上半部有偏斜的翅⑤。产房山、门头
沟、延庆、怀柔、密云；生山坡向阳处。

春榆和黑榆的果实为翅果，翅围绕体一周，
春榆果实完全无毛，黑榆仅果核部分有毛；刺榆果
实为带翅的坚果，翅围绕体半周。

黑弹树 小叶朴 大麻科/榆科 朴属
Celtis bungeana
Bunge's Hackberry | hēidànshù

乔木；叶斜卵形至椭圆形，长4～11厘米，基
出三脉①②，中部以上边缘具锯齿②或近全缘①；
核果单生叶腋，球形，直径4～7毫米，熟时紫黑色
②，果柄明显长于叶柄②；枝条上常有肿胀膨大的
虫瘿（①左上），径达3厘米，干后变为褐色，冬季
落叶后可以作为识别依据。

产各区山地。生于山坡林中，极常见。

相似种：大叶朴【*Celtis koraiensis*，大麻科/榆
科 朴属】乔木；叶卵圆形③，基出三脉③，边缘
有粗锯齿，顶端的锯齿特别长，呈尾状尖头③；核
果熟时黄色③。产房山、门头沟、昌平、延庆、密
云；生山坡或沟谷林中。**青檀**【*Pteroceltis tatari-*
nowii，大麻科/榆科 青檀属】乔木；叶纸质，宽卵
形④，长3～8厘米，基出三脉④；翅果扁圆形④。
产房山、门头沟、昌平；生石灰岩山地沟谷林中。

三者的叶片均为基出三脉；青檀果实为翅果，
其余二者为核果；黑弹树叶先端渐尖、大叶朴叶先
端近于平截，中间具尾状长尖。

桑 白桑 家桑 桑科 桑属

Morus alba

White Mulberry | sāng

乔木，具乳汁；叶互生，卵形或宽卵形①，长5~20厘米，宽4~8厘米，边缘有粗锯齿，不裂②或不规则2~5裂①；花单性异株，排成穗状花序①；雄花序早落，雄花花被片4，雄蕊4；雌花花被片4，柱头2裂；聚花果长10~25毫米，熟时红色至紫黑色②，偶有白色，俗称"桑葚"，可食。

产各区平原和低山区。生于村边、路旁、山坡或沟谷林中，常见。

相似种：蒙桑【*Morus mongolica***，桑科 桑属】**小乔木；叶不裂或3~5裂③，边缘有粗锯齿，齿端有芒状刺尖③；果熟时红色至紫黑色（③左下）。产各区山地；生山坡或沟谷林中。**鸡桑【***Morus australis***，桑科 桑属】**叶不裂或3~5裂④，边缘有粗锯齿；花柱长，柱头2裂；果熟时红色至紫黑色，具宿存花柱④。产上方山、崎峰山；生向阳山坡林中。

蒙桑小枝红棕色，叶缘锯齿有芒状刺尖，桑和鸡桑小枝灰白色，叶缘锯齿圆钝，无刺尖；桑无花柱，蒙桑和鸡桑有明显花柱。

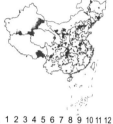

构 构树 楮树 桑科 构属

Broussonetia papyrifera

Paper Mulberry | gòu

乔木，具乳汁；树皮暗灰色，小枝密生柔毛；叶互生，卵形或宽卵形，长7~20厘米，宽6~15厘米，不裂①②或不规则2~3裂（①左下），边缘有粗锯齿，上面有糙毛，下面密生柔毛，用手摸有明显的粗糙感；花单性，雌雄异株；雄花序穗状，下垂①，长6~8厘米；雌花序头状，球形②，雌花苞片棒状，花被管状，花柱侧生，丝状；聚花果球形，红色③，直径约3厘米，可食。

产各区平原和低山区。生于房前屋后、路旁、山坡林中，极常见。

相似种：柘【*Maclura tricuspidata***，桑科 橙桑属】**灌木或小乔木；常有枝刺；叶不裂或2~3裂；雌雄花序均为头状（④右上）；聚花果径约2.5厘米，熟时橙红色④，可食，但味道不佳。产房山、门头沟、平谷；生向阳山坡林中，少见。

构的枝无刺，叶缘有锯齿，两面均被密毛，常伴人生长；柘的枝有刺，叶缘无锯齿，两面无毛，生于山区。

槲寄生　冬青　檀香科/桑寄生科 槲寄生属

Viscum coloratum

Colored Mistletoe ｜ hújìshēng

常绿灌木；茎圆柱状，在节部常成2歧或3歧分枝①②，节稍膨大；叶对生①②，厚革质，长椭圆形至椭圆状披针形，长3~7厘米，宽0.7~1.5厘米，顶端圆钝①②；雌雄异株；花数朵簇生于茎叉状分枝处；花被杯状，先端4裂(①左下)；雄蕊4；果球形，直径6~8毫米，熟时橙红色②，半透明，秋冬季节寄主落叶时较容易发现。

产延庆、怀柔、密云。寄生于林中栎属、桦木属、杨属、榆属等乔木上。

相似种：北桑寄生【*Loranthus tanakae*，桑寄生科 桑寄生属】落叶灌木；茎常呈2歧分枝；叶对生，纸质，倒卵形③，长2.5~4厘米，顶端圆钝③；穗状花序顶生，长2.5~4厘米；花两性，黄绿色(③左下)；果球形，熟时橙黄色④。产百花山、小龙门、延庆大庄科；生境同上。

槲寄生为常绿灌木，花单性，数朵簇生；北桑寄生为落叶灌木，花两性，成穗状花序。

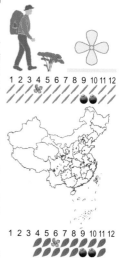

卫矛　鬼箭羽　卫矛科 卫矛属

Euonymus alatus

Burningbush ｜ wèimáo

灌木；小枝四棱形，老枝上常生有扁条状木栓翅(②左下)，翅宽达1厘米；叶对生，倒卵形或椭圆形①②，长2~6厘米，宽1.5~3.5厘米；叶柄极短；聚伞花序有3~9花，花淡绿色，4数①，花盘肥厚，雄蕊具短花丝；蒴果4深裂；种子每裂瓣1~2，有红色假种皮②。

产各区山地。生于山坡或沟谷林下，常见。

相似种：白杜【*Euonymus maackii*，卫矛科 卫矛属】小乔木；叶菱状卵形③；花瓣淡白色③；蒴果上部4裂(③左上)。产门头沟、昌平、延庆；生山坡林缘，庭院也有栽培。**中亚卫矛**【*Euonymus semenovii*，卫矛科 卫矛属】灌木；枝具4窄棱；叶披针形④；花暗紫色(④左下)；蒴果4浅裂，假种皮红色(④左上)。产百花山；生亚高山林下、石缝中。

卫矛的花绿色，蒴果4深裂，枝常具宽木栓翅，叶近无柄；白杜的花绿白色，蒴果4浅裂，枝无翅，叶具长柄；中亚卫矛的花暗紫色，蒴果4浅裂，枝具4窄棱，叶柄短。

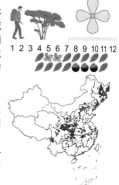

鼠李 火琉璃 大绿 鼠李科 鼠李属

Rhamnus davurica

Dahurian Buckthorn | shǔlǐ

灌木或小乔木；小枝顶端有披针形的顶芽，无刺；叶对生或近对生②，或在短枝上簇生，卵状椭圆形①②，长3～12厘米，边缘有细圆齿；花单性，4数，簇生于叶腋①；核果球形，成熟时黑紫色（②左上），直径6毫米；种子卵形，背面有沟。

产各区山地。生于沟谷林缘。

相似种：锐齿鼠李【*Rhamnus arguta*，鼠李科鼠李属】灌木；枝端有短刺；叶对生或近对生③，卵圆形，长3～6厘米，边缘芒状锐锯齿③；核果球形③。产地同上；生山坡灌丛中，野长城上常见。

东北鼠李【*Rhamnus schneideri* var. *manshurica*，鼠李科 鼠李属】灌木；枝端具刺；叶互生④，或在短枝上簇生，倒卵形④，长2.5～6厘米；核果球形④。产延庆、怀柔、密云；生沟谷林缘、水边。

鼠李叶大，卵状椭圆形，枝端无刺，其余二者叶较小，枝端具刺；锐齿鼠李叶缘具芒状锐锯齿；东北鼠李叶互生，其余二者叶对生或近对生。

卵叶鼠李 麻李 护山棘 鼠李科 鼠李属

Rhamnus bungeana

Bunge's Buckthorn | luǎnyèshǔlǐ

小灌木；枝端具针刺；叶对生或近对生，卵形或卵状披针形②，长1～4厘米，宽0.5～2厘米，边缘具细圆齿；花先叶开放①，黄绿色，花瓣4，单性异株；雌花的花柱2裂（①左上）；雄花有雄蕊4①；核果倒卵状球形②，熟时黑紫色（②左下）。

产各区山地。生于中低海拔向阳山坡灌丛中，极常见。

相似种：小叶鼠李【*Rhamnus parvifolia*，鼠李科 鼠李属】灌木；叶倒卵形或菱状倒圆形③；核果球形③。产门头沟、延庆、怀柔、密云；生山坡或沟谷林缘。**少脉雀梅藤**【*Sageretia paucicostata*，鼠李科 雀梅藤属】灌木；叶互生或近对生，疏散圆锥花序生于小枝顶端④；核果球形⑤。产上方山、十渡、蒲洼；生沟谷林缘。

少脉雀梅藤花序圆锥状顶生，其余二者花簇生叶腋；卵叶鼠李的叶卵形，小叶鼠李的叶倒卵形。

在许多地方植物志书中，卵叶鼠李常常被误定为小叶鼠李。

酸枣 棘 鼠李科 枣属

Ziziphus jujuba var. *spinosa*

Spine Jujube ｜ suānzǎo

灌木或小乔木；小枝紫红色或灰褐色，呈"之"字形曲折，有两个托叶刺，一长一短；叶互生，叶片纸质，卵形①，长2～3.5厘米，宽0.6～1.2厘米，边缘有细锯齿，基出三脉①；花2～3朵簇生叶腋，黄绿色，两性，5数①；子房下部与花盘合生；核果近球形或短矩圆形②，径0.7～1.2厘米，熟时暗红色②，可食，味酸。

产各区山地。生于中低海拔向阳山坡，与荆条（见114页）组成荆棘灌丛，极常见。

相似种：北枳椇【*Hovenia dulcis*，鼠李科 枳椇属】乔木；叶片卵形③，长8～16厘米，基出三脉④；聚伞花序腋生或顶生③；花白色，5数（④左下）；果梗在果期变肥厚扭曲，肉质④，红褐色，可食，故又名"拐枣"；果实近球形③，直径6～20毫米。产上方山、十三陵；生沟谷林中。

酸枣为灌木或小乔木，枝有刺，叶较小，花几朵簇生叶腋，果梗纤细；北枳椇为乔木，无刺，叶大，聚伞花序多花，果梗肥厚扭曲。

中国沙棘 胡颓子科 沙棘属

Hippophae rhamnoides subsp. *sinensis*

Chinese Seaberry ｜ zhōngguóshājí

灌木或小乔木；具枝刺；叶互生或近对生，狭披针形②，长3～8厘米，宽4～10毫米，下面被银白色鳞片；花先叶开放①，单性异株，组成短总状花序；花萼2裂，橙黄色；无花瓣；雄蕊4（①左上）；果浆果状，熟时橙黄色②，可食，味涩。

产百花山、东灵山、喇叭沟门。生于山坡或沟谷林中。

相似种：牛奶子【*Elaeagnus umbellata*，胡颓子科 胡颓子属】灌木；叶互生，卵状披针形③④，被银白色鳞片；花簇生，萼筒状，白色③；无花瓣；雄蕊4；果球形，熟时红色④，可食。产周口店、潭柘寺，各地也有引种；生山坡林中，或植于公园。

沙枣【*Elaeagnus angustifolia*，胡颓子科 胡颓子属】叶密被鳞片；花黄色⑤；果椭球形（⑤左下）。原产欧洲至我国北部，海淀有引种；植于公园。

中国沙棘花2数，单性异株，先叶开放，其余二者花4数，两性，与叶同放；牛奶子叶上面疏被鳞片，果球形；沙枣叶两面均被鳞片，果椭球形。

河朔荛花　野瑞香　瑞香科 荛花属

Wikstroemia chamaedaphne

Northern China Stringbush | héshuòráohuā

灌木，多分枝；枝纤细，幼时淡绿色，具棱，无毛；叶对生①，近革质，无毛，披针形至条状披针形①，长2～5.5厘米，宽0.3～0.8厘米；穗状花序或圆锥花序顶生或腋生①，花黄色②；花萼筒状，长8～10毫米，密被灰黄色绢状毛，裂片4②，无花瓣；雄蕊8；子房上部被淡黄色短柔毛；果卵形，干燥，包于宿存萼筒中。

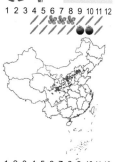

产各区山地。生于中低海拔向阳山坡林缘、灌丛中，常见。

相似种：羊眼子【*Wikstroemia ligustrina*，瑞香科 荛花属】灌木；叶互生③，纸质，矩圆形，长1～4厘米；花序穗状或头状，顶生枝端，花黄色③；花萼裂片4；果卵形。产百花山、小龙门；生中海拔沟谷林缘。

河朔荛花的叶对生，近革质；羊眼子的叶互生，纸质。

沙棶　山茱萸科 棶木属

Swida bretschneideri

Bretschneider's Dogwood | shālái

灌木或小乔木；幼枝圆柱形，带红色；叶对生，卵形或矩圆形①，长5～8.5厘米，宽2.5～6厘米，上面绿色，有短柔毛，下面密生平贴粗毛，侧脉5～6对，弓形内弯①；伞房状聚伞花序顶生①，宽4.5～6厘米；花小，白色（①右下），直径5.5～7毫米；花萼裂片4，花瓣卵状披针形；雄蕊4，长于花瓣；核果成熟时蓝黑色②，近于球形，直径4～5毫米，密被贴生短柔毛②。

产各区山地。生于山坡或沟谷林中。

相似种：红瑞木【*Swida alba*，山茱萸科 棶木属】灌木；枝血红色④；叶卵形至椭圆形③④，长4～9厘米，侧脉5～6对；伞房状聚伞花序顶生，花白色③；花瓣卵状舌形；雄蕊4；核果成熟时白色④，球形至矩圆形，花柱宿存。产雾灵山；生沟谷林下，公园常有栽培。

沙棶的幼枝微带红色，核果熟时蓝黑色，密被短柔毛；红瑞木的枝血红色，核果熟时白色。

巧玲花 毛叶丁香 木樨科 丁香属
Syringa pubescens
Pubescent Lilac | qiǎolínghuā

灌木；叶对生，卵形或菱状卵形①，长1.5~7厘米，宽1~4厘米，上面深绿色，无毛，下面淡绿色，叶脉基部密被柔毛，叶缘具睫毛；圆锥花序直立①②，由侧芽抽生，长5~16厘米，宽3~5厘米；花冠初开时紫色①，后渐近白色，花冠管细长，裂片4①，开展或反折；雄蕊2，花药紫色；蒴果长椭圆形，具瘤状凸起（①左上）。

产各区山地。生于山坡林缘、沟谷林下、灌丛中，常见。

相似种：红丁香【*Syringa villosa*，木樨科 丁香属】灌木；叶椭圆形③，长4~11厘米；圆锥花序顶生③；花冠淡紫红色至粉色③④，花冠管圆筒形④，裂片4，开展④。产百花山、东灵山、海坨山、雾灵山；生亚高山草甸或林缘。

巧玲花的叶卵形或菱状卵形，下面沿脉密被柔毛，花序侧生，花冠管细长，裂片常反折；红丁香的叶椭圆形，下面疏生毛，花序顶生，花冠管较短，裂片开展。

北京丁香 木樨科 丁香属
Syringa reticulata subsp. *pekinensis*
Beijing Lilac | běijīngdīngxiāng

小乔木①；叶对生，卵形至卵状披针形②，纸质，长4~10厘米，宽2~6厘米，无毛，下面侧脉不隆起或略隆起；圆锥花序②，长8~15厘米；花冠白色①②，4裂，花冠管极短；花丝细长，雄蕊2，与花冠裂片等长（③左下）；蒴果矩圆形③，长0.9~2厘米，平滑或有疣状突起。

产各区山地。生于中高海拔山坡林中，常见。

相似种：流苏树【*Chionanthus retusus*，木樨科 流苏树属】乔木；叶薄革质，矩圆形④，长3~12厘米；聚伞状圆锥花序；花冠白色④，4深裂至基部，裂片条形④；核果椭球形，熟时蓝黑色（④左下），被白粉。产上方山、蒲洼、延庆千家店；生山坡林中，各地公园常有栽培。

北京丁香的花冠裂片短小，果实为蒴果；流苏树的花冠裂片细长，果实为核果。

暴马丁香 *Syringa reticulata* subsp. *amurensis* 产东北，在北京仅见栽培，与北京丁香区别为叶片稍厚，叶脉在上面明显下凹。

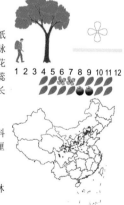

君迁子 黑枣 软枣 柿科 柿属

Diospyros lotus

Date Plum | jūnqiānzǐ

乔木；树皮暗灰色，老时呈小方块状裂；叶互生，叶片椭圆形至矩圆形①，长6~12厘米，宽3.5~5.5厘米，上面密生柔毛，后脱落，下面近白色；花单性或杂性异株；雄花簇生叶腋①，花萼密生柔毛，花冠壶形，淡黄色或带红色（①右下），4裂；雌花单生，4数，花萼裂片大，花冠淡黄色②；浆果球形③，直径1.5~2厘米，熟时淡黄色③，后变蓝黑色，有白蜡层，可食。

产各区平原和低山区。生于山坡林中，或植于村旁、庭院，常用作柿的砧木。

相似种：柿【*Diospyros kaki*，柿科 柿属】乔木；树皮鳞片状裂；叶椭圆状卵形至倒卵形④，长6~18厘米，宽3~9厘米，老叶上面深绿色，有光泽；花雌雄异株；浆果扁球形④，直径4~8厘米，熟时橙黄色或鲜黄色④，可食。原产我国，各区均有栽培，尤以山区为多；生村旁、沟谷。

君迁子的叶较窄，果实径1.5~2厘米；柿的叶较宽，果实径4厘米以上。

东陵绣球 东陵八仙花 绣球科/虎耳草科 挂苦绣球属

Heteromalla bretschneideri

Bretschneider's Hydrangea | dōnglíngxiùqiú

灌木①；叶对生，叶片矩圆状倒卵形或近椭圆形①，长7~13厘米，宽3.5~6厘米，边缘有锯齿，上面无毛或脉上有毛，下面有灰色卷曲柔毛；伞房状聚伞花序顶生①，径7~12厘米；花二型②；外围辐射花具4枚白色瓣状萼片②，长1~1.5厘米；中间孕性花白色②，萼裂片5，花瓣5，离生，雄蕊10，子房大半部下位；蒴果近卵形③，长3毫米，约一半突出于萼管之上，顶端孔裂。

产房山、门头沟、昌平、延庆、怀柔、密云、平谷。生于中高海拔山坡或沟谷林下。

相似种：绣球【*Hortensia macrophylla*，绣球科/虎耳草科 绣球属】灌木；叶阔椭圆形④，长6~15厘米，边缘具粗齿；伞房状聚伞花序近球形④，径8~20厘米，多数为不育花，粉红色、淡蓝色或白色。原产日本，各区有引种；常作盆栽。

东陵绣球的花二型，花序边缘为不育花，中间为可育花；绣球的花序近球形，全为不育花。

太平花　北京山梅花　绣球科/虎耳草科 山梅花属
Philadelphus pekinensis
Beijing Mock-orange　｜　tàipínghuā

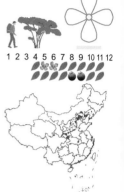

灌木；叶对生，叶片卵形或狭卵形①②，长1.5～9厘米，宽1.4～4厘米，边缘有小锯齿，两面无毛，基出脉3～5条①；花序具5～9朵花，萼筒无毛，裂片4，宿存②；花瓣4，白色①，倒卵形，长0.9～1.2厘米；雄蕊多数①，长达9毫米；子房下位，4室，胚珠多数，花柱上部4裂；蒴果球状倒圆锥形②，直径5～7毫米。

产各区山地。生于山坡、沟谷或溪边灌丛中，常见，公园常有栽培。

相似种：小花溲疏【*Deutzia parviflora*，绣球科/虎耳草科 溲疏属】灌木；老枝灰色，表皮片状脱落④；叶对生，叶片卵形或狭卵形③；花序伞房状，具多数花③；花瓣5，白色③，长4～7毫米；花丝无齿或上部具短钝齿；蒴果半球形⑤。产各区山地；生山坡或沟谷林缘、灌丛中。

太平花的叶具基出脉，花大而稀疏，4数；小花溲疏的叶具羽状脉，花多而密，5数。

大花溲疏　绣球科/虎耳草科 溲疏属
Deutzia grandiflora
Large-flower Pride-of-Rochester　｜　dàhuāsōushū

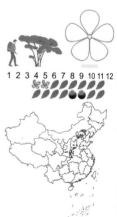

灌木①；小枝有星状柔毛；叶对生，有短柄；叶片卵形或卵状菱形①②，长2～5厘米，宽1～2.3厘米，基部圆形，边缘具小牙齿，上面绿色，散生星状毛，具3～6条辐射线，下面灰白色，密被星状短茸毛，具6～12条辐射线；聚伞花序有1～3花；萼筒密生星状毛；花瓣5，白色①②③；雄蕊10，花丝上部有2长齿；子房下位；蒴果半球形，直径4～5毫米。

产各区低山地区。生于海拔1000米以下的向阳山坡灌丛中，极常见。

相似种：钩齿溲疏【*Deutzia baroniana*，绣球科/虎耳草科 溲疏属】灌木；叶片卵形④⑤，下面绿色⑤，疏被5～7辐线星状毛；花白色④；蒴果半球形。产房山、门头沟、延庆、怀柔、密云；生海拔500米以上的山坡林缘、灌丛中。

大花溲疏的叶背面灰白色，密被星状毛，喜生干旱处；钩齿溲疏的叶背面绿色，疏被星状毛，喜生阴湿处。

东北茶藨子 山麻子 茶藨子科/虎耳草科 茶藨子属

Ribes mandshuricum

Manchurian Currant | dōngběichápāozi

灌木；小枝无刺；叶互生，叶片掌状3裂，稀5裂，长5～10厘米，边缘具不整齐重锯齿①；总状花序②，长7～18厘米，具花35～50朵；花萼黄绿色②，萼筒盆形，萼片反折；花瓣匙形，长约1毫米；雄蕊5，稍长于萼片；浆果球形，直径7～9毫米，无毛，熟时红色①，可食，味酸。

产各区山地。生于沟谷林下。

相似种：瘤糖茶藨子【*Ribes himalense* var. *verruculosum*，茶藨子科/虎耳草科 茶藨子属】灌木；枝无刺；叶片掌状5裂③④，长3～5.5厘米；总状花序长2.5～4厘米，具花8～15朵；萼筒钟形，萼片平展，淡红色③；浆果球形，熟时红色④。产百花山、东灵山、海坨山、坡头；生亚高山林下。

二者枝条均无刺；东北茶藨子叶较大，3～5裂，总状花序较长，花多而密集，黄绿色，萼片反折；瘤糖茶藨子叶较小，5裂，总状花序较短，花少而稀疏，淡红色，萼片平展。

牛叠肚 山楂叶悬钩子 蔷薇科 悬钩子属

Rubus crataegifolius

Hawthorn-leaf Raspberry | niúdiédǔ

灌木；小枝、叶柄、叶脉上均有钩状皮刺①；单叶互生，宽卵形，长5～10厘米，掌状3～5浅裂①，边缘有不整齐粗锯齿；花2～6朵丛生；花瓣5，白色①；雄蕊多数（①左下）；聚合果近球形，径约1厘米，成熟时红色②，可食。

产各区山地。生于山坡或沟谷灌丛中，常见。

相似种：刺果茶藨子【*Ribes burejense*，茶藨子科/虎耳草科 茶藨子属】灌木；枝密生长短不等的细针刺③；叶卵圆形，长1.5～4厘米，掌状3～5深裂③④；萼筒宽钟形；花瓣淡粉色③；果球形，具长刺，熟时红色④，可食，味甜。产百花山、海坨山；生沟谷林下、水边。**美丽茶藨子**【*Ribes pulchellum*，茶藨子科/虎耳草科 茶藨子属】叶掌状3裂⑤⑥，基部具刺；花绿色带红褐色⑤；果熟时红色⑥。产百花山、延庆千家店；生沟谷灌丛中。

牛叠肚叶、花较大，聚合果，其余二者叶、花较小，浆果；刺果茶藨子枝和果密被刺，花1～3朵腋生；美丽茶藨子枝疏生刺，果无刺，花序总状。

三裂绣线菊 石棒子 蔷薇科 绣线菊属
Spiraea trilobata
Asian Meadowsweet | sānlièxiùxiànjú

灌木；小枝褐色，稍呈"之"字形弯曲，无毛；叶互生，叶片近圆形，长1.7～3厘米，宽1.5～3厘米，先端钝，3裂①，基部圆形或楔形，边缘自中部以上具少数圆钝锯齿，两面无毛；伞形花序①②，具花15～30朵；花白色②；萼筒钟状，外面无毛②，裂片三角形；花瓣5，倒卵形，先端常微凹；雄蕊18～20，较花瓣短；蓇葖果具微柔毛。

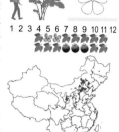

产各区山地。生于阳坡灌丛中（常为优势种）、沟谷林缘、亚高山草甸，极常见。

相似种：毛花绣线菊【*Spiraea dasyantha*，蔷薇科 绣线菊属】灌木；叶片菱状卵形，上面有皱脉纹③，下面密被白色茸毛④；伞形花序③④，具花10～20朵，总花梗密被茸毛④；花萼外面密被白色茸毛④；蓇葖果被茸毛。产各区低山地区；生海拔1000米以下的山坡灌丛、林缘，常见。

三裂绣线菊的叶片近圆形而3裂，叶面平，叶背、花序、花萼均无毛；毛花绣线菊的叶片菱状卵形，叶面皱，叶背、花序、花萼均密被茸毛。

土庄绣线菊 柔毛绣线菊 蔷薇科 绣线菊属
Spiraea pubescens
Pubescent Spirea | tǔzhuāngxiùxiànjú

灌木①；叶互生，叶片菱状卵形至椭圆形①，边缘自中部以上具深锯齿，有时微3裂，上面被疏柔毛，下面被短柔毛（①左下）；伞形花序具总梗②，有花15～20朵；花白色①②；萼筒钟状，外面无毛，内面有灰白色短柔毛，萼片卵状三角形；花瓣5，卵形；雄蕊25～30，约与花瓣等长；蓇葖果开张，在腹缝微被短柔毛。

产房山、门头沟、延庆、怀柔、密云。生于中高海拔山坡或沟谷林缘。

相似种：华北绣线菊【*Spiraea fritschiana*，蔷薇科 绣线菊属】灌木；叶片卵形或矩圆形③，长3～8厘米，边缘具不整齐重锯齿或单锯齿；复伞房花序生于当年枝的顶端③；花白色③；雄蕊25～30，长于花瓣③；蓇葖果近直立，萼片常反折。产古北口、坡头、雾灵山；生山坡或沟谷林缘。

土庄绣线菊为伞形花序，雄蕊和花瓣等长，叶背面被柔毛；华北绣线菊为复伞房花序，雄蕊长于花瓣，叶背面几无毛。

风箱果　蔷薇科 风箱果属

Physocarpus amurensis

Amur Ninebark　｜fēngxiāngguǒ

灌木；叶互生，叶片三角卵形至宽卵形①，长3.5～5.5厘米，宽3～5厘米，基部心形，掌状3裂①，稀5裂，边缘有重锯齿；托叶条状披针形；花序伞形①，直径3～4厘米，总花梗和花梗被星状柔毛；萼片5，三角形，长约3毫米；花瓣5①，倒卵形，长约4毫米，白色①；雄蕊多数；蓇葖果膨大②，卵形，长渐尖头，熟时开裂。

产坡头、雾灵山。生于山坡或沟谷林缘、亚高山林下。

相似种：齿叶白鹃梅【*Exochorda serratifolia***，**蔷薇科 白鹃梅属】灌木；叶片椭圆形④，长5～9厘米，中部以上有锐锯齿，下部全缘；花序总状③，有花4～7朵；花直径3～4厘米；花瓣5③，矩圆形，白色③；雄蕊25，心皮5；蒴果倒圆锥形，具5棱脊④。产延庆、怀柔、密云；生山坡林中或灌丛中。

风箱果的叶片掌裂，花序伞形，果实为蓇葖果，膨大；齿叶白鹃梅的叶片不裂，花序总状，果实为蒴果，具5棱。

灰栒子　蔷薇科 栒子属

Cotoneaster acutifolius

Beijing Cotoneaster　｜huīxúnzi

灌木；叶互生，叶片椭圆状卵形①②，长2.5～5厘米，宽1.2～2厘米，全缘，幼时两面均被长柔毛，老时渐脱落；花2～5朵成聚伞花序；萼外面被短柔毛；花瓣5，宽倒卵形或矩圆形，白色，外带红晕②；雄蕊10～15；果实椭圆形，径7～8毫米，熟时黑色①，内有小核2～3个。

产门头沟、昌平、延庆。生于沟谷林缘。

相似种：水栒子【*Cotoneaster multiflorus***，蔷薇**科 栒子属】灌木；叶片卵形③，长3～4.5厘米；花多数组成疏松的聚伞花序，白色；果实倒卵形，熟时红色③。产玉渡山、海坨山、雾灵山；生境同上。**西北栒子【***Cotoneaster zabelii***，蔷薇科 栒子属】灌木；叶片椭圆形至卵形④，长1.2～3厘米，上面具稀疏柔毛，下面密被茸毛；果实倒卵形，熟时红色④。产百花山、玉渡山；生山坡林缘。

西北栒子叶老时背面仍密被茸毛，果熟时红色，其余二者叶老时无毛；灰栒子花序具少数花，果熟时黑色；水栒子花序具多数花，果熟时红色。

山荆子 山定子 蔷薇科 苹果属

Malus baccata

Siberian Crabapple | shānjīngzi

乔木；小枝无毛，暗褐色；叶互生，叶片椭圆形或卵形①，长3～8厘米，宽2～3.5厘米，边缘有细锯齿；叶柄长2～5厘米，无毛；伞房花序①有花4～6朵，集生于小枝顶端，花梗细，长1.5～4厘米，无毛；花白色①；花瓣倒卵形，雄蕊15～20，花药黄色①；花柱5或4；梨果球形②，直径0.8～1厘米，熟时红色②，萼裂片脱落。

产各区山地。生于山坡或沟谷林中，极常见。

相似种：水榆【*Micromeles alnifolia*，蔷薇科 水榆属】乔木；叶卵形③④，长5～10厘米，边缘有不整齐的尖锐重锯齿，上部有微浅裂③④；复伞房花序有花6～25朵，花白色③；梨果卵形④，直径7～10毫米，熟时红色④，萼裂片脱落。产昌平、延庆、怀柔、密云；生沟谷林中。

山荆子叶片不裂，边缘有细锯齿，伞房花序，花大而疏；水榆叶片上部有浅裂，边缘有重锯齿，复伞房花序，花小而密。

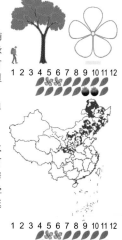

杜梨 棠梨 蔷薇科 梨属

Pyrus betulifolia

Birch-leaf Pear | dùlí

乔木；枝常具刺；小枝、叶两面、花萼嫩时均密被灰白色茸毛，后脱落；叶互生，叶片菱状卵形①②，长4～8厘米，宽2.5～3.5厘米，边缘有粗锐锯齿①②；伞房花序①有花10～15朵；花瓣5，宽卵形，白色①；雄蕊20，长约为花瓣之半，花药紫色①；果实近球形，径0.6～1厘米，2～3室，熟时褐色②，有淡色斑点，萼片脱落②。

产各区山地。生于山坡或沟谷林中，常见。

相似种：秋子梨【*Pyrus ussuriensis*，蔷薇科 梨属】乔木；叶片卵形至宽卵形④，长5～10厘米，边缘有刺芒状尖锐锯齿④；伞房花序有花5～7朵，花白色③；雄蕊20，花药紫色；果实近球形，径2～6厘米，黄色④，萼片宿存④。产地同上；生村边、沟谷林中，野生或栽培，有多个栽培品种。

杜梨的叶缘有锐锯齿，果实小，径不超过1厘米，萼片脱落；秋子梨的叶缘有刺芒状锯齿，果实大，萼片宿存。

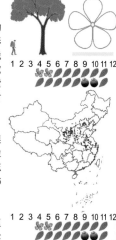

甘肃山楂 蔷薇科 山楂属

Crataegus kansuensis

Gansu Hawthorn | gānsùshānzhā

乔木；小枝细，圆柱形，无毛，具锥形的枝刺；叶互生，叶片宽卵形①②，长4～6厘米，宽3～4厘米，边缘有尖锐重锯齿和5～7对不规则羽状浅裂片①②；伞房花序①具花8～18朵；总花梗和花梗均无毛；萼片三角状卵形；花瓣5，近圆形，白色①；雄蕊15～20；果实近球形，直径8～10毫米，熟时红色或橙黄色②，萼片宿存。

产东灵山、松山、海坨山。生于沟谷林中。

相似种：山楂【*Crataegus pinnatifida***，蔷薇科山楂属】**乔木；具枝刺；叶片3～5羽状深裂③④；伞房花序，花白色③；果实熟时深红色④，有斑点，可食。产门头沟、昌平、延庆、密云；生山坡或沟谷林中，野生或栽培，其品种"山里红"果实径达2.5厘米，在山区广泛栽培。

甘肃山楂的叶片羽状浅裂或不裂，果实无斑点；山楂的叶片羽状深裂，果实有斑点。

欧李 蔷薇科 李属

Prunus humilis

Chinese Dwarf Cherry | ōulǐ

小灌木③；小枝灰褐色或棕褐色；叶互生，叶片矩圆形或倒卵形②，长2.5～5厘米，宽1～2厘米，边缘有细密锯齿，无毛；叶先叶开放①③或与叶同时开放，1～2朵生于叶腋①；花梗长约1厘米；萼钟状，萼片长卵形，花后反折；花瓣粉红色①或白色③；雄蕊多数；核果近球形，无沟，径约1.5厘米，熟时红色②。

产各区山地。生于中低海拔山坡或山脊林缘、灌丛中，常见。

相似种：稠李【*Prunus padus***，蔷薇科 李属】**乔木；叶片椭圆形或矩圆状倒卵形⑤，长6～14厘米，边缘有锐锯齿；叶柄长1～1.5厘米，近顶端有2腺体；花序总状⑤；花瓣5，白色⑤；核果球形④，直径6～8毫米，熟时红色至黑色④。产百花山、东灵山、凤凰坨、坡头；生亚高山林中。

欧李为矮小灌木，花1～2朵腋生，果熟时红色；稠李为乔木，花序总状，果熟时黑色。

山桃　蔷薇科 李属
Prunus davidiana

David's Peach　│　shāntáo

　　乔木；树皮暗紫色，光滑。叶互生，叶片卵状披针形②，长5～13厘米，宽1.5～3厘米，先端渐尖，边缘具细锐锯齿②；叶柄常具腺体；花先叶开放①，成对着生于叶芽两侧③；萼片直伸③；花瓣5，淡粉色③，有时白色；雄蕊多数；果核球形②，径2.5～3.5厘米，密被短柔毛；果核具沟纹。

　　产各区山地。生于向阳山坡或山脊林中，极常见，庭院也有栽培。

　　相似种：山杏【_Prunus sibirica_**，蔷薇科 李属】**小乔木；叶互生，叶片卵形或近圆形⑤，先端尾尖⑤；花单生④；萼片花后反折④；花瓣淡粉色④；核果扁球形⑤，熟时开裂；果核平滑。产地同上；生向阳山坡林中，常见，庭院也有栽培。

　　山桃的叶片卵状披针形，先端渐尖，花成对着生，花萼直伸，果核具沟纹；山杏的叶卵形，先端尾尖，花单生，花萼反折，果核平滑。

　　山桃花期早于山杏20天，一前一后在早春形成北京山区大面积的花海景观①。

榆叶梅　蔷薇科 李属
Prunus triloba

Flowering Plum　│　yúyèméi

　　灌木或小乔木；叶互生，叶片倒卵形②，长2～6厘米，宽1.5～3厘米，先端常3浅裂，上面具疏柔毛，下面被短柔毛，叶缘具粗锯齿或重锯齿；花先叶开放①，成对着生于叶芽两侧；萼筒宽钟形③；花瓣5，粉红色③；雄蕊25～30；核果球形②，径1～1.8厘米，被短柔毛，熟时变红色②。

　　产门头沟、延庆、怀柔、密云。生于山坡或沟谷林中，庭院也有栽培，但花常为重瓣。

　　相似种：毛樱桃【_Prunus tomentosa_**，蔷薇科 李属】**灌木；叶片倒卵形，上面极皱⑤，下面密生茸毛；花成对着生④；萼筒长筒状④；花瓣粉白色④；核果熟时红色⑤，可食。产海淀、房山、门头沟、延庆；生山坡或沟谷林缘，庭院也有栽培。

　　榆叶梅的叶面较平，下面疏被柔毛，花色深，萼筒宽钟形，果有毛；毛樱桃的叶面极皱，下面密被茸毛，花色淡，萼筒长筒状，果无毛。

　　榆叶梅花期与山杏同时，淡粉白色山杏林中若间杂少量粉红色灌木，即为榆叶梅①。

黄栌 红叶 漆树科 黄栌属

Cotinus coggygria var. *cinerea*

Cinereous Smoketree | huánglú

灌木①；叶倒卵形或卵圆形①②，揉碎后有特殊气味，长3～8厘米，宽2.5～6厘米，先端圆形或微凹，基部圆形或阔楔形，全缘，两面尤其叶背显著被灰色柔毛，侧脉6～11对；叶柄短；圆锥花序被柔毛；花黄绿色③，径约3毫米；花梗长7～10毫米，花萼无毛，裂片狭状三角形；花瓣卵形或卵状披针形，长2～2.5毫米，无毛；雄蕊5，花药卵形，与花丝等长，花盘5裂，紫褐色；子房近球形，花柱3，分离，不等长；果序上有许多伸长成紫色羽毛状的不孕性花梗④，果肾形。

产各区山地。生于山坡林中，常见，秋季霜叶红艳可爱②，为香山"红叶"的主要成分。

黄栌的叶卵圆形，揉碎后有特殊气味，花后不育花的花梗生红毛。

元宝槭 平基槭 元宝枫 无患子科/槭科 槭属

Acer truncatum

Purple Blow Maple | yuánbǎoqì

乔木；枝、叶有少量乳汁；叶对生，叶片纸质，常掌状5裂①②，长5～10厘米，宽8～12厘米，基部截形，有时近于心形，全缘，裂片三角形；叶柄长3～5厘米；伞房花序顶生，径达8厘米；花杂性；萼片5，黄绿色；花瓣5，黄色②；雄蕊8，着生于花盘内侧边缘上；果实为双翅果，翅矩圆形，常与果体等长，张开成钝角①。

产各区山地。生于山坡或山脊林中，常见，秋季叶色转红，为香山"红叶"的主要成分。

相似种：葛萝槭【*Acer davidii* subsp. *grosseri*，无患子科/槭科 槭属】乔木；树皮绿色，常纵裂成蛇皮状（④左）；叶片卵形③，3浅裂或不裂，长7～9厘米，边缘具重锯齿；果序总状，果翅张开近于水平（④右）。产延庆、怀柔、密云；生沟谷林中。

元宝槭的叶为五角形，掌裂，果翅张开成钝角；葛萝槭的叶为卵形，3浅裂或不裂，果翅张开近于水平。

辽椴 糠椴 大叶椴 锦葵科/椴科 椴属

Tilia mandshurica

Manchurian Liden | liáoduàn

乔木；嫩枝被灰白色星状茸毛；叶互生，叶片卵圆形①，长8～10厘米，宽7～9厘米，基部斜心形或截形，上面无毛，下面密被灰色星状茸毛②，边缘有三角形锯齿①②；聚伞花序基部有一匙状苞片；萼片5；花瓣5，淡黄色（①左下）；退化雄蕊5，花瓣状，黄色，略短于花瓣（①左下）；雄蕊多数；果实球形②，径7～9毫米，被褐色茸毛。

产房山、门头沟、延庆、怀柔、密云。生于沟谷林中。

相似种：蒙椴【*Tilia mongolica***，锦葵科/椴科椴属】**乔木；叶三角状卵形，长4～6厘米，不裂或3浅裂③，边缘具粗锯齿③④；花瓣白色③；雄蕊多数，有5枚退化雄蕊；果实近球形④，径6～8毫米。产百花山、松山、喇叭沟门、坡头；生境同上。

辽椴的叶片大，不裂，背面密生灰色星状茸毛；蒙椴的叶片小，常3裂，背面几无毛。

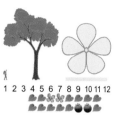

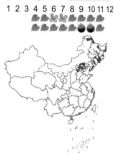

小花扁担杆 孩儿拳 扁担木 锦葵科/椴科 扁担杆属

Grewia biloba var. *parviflora*

Small-flower Grewia | xiǎohuābiǎndāngǎn

灌木；小枝和叶柄密生黄褐色短毛；叶菱状卵形或菱形①，长3～11厘米，宽1.6～6厘米，边缘密生不整齐的小牙齿，有时不明显浅裂，两面有星状短柔毛，下面毛更密，基出三脉①；聚伞花序与叶对生，花二型，淡黄白色①②；萼片5，狭披针形，外面密生短茸毛；花瓣5，短小，长1～1.5毫米；功能性雄蕊较大，雄蕊多数，花药黄色②，子房退化；功能性雌蕊较小，具多数白色的退化雄蕊（①左上），子房密生柔毛，柱头扩大，盘状，有浅裂（①左上）；核果有2～4颗分核③，熟时红色④，经冬不落，直径8～12毫米。

产各区山地。生于山坡林缘、林下、灌丛中，极常见。

小花扁担杆的叶互生，基出三脉，花5数，核果常有4分核，红色，经冬不落。

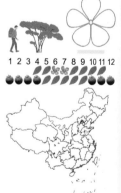

雀儿舌头 雀舌木 叶下珠科/大戟科 雀舌木属

Leptopus chinensis

Chinese Maidenbush | quèrshétou

小灌木；叶卵形至披针形①②，长1~4.5厘米，宽0.4~2厘米；叶柄纤细，长2~8毫米；花小，单性，雌雄同株，单生或2~4朵簇生于叶腋，萼片5，基部合生；雄花花瓣5，白色，腺体5，顶端2裂，雄蕊5（①右下）；雌花的花瓣较小；子房3室，无毛，花柱3，2裂（②左下）；蒴果球形或扁球形，直径约6毫米，下垂②。

产各区山地。生于山坡或沟谷林缘、灌丛中，极常见。

相似种：一叶萩【*Flueggea suffruticosa*，叶下珠科/大戟科 白饭树属】叶椭圆形或矩圆形③④；花小，单性异株；雄花簇生叶腋③；雌花花柱3（③左上）；蒴果三棱状扁球形，常单个或数个生于叶腋，下垂④，故又名"叶底珠"。产地同上；生山坡林缘、灌丛中，常见。

雀儿舌头叶基部圆形，有花瓣，雄花1~3朵散生；一叶萩叶基部楔形，无花瓣，雄花多朵簇生。

迎红杜鹃 蓝荆子 杜鹃花科 杜鹃花属

Rhododendron mucronulatum

Korean Rhododendron | yínghóngdùjuān

落叶灌木，多分枝；小枝细长，疏生鳞片；叶互生，矩圆状披针形③，长3~8厘米，两面有疏鳞片，叶柄长3~5毫米；花淡紫红色，先叶开放①②；花梗和花萼极短，有疏鳞片；花冠宽漏斗状②，长4~5厘米，外面有微毛，无鳞片，裂片5，圆头，边缘呈波状；雄蕊10，下倾，不等长，不超过花冠②；蒴果圆柱形③。

产各区山地。生于海拔900米以上的山坡或山脊灌丛中、沟谷林下、水边。

相似种：照山白【*Rhododendron micranthum*，杜鹃花科 杜鹃花属】常绿灌木；叶厚革质，两面有鳞片，下面尤密⑤；顶生总状花序多花④，花小，乳白色④；蒴果矩圆形⑤。产地同上；生海拔600米以上的山坡林下、灌丛中。

迎红杜鹃为落叶灌木，花大，先叶开放，紫色，花期春季；照山白为常绿灌木，生叶后开花，花小而密集，白色，花期夏季。

薄皮木 茜草科 野丁香属

Leptodermis oblonga

Chinese Leptodermis | báopímù

灌木；小枝纤细，灰色至淡褐色③，表皮薄，常片状剥落；叶对生，叶片矩圆形或倒披针形①③，长1～1.5厘米；托叶膜质而透明，三角形，长约2毫米，在中部连合成一长尖；花5数①②，无梗，2～10朵簇生于枝顶或叶腋内①③；小苞片合生，透明，具脉，长3～4毫米；花萼长2.5毫米，裂片矩圆形，比萼筒短，有睫毛；花冠淡紫色至粉红色，漏斗状，长1.2～1.5厘米，花冠管稍弯曲③，裂片披针形，长为花冠筒的1/4或1/5；蒴果椭球形④，长5～6毫米。

产各区低山地区。生于山坡路旁、林下、灌丛中，以阴坡最为常见。

薄皮木叶对生，全缘，具柄间托叶，花冠漏斗状，淡紫色，花冠管稍弯曲。

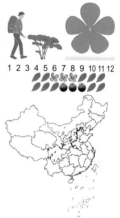

枸杞 茄科 枸杞属

Lycium chinense

Chinese Desert-thorn | gǒuqǐ

灌木；枝细长，柔弱，常弯曲下垂，有枝刺；叶互生或簇生于短枝上，卵形或卵状披针形①，长1.5～5厘米，宽0.5～1.7厘米，全缘；花常1～4朵簇生于叶腋；花梗细，长5～16毫米；花萼钟状，3～5裂（③右下）；花冠漏斗状，紫色②；雄蕊5；浆果卵状或长椭圆状卵形③，长5～15毫米，红色③，可食；种子肾形，黄色。

产各区低山地区。生于村边、路旁、山坡林缘、灌丛中。

相似种：宁夏枸杞【*Lycium barbarum***，茄科 枸杞属】**灌木；叶互生或簇生，叶片披针形④，长2～3厘米，宽0.4～1厘米；花萼钟状，2中裂（④右下）；浆果矩圆形，红色④。原产我国北部，各区有少量栽培；植于村旁。

枸杞的叶较宽，花萼3～5裂；宁夏枸杞的叶较窄，花萼2裂。

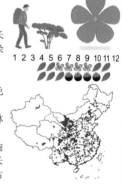

槭叶铁线莲 岩花 毛茛科 铁线莲属

Clematis acerifolia

Maple-leaf Clematis | qìyètiěxiànlián

小灌木；根木质，粗壮，深入石缝中；单叶对生；叶片五角形②，长3～7.5厘米，宽3.5～8厘米，基部浅心形，通常为不等的掌状5浅裂②，中裂片近卵形，侧裂片近三角形；叶柄长达5厘米；花2～3朵簇生；萼片6，白色①，背面带粉红色①，长达2.5厘米；无花瓣；雄蕊多数，无毛；心皮多数；瘦果具短柔毛，宿存花柱羽毛状②。

产房山和门头沟的低山地区。生于竖直崖壁上，早春花期容易见到。

相似种：灌木铁线莲【*Clematis fruticosa***，毛茛科 铁线莲属】**直立小灌木③；单叶对生，叶披针形④，长1.5～6厘米，下半部常成羽状深裂；花单生或聚伞花序有3花；萼片4，黄色④。产昌平、延庆；生于旱山坡灌丛中。

槭叶铁线莲的叶掌裂，花白色，大型，生于崖壁上；灌木铁线莲的叶披针形，羽裂，花黄色，下垂，生于干旱山坡。

黄芦木 大叶小檗 小檗科 小檗属

Berberis amurensis

Amur Barberry | huánglúmù

灌木；枝上有三分叉刺；叶纸质，椭圆形或倒卵形，长5～10厘米，宽2.5～5厘米，边缘有刺状细锯齿；总状花序具10～25朵花；花黄色①；萼片2轮；花瓣椭圆形，长4.5～5毫米；浆果矩圆形，长约1厘米，熟时红色②，有毒，请勿食用。

产各区山地。生于中高海拔山坡林缘、林下、灌丛中。

相似种：细叶小檗【*Berberis poiretii***，小檗科 小檗属】**灌木；刺三分叉；叶狭倒披针形③④，长1.5～4.5厘米，全缘或下部叶边缘有锯齿；花黄色③；浆果矩圆形，红色④。产同上；生山坡林缘、灌丛中。**西伯利亚小檗【***Berberis sibirica***，小檗科 小檗属】**小灌木；刺3～7分叉；叶倒卵形⑤，长1～2.5厘米；花单生，黄色⑤。产东灵山、凤凰坨；生山坡灌丛中。

西伯利亚小檗的叶倒卵形，短小，花单生，其余二者为总状花序；黄芦木的叶卵状椭圆形，较宽大；细叶小檗的叶披针形，细长。

鞘柄菝葜

菝葜科/百合科 菝葜属

Smilax stans

Erect Greenbrier | qiàobǐngbáqiā

灌木或半灌木,直立或披散;茎和枝条稍具棱,无刺;叶纸质,卵形、卵状披针形或近圆形①③,长1.5~4厘米,宽1.2~3.5厘米,下面稍苍白色;叶柄长5~12毫米,向基部渐宽成鞘状③,无卷须;花序具1~3朵②;总花梗纤细,比叶柄长3~5倍;花黄绿色带淡红色②,单性;花被片6,雌花比雄花略小;浆果球形④,直径6~10毫米,熟时黑色,具粉霜④。

产各区山地。生于山坡林下。

鞘柄菝葜为直立灌木,叶卵形或近圆形,叶柄基部鞘状,花序少花,浆果球形,黑色,具粉霜。

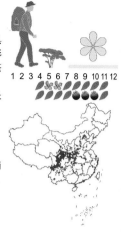

蚂蚱腿子

菊科 帚菊属

Pertya dioica

Myripnois | màzhatuǐzi

小灌木;小枝被细短毛;叶互生,幼时揉碎有香气,老时气味渐无,叶片宽披针形至卵形①②③,长2~4厘米,宽0.5~2厘米,顶端渐尖,基部楔形至圆形,全缘,两面无毛,具基脉3条;叶柄长2~4毫米;头状花序单生于侧生短枝端,先叶开花;总苞钟状;总苞片5~8枚,长椭圆形,外面被紧贴的绢毛;雌花和两性花异株;雌花具舌状花,淡紫色②;两性花花冠白色①,二唇形,外唇舌状,3~4短裂,内唇小,全缘或2裂;瘦果稍呈圆柱形,被毛④,冠毛白色③④。

产各区山地。生于海拔1300米以下的阴坡林缘、灌丛中,常见。

蚂蚱腿子为菊科的灌木种类,幼叶揉搓后具芳香气味,头状花序白色或淡紫色,早春开放,冠毛辐射状,白色。

兰考泡桐 　泡桐科/玄参科 泡桐属

Paulownia elongata

Elongate Princess Tree 　│ lánkǎopāotóng

乔木；全株具星状茸毛，有特殊气味；叶对生，叶片通常卵状心形②，有时具不规则的角，长20～34厘米，基部心形或近圆形；聚伞花序组成大型花序，常为塔形①，于上一年冬季形成；萼倒圆锥形，5裂至1/3处（②左上）；花冠漏斗状唇形，紫色至粉白色①，长7～9.5厘米；蒴果卵状椭圆形（②左下），长3.5～5厘米，顶端具喙；种子具翅。

原产我国，各区均有栽培。生于村旁、路边、沟谷林中。

相似种：毛泡桐【*Paulownia tomentosa*，泡桐科/玄参科 泡桐属】乔木；叶片心形③，长达40厘米，叶背和叶柄常有黏质腺毛；花萼5裂至中部（③左上）；花冠紫色，外面密被黏质腺毛；蒴果卵形，密生黏质腺毛（③左下）。产地同上；生境同上。

兰考泡桐的花萼裂至1/3处，花冠外疏被黏质腺毛，果无黏质腺毛；毛泡桐的花萼裂至1/2处，花冠外密被黏质腺毛，果被黏质腺毛。

梓 　梓树 　紫葳科 梓属

Catalpa ovata

Chinese Catalpa 　│ zǐ

乔木；叶对生，叶片阔卵形①②，长宽近相等，长约21～32厘米，基部心形，常3浅裂，背面基部有4个紫色腺体（①右下）；顶生圆锥花序；花萼蕾时圆球形，2唇开裂；花冠钟状，淡黄色①，内面具黄色条纹及紫色斑点；蒴果条形②，下垂。

原产我国北部地区，各区均有栽培。生于村旁、路边，或植于公园。

相似种：楸【*Catalpa bungei*，紫葳科 梓属】乔木；叶三角状卵形③，长6～15厘米，背面基部有2个紫色腺体（③左下）；花冠淡紫色③，内面有条纹和斑点。产地同上；生境同上。**黄金树**【*Catalpa speciosa*，紫葳科 梓属】乔木；叶卵状心形④，长15～30厘米，背面基部有4个绿色腺体（④左上）；花冠白色④，内面有条纹和斑点。原产北美洲，城区有引种；植于公园。

楸的叶较小，常有三角状裂片，花序花较少，淡紫色；梓的叶大型，常有浅裂片，花序花多而小，淡黄色；黄金树的叶较大，无裂片，花白色。

碎米桠　唇形科 香茶菜属

Isodon rubescens

Rubescent Isodon ｜ suìmǐyā

　　小灌木；茎直立，多数，皮层纵向剥落，上部多分枝；叶对生，叶片卵圆形或菱状卵圆形①②，长2～6厘米，宽1.3～3厘米，先端锐尖或渐尖，边缘具粗圆齿状锯齿；叶柄渐狭成翅②；聚伞花序具3～5花；花萼钟形，外面密被灰色微柔毛；花冠唇形，蓝紫色①②，长约7毫米；雄蕊4，为下唇所包②；小坚果三棱形。

　　产房山、昌平、延庆。生于干旱山坡灌丛中。

　　相似种：三花莸【Schnabelia terniflora**，唇形科/马鞭草科　四棱草属】**小灌木，基部分枝③；叶对生，叶片卵圆形③④，长1.5～4厘米，边缘具钝锯齿；聚伞花序腋生，通常具3花；花萼粉红色④，长1.1～1.8厘米；雄蕊与花柱均伸出花冠外，向前弯曲④；蒴果熟后四瓣裂。产上方山；生沟谷林缘。

　　碎米桠的叶菱状卵圆形，叶柄有翅，花较小，蓝紫色，雄蕊不伸出；三花莸的叶卵圆形，叶柄无翅，花较大，粉红色，雄蕊明显伸出。

木香薷　柴荆芥　唇形科 香薷属

Elsholtzia stauntonii

Staunton's Latesummer Mint ｜ mùxiāngrú

　　灌木②；植株有强烈香气；小枝被微柔毛；叶对生，叶片披针形至椭圆状披针形③，长8～12厘米，宽2.5～4厘米，两面脉上被微柔毛，下面密布凹腺点；叶柄长4～6毫米；轮伞花序排成顶生、近偏于一侧的假穗状花序①，长7～13厘米；苞片及小苞片披针形或条状披针形；花萼钟形，长约2毫米，外被白色茸毛，齿5，近相等，卵状披针形；花冠紫色①④，长约9毫米，花冠筒内有斜向毛环，上唇直立，顶端微凹，下唇3裂，中裂片近圆形；雄蕊4，前对较长，伸出花冠外④；小坚果椭圆形，无毛。

　　产各区山地。生于山坡灌丛中、沟谷水边。

　　木香薷为芳香灌木，花序粗壮，排成穗状，偏向一侧，花紫色，雄蕊伸出。

鸡树条　天目琼花　荚蒾科/忍冬科　荚蒾属

Viburnum opulus subsp. *calvescens*

Sargent's European Cranberry　|　jīshùtiáo

灌木；老枝和茎暗灰色，具浅棱裂；叶对生，叶片3裂①，长6～12厘米，裂片边缘具不整齐粗牙齿；复伞状聚伞花序直径8～10厘米；边花不育，花冠大型，白色①②，辐状，裂片5，近圆形；中间为可育花，花冠小型，雄蕊5，花药紫色②；核果近球形，熟时红色（①左上）。

产各区山地。生于沟谷林缘、林下、水边。

相似种：欧洲荚蒾【*Viburnum opulus***，荚蒾科/忍冬科　荚蒾属】**与鸡树条的区别为花药黄色③。原产欧洲、西伯利亚至新疆，各区有引种；植于公园。**蒙古荚蒾【***Viburnum mongolicum***，荚蒾科/忍冬科　荚蒾属】**灌木；叶宽卵形，长2～5厘米，边缘具浅锯齿④；花序具少花；花冠黄白色④，管状钟形；核果红色（④左上），后变黑色。产房山、门头沟、延庆、密云；生沟谷林下。

鸡树条和欧洲荚蒾的叶常3裂，花二型，前者可育花花药紫色，后者花药黄色；蒙古荚蒾的叶不裂，花一型，花冠管状。

锦带花　忍冬科　锦带花属

Weigela florida

Crimson Weigela　|　jǐndàihuā

灌木；叶对生①，具短柄或近无柄，椭圆形至倒卵状椭圆形①，长5～10厘米，宽2.5～5厘米，顶端渐尖，边缘有锯齿；花序生于短枝叶腋和顶端；花淡紫色①，偶有白色，萼筒长12～15毫米，5裂至中部②；花冠漏斗状钟形②；雄蕊5，稍短于花冠；蒴果长1.5～2厘米，顶端有短柄状喙（①左下），疏生柔毛。

产延庆东部、怀柔、密云、平谷。生于林缘、林下、灌丛中。

相似种：朝鲜锦带花【*Weigela coraeensis***，忍冬科　锦带花属】**灌木；叶片宽椭圆形，长5～12厘米；花萼5裂至基部④；花冠初开时白色，后变玫瑰红色③。原产朝鲜半岛，城区有引种；植于公园。

锦带花的花萼5裂至中部，花色不变；朝鲜锦带花的花萼5裂至基部，花色渐变。

锦带花别名"海仙花"，为北宋诗人王禹偁所改，诗云"锦带为名侔且俗，为君呼作海仙花"，后被近代学者误用于朝鲜锦带花。

六道木　六道子　忍冬科 六道木属

Zabelia biflora

Twinflower Abelia | liùdàomù

灌木；茎枝有明显的6纵槽③；叶对生，叶片矩圆形至矩圆状披针形①②，长2～6厘米，顶端尖至渐尖，全缘或中部以上羽状浅裂而具1～4对粗齿②；叶柄基部膨大，相对者相互合生；花2朵并生①；花萼裂片4，倒卵状矩圆形；花冠钟状高脚碟形，白色，微带红色①；雄蕊2长2短，内藏；果实微弯曲，顶端具4枚增大的萼裂片②。

产各区山地。生于山坡灌丛中、亚高山草甸。

相似种：糯米条【**Abelia chinensis**，忍冬科 糯米条属】灌木；叶对生，叶片椭圆状卵形④，长2～5厘米；聚伞花序，花密集；花萼5裂④；花冠漏斗状，白色，长1～1.2厘米；果实具宿存的萼裂片。原产长江以南地区，城区有引种；植于公园。

六道木的花成对着生，花4数，野生；糯米条的花序多花，花5数，栽培。

北京忍冬　忍冬科 忍冬属

Lonicera elisae

Elisa's Honeysuckle | běijīngrěndōng

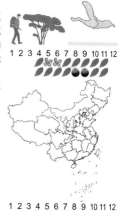

灌木；叶对生，叶片卵状椭圆形①，长3～7厘米，两面生柔毛，下面带灰色；双花并生②，总花梗长0.5～2.8厘米；相邻两花的萼筒分离；花冠漏斗状②，白色或淡粉色②，外面有毛，基部ږ浅囊；浆果椭球形，成熟时红色（①右下），离生。

产门头沟、延庆、怀柔、密云。生于沟谷林下、水边。

相似种：樱桃忍冬【**Lonicera fragrantissima** subsp. **phyllocarpa**，忍冬科 忍冬属】灌木；叶矩圆状披针形④，长3～7厘米；相邻两花的萼筒合生至中部；花冠二唇形③，白色；果实红色④，由萼筒部分合生而成④。产金山、上方山、雾灵山；生山坡或沟谷林下。

北京忍冬的花冠漏斗状，近辐射对称，果实不合生；樱桃忍冬的花冠二唇形，两侧对称，果实下半部合生。

有文献记载刚毛忍冬**Lonicera hispida**产北京，但目前未在野外见到，也未查到可靠的标本。

金花忍冬　忍冬科 忍冬属

Lonicera chrysantha

Coralline Honeysuckle ｜ jīnhuārěndōng

灌木；叶对生，菱状卵形①，长4～10厘米，顶端渐尖；花成对生于叶腋①②，芳香，总花梗长1.2～3厘米；相邻两花的萼筒分离，有腺毛；花冠二唇形②，初开时白色，后变黄色②，长1.5～1.8厘米，外被疏毛；雄蕊5；浆果近球形，相邻两果分离，直径5～6毫米，熟时红色③。

产各区山地。生于中高海拔沟谷林缘、灌丛中，常见。

相似种：金银忍冬【*Lonicera maackii***，忍冬科忍冬属】**灌木；叶片卵状椭圆形⑤，长5～8厘米；花成对生于叶腋⑤，总花梗长1～2毫米；花冠白色⑤，后变黄色；浆果球形，熟时暗红色④。原产我国东北和黄河以南地区，各区有引种；植于公园。

二者的叶、果形态相似，花均为白色转黄色；金花忍冬的总花梗明显，长1.2～3厘米；金银忍冬的总花梗极短，长1～2毫米。

华北忍冬　忍冬科 忍冬属

Lonicera tatarinowii

Tatarinow's Honeysuckle ｜ huáběirěndōng

灌木；叶对生，叶片矩圆状披针形①②，长3～7厘米，下面生灰白色毡毛；叶柄长2～5毫米；花成对生于叶腋①，总花梗纤细，长1～2毫米；相邻两花的萼筒合生至中部；花冠二唇形，黑紫色①；果实熟时红色，由萼筒部分合生而成②。

产门头沟、延庆、怀柔、密云。生于中高海拔山坡或沟谷林下。

相似种：丁香叶忍冬【*Lonicera oblata***，忍冬科忍冬属】**叶三角状宽卵形③，长2.5～5.3厘米；相邻两萼筒分离；花冠二唇形，白色（③左上）；果球形，熟时红色③。产松山、箭扣；生山坡林下、山脊灌丛中。**小叶忍冬【***Lonicera microphylla***，忍冬科 忍冬属】**叶倒卵形④，长5～22毫米，顶端钝；相邻萼筒合生；花冠黄白色，长筒状（④左上）；果近球形，熟时红色④。产雾灵山；生亚高山林下。

华北忍冬叶矩圆状披针形，花黑紫色，果实下半部合生；丁香叶忍冬叶三角状宽卵形，花白色，果离生；小叶忍冬叶较小，倒卵形，果实合生。

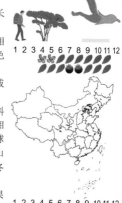

胡桃楸 核桃楸 胡桃科 胡桃属

Juglans mandshurica

Chinese Walnut | hútáoqiū

乔木；树皮灰色；奇数羽状复叶①②，长40~50厘米，小叶4~8对，椭圆形至长椭圆形，长6~17厘米，宽2~7厘米，边缘具细锯齿（①左下）；花单性；雄性柔荑花序下垂①；雌性花序具4~10雌花，柱头鲜红色①；果序具2~7个果实，球状②，密被腺质短柔毛，果表面具纵棱（②左下）。

产各区山地。生于山坡和沟谷林中，常见。

相似种：胡桃【*Juglans regia*，胡桃科 胡桃属】奇数羽状复叶，小叶2~4对，全缘③；果序具1~3个果实③，果核具纵棱（③左上），通称"核桃"。原产中亚至我国西北地区，各区均有栽培；生村边、山地路旁。**麻核桃**【*Juglans hopeiensis*，胡桃科 胡桃属】叶3~7对，全缘④或有不明显疏锯齿；果序具1~3个果实④，近无毛；果核具纵棱（④左上）。产昌平南口、延庆大庄科；生沟谷林中。

胡桃楸小叶4~8对，具细锯齿，先端尖；胡桃小叶2~4对，全缘，先端钝；麻核桃小叶3~7对，全缘或有不明显疏锯齿，先端尖。

花曲柳 大叶梣 大叶白蜡 木樨科 梣属

Fraxinus chinensis subsp. *rhynchophylla*

Beak-leaf Ash | huāqūliǔ

乔木；树皮灰褐色，光滑，老时浅裂；奇数羽状复叶①②，长15~35厘米，对生，小叶5~7枚，阔卵形或卵状披针形，边缘有不明显的锯齿，顶生小叶明显大于侧生小叶；圆锥花序生于当年生枝顶①，花密集，黄绿色①，雄花与两性花异株；花萼浅杯状，无花冠；雄蕊2枚；雌蕊具短花柱，柱头2深裂；翅果狭倒披针形②。

产各区山地。生于山坡、山脊或沟谷林中。

相似种：小叶梣【*Fraxinus bungeana*，木樨科 梣属】小乔木，有时灌木状；奇数羽状复叶③④，长4~11厘米，小叶5~7枚，有柄，边缘有钝锯齿③；圆锥花序；花冠裂片4，条形，白色③；雄蕊比花瓣长；翅果狭矩圆形④，熟时变红。产地同上；生向阳山坡林中。

花曲柳为乔木，小叶5~7枚，较大，花黄绿色，无花冠；小叶梣为小乔木或灌木，小叶常为5，较小，花白色，具显著的花冠。

木本植物 复叶

金露梅　金老梅　蔷薇科 金露梅属

Dasiphora fruticosa

Golden Hardhack　|　jīnlùméi

灌木；小枝红褐色或灰褐色；奇数羽状复叶互生，密集，小叶3~7，通常5①②，长椭圆形或卵状披针形，两面微有丝状长柔毛；花单生或数朵成伞房状，直径2~3厘米；萼片卵圆形，副萼片与萼片等长；花瓣5，黄色①②，圆形；雄蕊多数；花柱近基生，棒状；瘦果密生长柔毛。

产百花山、东灵山、海坨山、雾灵山。生于亚高山草甸。

相似种：银露梅【*Dasiphora davurica***，蔷薇科金露梅属】**灌木；奇数羽状复叶，小叶通常5③，上面一对小叶基部下延与轴汇合；花单生或数朵成伞房状；花瓣白色③④。产地同上；生境同上。

金露梅花黄色，叶两面有丝状柔毛；银露梅花白色，叶两面几无毛。

美蔷薇　蔷薇科 蔷薇属

Rosa bella

Pretty Rose　|　měiqiángwēi

灌木①；小枝有细而直立的皮刺；奇数羽状复叶②，小叶7~9，长椭圆形，长1~2.5厘米，边缘有锐锯齿；花1~3朵聚生，粉红色②，稀白色（②右上），芳香；萼外面有腺点；蔷薇果椭球形，密被腺毛，顶端渐缩成短颈，熟时红色（①右上）。

产房山、门头沟、延庆、怀柔、密云、平谷。生于亚高山林下或草甸。

相似种：山刺玫【*Rosa davurica***，蔷薇科 蔷薇属】**灌木；小枝及叶柄基部常有成对弯曲的皮刺；小叶5~7；花粉红色③；蔷薇果近球形，光滑，熟时红色（③左上）。产门头沟、昌平、延庆、怀柔；生山坡灌丛中。**刺蔷薇【***Rosa acicularis***，蔷薇科蔷薇属】**灌木；枝密生针刺（④右下）；小叶3~7；花粉红色④；蔷薇果椭球形，光滑，顶端渐缩成短颈（④左上）。产东灵山；生沟谷林下，少见。

美蔷薇皮刺直立，果被腺毛，顶端有明显颈部，其余二者无腺毛；山刺玫皮刺弯曲，果近球形，无颈部；刺蔷薇枝具密刺，果有明显颈部。

华北覆盆子 蔷薇科 悬钩子属

Rubus idaeus var. *borealisinensis*

North China Red Raspberry | huáběifùpénzǐ

灌木；枝褐色或红褐色，疏生皮刺；奇数羽状复叶①，小叶3～7枚，花枝上常具3小叶，顶生小叶常卵形，有时浅裂，长3～8厘米，小叶上面无毛或疏生柔毛，下面密被灰白色茸毛②，边缘有不规则粗锯齿或重锯齿；托片条形，具短柔毛；花生于侧枝顶端，成短总状花序，总花梗、花梗、花萼外面均密被短柔毛和疏密不等的针刺；花直径1～1.5厘米；花瓣5，白色③，基部有宽爪；雄蕊多数；聚合果近球形④，多汁液，直径1～1.4厘米，熟时红色④，可食。

产百花山、东灵山、海坨山、雾灵山。生于亚高山林缘或草甸。

华北覆盆子为灌木，奇数羽状复叶，小叶3～7枚，背面密被灰白色茸毛，花白色，果实红色。

花楸 百花花楸 蔷薇科 花楸属

Sorbus pohuashanensis

Baihuashan Mountain Ash | huāqiū

乔木；奇数羽状复叶①，小叶5～7对，卵状披针形或椭圆状披针形①，长3～6厘米，宽1.4～2厘米，先端急尖或短渐尖，边缘有细锐锯齿①，下面无毛或沿中脉两侧微生茸毛；复伞房花序，花多而密集①，总花梗和花梗密生白色茸毛；花瓣5，白色①；雄蕊多数，柱头3（①下）；梨果近球形，直径6～8毫米，熟时橙红色②，萼裂片宿存，闭合。

产百花山、小龙门、东灵山、海坨山、坡头、雾灵山。生于海拔1200米以上的山坡或沟谷林中。

相似种：北京花楸【*Sorbus discolor*，蔷薇科 花楸属】乔木；奇数羽状复叶③④；小叶5～7对，长3～5厘米，下面无毛；复伞房花序较稀疏；花白色③；梨果卵形，直径6～8毫米，熟时白色或淡黄色④。产百花山、小龙门、东灵山、玉渡山、海坨山；生沟谷林中。

花楸的叶背面有稀疏柔毛，花序被白色茸毛，果实成熟时橙红色；北京花楸的叶背面无毛，花序无毛，果实成熟时常为白色。

野皂荚　短角皂荚　豆科 皂荚属

Gleditsia microphylla

Small-leaf Honeylocust　|　yězàojiá

1 2 3 4 5 6 7 8 9 10 11 12

灌木或小乔木；枝灰白色至浅棕色，具刺②；一至二回羽状复叶①，小叶斜卵形至长椭圆形①，长6~24毫米，基部偏斜；花杂性，绿白色，近无梗，组成穗状花序或顶生的圆锥花序②，花序长5~12厘米；荚果扁平，斜椭圆形或斜矩圆形①，长3~6厘米，宽1~2厘米，熟时红棕色至深褐色。

产海淀、房山、门头沟、昌平、延庆。生于向阳山坡林中。

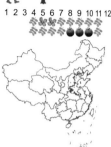

相似种：山皂荚【*Gleditsia japonica***，豆科 皂荚属】**乔木；一至二回羽状复叶，小叶卵状矩圆形③，长2~7厘米，全缘或具波状疏圆齿；花序穗状③，花黄绿色；荚果带形，扁平，长20~35厘米，不规则扭旋或弯曲成镰刀状④。产海淀、房山、门头沟、延庆；生于半山坡林中或石缝中。

野皂荚的小叶较小，全缘，荚果小；山皂荚的小叶较大，具疏齿，荚果大，扭旋或弯曲。

1 2 3 4 5 6 7 8 9 10 11 12

河北木蓝　本氏木蓝　豆科 木蓝属

Indigofera bungeana

Bunge's Indigo　|　héběimùlán

1 2 3 4 5 6 7 8 9 10 11 12

灌木；枝、叶、花均具灰白色丁字毛；奇数羽状复叶①，长2.5~5厘米，小叶7~9，椭圆形①②，长5~15毫米，宽3~10毫米；总状花序腋生，长4~7厘米，比叶长①；花梗长约1毫米；花萼长约2毫米，萼齿近相等；花冠紫红色①，旗瓣阔倒卵形，长达5毫米；荚果圆柱形②，长2~2.5厘米，径约3毫米。

产各区低山地区。生于山坡路旁、林缘、灌丛中，常见。

相似种：花木蓝【*Indigofera kirilowii***，豆科 木蓝属】**灌木；小叶7~11，宽卵形或椭圆形③④，长1.5~3厘米，宽1~2厘米；总状花序腋生，与叶近等长③；花紫红色③；荚果圆柱形④，长3.5~7厘米。产各区山地；生山坡林下、灌丛中，常见。

河北木蓝的叶较小，花序比叶长，花小，花冠长约0.5厘米；花木蓝的叶较大，花序与叶近等长，花大，花冠长约1.5厘米。

1 2 3 4 5 6 7 8 9 10 11 12

槐 国槐 家槐 豆科 槐属

Styphnolobium japonicum

Japanese Pagoda Tree │ huái

乔木；树皮灰褐色，具纵裂纹；当年生枝绿色；奇数羽状复叶①互生，小叶9～15，卵状矩圆形，长2.5～6厘米，宽1.5～3厘米；圆锥花序顶生，塔形①，长达30厘米；花冠白色或淡黄色（①右下）；旗瓣近圆形，翼瓣和龙骨瓣较短；雄蕊10，离生；荚果肉质，串珠状②，长2.5～5厘米。

原产我国，各区广泛栽培。常用作行道树或植于庭院。

相似种：紫穗槐【*Amorpha fruticosa***，豆科 紫穗槐属】**灌木，植株丛生；奇数羽状复叶③互生，小叶11～25，卵形或椭圆形，长1～4厘米；穗状花序1至数个顶生和枝端腋生；旗瓣暗紫色（④左），无翼瓣和龙骨瓣；雄蕊10；荚果弯曲，表面有凸起的疣状腺点（④右）。原产北美洲，各区均有栽培和野生；生山地路旁、灌丛中、堤坝上。

槐为乔木，小叶较少，圆锥花序，花常为白色，果实肉质；紫穗槐为灌木，小叶较多，穗状花序，花暗紫色，无翼瓣和龙骨瓣，果实干燥。

刺槐 洋槐 豆科 刺槐属

Robinia pseudoacacia

Black Locust │ cìhuái

乔木；树皮黑褐色，浅裂至深纵裂；奇数羽状复叶①，小叶7～25，椭圆形①，长2～5.5厘米，宽1～2厘米，先端圆或微凹，有小尖；托叶呈刺状；总状花序腋生①②，花序轴及花梗有柔毛；花冠白色①②，旗瓣有爪，基部有黄色斑点；荚果长矩圆形，扁平（①右下）；花序可食。

原产北美洲，各区均有栽培和野生。生于山坡林中，或植于村落、庭院。

相似种：毛刺槐【*Robinia hispida***，豆科 刺槐属】**灌木；幼枝和花序均密被紫红色刺腺毛③；花冠紫红色③。原产北美洲，各区有零星栽培；植于公园。**红花刺槐【***Robinia × ambigua* 'Idahoensis'，豆科 刺槐属】**小乔木；幼枝和花序无刺腺毛；花冠紫红色④。本种为刺槐和毛刺槐杂交种的选育品种，各区均有栽培；植于公园。

毛刺槐的幼枝和花序密被紫红色刺腺毛，花紫红色；其余二者无刺腺毛；刺槐的花白色；红花刺槐的花紫红色。

木本植物 复叶

红花锦鸡儿 金雀儿 豆科 锦鸡儿属

Caragana rosea

Red-flower Peashrub | hónghuājǐnjīr

灌木；假掌状复叶，互生；小叶4①②，楔状倒卵形，长1~2.5厘米，宽4~12毫米，先端圆钝或微凹，具刺尖，无毛；托叶部分变成细针刺；花单生，花梗长8~18毫米，具关节；花蕾红色，花冠初开时黄色①，凋时变为淡红色②；荚果圆筒形③，长3~6厘米，无毛，具渐尖头③。

产各区山地。生于中低海拔向阳山坡林缘、灌丛中，常见。

相似种：鬼箭锦鸡儿【*Caragana jubata*，豆科锦鸡儿属】小灌木；羽状复叶④⑤，小叶4~6对，叶轴宿存，硬化成针刺④⑤；花冠白色或淡粉色⑤；荚果长约3厘米，密被丝状长柔毛④。产东灵山；生亚高山草甸。

红花锦鸡儿具假掌状复叶，小叶4枚，花黄色，后转淡红色；鬼箭锦鸡儿具羽状复叶，叶轴硬化成针刺，花白色或淡粉色。

北京锦鸡儿 豆科 锦鸡儿属

Caragana pekinensis

Beijing Peashrub | běijīngjǐnjīr

灌木；幼枝密被短茸毛；偶数羽状复叶①，小叶6~8对，椭圆形，长5~12毫米，两面密被茸毛①②；托叶宿存，硬化成针刺；花单生或2~3个并生；花冠黄色①；荚果扁，密被柔毛②。

产海淀、房山、门头沟、昌平、延庆。生于山坡路旁、灌丛中。

相似种：树锦鸡儿【*Caragana arborescens*，豆科锦鸡儿属】大灌木；偶数羽状复叶，小叶4~8对，幼时被柔毛，后无毛；花黄色，2~5个簇生③；荚果圆筒形，无毛。产门头沟、昌平、延庆；生山坡灌丛中。**小叶锦鸡儿**【*Caragana microphylla*，豆科锦鸡儿属】灌木；偶数羽状复叶，小叶5~10对，幼时密生柔毛，后无毛；花黄色，单生④；荚果扁，无毛（④左上）。产昌平、延庆；生境同上。

北京锦鸡儿的叶和荚果均密被柔毛，其余二者老叶和荚果无毛；树锦鸡儿的花数个簇生；小叶锦鸡儿的花单生。

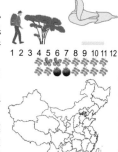

笂子梢 筡子梢 豆科 笂子梢属

Campylotropis macrocarpa

Chinese Clover Shrub | hàngzishāo

灌木；幼枝密生白色短柔毛；羽状三出复叶①，顶生小叶椭圆形，长3~6.5厘米，宽1.5~4厘米，先端圆或微凹，有短尖，侧生小叶较小；总状花序腋生①，每节生1朵花；花梗细长，有关节；花萼宽钟状，萼齿4，有疏柔毛；花冠紫色①②，旗瓣直伸②，背部具对折的脊；荚果斜椭圆形②，膜质，长约1.2厘米，具明显网状脉。

产各区山地。生于山坡或沟谷林缘、灌丛中，极常见。

相似种：胡枝子【*Lespedeza bicolor***，豆科 胡枝子属】**灌木；三出复叶，小叶卵状椭圆形③，长3~6厘米；总状花序腋生，较叶长，每节生2朵花；花冠紫色③④，旗瓣反卷④；荚果斜卵形（③右下），长约10毫米，网状脉明显。产地同上；生中高海拔山坡或沟谷灌丛中，极常见。

笂子梢的花序每节生1朵花，花梗有关节，旗瓣直伸，不反卷；胡枝子的花序每节生2朵花，花梗无关节，旗瓣反卷。

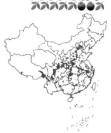

多花胡枝子 豆科 胡枝子属

Lespedeza floribunda

Many-flower Lespedeza | duōhuāhúzhīzi

小灌木；茎常自基部分枝；羽状三出复叶，小叶具柄，倒卵形①②，长1~1.5厘米，宽6~9毫米，先端微凹、钝圆或近截形，具小刺尖；总状花序腋生，总花梗细长，显著长于叶①；花冠紫色①②；荚果宽卵形，长约7毫米，有网状脉。

产各区山地。生于低海拔向阳山坡林缘和灌丛中，极常见。

相似种：阴山胡枝子【*Lespedeza inschanica***，豆科 胡枝子属】**小灌木；小叶倒卵状矩圆形③，长1~2厘米；花序腋生，与叶近等长③；花冠白色，旗瓣基部有紫斑③。产门头沟、昌平、延庆、怀柔、平谷；生山坡灌丛中。**细梗胡枝子【***Lespedeza virgata***，豆科 胡枝子属】**小灌木；小叶矩圆形④；总花梗纤细，显著超出叶④；花冠白色④。产房山、门头沟、怀柔；生山坡或沟谷林下。

多花胡枝子的花序长于叶，花紫色，其余二者花白色；阴山胡枝子的花序与叶等长；细梗胡枝子的花序显著长于叶。

兴安胡枝子 达乌里胡枝子 豆科 胡枝子属

Lespedeza davurica

Dahurian Lespedeza | xīng'ānhúzhīzi

小灌木；羽状三出复叶，顶生小叶披针状矩形①，长2～3厘米，宽0.7～1厘米，先端圆钝，有短尖，上面无毛，下面被短柔毛；总状花序腋生，短于叶①，基部簇生无瓣花；花冠淡黄白色①；荚果倒卵形，长3～4毫米，两面凸起，先端有刺尖。

产各区平原和低山区。生于路旁、田边、山坡灌丛中，极常见。

相似种：牛枝子【*Lespedeza potaninii***，豆科 胡枝子属】**小灌木；花序腋生，显著长于叶②；花淡黄白色②。产地同上；生山坡灌丛中。**绒毛胡枝子【***Lespedeza tomentosa***，豆科 胡枝子属】**灌木；全株密被黄褐色柔毛③；小叶矩圆形③，长3～6厘米；总状花序显著超出叶④；花白色④。产各区山地；生山坡路旁、林缘、灌丛中。

绒毛胡枝子全株密被黄褐色茸毛，花序长，显著超出叶，其余二者疏被柔毛，花序稍短；兴安胡枝子花序短于叶；牛枝子花序长于叶。

有观点认为兴安胡枝子与牛枝子应为同一种。

长叶胡枝子 长叶铁扫帚 豆科 胡枝子属

Lespedeza caraganae

Caragana-like Lespedeza | chángyèhúzhīzi

小灌木；羽状三出复叶；小叶条形①②③，长2～4厘米，宽2～4毫米，先端钝或微凹，具小刺尖；总状花序腋生①②，短于叶，具3～4朵花；花梗长2毫米；小苞片狭卵形；花萼狭钟形，5深裂；花冠显著超出花萼，白色或带淡粉色①②；荚果倒卵状圆形③，先端具短喙。

产各区山地。生于向阳山坡林缘、灌丛中。

相似种：尖叶铁扫帚【*Lespedeza juncea***，豆科胡枝子属】**小灌木；三出复叶，小叶狭矩圆形④⑤，长1.5～3.5厘米，宽3～7毫米，先端稍尖或钝圆，有小刺尖④，基部渐狭；总状花序腋生，稍长于叶⑤；花冠白色⑤；荚果宽卵形。产房山、门头沟、延庆；生山坡路旁、灌丛中。

长叶胡枝子的小叶条形，长为宽的5～10倍，花序短于叶；尖叶铁扫帚的小叶狭矩圆形，长为宽的3～4倍，花序稍长于叶。

接骨木　接骨丹　荚蒾科/忍冬科 接骨木属

Sambucus williamsii

Williams's Elderberry ｜ jiēgǔmù

灌木；奇数羽状复叶①②，对生，揉碎后有恶臭味；小叶5～11，椭圆形至矩圆状披针形，长5～12厘米，宽1.5～7厘米，顶端尖至渐尖，基部常不对称，边缘有锯齿；圆锥花序顶生；花小，白色至淡黄色（①左上）；萼筒杯状，长约1毫米，萼齿三角状披针形，稍短于萼筒；花冠辐状，裂片5；雄蕊5（①左上），约与花冠等长；浆果状核果近球形，径3～5毫米，熟时红色②。

产各区山地。生于沟谷林缘、水边、山坡林下，常见。

相似种：臭檀吴萸【*Tetradium daniellii***，芸香科 吴茱萸属】**乔木；奇数羽状复叶对生③；小叶5～11，矩圆形，揉碎后有臭味；花单性（③右上为雄花，右下为雌花），常为5数，白色；蓇葖果果熟时红色，顶端有尖喙④。产地同上；生沟谷林中。

二者均有臭味；接骨木为灌木，叶缘锯齿明显，浆果状核果；臭檀吴萸为乔木，叶缘锯齿不明显，蓇葖果。

青花椒　崖椒 香椒子　芸香科 花椒属

Zanthoxylum schinifolium

Peppertree-leaf Pricklyash ｜ qīnghuājiāo

灌木；枝上多皮刺；奇数羽状复叶①②，互生，小叶11～21，纸质，披针形，长1.5～4.5厘米，宽0.7～1.5厘米，边缘有细锯齿，齿间有腺点，背面疏生腺点，叶轴具狭翅，具稀疏而略向上的小皮刺；伞房状圆锥花序顶生；花小而多，黄绿色②，单性，5数；蓇葖果①③，熟时紫红色，顶端具短喙；种子蓝黑色，有光泽③。

产房山、延庆、密云、平谷。生于山坡林缘、灌丛中。

相似种：花椒【*Zanthoxylum bungeanum***，芸香科 花椒属】**小乔木；枝有短刺；奇数羽状复叶，互生，小叶5～9，小叶卵形④，叶轴有窄翅；蓇葖果④，熟时紫红色。原产我国，各区山区有栽培；生村边、路旁。

青花椒具小叶11～21，披针形，较窄；花椒具小叶5～9，卵形，较宽。

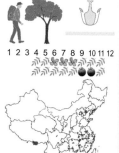

苦木 苦树　苦木科 苦木属

Picrasma quassioides

Nigaki | kǔmù

乔木；树皮紫褐色，平滑；奇数羽状复叶，①②互生，长15～30厘米，嚼碎后味极苦；小叶9～15枚，卵状披针形，边缘具不整齐的粗锯齿①②；腋生复聚伞花序①，雌雄异株；花黄绿色①，4～5数；雄花雄蕊长于花瓣；雌花花盘4～5裂；心皮2～4，分离，花柱向外弯曲①（左下）；核果倒卵形，2～4个并生，成熟后紫黑色（②左下）。

产各区低山地区。生于山坡或沟谷林中。

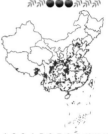

相似种：黄檗【*Phellodendron amurense*，芸香科 黄檗属】乔木；树皮有深沟裂，木栓质发达，内皮鲜黄色；奇数羽状复叶对生③④；小叶5～13，卵状披针形，逆光下可见透明腺点；顶生复聚伞花序③，雌雄异株；花黄绿色（③左上），5数；核果浆果状，近球形（④右下）。产房山、门头沟、延庆、怀柔、密云；生沟谷林中，少见。

苦木的树皮光滑，紫褐色，有灰色斑纹，叶互生，有苦味，无腺点；黄檗树皮有深沟裂，内皮鲜黄色，叶对生，有透明腺点。

臭椿 樗　苦木科 臭椿属

Ailanthus altissima

Tree of Heaven | chòuchūn

乔木；树皮平滑有直的浅裂纹；奇数羽状复叶①，互生，长45～90厘米；小叶13～25，卵状披针形①，揉搓后有明显的臭味，长7～12厘米，近基部通常有1～2对粗锯齿，齿背面有1腺体（②左下），中上部全缘；圆锥花序顶生；花杂性，花瓣绿白色（①左上为雄花，左下为雌花）；聚合翅果②，矩圆状椭圆形，长3～5厘米，熟时变红②。

产各区平原和低山区。生于路旁、田边、房前屋后、山坡林中，也常在城市道旁自生。

相似种：香椿【*Toona sinensis*，楝科 香椿属】乔木；偶数羽状复叶③，互生，小叶全缘或有不明显锯齿；圆锥花序顶生，下垂③；花瓣5，白色（③右下）；蒴果狭椭圆形④，长1.5～2.5厘米，成熟后5瓣开裂⑤；嫩叶和嫩苗可食。原产我国，各区均有栽培；植于庭院、村旁。

臭椿的叶为奇数羽状复叶，小叶近基部有带腺点的钝齿，果实为翅果；香椿的叶为偶数羽状复叶，小叶全缘或有不明显锯齿，果实为蒴果。

盐麸木　盐肤木　漆树科　盐麸木属

Rhus chinensis

Chinese Sumac　│　yánfūmù

　　小乔木或灌木，植株有白色乳汁；小枝、叶柄及花序均密生褐色柔毛；奇数羽状复叶①②，互生，秋季变红，叶轴及叶柄有翅①②；小叶7～13，纸质，长5～12厘米，宽2～5厘米，边有粗锯齿，下面密生灰褐色柔毛；圆锥花序顶生②；花小，杂性，淡黄白色②；萼片5～6，花瓣5～6；核果近扁圆形，径约5毫米，成熟时红色（①右下）。

　　产房山、门头沟、昌平、延庆、怀柔、平谷。生于山坡或沟谷林中。

　　相似种：火炬树【*Rhus typhina***，漆树科　盐麸木属】**小乔木，具乳汁；枝叶均密生柔毛；奇数羽状复叶③④，互生，小叶19～25枚，长4～8厘米，边缘有锐锯齿；圆锥花序黄绿色③；核果密生红色短刺毛，聚生为紧密的火炬形果序④，故名"火炬树"。原产北美洲，各区低山地区均有引种造林；生山地路旁，常沿公路边成片生长。

　　盐麸木叶轴有翅，果序开展；火炬树叶轴无翅，果序呈火炬状。

黄连木　楷木　漆树科　黄连木属

Pistacia chinensis

Chinese Pistache　│　huángliánmù

　　乔木，植株具乳汁；偶数羽状复叶②，互生，揉碎后有特殊气味，嚼后味极苦；小叶10～12，具短柄，长5～8厘米，宽约2厘米，边缘全缘；花单性，雌雄异株，先叶开放；雄花排列成密集的圆锥花序③，长5～8厘米，雌花排列成疏松的圆锥花序①，长18～22厘米；花小，无花瓣；核果倒卵圆形②，径约6毫米，初为黄白色，熟后变红色②。

　　产海淀、房山、门头沟。生于山坡林中。

　　相似种：漆树【*Toxicodendron vernicifluum***，漆树科　漆树属】**乔木，具乳汁；奇数羽状复叶⑤，互生；小叶9～13，卵形或矩圆形，长6～13厘米；圆锥花序腋生⑤，与叶近等长；花黄绿色④；核果肾形或椭圆形（⑤右上）。产房山、昌平、延庆、密云；生沟谷林中。

　　黄连木为偶数羽状复叶，花先叶开放，无花瓣；漆树为奇数羽状复叶，花叶后开放，有花瓣。

　　漆树科植物均含乳汁，枝、叶和乳汁都可能导致某些人群皮肤过敏，野外应注意避免碰触。

文冠果　无患子科 文冠果属

Xanthoceras sorbifolium

Yellow-horn ｜ wénguǎnguǒ

　　小乔木或灌木；小枝粗壮，褐红色；奇数羽状复叶①④，互生；小叶4～8对，披针形或近卵形，两侧稍不对称，长2.5～6厘米，宽1.2～2厘米，顶端渐尖，基部楔形，边缘有锐锯齿；花序先叶抽出或与叶同时抽出①②，两性花的花序顶生，雄花序腋生，长12～20厘米（①为雄花，③为两性花）；萼片5，长6～7毫米；花瓣5，白色，基部带黄色或红色①③，有清晰的脉纹；花盘边缘具5个橙黄色角状附属物③，长4～5毫米；子房被灰色茸毛③；蒴果卵球形④，长达6厘米，熟时开裂；种子黑色（①左下），有光泽。

　　产九龙山、坡头。生于干旱山坡，各区公园也常有栽培。

　　文冠果奇数羽状复叶，互生，花大而艳丽，春季开放，花瓣白色，基部黄色或红色，花盘具5个橙黄色角状附属物，蒴果大、卵球形。

山槐　山合欢　豆科 合欢属

Albizia kalkora

Kalkora Mimosa ｜ shānhuái

　　乔木；二回羽状复叶①②，羽片2～3对；小叶5～14对，条状矩圆形②，长1.5～4.5厘米，宽1～1.8厘米，先端急尖或圆，基部近圆形，偏斜，两面密生短柔毛；花序头状①②，2～3个生于上部叶腋或多个排成顶生的伞房状；花萼、花冠密生短柔毛；雄蕊花丝白色②，为花序的显著部分；荚果扁平，条形，长7～17厘米。

　　产密云、平谷。生于阳坡林中。

　　相似种：合欢【*Albizia julibrissin*，豆科 合欢属】乔木；二回羽状复叶③④，羽片4～12对；小叶10～30对，条形④，长6～12毫米，宽1～4毫米；头状花序排成圆锥状③；花淡红色④。原产我国，各区均有引种；生村边、山地路旁，或植于公园。

　　山槐的羽片和小叶对数较少，小叶较宽，花白色；合欢的羽片和小叶对数较多，小叶极窄，花淡红色。

栾 栾树　无患子科 栾属

Koelreuteria paniculata

Goldenrain Tree ｜ luán

乔木；二回奇数羽状复叶①，连柄长20～40
厘米；小叶7～15，卵形，长3.5～7.5厘米，宽
2.5～3.5厘米，边缘具锯齿或羽状分裂①；圆锥花
序顶生①，开展，长25～40厘米，有柔毛；花黄
色，中央红色②；萼片5，有睫毛；花瓣4②，长
8～9毫米，花后反折②；雄蕊8；果实三棱形，肿
胀（①右下），长4～5厘米；种子圆形。

产各区低山地区。生于山坡或沟谷林中，公园
常有栽培。

相似种：楝【_Melia azedarach_，楝科 楝属】乔
木；二至三回奇数羽状复叶③④，互生；圆锥花序
腋生；花淡紫色（③左下）；雄蕊花丝合生成筒（③左
下）；核果淡黄色④。原产黄河以南地区，城区有引
种；植于公园。

二者均为多回羽状复叶；栾树的花黄色，果实
三棱形，肿胀；楝树的花紫色，果实球形。

辽东楤木 龙牙楤木　五加科 楤木属

Aralia elata var. _glabrescens_

Japanese Angelica Tree ｜ liáodōngsǒngmù

灌木或小乔木；小枝淡黄色，疏生细刺④；叶
大，连柄长40～80厘米，二至三回羽状复叶①，总
叶轴和羽片轴通常有刺③；羽片有小叶7～11片，
基部另有小叶1对；小叶卵形至卵状椭圆形，长
5～15厘米，宽2.5～8厘米，先端渐尖，基部圆形
至心形，稀楔形，边缘疏生锯齿，上面绿色，下面
灰绿色；伞形花序聚生为顶生伞房状圆锥花序；主
轴短，长2～5厘米；花绿白色②；萼边缘有5齿；
花瓣5，雄蕊5，子房下位，5室，花柱5，分离或基
部合生；果球形⑤，5棱，径约4毫米，成熟时黑
色；嫩叶可作野菜食用。

产延庆、怀柔、密云、平谷。生于沟谷林中。

辽东楤木植株有刺，叶为多回羽状复叶，大
型，长可达80厘米，花序大型，花绿白色，果球
形，熟时黑色。

无梗五加 短梗五加　五加科 五加属

Eleutherococcus sessiliflorus

Short-stalk Siberian Ginseng　│　wúgěngwǔjiā

灌木或小乔木；枝无刺或散生粗壮平直的刺；掌状复叶，互生①，小叶3～5，倒卵形或长椭圆状倒卵形①，长8～18厘米，宽3～7厘米，边缘有锯齿；数个球形头状花序组成顶生圆锥花序①；花多数，无花梗；花瓣5，暗紫色（①左下）；雄蕊5，长于花瓣；果倒卵形，熟时黑色②，花柱宿存。

产各区山地。生于山坡或沟谷林中。

相似种：刺五加【*Eleutherococcus senticosus***，五加科 五加属】**灌木；小枝密生细刺；掌状复叶③，小叶5，椭圆状倒卵形，边缘有锯齿③；伞形花序单个顶生或2～4个聚生，具花梗；花绿白色③；瓣5；果近球形，熟时黑色④，花柱宿存；民间以嫩叶烘干饮用，称为"五加茶"。产地同上；生中高海拔阴坡或沟谷林中。

无梗五加的花暗紫色，无花梗；刺五加的花绿白色，花梗细长。

荆条 荆　唇形科/马鞭草科 牡荆属

Vitex negundo var. *heterophylla*

Heterophyllous Chinese Chastetree　│　jīngtiáo

灌木；枝四棱形；掌状复叶，对生①②，揉碎后有香气；小叶5②，偶为3片，中间小叶最大，两侧依次渐小；小叶片椭圆状卵形至披针形，边缘有缺刻状锯齿、浅裂以至深裂②；圆锥花序顶生①②，长10～27厘米；花萼钟状，顶端5齿裂；花冠淡紫色，二唇形（②右上）；雄蕊伸出花冠管外；核果球形③，径约3毫米，宿萼包被果的大部分③。

产各区山地。生于海拔1300米以下的向阳山坡，与酸枣（见44页）组成荆棘灌丛，极常见。

相似种：省沽油【*Staphylea bumalda***，省沽油科 省沽油属】**灌木；羽状三出复叶，对生⑤，小叶卵状披针形⑤，长4.5～8厘米，边缘有细锯齿⑤；花瓣5，白色（⑤左上）；蒴果膀胱状，先端2裂④。产上方山、十渡、虎峪；生山坡或沟谷林缘，少见。

荆条掌状5小叶，边缘分裂或有缺刻状锯齿，花冠淡紫色，二唇形，核果球形；省沽油羽状3小叶，不裂，有细锯齿；花白色，辐射对称，蒴果膀胱状。

齿翅蓼 蓼科 何首乌属

Fallopia dentatoalata

Dentate Black Bindweed | chǐchìliǎo

一年生草质藤本；叶互生，叶片卵形或心形①，长3～6厘米，宽2.5～4厘米，基部心形①，两面无毛；叶柄长2～4厘米；托叶鞘膜质，无缘毛；花序总状①，腋生或顶生，花稀疏，花梗细弱；花被5深裂，外面3枚裂片背部具翅，果时增大，翅通常具齿②，基部沿花梗下延；瘦果具3棱，黑色。

产各区山地。生于山坡林缘、田边、沟谷林下，常见。

相似种：卷茎蓼【*Fallopia convolvulus*，蓼科 何首乌属】一年生草质藤本；叶片卵形或心形③，长2～6厘米，宽1.5～4厘米；花序总状④；花被5深裂，淡绿色，外面3片背部具龙骨状突起，但不成翅状④；瘦果黑色，包于宿存花被内。产海淀、房山、延庆、密云；生田边、水边，少见。

齿翅蓼的花被片在果期增大成翅状，边缘具齿；卷茎蓼的花被片在果期不增大。

扛板归 梨头刺 蓼科 蓼属

Persicaria perfoliata

Asiatic Tearthumb | kángbǎnguī

一年生草质藤本；茎具纵棱，沿棱具倒生皮刺；叶三角形，长3～7厘米，宽2～5厘米，下面沿叶脉疏生皮刺；叶柄具倒生皮刺①，盾状着生于叶片近基部；托叶贯茎状，草质，绿色，穿茎而过①；总状花序短小；花被5深裂，白色或淡绿色（①左下），果时增大，呈肉质，蓝色②；瘦果黑色，有光泽，包于宿存花被内。

产各区平原和低山区。生于沟谷水边、村旁。

相似种：刺蓼【*Persicaria senticosa*，蓼科 蓼属】多年生草本；茎蔓生，有倒生钩刺；叶片三角状戟形③，长4～8厘米，下面沿脉有倒生钩刺；托叶鞘短筒状，膜质；花序头状；花淡粉色④，花被5深裂。产海淀、房山、门头沟、延庆、怀柔、密云；生水边、林下湿润处。

二者均有刺，茎均蔓生；扛板归叶柄盾状着生，托叶鞘草质，花被果期肉质、蓝色；刺蓼的叶柄非盾状着生，托叶鞘膜质，花被片不增大。

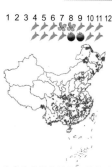

北马兜铃 马兜铃 马兜铃科 马兜铃属

Aristolochia contorta

Northern Dutchman's Pipe | běimǎdōulíng

多年生草质藤本；全株无毛，有特殊气味；叶互生，叶片三角状心形至宽卵状心形①，长3～13厘米，宽3～10厘米，顶端短锐尖或钝，基部心形，下面略带灰白色；叶柄长1～7厘米；花黄绿色，3～10朵簇生于叶腋①②；花被喇叭状，基部膨大呈球状，上端逐渐扩大成偏向一面的侧片，侧片顶端延长成长条形尾尖①②；果实倒卵形③，长4～6厘米，径2～3厘米，成熟后6瓣开裂④。

产各区山地。生于中低海拔路旁、山坡林缘或灌丛中，常见。

北马兜铃的叶片三角状心形，花喇叭状，基部膨大呈球状，先端一侧延长成尾尖，果宽倒卵形，成熟后6瓣开裂。

葎草 拉拉秧 大麻科/桑科 葎草属

Humulus scandens

Japanese Hop | lǜcǎo

一年或多年生草质藤本①；茎和叶柄密生倒刺；叶对生，叶片近肾状五角形①，直径7～10厘米，掌状深裂，裂片5～7，两面有粗糙刺毛，用手摸有明显的粗糙感；花单性异株，雄花小，淡黄绿色，排列成圆锥花序③，花被片和雄蕊各5；雌花排列成近圆形的穗状花序②，苞片具黄色小腺点；瘦果扁圆形。

产各区平原地区。生于村边、路旁、河滩、荒地，极常见。

相似种：华忽布【*Humulus lupulus* var. *cordifolius*，大麻科/桑科 葎草属】茎和叶柄密生细毛，具疏生的倒刺；叶片心形或卵形④，不裂或3裂，雌花苞片覆瓦状排列，果期增大④。产玉渡山、海坨山、喇叭沟门；生沟谷林下。

葎草的叶掌状5～7深裂，雌花苞片不增大；华忽布的叶不裂或3裂，雌花苞片膜质，果期增大。

有观点认为华忽布应归并入原变种啤酒花*Humulus lupulus*。

两色乌头　毛茛科 乌头属

Aconitum alboviolaceum

Bicolor Monkshood ｜ liǎngsèwūtóu

多年生草质藤本；根圆柱形，长约10～15厘米；茎疏被反曲的短柔毛；叶片五角状肾形①，长6.5～11.5厘米，宽9.5～17厘米，基部心形，3深裂稍超过中部或近中部，边缘自中部以上具粗牙齿①；总状花序长6～14厘米，具3～8朵花；萼片淡紫色①②或近白色，被伸展的柔毛，上萼片圆筒形②，长1.3～2厘米；花瓣内藏，与上萼片近等长；雄蕊无毛；心皮3③，子房疏被短毛；蓇葖果直立③，长约1.2厘米。

产百花山、小龙门、延庆井庄、玉渡山、喇叭沟门、古北口、雾灵山。生于沟谷林下。

两色乌头为草质藤本，叶片掌状3深裂；花淡紫色，上萼片圆筒形，较长，蓇葖果3枚聚生。

乌头属植物全株有毒，以根部毒性最大，请注意不要误食。

长瓣铁线莲　大瓣铁线莲　毛茛科 铁线莲属

Clematis macropetala

Large-petal Clematis ｜ chángbàntiěxiànlián

木质藤本；叶对生，二回三出复叶①，长达15厘米；小叶具柄，狭卵形，长1.8～4.8厘米，宽1～3厘米，不裂或3裂，边缘有锯齿；单花顶生①；直径6～8厘米；萼片4，蓝色①②；无花瓣；退化雄蕊花瓣状②，与萼片等长或稍短；雄蕊多数，花丝匙状条形；心皮多数；瘦果卵形，宿存花柱弯曲，被灰白色长柔毛(①左上)。

产各区中高海拔山地。生于海拔1400米以上的亚高山林下或草甸。

相似种：半钟铁线莲【*Clematis sibirica* var. *ochotensis*，毛茛科 铁线莲属】**木质藤本；叶对生，二回三出复叶③；花钟状③，直径3～3.5厘米；退化雄蕊匙状条形，长约为萼片之半④；瘦果具宿存花柱(③左上)。产各区山地；生海拔1500米以下的山坡林下、林缘。

长瓣铁线莲的花具多数退化雄蕊，披针形，与萼片等长；半钟铁线莲的花退化雄蕊较少，匙状条形，长为萼片之半。

芹叶铁线莲 断肠草 毛茛科 铁线莲属

Clematis aethusifolia

Poison-parsley-leaf Clematis | qínyètiěxiànlián

木质藤本；叶对生，二至三回羽状复叶②；羽片3～5对，二回细裂，末回裂片披针状条形②；聚伞花序腋生，具1～3朵花；花序梗长；花钟形①，下垂，淡黄色，萼片4①，长约2厘米；无花瓣；雄蕊长度为萼片之半；心皮多数；瘦果倒卵形，扁平，具宿存羽状花柱（②右下）。

产各区山地。生于向阳山坡草丛中。

相似种：黄花铁线莲【*Clematis intricata***，毛茛科 铁线莲属】**木质藤本；二回羽状复叶④，羽片2对，小叶披针形④，不分裂或下部具1～2小裂片；花宽钟形，黄色③，萼片4；瘦果具宿存羽状花柱④。产地同上；生境同上。

芹叶铁线莲的叶二至三回羽状，末回裂片较细，花钟形，花萼直立；黄花铁线莲叶为二回羽状复叶，小叶较宽，花宽钟形，花萼开展。

短尾铁线莲 黑狗茎 毛茛科 铁线莲属

Clematis brevicaudata

Short-tail Clematis | duǎnwěitiěxiànlián

木质藤本；叶对生，二回三出复叶①②；小叶卵形，长1.5～6厘米，先端渐尖或长渐尖，边缘疏生粗锯齿②，有时3裂；圆锥花序顶生或腋生，长4～11厘米；花直径1～2厘米；萼片4，开展，白色①②；无花瓣；瘦果具宿存羽状花柱（①左下）。

产各区中低海拔山地。生于山坡林缘、路旁或灌丛中，极常见。

相似种：太行铁线莲【*Clematis kirilowii***，毛茛科 铁线莲属】**一至二回羽状复叶③，基部二对常深裂；小叶革质，全缘③；萼片4，开展，白色③。产丰台、房山、门头沟；生山坡林缘、灌丛中。**羽叶铁线莲【***Clematis pinnata***，毛茛科 铁线莲属】**一回羽状复叶④，小叶5，边缘有锯齿④；花钟形，白色或淡粉色④，萼片4，初开时直立④，后渐开展。产房山、门头沟、延庆、密云；生山坡林缘，偶见。

羽叶铁线莲为一回羽状复叶，其余二者为二回羽状复叶；短尾铁线莲叶纸质，小叶常有锯齿，先端尖；太行铁线莲叶革质，小叶全缘，先端钝。

软枣猕猴桃 猕猴桃 软枣子 猕猴桃科 猕猴桃属
Actinidia arguta
Hardy Kiwi | ruǎnzǎomíhóutáo

木质藤本；髓褐色，片状(②右下)；叶片卵圆形或矩圆形，长6~13厘米，宽5~9厘米，边缘有锐锯齿；花单性异株；腋生聚伞花序有花3~6朵；花白色①，5数；雄花雄蕊多数(②右上)；雌花花柱丝状，多数(①右下)，有不育雄蕊；浆果球形至矩圆形③，可食，味甜。

产各区山地。生于沟谷林缘、水边，常见。

相似种：葛枣猕猴桃【*Actinidia polygama*，猕猴桃科 猕猴桃属】髓白色，实心(⑤左下)；叶宽卵形，有时变为白色⑤；花1~3朵腋生，白色(⑤左上)，花药黄色；浆果矩圆形，有宿萼④。产上方山、十三陵；生沟谷林缘。

软枣猕猴桃的髓片状，叶绿色，花药紫色，萼片脱落；葛枣猕猴桃的髓实心，叶有时变为白色，花药黄色，萼片宿存。

北京曾记载产狗枣猕猴桃*Actinidia kolomikta*，经查标本，均为软枣猕猴桃或葛枣猕猴桃的误定。

南蛇藤 蔓性落霜红 卫矛科 南蛇藤属
Celastrus orbiculatus
Oriental Bittersweet | nánshéténg

木质藤本；小枝有多数皮孔；叶互生，宽椭圆形或近圆形①②，长6~10厘米，宽5~7厘米；聚伞花序顶生及腋生①，具5~7朵花；花雌雄异株或杂性，5数，黄绿色(①左上左为雄花，右为雌花)；雄花雄蕊5，退化雌蕊柱状；雌花子房3室，花柱细长，雄蕊不育；蒴果黄色，球形②，径约1厘米，熟时3裂；肉质假种皮红色(②左上)。

产各区山地。生于山坡林缘、沟谷林下、灌丛中，极常见。

相似种：五味子【*Schisandra chinensis*，五味子科/木兰科 五味子属】木质藤本；叶互生，倒卵形③，长5~10厘米；花单性异株(④上为雌花，下为雄花)，花梗细长；花被片6~9，乳白色或粉色；雄花雄蕊5；雌花心皮17~40，花后花托逐渐伸长，聚合浆果肉质，熟时红色⑤。产房山、门头沟、昌平、延庆、怀柔、密云；生沟谷林下、林缘。

南蛇藤叶质稍硬，花小，黄绿色，蒴果，熟时3裂；五味子叶质薄，花较大，聚合浆果肉质。

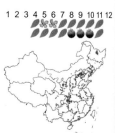

乌头叶蛇葡萄

草白蔹　葡萄科　蛇葡萄属

Ampelopsis aconitifolia

Monkshood Vine ｜ wūtóuyèshépútao

木质藤本；卷须2～3分叉；叶互生，掌状复叶①②，小叶通常5，披针形或菱状披针形，长4～9厘米，宽1.5～6厘米，再次羽状浅裂或深裂①②；二歧伞花序与叶对生，花序梗长1.5～4厘米；花5数，黄绿色（①左上）；果球形，熟时红色（②左下），直径0.6～0.8厘米，有种子2～3颗。

产各区山地。生于山坡或沟谷林缘，常见。

相似种：掌裂草葡萄【Ampelopsis aconitifolia var. palmiloba，葡萄科 蛇葡萄属**】**掌状复叶，小叶3～5，不裂，边缘具不规则粗锯齿③。产地同上；生境同上。**白蔹【**Ampelopsis japonica，葡萄科 蛇葡萄属**】**掌状复叶，小叶3～5，中央小叶深裂至基部并有1～3个关节④；果球形，熟时白色⑤。产房山、门头沟、平谷；生山坡路旁。

三者均为掌状复叶；乌头叶蛇葡萄的小叶再次羽裂；掌裂草葡萄的小叶不裂，边缘仅具粗锯齿；白蔹的中央小叶深裂至基部并有关节。

葎叶蛇葡萄

葎叶白蔹　葡萄科　蛇葡萄属

Ampelopsis humulifolia

Hops Ampelopsis ｜ lǜyèshépútao

木质藤本；卷须2分叉；叶质硬，宽卵圆形，长宽约7～12厘米，3～5浅裂至中裂①②，有时近于深裂，基部心形或近平截，边缘具粗锯齿；聚伞花序与叶对生；花黄绿色，5数（①左上）；果实近球形，径6～8毫米，熟时白色、淡黄色或淡蓝色②。

产各区山地。生于山坡或沟谷林缘、灌丛中、水边，常见。

相似种：乌蔹莓【Causonis japonica，葡萄科 乌蔹莓属**】**草质藤本；鸟足状复叶③，小叶5，长2.5～7厘米，侧生2小叶基部合生在一起③；复二歧聚伞花序腋生；花4数（③左上），偶有5；花瓣黄绿色，花盘橙色（③左上）；浆果卵形，长约7毫米，熟时黑色④。原产黄河以南地区，城区有逸生；生路旁、草丛中。

葎叶蛇葡萄为单叶，3～5浅裂至中裂，花黄绿色，5数；乌蔹莓为鸟足状复叶，花盘橙色，4数。

蛇葡萄属和乌蔹莓属果实均有毒，请勿食用。

山葡萄 阿穆尔葡萄 葡萄科 葡萄属
Vitis amurensis
Amur Grape | shānpútao

木质藤本；小枝疏被蛛丝状茸毛，后脱落；卷须2～3分叉；叶宽卵形，长4～17厘米，宽3.5～18厘米，顶端尖锐，基部宽心形，3～5裂或不裂①，边缘有粗锯齿，下面绿色，被短柔毛；圆锥花序疏散①，与叶对生，花序轴具白色丝状毛；花小，黄绿色；花瓣5，呈帽状黏合脱落；雄蕊5；花盘发达，5裂；浆果球形，径约1厘米，熟时紫黑色②。

产各区山地。生于中高海拔沟谷林下。

相似种：桑叶葡萄【*Vitis heyneana* subsp. *ficifolia*，葡萄科 葡萄属】叶宽卵形，长4～12厘米，3浅裂或中裂③④，偶有深裂，下面被白色或灰白色茸毛④；浆果球形③，熟时紫黑色。产海淀、房山、门头沟；生中低海拔向阳山坡林缘、灌丛中。

山葡萄叶片背面绿色，被短柔毛；桑叶葡萄叶片背面密被白色茸毛。

地锦 爬山虎 葡萄科 地锦属
Parthenocissus tricuspidata
Humifuse Sandmat | dìjǐn

木质藤本；卷须5～9分叉，顶端嫩时膨大呈圆珠形，若遇到附着物可扩大成吸盘，攀附于房屋或崖壁上①；叶为单叶，在短枝上为3浅裂①②，在长枝上不裂，长4.5～17厘米，宽4～16厘米，基部心形，边缘有粗锯齿；多歧聚伞花序；花黄绿色，5数，花瓣反折(①左下)；果实球形②，直径1～1.5厘米，有种子1～3颗。

产海淀、房山。生于石灰岩山地岩壁上，各地庭院也常有栽培。

相似种：五叶地锦【*Parthenocissus quinquefolia*，葡萄科 地锦属】木质藤本；卷须顶端扩大成吸盘；掌状复叶，小叶5③④，倒卵圆形，边缘有粗锯齿；花暗绿色(③左下)；浆果球形④。原产北美洲，各区有引种；生路旁岩壁上。

地锦的叶为单叶，3裂或不裂，五叶地锦的叶为掌状复叶，小叶5。

萝藦 天将壳 奶浆藤 夹竹桃科/萝藦科 萝藦属

Metaplexis japonica

Rough Potato | luómó

多年生草质藤本，植株具乳汁；叶对生，叶片长卵状心形①，长5～12厘米，宽4～7厘米，无毛，叶脉常为黄绿色①；聚伞花序腋生；花冠白色（①左下）或淡紫色①，近辐状，裂片向左覆盖，内面被柔毛；副花冠环状5短裂，生于合蕊冠上；蓇葖果角状②，叉生，长8～9厘米，径约2厘米，表面具瘤状突起；种子顶端具种毛（②左下）。

产各区平原和低山区。生于村旁、路边、水边、草丛中、山坡林缘，极常见。

相似种：杠柳【*Periploca sepium*，夹竹桃科/萝藦科 杠柳属】木质藤本，具乳汁；叶卵状矩圆形③④；花冠暗紫色③，偶为黄绿色（③右上），副花冠环状，裂片丝状伸长③；蓇葖果双生④；种子具白绢质种毛（④右下）。产地同上；生河边、山坡林缘、灌丛中，常见。

萝藦为草质藤本，花白色或淡紫色，果实角状，表面有瘤状突起；杠柳为木质藤本，花暗紫色，副花冠裂片丝状伸长，果实矩圆柱状，平滑。

地梢瓜 雀瓢 羊哺奶 老鸹瓢 夹竹桃科/萝藦科 鹅绒藤属

Cynanchum thesioides

Thesium-like Swallow-wort | dìshāoguā

草质藤本，有时近直立，植株具乳汁；叶对生，条形①，长3～5厘米，宽2～5毫米；聚伞花序腋生①；花萼5深裂，外面被柔毛；花冠白色带淡黄色①，辐状，裂片5枚；副花冠杯状（①左上），裂片三角状披针形，渐尖；蓇葖果纺锤状②，长5～6厘米，径约2厘米；种子扁平，暗褐色，顶端具白绢质的种毛。

产各区低山地区。生于田边、路旁、荒地、山坡林缘、灌丛中，极常见。

相似种：白首乌【*Cynanchum bungei*，夹竹桃科/萝藦科 鹅绒藤属】草质藤本，具乳汁；叶对生，三角状心形至戟形③④，长3～8厘米，基部心形；聚伞花序腋生；花冠白色④，副花冠5深裂（④左上）；蓇葖果长角形③。产各区山地；生山坡路旁、草丛中、沟谷林缘、林下，常见。

地梢瓜的叶条形，果纺锤形，粗大；白首乌的叶三角状心形，果长角形，较细。

鹅绒藤 老鸹瓢 白前 夹竹桃科/萝藦科 鹅绒藤属

Cynanchum chinense

Chinese Swallow-wort | éróngténg

草质藤本，植株具乳汁；叶对生，宽三角状心形①，长4~9厘米，宽4~7厘米，基部心形；聚伞花序腋生①；花冠白色①②，裂片5；副花冠杯状，顶端裂成10个丝状体②，分2轮；蓇葖果双生，细圆柱形（①左下）；种子矩圆形，顶端具毛。

产各区平原和低山区。生于路旁、水边、河滩、山坡林缘，极常见。

相似种：变色白前【*Vincetoxicum versicolor***，夹竹桃科/萝藦科 白前属】**茎上部缠绕，下部直立，无乳汁；叶宽卵形③；花黄绿色（③右下），后变黑紫色。产各区山地；生山坡林下、灌草丛中，常见。**折冠牛皮消【***Cynanchum boudieri***，夹竹桃科/萝藦科 鹅绒藤属】**草质藤本，具乳汁；叶心形④；花冠白色④，副花冠浅杯状（④左上）。产金山、上方山、玉渡山、云岫谷；生沟谷林下、水边。

变色白前的叶宽卵形，花黄绿色，其余二者叶心形，花白色；鹅绒藤的叶小，质厚，副花冠条裂；折冠牛皮消的叶较大，质薄，副花冠浅杯状。

野海茄 茄科 茄属

Solanum japonense

Japanese Nightshade | yěhǎiqié

草质藤本；全株无毛或被疏柔毛；叶卵状披针形①，长3~8.5厘米，宽2~5厘米，先端长渐尖，基部圆或楔形，边缘波状，偶尔有3裂；聚伞花序顶生或腋外生，总花梗长1~1.5厘米；花萼浅杯状，5裂；花冠紫色②，径约1厘米，5深裂，裂片反折②；浆果球形，径约1厘米，成熟后红色（①左下）；种子肾形。

产海淀、房山、昌平、延庆、密云。生于山坡或山脊林下、林缘、灌丛中。

相似种：白英【*Solanum lyratum***，茄科 茄属】**草质藤本；全株密被具节的长柔毛；叶多为琴形③④，长3.5~5.5厘米，3~5深裂，有时浅裂或全缘；花粉色③；浆果球形，熟时红色④。产海淀、昌平、延庆；生阴坡林缘、林下。

野海茄植株近无毛，叶不裂；白英植株被长柔毛，叶常琴状羽裂。

藤本植物

打碗花 燕子苗 旋花科 打碗花属
Calystegia hederacea

Japanese False Bindweed | dǎwǎnhuā

一年生草本，植株具乳汁；茎缠绕或贴地蔓生①；叶互生，具长柄，叶片三角状戟形①，长2～4厘米，侧裂片开展，通常2裂；花单生叶腋；苞片2，卵圆形②，长0.8～1厘米，包住花萼②，宿存；萼片5，稍短于苞片；花冠漏斗状，粉色或近白色①②；雄蕊5，柱头2裂；蒴果卵球形，光滑。

产各区平原和低山区。生于房前屋后、路旁、村边、草丛中，极常见。

相似种：柔毛打碗花【*Calystegia pubescens*，旋花科 打碗花属】叶片三角形至矩圆形，长4～8厘米，疏被柔毛，基部浅裂③，或强烈3裂成戟形④；花冠漏斗状，粉色③④。产海淀、门头沟、昌平、大兴；生路旁、田边、草丛中。

打碗花的叶片三角状戟形，花较小，长3.5厘米以下；柔毛打碗花的叶浅裂或深裂，花大，长4厘米以上。

柔毛打碗花叶片深裂的类型过去被误定为长裂旋花*Calystegia sepium* var. *japonica*。

长叶藤长苗 旋花科 打碗花属
Calystegia pellita subsp. *longifolia*

Hairy False Bindweed | chángyèténgchángmiáo

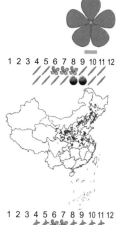

多年生草质藤本，植株具乳汁；茎缠绕或下部直立，密被长柔毛；叶矩圆形或矩圆状条形①②，长4～10厘米，宽0.6～2厘米，基部圆形①或微呈戟形②，两面被柔毛；单花腋生；苞片卵形，被褐黄色短柔毛；花冠粉色或淡粉色①②，漏斗状，长4.5～5.5厘米；雄蕊5，柱头2裂；蒴果近球形。

产各区山地。生于田边、山坡路旁、草丛中。

相似种：欧旋花【*Calystegia sepium* subsp. *spectabilis*，旋花科 打碗花属】叶片长三角形③④，基部戟形，有浅裂片，疏被柔毛；花粉红色③④，长5.5～6.5厘米。产门头沟、延庆、怀柔、密云；生沟谷林缘、亚高山草甸。

长叶藤长苗的叶矩圆形，较窄，花冠较小，长5.5厘米以下；欧旋花的叶长三角形，较宽大，花冠较大，长5.5厘米以上。

欧旋花过去被误定为毛打碗花*Calystegia dahurica*。

藤本植物

田旋花 箭叶旋花 旋花科 旋花属

Convolvulus arvensis

Field Bindweed | tiánxuánhuā

茎缠绕或贴地蔓生，具乳汁；叶互生，叶片戟形①，长2.5~5厘米，宽1~3.5厘米，基部有两个小侧裂片①；花序腋生，花梗细弱，长3~8厘米；苞片2，条形，与花萼远离（①左上）；花冠漏斗状，粉色①，偶有白色；雄蕊5；蒴果球形。

产各区平原和低山区。生于房前屋后、路旁、田边、草丛中，极常见。

相似种：银灰旋花【*Convolvulus ammannii*，旋花科 旋花属】植株密被银灰色绢毛②；叶片条形②，长1~2厘米；花单生枝端，淡粉色或白色②。产延庆康庄；生草丛中。**北鱼黄草**【*Merremia sibirica*，旋花科 鱼黄草属】叶片心形，长3~13厘米，顶端具长尾尖③；花序腋生，多花；花冠漏斗状钟形③，长1~1.2厘米，淡粉色；雄蕊5；蒴果近球形④。产各区山地；生山坡路旁、灌木丛中。

北鱼黄草的叶心形，先端具长尾尖，其余二者叶条形，较窄；田旋花的茎、叶无毛，叶基部戟形；银灰旋花的茎、叶被绢毛，叶基部非戟形。

圆叶牵牛 喇叭花 旋花科 牵牛属

Pharbitis purpurea

Tall Morning Glory | yuányèqiānniú

一年生草质藤本，植株具乳汁；全株被粗硬毛；叶互生，心形①②，长5~12厘米，具掌状脉；叶柄长4~9厘米；花序有花1~5朵，萼片5，基部有粗硬毛；花冠漏斗状①②，长4~6厘米，花色多变，紫色、蓝色、淡红色或白色①②，顶端5浅裂；蒴果球形；种子卵圆形，无毛。

产各区平原和低山区。生于路旁、田边、荒地、草丛中，极常见。

相似种：裂叶牵牛【*Pharbitis hederacea*，旋花科 牵牛属】一年生草质藤本；茎上被短柔毛及开展的长硬毛；叶3深裂③；花冠长3~4厘米，常为蓝色③。产地同上；生境同上。**牵牛**【*Pharbitis nil*，旋花科 牵牛属】一年生草质藤本；叶3浅裂④；花常为蓝色④。产地同上；生境同上。

圆叶牵牛的叶心形，花冠长4厘米以上，花色多，其余二者花冠长4厘米以下，花常为蓝色；裂叶牵牛的叶3深裂，牵牛的叶3浅裂。

有观点认为裂叶牵牛和牵牛应为同一种。

藤本植物

菟丝子　豆寄生　旋花科 菟丝子属

Cuscuta chinensis

Chinese Dodder ｜ tùsīzǐ

一年生寄生草本；茎纤细，黄色①，径约1毫米，叶退化；花簇生①；花萼杯状，5裂，裂片背面有龙骨状突起；花冠白色，壶状①，长为花萼的2倍，顶端5裂，裂片向外反曲；雄蕊5，着生于花冠裂片弯缺处的内侧（①右下）；花柱2；蒴果球形，成熟时完全被宿存花冠包围。

产各区平原和低山区。生于路旁草丛中，多寄生于草本植物上，常见。

相似种：南方菟丝子【*Cuscuta australis*，旋花科 菟丝子属】一年生寄生草本；茎纤细，黄色②；花萼裂片平贴花冠；花冠白色②；雄蕊着生于两个花冠裂片间弯缺处（②左下）；蒴果成熟时仅下部被宿存花冠包围。产地同上；生境同上。

菟丝子的花萼裂片背面有龙骨状突起，雄蕊生于花冠裂片弯缺处的内侧；南方菟丝子的花萼裂片平，雄蕊生于花冠裂片弯缺处。

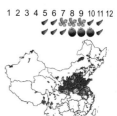

金灯藤　日本菟丝子　旋花科 菟丝子属

Cuscuta japonica

Japanese Dodder ｜ jīndēngténg

一年生寄生草本；茎较粗壮，径达2毫米，黄白色，常带紫色瘤状斑点①②；花序自基部分枝，长达3厘米；苞片及小苞片鳞片状；花萼碗状，肉质，5深裂；花冠钟状②，淡红色或乳白色①②，长3～5毫米，顶端5浅裂；雄蕊5②，着生于花冠喉部裂片之间；花柱细长，柱头叉状，具2裂片③；蒴果卵球形，长约5毫米，种子1～2个，褐色。

产各区山地，平原地区也有。生于山坡或沟谷林缘、水边，寄生于其他植物体上，常见。

相似种：啤酒花菟丝子【*Cuscuta lupuliformis*，旋花科 菟丝子属】一年生寄生草本；茎较粗壮；花序总状或穗状⑤；花冠钟状⑤；花柱细长，柱头双球状，微2裂④。产地同上；生境同上。

金灯藤的柱头叉状，明显具2裂片；啤酒花菟丝子的柱头双球状，微2裂。

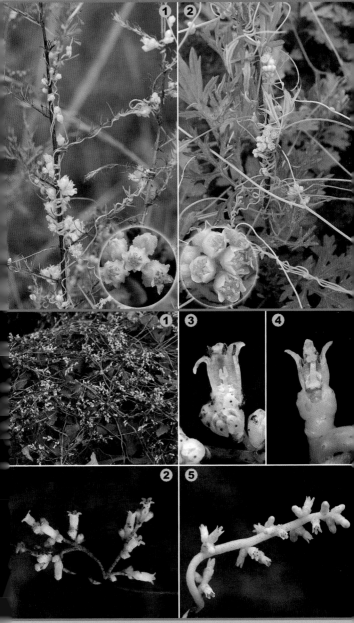

茜草　茜草科 茜草属

Rubia cordifolia

Indian Madder　|　qiàncǎo

草质藤本；小枝有明显的4棱，棱上有倒生小刺②，靠小刺攀缘；根紫红色或橙红色；叶4片轮生①②，有时多达8片，卵形至卵状披针形①②，长2~6厘米，宽1.5~4厘米，基部圆形至心形，上面粗糙，下面脉上和叶柄常有倒生小刺；聚伞花序大而疏松；花小，白色或黄白色②，花冠5裂②，裂片近卵形；浆果近球形，径5~6毫米，熟时橙色，后变紫黑色(②左上)，含1颗种子。

产各区平原和低山区。生于房前屋后、路旁、田边、山坡草丛中，极常见。

相似种:林生茜草【*Rubia sylvatica***，茜草科 茜草属】**草质藤本；叶4~10片轮生，卵圆形③④，长4~11厘米，宽通常2~8厘米，基部深心形③④；聚伞花序腋生和顶生；果球形④，熟时黑色。产上方山、东灵山、黄草梁；生山坡林下。

茜草叶较小，长2~6厘米，基部圆形至心形；林生茜草叶大型，长4~11厘米，基部深心形。

羊乳　四叶参　桔梗科 党参属

Codonopsis lanceolata

Lance Asia Bell　|　yángrǔ

草质藤本，具乳汁，植株各部有特殊气味；根圆锥形或纺锤形，长达15厘米，有少数须根；叶菱状狭卵形①，长3~9厘米，宽1.5~4.5厘米，无毛，在分枝顶端常3~4枚叶近轮生①；花通常单生分枝顶端；萼裂片5，卵状三角形；花冠宽钟状①③，外面黄绿色，内面带紫色②；雄蕊5；子房半下位；蒴果有宿存花萼(①右下)，上部3瓣裂。

产各区山地。生于中低海拔山坡或沟谷林下。

相似种:党参【*Codonopsis pilosula***，桔梗科 党参属】**草质藤本，具乳汁；叶互生或近对生；叶片卵形⑤，长1~6.5厘米，边缘有波状钝齿，两面有毛；花冠宽钟状⑤，黄绿色或带淡红色④，内面有紫斑。产地同上；生中高海拔山坡林下、灌丛中。

羊乳的叶4枚簇生于枝顶，成假轮生状，边缘全缘；党参的叶互生，边缘有齿。

赤瓟 赤雹 葫芦科 赤瓟属

Thladiantha dubia

Manchu Tubergourd | chìbáo

草质藤本；卷须不分叉；叶互生，叶片宽卵状心形①，长5～10厘米，宽4～9厘米；雌雄异株；花萼裂片披针形，反折；花冠钟状，黄色，5裂①；果实矩圆形②，熟时红色，长4～5厘米，有不明显的10条纵纹；种子卵形，黑色。

产各区山地。生于山坡路旁、林缘。

相似种：裂瓜【*Schizopepon bryoniifolius*，葫芦科 裂瓜属】卷须分叉；叶片卵状心形，薄纸质，不规则波状浅裂③；花白色（③左下1）；果卵球形（③左下2），熟时3瓣裂。产玉渡山、坡头；生沟谷湿润处。**刺果瓜【*Sicyos angulatus*，葫芦科 刺果瓜属】**叶片掌状5裂④，纸质；花白色（④左下1、2）；果实扁平，密被刺毛（④右上），含1颗种子。原产北美洲，小西山、延庆张山营和大榆树有逸生；生路旁、林缘，常大面积覆盖本土植被，遇到应及时拔除。

赤瓟的叶心形，花大、黄色，其余二者花小、白色；裂瓜的果实卵球形，熟后开裂；刺果瓜的果实扁平，不开裂，密被刺毛。

假贝母 土贝母 葫芦科 假贝母属

Bolbostemma paniculatum

Paniculate Bolbostemma | jiǎbèimǔ

多年生草质藤本；鳞茎肥厚，肉质；叶互生，叶片卵状近圆形，长4～11厘米，宽3～10厘米，掌状5深裂①；花雌雄异株，雌、雄花序均为疏散的圆锥状①；花黄绿色，花萼、花冠相似，裂片披针形，先端具丝状尾尖①；蒴果圆柱形②，长1.5～3厘米，成熟时由顶端盖裂，散出种子。

产各区山地。生于阴湿林下、水边。

相似种：盒子草【*Actinostemma tenerum*，葫芦科 盒子草属】一年生草质藤本；叶长三角形④，不裂或下部有3～5裂片，边缘有疏齿④；雌雄同株；花白色③，花萼裂片和花冠裂片先端长尾状③；果实锥形，成熟时自中部盖裂④。产海淀、丰台、门头沟、延庆、顺义；生河边、溪流、水塘中。

假贝母的叶近圆形，掌状5深裂，雌雄异株，生于山地；盒子草的叶长三角形，雌雄同株，生于水中。

竹叶子　鸭跖草科　竹叶子属
Streptolirion volubile

Streptolirion | zhúyèzi

多年生攀缘草本；叶互生，叶片心形①，幼苗的叶心状卵形②，长5~15厘米，宽3~15厘米，顶端常具尾尖，基部深心形①，上面略被柔毛；蝎尾状聚伞花序有花1至数朵，集成圆锥状，圆锥花序下面的总苞片状，长2~6厘米，上部的小且为卵状披针形；花无梗；萼片3，长3~5毫米，顶端急尖；花瓣3，白色或淡粉色③，略比萼长；雄蕊6，花丝密被黄色柔毛③；蒴果三棱形④，长约4~7毫米，顶端有芒状突尖；种子褐灰色。

产各区山地。生于阴坡林下、阴湿处。

竹叶子的叶片心形，花序圆锥状，花3数，雄蕊6，花丝密被黄色柔毛。

穿山龙　穿龙薯蓣　薯蓣科　薯蓣属
Dioscorea nipponica

Chuanlong Yam | chuānshānlóng

多年生草质藤本；根状茎横生，圆柱形，多分枝；茎左旋，近无毛；叶互生，叶片掌状心形①，长10~15厘米，宽9~13厘米，边缘有不等大的三角状浅裂、中裂或深裂①；花序穗状，花黄绿色②，单性，雌雄异株；花被6裂，雄花雄蕊6枚②，雌花子房下位（①右下）；蒴果3室，有3翅①，熟时开裂；种子每室2粒，四周有不等的薄膜状翅。

产各区山地。生于山坡林缘、灌丛中，常见。

相似种：薯蓣【*Dioscorea polystachya*，薯蓣科薯蓣属】多年生草质藤本；块茎略呈圆柱形，垂直生长，长可达1米；茎右旋；叶互生或对生，叶片三角状卵形或耳状3裂③④；叶腋间常生有珠芽③；花序穗状；蒴果有3翅④。产海淀、房山、延庆、密云；生境同上，民间常有栽培，食用其块茎(山药)和珠芽(山药豆)，栽培者极少开花。

穿山龙的叶边缘有不等大的三角状裂片；薯蓣的叶耳状3裂或不裂。

蝙蝠葛 山豆根 汉防己 防己科 蝙蝠葛属
Menispermum dauricum

Asian Moonseed | biānfúgé

木质藤本；叶互生，圆肾形①②，长宽均7～10厘米，基部浅心形，边缘不裂或3～7浅裂②；叶柄盾状着生①②；花单性，雌雄异株；花序腋生，有花数朵至20余朵，花瓣6～8；雄花白绿色，雄蕊通常12枚，超出花被③；雌花近白色，有退化雄蕊；核果，弯曲成圆肾形，直径8～10毫米，成熟时紫黑色④；果核新月形(④左下)。

产各区山地。生于田边、路旁、山坡林丛、灌丛中，极常见。

蝙蝠葛的叶边缘不裂或3～7浅裂，基部盾状着生于叶柄上，花单性，雌雄异株，核果圆肾形，熟时紫黑色，果核新月形。

忍冬 金银花 忍冬科 忍冬属
Lonicera japonica

Japanese Honeysuckle | rěndōng

木质藤本；幼枝密生柔毛和腺毛；叶对生，叶片卵状椭圆形①，长3～8厘米，幼时两面有毛，后上面变无毛；花成对生于叶腋①，苞片叶状；萼筒无毛，花冠初开时白色，后变黄色①，芳香，外面有柔毛和腺毛，二唇形①，上唇具4裂片而直立，下唇反转；雄蕊5，和花柱均伸出花冠外；浆果球形②，熟时黑色。

原产我国，各区均有栽培。生于村旁、路边。

相似种:鸡屎藤【*Paederia foetida*，茜草科 鸡屎藤属】植株有恶臭气味；叶对生，宽卵形③④，托叶三角形，于两叶柄间合生；花冠筒状，外面白色，内面紫色③，密被柔毛；核果球形④。原产黄河以南地区，城区有逸生；生路旁。

二者的叶形相似，但花、果截然不同；忍冬无托叶；鸡屎藤的托叶合生为柄间托叶，植株有恶臭气味。

两型豆 三籽两型豆 阴阳豆　豆科 两型豆属

Amphicarpaea edgeworthii

Edgeworth's Hogpeanut ｜ liǎngxíngdòu

一年生草质藤本；三出复叶，小叶菱状卵形①②，长2～6厘米，宽1.5～3.5厘米，两面有白色长柔毛；花二型，地下为闭锁花，直接结果（②左下）；地上为正常花，排成腋生总状花序①；萼筒状，萼齿5；花冠白色带淡蓝色（①左上）；子房有毛；地上生的荚果矩圆形，扁平②，长约2～3厘米，有毛；种子通常3，棕色，有黑斑（②左上）。

产各区山地。生于沟谷林缘、林下、山坡灌丛中，常见。

相似种：贼小豆【*Vigna minima*，豆科 豇豆属】 一年生草质藤本；茎纤细；三出复叶③，小叶卵形或卵状披针形，长2.5～7厘米，宽0.8～3厘米；总状花序柔弱，通常有花3～4朵；花冠黄色③④，旗瓣极外弯；荚果圆柱形④，无毛。产门头沟、昌平、密云；生沟谷林缘、水边。

两型豆花、果均两型，正常花白色带蓝色，果实矩圆形，扁平；贼小豆花黄色，果实圆柱形。

葛 葛藤 野葛　豆科 葛属

Pueraria montana var. *lobata*

Kudzu ｜ gé

大型木质藤本；有肥厚的块根，全株被黄色长硬毛；叶互生，三出复叶①，顶生小叶菱状卵形，长5.5～19厘米，宽4.5～18厘米，有时浅裂，两面有毛，侧生小叶宽卵形，有时有裂片①，基部偏斜；总状花序腋生，萼内外面均有黄色柔毛；花冠紫红色②，旗瓣中央有一黄斑；荚果条形③，长5～10厘米，扁平，密生黄色长硬毛③。

产各区山地。生于山坡灌丛中、沟谷林缘。

相似种：野大豆【*Glycine soja*，豆科 大豆属】 一年生草质藤本；全体疏被褐色长硬毛；三出复叶⑤，顶生小叶卵状披针形，长1～5厘米；总状花序腋生；花小，淡紫色（⑤左下）；荚果矩圆形④，长约3厘米，被黄色平伏毛④；种子2～4粒。产各区平原地区；生水边、河滩、盐碱地，常见。

葛为大型木质藤本，小叶常有裂片，花太，紫红色，荚果密被黄色长硬毛，触之扎手；野大豆为一年生草质藤本，花小，淡紫色，荚果短小，被黄色平伏毛。

白屈菜　山黄连　罂粟科　白屈菜属

Chelidonium majus

Greater Celandine　|　báiqūcài

多年生草本；植株含黄色汁液(①左下)；茎被短柔毛；叶互生，长10～15厘米，羽状全裂①，裂片2～3对，再次不规则深裂，边缘具不整齐缺刻；花数朵生于枝端，近伞状排列①②；萼片2，早落；花瓣4，黄色②；雄蕊多数；蒴果条状圆筒形②，长3～3.6厘米；种子卵球形。

产各区低山地区。生于路旁、田边、沟谷林下，极常见。

相似种：秃疮花【*Dicranostigma leptopodum***，罂粟科 秃疮花属】**多年生草本；叶羽状深裂④，裂片4～6对，再次羽裂，裂片具疏齿，先端三角状④；花1～5朵生枝端；花瓣4，黄色③；蒴果条形③，长4～7.5厘米。原产华北至西南地区，近年来昌平与怀柔有逸生；生路旁。

白屈菜具多数茎生叶，叶质薄，裂片先端圆钝；秃疮花具多数基生叶和少数茎生叶，叶质硬，裂片先端三角状。

野罂粟　山大烟　山罂粟　罂粟科　罂粟属

Papaver nudicaule

Iceland poppy　|　yěyīngsù

多年生草本；植株含白色乳汁；叶基生，叶片轮廓卵形或狭卵形，长7～20厘米，羽状全裂①，全裂片2～3对，再次羽状深裂；花莛多达10条或更多，高15～46厘米，单花顶生，稍下垂①；萼片2，早落；花瓣4，黄色①②，长1.8～2.5厘米；雄蕊多数②；蒴果倒卵形，孔裂。

产百花山、东灵山、海坨山、雾灵山。生于亚高山草甸或林缘。

相似种：角茴香【*Hypecoum erectum***，罂粟科 角茴香属】**多年生草本；叶基生，二至三回羽状全裂③，末回裂片条形；花瓣黄色，外面2个较大，里面2个较小④；雄蕊4枚，蒴果长圆柱形④。产门头沟、昌平、延庆、密云、大兴；生路旁、荒地、山坡灌丛下。

野罂粟的叶裂片较宽，花大，辐射对称，花瓣等大，雄蕊多数；角茴香的叶裂片较细，花小，近两侧对称，花瓣不等大，雄蕊4枚。

葶苈 十字花科 葶苈属

Draba nemorosa

Woodland Draba | tínglì

二年生草本；基生叶莲座状①，倒卵状矩圆形，长2～3厘米，茎生叶数个①，卵形，长0.5～1厘米，边缘有少数齿牙，两面密生柔毛及星状毛；总状花序顶生①；花黄色②；短角果矩圆形②，长5～8毫米，被短柔毛②。

产各区山地，平原地区也有。生于山坡林缘、路旁、草丛中，常见。

相似种：欧亚蔊菜【*Rorippa sylvestris***，十字花科 蔊菜属】**多年生草本；叶羽状深裂至全裂③；总状花序顶生或腋生；长角果圆柱形③，长0.7～2厘米。产朝阳、海淀、房山；生路旁草丛中。**蔊菜【***Rorippa indica***，十字花科 蔊菜属】**二年生草本；叶大头羽状分裂或不裂④；总状花序顶生或腋生；长角果条状圆柱形④，长1～2.5厘米。产海淀、房山、延庆；生境同上。

葶苈基生叶莲座状，植株矮小，短角果矩圆形，其余二者植株较高大，具长角果；欧亚蔊菜的叶羽状深裂至全裂，蔊菜的叶大头羽裂或不裂。

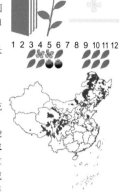

沼生蔊菜 十字花科 蔊菜属

Rorippa palustris

Bog Yellowcress | zhǎoshēnghàncài

一年或二年生草本；全株无毛；叶矩圆形至狭矩圆形，长5～10厘米，宽1～3厘米，羽状深裂或大头羽裂①，裂片3～7对，边缘不规则浅裂或呈深波状；总状花序顶生或腋生①；花小，多数，黄色或淡黄色①；花瓣长倒卵形；雄蕊6，近等长；短角果短圆柱形或椭圆形（①右上），有时稍弯曲，长3～8毫米，宽1～3毫米；种子每室2行，多数。

产各区平原和低山区。生于水边、田边、路旁湿润处，常见。

相似种：风花菜【*Rorippa globosa***，十字花科 蔊菜属】**一年或二年生草本；叶倒卵状披针形②，边缘具不整齐粗齿；总状花序多数，花黄色②；短角果球形（②左上）。产地同上；生境同上。

沼生蔊菜的叶羽状分裂，果实短圆柱形；风花菜的叶不裂，边缘仅具粗齿，果实球形。

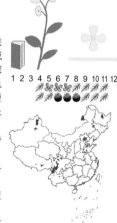

播娘蒿 麦蒿 十字花科 播娘蒿属

Descurainia sophia

Herb Sophia | bōniánghāo

1 2 3 4 5 6 7 8 9 10 11 12

一年生草本；叶互生，狭卵形，长3～5厘米，宽2～2.5厘米，二至三回羽状深裂①，末回裂片窄条形，宽1～1.5毫米；总状花序顶生；萼片4，直立；花瓣淡黄色①；长角果窄条形①，长2～3厘米，宽约1毫米；种子1行。

产各区平原地区。生于路旁、田边、荒地。

相似种：垂果大蒜芥【*Sisymbrium heteromallum*，十字花科 大蒜芥属】一年或二年生草本；叶矩圆形，羽状浅裂至深裂③；总状花序顶生；花淡黄色②；长角果条形，稍下垂②。产门头沟、延庆、怀柔、密云；生山坡路旁、林缘、草丛中。**全叶大蒜芥**【*Sisymbrium luteum*，十字花科 大蒜芥属】多年生草本；叶倒卵形④，边缘具锯齿；总状花序疏松；花黄色④；长角果圆筒状④。产房山、延庆、怀柔、密云；生沟谷林缘、水边。

1 2 3 4 5 6 7 8 9 10 11 12

1 2 3 4 5 6 7 8 9 10 11 12

播娘蒿的叶二至三回羽状深裂，长角果直立；垂果大蒜芥的叶一回羽状分裂，长角果稍下垂；全叶大蒜芥叶不裂，长角果直立。

糖芥 十字花科 糖芥属

Erysimum amurense

Bunge's Wallflower | tángjiè

1 2 3 4 5 6 7 8 9 10 11 12

一年或二年生草本；叶互生，矩圆状条形①，基生叶长5～15厘米，宽5～20毫米，具叶柄，上部叶渐无柄；总状花序顶生①；花橙黄色①②，径约1厘米；长角果条形，略呈四棱形，长4.5～8.5厘米，先端具短喙；种子1行。

产各区山地。生于山坡林缘、草丛中，常见。

相似种：波齿糖芥【*Erysimum macilentum*，十字花科 糖芥属】叶条形，具波状齿（③下）；花瓣条形（③上）；果圆柱形④。产各区平原和低山区；生路旁、山坡草丛中，极常见。**小花糖芥**【*Erysimum cheiranthoides*，十字花科 糖芥属】叶披针形⑥，全缘或具疏齿（⑤下）；花瓣倒卵形（⑤上），基部狭缩成爪；果圆柱形。产怀柔、密云；生亚高山林下。

1 2 3 4 5 6 7 8 9 10 11 12

1 2 3 4 5 6 7 8 9 10 11 12

糖芥花橙黄色，较大，其余二者花黄色，较小；波齿糖芥叶缘具波状齿，花瓣条形，不具爪；小花糖芥叶全缘或具疏齿，花瓣倒卵形，具爪。

波齿糖芥过去被误定为小花糖芥，小花糖芥被误定为华北糖芥。

柔毛金腰　毛金腰　虎耳草科 金腰属
Chrysosplenium pilosum var. *valdepilosum*
Dense-pilose Golden-saxifrage │ róumáojīnyāo

多年生小草本；茎肉质，具不育枝；叶对生
③，有柄；叶片近扇形①，长3.5～10毫米，宽
3.5～14毫米，边缘具浅圆齿，疏生短伏毛①；聚
伞花序紧密②；苞片叶状②，有圆齿；花黄色②，
钟形，直径约0.4厘米；萼片4②，黄色，长约2毫
米；无花瓣；雄蕊8；蒴果长约5.5毫米，2果爿不
等大(①右上)；种子黑褐色。

产百花山、小龙门、东灵山、海坨山、坡头。
生于沟谷林下阴湿处。

相似种：五台金腰【*Chrysosplenium serreanum*,
虎耳草科 金腰属】多年生草本；基生叶具长柄，叶
片肾形⑤，长0.8～2.5厘米；茎生叶1～2枚，互生
④；聚伞花序紧密⑤；萼片4，黄色⑤。产百花山、
玉渡山、坡头；生亚高山林下。

柔毛金腰的茎有柔毛，叶对生；五台金腰的茎
无毛，茎生叶互生。

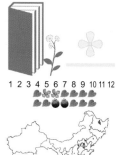

月见草　山芝麻 夜来香　柳叶菜科 月见草属
Oenothera biennis
Common Evening Primrose │ yuèjiàncǎo

二年生草本；基生叶莲座状，倒披针形，长
7～20厘米，宽1～5厘米，边缘有稀疏钝齿，茎生
叶渐小；花序穗状，生于茎顶①；花夜间开放，清
晨凋萎；萼片花后反折，花瓣黄色①，长2.5～3厘
米；雄蕊8，与雌蕊近等长①；子房下位；蒴果圆
柱形(①左下)，具明显的棱。

原产北美洲，各区均有栽培或逸生。生于村
旁、路边。

相似种：黄花月见草【*Oenothera glazioviana*,
柳叶菜科 月见草属】二年生草本；花瓣长4～5
厘米；雄蕊8，明显短于雌蕊②。本种为欧洲育成
的杂交种，城区有引种；植于公园。**大果月见草**
【*Oenothera macrocarpa*, 柳叶菜科 月见草属】低矮
草本；叶条状披针形③；果椭球形，有4条宽大的翅
(③左下)。原产北美洲，城区有引种；植于公园。

大果月见草植株低矮，果具翅，其余二者高
大，果无翅；月见草花瓣短于3厘米，雌雄蕊等
长；黄花月见草花瓣超过4厘米，雄蕊短于雌蕊。

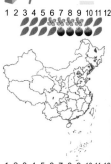

草本植物 花黄色 辐射对称 花瓣四

花锚 龙胆科 花锚属

Halenia corniculata

Corniculate Spur-gentian | huāmáo

一年生草本；茎直立，近四棱形，分枝；叶对生，椭圆状披针形①，渐尖或钝尖，具三出脉；顶生伞形花序或腋生聚伞花序①②；花黄色，具梗；花萼4深裂，裂片狭披针形，被毛，短于花冠；花冠4深裂，裂片卵状椭圆形，基部各有一个斜上角形的距②，距与花冠近等长；雄蕊4，内藏③，花丝着生于花冠之基部；子房上位，纺锤形，柱头2裂，外卷；蒴果矩圆形④，长约1厘米，顶端2瓣开裂；种子多数，卵圆形。

产百花山、东灵山、玉渡山、海坨山、雾灵山。生于亚高山草甸。

花锚的花黄色，花冠4深裂，裂片基部各有一个斜上角形的距，使整朵花呈锚形。

蓬子菜 茜草科 拉拉藤属

Galium verum

Yellow Spring Bedstraw | péngzicài

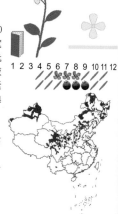

多年生草本，茎直立，基部稍木质；叶6～10片轮生①③，无柄，叶片条形③，长1～3厘米，宽1～1.5毫米，顶端急尖，边缘反卷，上面稍有光泽，仅下面沿中脉两侧被柔毛；聚伞花序顶生或腋生，通常在茎顶集成带叶的圆锥状花序①，稍紧密；花小，黄色①②，有短梗；花萼小，无毛，4裂；花冠辐状，4裂至基部②，裂片卵形；果小，果爿双生，近球形④，直径约2毫米。

产各区山地。生于山坡林缘、灌草丛中、亚高山草甸，极常见。

蓬子菜的叶多片轮生，条形，花小而密集，黄色，花冠辐状，4裂，果爿双生，近球形。

狭叶红景天　景天科 红景天属

Rhodiola kirilowii

Kirilow's Stonecrop　│　xiáyèhóngjǐngtiān

多年生草本；根粗壮，直立；叶密生，条形至条状披针形①②，长4～6厘米，宽2～5毫米，先端急尖，边缘有疏锯齿，或有时全缘，无柄；花序伞房状，有多花①，宽7～10厘米；雌雄异株；萼片4或5，三角形；花瓣4或5，黄色①，倒披针形，长3～4毫米；雄蕊数为花瓣2倍；心皮4或5；蓇葖果披针形，有短而外弯的喙。

产百花山、东灵山、海坨山、雾灵山。生于亚高山草甸。

相似种: 红景天【*Rhodiola rosea*，景天科 红景天属】多年生草本；叶疏生，矩圆状卵形③，长1～3.5厘米，宽5～15毫米，全缘或有少数牙齿③；花序伞房状，密集多花④；雌雄异株；萼片4，黄绿色；花瓣4，黄色④。产百花山、东灵山、雾灵山；生境同上。

狭叶红景天的叶密生，条形，花4数或5数；红景天的叶疏生，矩圆状卵形，花4数。

费菜　景天三七 土三七　景天科 费菜属

Phedimus aizoon

Fei Cai　│　fèicài

多年生草本；具粗短的根状茎；叶互生，长披针形至倒披针形①，长5～8厘米，宽1.7～2厘米，边缘有不整齐的锯齿①，几无柄；聚伞花序顶生①；萼片5，条形；花瓣5，黄色①②，披针形；雄蕊10；心皮5；蓇葖果成星芒状排列。

产各区山地。生于山坡林缘、草丛、石缝中、亚高山林下，极常见。

相似种: 繁缕景天【*Sedum stellariifolium*，景天科 景天属】二年生草本；基生叶莲座状(③左下)，茎生叶互生，倒卵状菱形③，长7～15毫米；花瓣5，黄色③。产各区低山地区；生山坡或沟谷石缝中。**垂盆草【***Sedum sarmentosum*，景天科 景天属】多年生草本；3叶轮生④，倒披针形，长1.5～3厘米；花瓣5，淡黄色(④右上)。产海淀、房山、门头沟、昌平、密云；生沟谷林缘、水边、石缝中。

费菜的叶互生，长披针形，边缘有锯齿，几无柄；繁缕景天叶互生，倒卵状菱形，全缘，具柄；垂盆草的叶轮生，倒披针形，全缘。

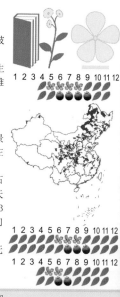

茴茴蒜　毛茛科 毛茛属

Ranunculus chinensis

Chinese Buttercup ｜ huíhuísuàn

　　一年生草本；茎与叶柄均有伸展的淡黄色糙毛；三出复叶①，互生，长3～8厘米，基生叶和下部叶具长柄；中央小叶具长柄，3深裂，裂片狭长，上部有少数不规则锯齿①；花序具疏花；萼片5，淡绿色；花瓣5，黄色②，宽倒卵形；雄蕊和心皮均多数；聚合果椭球形②，长约1厘米；瘦果扁，长约3.2毫米，无毛。

　　产各区平原和低山区。生于路旁、水边、河滩，常见。

　　相似种：石龙芮【*Ranunculus sceleratus***，毛茛科毛茛属】**一年生草本；叶3深裂③⑤，裂片全缘或有疏圆齿，两面无毛；花黄色③；心皮70～130；聚合果矩圆形④，瘦果宽卵形。产各区平原地区；生水边、湿润处。

　　茴茴蒜全株被开展的糙毛，叶为三出复叶，小叶裂片的锯齿尖，聚合果长稍大于宽；石龙芮全株近无毛，叶为单叶，3深裂，裂片的锯齿圆钝，聚合果长明显大于宽。

毛茛　老虎脚爪草　毛茛科 毛茛属

Ranunculus japonicus

Japanese Buttercup ｜ máogèn

　　多年生草本；茎与叶柄均有伸展的柔毛；基生叶和茎下部叶有长柄；叶片轮廓五角形①，长达6厘米，宽达7厘米，基部心形，3深裂①，中央裂片宽菱形或倒卵形，3浅裂，疏生锯齿，侧生裂片2裂；叶柄长达15厘米；花序具数朵花；萼片5，淡绿色，外被柔毛；花瓣5，黄色②，倒卵形，长6.5～11毫米；雄蕊和心皮均多数；聚合果近球形②，径4～5毫米。

　　产各区山地。生于山坡或沟谷林缘、林下、水边，常见。

　　相似种：单叶毛茛【*Ranunculus monophyllus***，毛茛科 毛茛属】**多年生草本；基生叶通常1枚，叶片圆肾形（③左下），长1.5～3厘米；茎生叶1～2枚，3～7掌状全裂或深裂③；花瓣5，黄色④；聚合果卵球形。产百花山；生亚高山林下。

　　毛茛植株高大，被柔毛，叶掌状3裂；单叶毛茛植株矮小，无毛，具1枚圆肾形的基生叶和1～2枚掌裂的茎生叶。

草本植物 花黄色 辐射对称 花瓣五

马齿苋　马齿菜 麻绳菜　马齿苋科 马齿苋属
Portulaca oleracea

Little Hogweed | mǎchǐxiàn

　　一年生草本；植株肉质；茎匍匐①，多分枝；叶片倒卵形①②，长10～25毫米；花3～5朵生于枝顶端②，每天开放1朵；花瓣5，黄色②；蒴果圆锥形，盖裂（①左下）；种子黑色（①左下）。

　　产各区平原地区。生于田边、路旁，极常见。

　　相似种:大花马齿苋【*Portulaca grandiflora*，马齿苋科 马齿苋属】叶片细圆柱形③；花大型②，径2.5～4厘米，花有黄、橙、白、红、紫等各色。原产南美洲，各区均有引种；常作盆栽或装饰花坛。

　　环翅马齿苋【*Portulaca umbraticola*，马齿苋科 马齿苋属】叶片倒卵形；花色多样④；果实有环状翅（④左下）。原产北美洲，城区有引种；用途同上。

　　马齿苋的叶倒卵形，花小，黄色，其余二者花大型，花色多样；大花马齿苋叶细圆柱形，环翅马齿苋叶倒卵形。

　　园艺上所称的马齿牡丹（*Portulaca oleracea* var. *granatus*，又名阔叶马齿苋、阔叶半枝莲）为环翅马齿苋的误用名称。

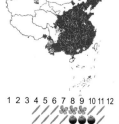

龙牙草　仙鹤草　蔷薇科 龙牙草属
Agrimonia pilosa

Hairy Agrimony | lóngyácǎo

　　多年生草本，全株密生长柔毛；奇数羽状复叶①，互生，小叶5～7，椭圆状卵形或倒卵形，长3～6.5厘米，宽1～3厘米，边缘有锯齿；顶生总状花序①，多花，先端向一侧偏斜；萼筒顶端生一圈钩状刺毛②；花瓣5，黄色（①右上）；瘦果倒圆锥形，靠刺毛依附于动物身上传播种子。

　　产各区山地。生于山坡或沟谷林缘、林下、亚高山草甸，常见。

　　相似种:路边青【*Geum aleppicum*，蔷薇科 路边青属】多年生草本；基生叶为大头羽状复叶，小叶2～6对，大小极不相等；茎生叶3浅裂或羽状分裂⑤，边缘有粗大锯齿；花瓣5，黄色④⑤；聚合果球形，瘦果被长硬毛，宿存花柱先端有长钩①。产地同上；生沟谷林缘、林下、水边，常见。

　　二者均靠动物传播果实；龙牙草的花小，组成总状花序，钩状刺生于萼筒顶端；路边青的花大，疏散生于茎顶，钩状刺生于宿存花柱顶端。

蛇莓 蛇蘑草 三爪风　蔷薇科 委陵菜属

Potentilla indica

Indian Strawberry ｜ shéméi

多年生草本，具长匍匐茎；三出复叶①②，小叶倒卵形，长1.5～3厘米，宽1.2～3厘米，边缘具钝锯齿①②；花单生叶腋；副萼片5，先端3裂（②左下）；萼片披针形，比副萼片小；花瓣5，黄色①②；花托扁平，果期膨大，红色②。

产各区平原和低山区。生于路旁、村边、草丛中、沟谷林下，极常见。

相似种：等齿委陵菜【_Potentilla simulatrix_**，蔷薇科 委陵菜属】**三出复叶，小叶背面绿色（③右下）；花单生叶腋，副萼片与萼片同形，不裂；花黄色③；花托不膨大。产门头沟、昌平、延庆、密云；生中高海拔沟谷林下、水边。**雪白委陵菜【**_Potentilla nivea_**，蔷薇科 委陵菜属】**三出复叶，小叶背面密被白色茸毛（④右下）；花黄色④。产东灵山；生亚高山草甸。

蛇莓的副萼片3裂，花托果期膨大，红色，其余二者副萼片不裂，花托不膨大；等齿委陵菜叶背绿色；雪白委陵菜叶背白色。

绢毛匍匐委陵菜　蔷薇科 委陵菜属

Potentilla reptans var. *sericophylla*

Silky Creeping Cinquefoil ｜ juànmáopúfúwěilíngcài

多年生草本，茎匍匐；三出复叶，顶生小叶倒卵形，长1.5～3厘米，侧生小叶深裂至近基部②，故外观看似5小叶，上部边缘具圆钝锯齿，上面几无毛，下面贴生绢状柔毛②；花单生叶腋；萼片卵状披针形，副萼片与萼片近等长；花瓣5，黄色①；雄蕊和心皮均多数；瘦果光滑。

产各区平原和低山区。生于田边、路旁、山坡林下，极常见。

相似种：匍枝委陵菜【_Potentilla flagellaris_**，蔷薇科 委陵菜属】**多年生匍匐草本；掌状5小叶③，或为3小叶，侧生小叶再分裂④，边缘具3～6个缺刻状锯齿③④，两面绿色，伏生疏柔毛；花单生叶腋，黄色④。产房山、门头沟、昌平、延庆、怀柔、密云；生山坡林缘、草丛中。

绢毛匍匐委陵菜具掌状3小叶，侧生小叶再深裂，上部边缘具圆钝锯齿；匍枝委陵菜具掌状5小叶，或为3小叶，侧生小叶再分裂，边缘具缺刻状锯齿；锯齿类型为两者最稳定的区别特征。

朝天委陵菜

铺地委陵菜 老鸹筋　蔷薇科 委陵菜属

Potentilla supina

Carpet Cinquefoil　│　cháotiānwěilíngcài

一年或二年生草本；茎平铺或斜伸，多分枝；奇数羽状复叶①②，互生，基生叶有小叶7～13，矩圆形，长0.6～3厘米，边缘有缺刻状锯齿①②；茎生叶与基生叶相似，有时为三出复叶；花单生叶腋，直径6～8毫米；花瓣5，黄色①②。

产各区平原和低山区。生于田边、路旁、草丛中，极常见。

相似种:蕨麻【*Argentina anserina*，蔷薇科 蕨麻属】多年生匍匐草本；奇数羽状复叶，小叶背面密被银白色绢毛③，边缘具锐锯齿；花单生叶腋，黄色③。产海淀、门头沟、昌平、延庆；生水边、河滩沙地、亚高山草甸。**鸡冠茶**【*Sibbaldianthe bifurca*，蔷薇科 毛莓草属】多年生草本；羽状复叶，小叶顶端常2裂④；伞房状聚伞花序顶生，花黄色④。产门头沟、延庆、怀柔；生山坡路旁。

鸡冠茶（原名"二裂委陵菜"）小叶顶端常2裂，聚伞花序顶生，其余二者小叶不裂，花单生叶腋；朝天委陵菜叶背面绿色，蕨麻叶背面白色。

菊叶委陵菜

蔷薇科 委陵菜属

Potentilla tanacetifolia

Tansy-leaf Cinquefoil　│　júyèwěilíngcài

多年生草本；植株疏生柔毛；奇数羽状复叶，基生叶具小叶5～8对①，矩圆形，长1～5厘米，两面疏生柔毛，边缘有缺刻状锯齿，茎生叶互生，小叶渐少；伞房状聚伞花序多花，花黄色①②。

产门头沟、延庆、怀柔、密云。生于山坡或沟谷林缘。

相似种:腺毛委陵菜【*Potentilla longifolia*，蔷薇科 委陵菜属】植株密生柔毛及腺毛；奇数羽状复叶，小叶3～5对（③下）；聚伞花序少花④，花黄色（③上）。产房山、门头沟、延庆、密云；生境同上。**大萼委陵菜**【*Potentilla conferta*，蔷薇科 委陵菜属】奇数羽状复叶，小叶3～6对，羽状中裂或深裂⑤，背面密被灰白色茸毛；聚伞花序，花黄色⑤。产百花山、东灵山、海坨山；生亚高山草甸。

大萼委陵菜的小叶羽裂，背面灰白色，其余二者小叶仅具锯齿，背面绿色；菊叶委陵菜植株疏生柔毛，小叶较多，花序多花；腺毛委陵菜植株密生柔毛和腺毛，小叶较少，花序少花。

莓叶委陵菜　薔薇科 委陵菜属

Potentilla fragarioides

Strawberry-like Cinquefoil ｜ méiyèwěilíngcài

多年生草本；茎多数，丛生，铺散或斜升，被开展长柔毛；基生叶为奇数羽状复叶①，小叶2～3对，倒卵形或椭圆形，长2～7厘米，两面被贴伏柔毛，边缘有缺刻状锯齿，顶端3小叶较大①；茎生叶常为3小叶②；伞房状聚伞花序顶生①，多花；花瓣5，黄色①②，顶端圆钝或微凹。

产各区山地。生于山坡林缘、林下，极常见。

相似种：薄叶皱叶委陵菜【*Potentilla ancistrifolia* var. *dickinsii*，薔薇科 委陵菜属】多年生草本；奇数羽状复叶①，小叶2～3对，两面疏生柔毛或无毛，边缘有粗锯齿，顶端3小叶较大③；伞房状聚伞花序顶生，花黄色④。产地同上；生石缝中。

莓叶委陵菜的叶质较硬，两面被柔毛，侧脉密，生于土中；薄叶皱叶委陵菜的叶质较薄，两面近无毛，侧脉较疏，生于石缝中。

委陵菜　薔薇科 委陵菜属

Potentilla chinensis

Chinese Cinquefoil ｜ wěilíngcài

多年生草本；茎丛生，直立或斜升，有白色柔毛；奇数羽状复叶①，互生，小叶5～12对，矩圆形，长3～5厘米，宽1～1.5厘米，羽状中裂，裂片三角状；背面密生白色绵毛（①右下）；聚伞花序顶生；花瓣5，黄色①，宽倒卵形。

产各区山地。生于山坡林缘、路旁、灌草丛中，极常见。

相似种：翻白草【*Potentilla discolor*，薔薇科 委陵菜属】奇数羽状复叶②，小叶2～4对，长椭圆形，边缘有缺刻状锯齿，背面密生白色茸毛（②右下）；花黄色②。产地同上；生向阳山坡林缘、灌草丛中。**白萼委陵菜**【*Potentilla betonicifolia*，薔薇科 委陵菜属】三出复叶③，小叶革质，边缘具粗锯齿，背面密生白色茸毛（③右下）；花黄色③。产密云新城子；生干旱山坡草丛中。

三者叶均为白色；委陵菜小叶对数较多，羽状中裂；翻白草小叶对数较少，边缘具缺刻状锯齿；白萼委陵菜为三出复叶。

多茎委陵菜　蔷薇科 委陵菜属

Potentilla multicaulis

Manystalk Cinquefoil ｜ duōjīngwěilíngcài

多年生草本；花茎多，密集丛生，上升或铺散；基生叶为奇数羽状复叶①，小叶4～7对，排列紧密而整齐①，羽状深裂，裂片条形，排列整齐，上面绿色，背面被白色茸毛（②左）；聚伞花序多花，初开时密集，后变疏散；花瓣5，黄色①。

产海淀、门头沟、延庆、怀柔、密云。生于山坡林缘、草丛、石缝中。

相似种：西山委陵菜【_Potentilla sischanensis_，蔷薇科 委陵菜属】奇数羽状复叶③，亚革质，小叶羽状深裂，背面密被白色茸毛（②中）；聚伞花序少花，花黄色③。产门头沟、昌平、延庆；生向阳山坡灌丛中。**轮叶委陵菜**【_Potentilla verticillaris_，蔷薇科 委陵菜属】羽状复叶④，小叶深裂几达叶轴而成假轮生状，背面密被白色茸毛（②右）；花黄色④。产昌平、延庆；生干旱山坡草丛中。

三者叶背均为白色；多茎委陵菜的小叶和裂片排列紧密而整齐，其余二者排列疏散；西山委陵菜小叶对生，轮叶委陵菜小叶假轮生。

蒺藜　蒺藜科 蒺藜属

Tribulus terrestris

Puncturevine ｜ jílí

一年生草本；茎平卧①；偶数羽状复叶①②，互生，小叶3～8对，对生，矩圆形，长5～10毫米，宽2～5毫米，先端锐尖或钝，基部偏斜②，全缘；花腋生，花梗短于叶，花黄色②③；萼片5，宿存；花瓣5③；雄蕊10，生于花盘基部，基部有鳞片状腺体，子房5棱，柱头5裂；果有分果爿5，质硬，长4～6毫米，无毛或被毛，中部边缘有锐刺2枚④，下部有小锐刺2枚，其余部位常有小瘤体。

产各区平原和低山区。生于路旁、村边、荒地、河滩，极常见。

蒺藜为偶数羽状复叶，小叶全缘，基部稍偏斜，花单生叶腋，果由5个分果爿组成，各具长短棘刺1对。

光果田麻

锦葵科/椴科 田麻属

Corchoropsis crenata var. *hupehensis*

Glabrous-fruit Corchoropsis | guāngguǒtiánmá

一年生草本；茎被柔毛；叶互生，卵形或狭卵形①②，长1.5~4厘米，宽0.6~2.2厘米，边缘有钝牙齿①②，两面均密生星状短柔毛，基出三脉；叶柄长0.2~1.2厘米；花单生叶腋①；萼片5，狭披针形，长约2.5毫米；花瓣5，黄色（①右上），倒卵形；蒴果角状圆柱形，长1.8~2.6厘米，无毛①，成熟时裂成三瓣；种子卵形，长约2毫米。

产各区山地。生于沟谷林下、水边，常见。

相似种：田麻【*Corchoropsis crenata*，锦葵科/椴科 田麻属】叶卵形，边缘有钝牙齿③；花瓣5，黄色；蒴果角状圆柱形，有星状柔毛④。产昌平、延庆、怀柔、密云；生境同上。

光果田麻的花较小，径6~9毫米，蒴果无毛；田麻的花较大，径10~15毫米，蒴果被星状毛。

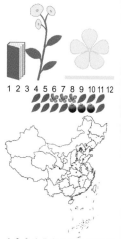

苘麻

锦葵科 苘麻属

Abutilon theophrasti

Velvet-leaf | qǐngmá

一年生草本；茎有柔毛；叶互生，圆心形①②，长5~10厘米，边缘具细圆锯齿，两面密生星状柔毛；叶柄长3~12厘米，被星状细柔毛；花腋生①，花梗长1~3厘米，被柔毛，近端处有节；花萼杯状，密被短茸毛，裂片5，卵形；花黄色③，花瓣倒卵形；雄蕊多数，花丝合生成管状；心皮15~20，排列成轮状；蒴果半球形，直径2厘米，分果片15~20，被粗毛，顶端有芒尖④。

产各区平原地区。原为纤维作物，广泛栽培，化纤出现后，逐渐被废弃，自生于田边、路旁。

苘麻的叶片圆心形，边缘具细圆锯齿，花黄色，蒴果半球形，分果片顶端有芒尖。

酢浆草　酸溜溜　酢浆草科 酢浆草属

Oxalis corniculata

Creeping Woodsorrel　|　cùjiāngcǎo

　　一年至多年生草本；茎柔弱，多分枝，常平卧，节上生不定根，被疏柔毛；掌状三出复叶①②，互生；小叶无柄，倒心形①②，长4～16毫米，宽4～22毫米，先端凹入，基部宽楔形，两面被柔毛；花1至数朵组成腋生的伞形花序；花瓣5，倒卵形，黄色①，长8～10毫米；雄蕊10，5长5短；蒴果近圆柱形②，长1～1.5厘米，有5棱，被短柔毛②，果梗平伸或向下反折②。

　　产各区平原和低山区。生于田边、路旁、草丛中，或为温室、苗圃中的杂草，极常见。

　　相似种：直酢浆草【*Oxalis stricta*，酢浆草科酢浆草属】一年至多年生草本；茎直立③；掌状三出复叶；花黄色③，蒴果圆柱形，果梗直立③。产海淀、房山、门头沟；生境同上，少见。

　　酢浆草的茎平卧，果梗平伸或向下反折；直酢浆草的茎和果梗均直立。

黄海棠　红旱莲　金丝桃科/藤黄科 金丝桃属

Hypericum ascyron

Great St. Johnswort　|　huánghǎitáng

　　多年生草本；叶对生，无柄，叶片披针形或狭矩圆形①③，长4～10厘米，宽1～2.7厘米，先端渐尖或钝形，全缘，坚纸质；花序具1～3花，顶生，花直径5～8厘米；萼片卵形，果时宿存；花瓣黄色①②，倒披针形，长2～4厘米；雄蕊极多数②，集成5束，每束约有30枚；蒴果卵珠状三角形③，长0.9～2.2厘米。

　　产门头沟、延庆、怀柔、密云。生于沟谷林下、水边。

　　相似种：赶山鞭【*Hypericum attenuatum*，金丝桃科/藤黄科 金丝桃属】多年生草本；叶片、萼片、花瓣的表面及边缘均有黑色腺点⑤；叶对生，矩圆状卵形④，长1.5～3.5厘米，略抱茎；花序圆锥状，多花；花瓣5，淡黄色⑤；雄蕊多数，集成3束；蒴果卵球形。产延庆、怀柔；生山坡草丛中。

　　黄海棠的植株和花均较大，径4～8厘米，植株无明显的黑色腺点；赶山鞭的花小而多，径1.5～2.5厘米，茎、叶、花均有明显的黑色腺点。

北柴胡 柴胡 伞形科 柴胡属

Bupleurum chinense

Chinese Thorowax | běicháihú

多年生草本；主根粗大，质坚硬；茎微作"之"字形曲折；基生叶倒披针形或狭椭圆形，早枯落；茎中部叶条状披针形①，长4~12厘米，宽6~18毫米，具7~9条纵脉，上面鲜绿色，下面淡绿色，常有白霜；复伞形花序多个生枝顶①；总苞片2~3，小总苞片5，披针形；花黄色（①右下），直径1.2~1.8毫米；果广椭圆形，两侧略扁。

产各区山地。生于向阳山坡或沟谷林缘、灌草丛中，常见。

相似种：红柴胡【*Bupleurum scorzonerifolium***，伞形科 柴胡属】**多年生草本；根长圆锥状；茎基部密被红色纤维状残留物，上部略呈"之"字形曲折；叶条形或窄条形②，长6~16厘米，宽2~7毫米，具5~7条纵脉；复伞形花序多数②；花黄色③。产房山、门头沟、延庆、密云、平谷；生境同上。

北柴胡的叶条状披针形，较宽；红柴胡的叶条形，较窄。

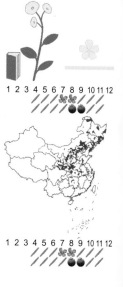

黑柴胡 伞形科 柴胡属

Bupleurum smithii

Smith's Thorowax | hēicháihú

多年生草本；根黑褐色，多分枝；茎直立或斜升；基部叶丛生；茎生叶狭矩圆形①，长7~15厘米，宽10~20毫米，基部半抱茎①，具11~15条纵脉；复伞形花序生枝顶；总苞片1~2或无；伞辐4~9，不等长；小总苞片6~9②，卵形至阔卵形②，长6~10毫米，黄绿色，显著长于小伞形花序②；花瓣黄色，有时带淡紫红色②；果卵形。

产百花山、东灵山、海坨山。生于亚高山草甸或林下。

相似种：雾灵柴胡【*Bupleurum sibiricum* var. *jeholense***，伞形科 柴胡属】**多年生草本；卵状披针形③，长6~12厘米，宽7~16毫米，基部半抱茎；复伞形花序顶生；总苞片1~2；伞辐5~14，粗壮；小总苞片5③，黄绿色；花黄色③。产百花山、雾灵山；生境同上。

黑柴胡的叶较宽，基部明显抱茎，小总苞片6~9，花黄色带淡紫红色；雾灵柴胡的叶较窄，基部半抱茎，小总苞片5，花纯黄色。

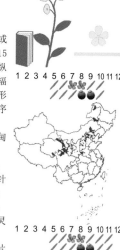

松下兰
杜鹃花科/鹿蹄草科 松下兰属

Hypopitys monotropa

Pinesap | sōngxiàlán

腐生草本：全株无叶绿素，白色或淡黄色①，肉质；叶鳞片状①②，直立，互生，上部较稀疏，下部较紧密，卵状矩圆形或卵状披针形，长1～1.5厘米，宽0.5～0.7厘米，边缘近全缘，上部的常有不整齐的锯齿；总状花序有3～8花，初开时下垂②，后渐直立；花冠筒状钟形③，长1～1.5厘米，直径0.5～0.8厘米；苞片卵状矩圆形③；萼片矩圆状卵形，早落；花瓣5或4，矩圆形，长12～14毫米，先端钝，上部有不整齐的锯齿③；雄蕊8～10，短于花冠，花药橙黄色；子房无毛，4～5室；花柱直立，柱头膨大成漏斗状，4～5裂；蒴果椭球形，长7～10毫米。

产百花山、延庆张山营、坡头。生于落叶松林下，少见。

松下兰为腐生草本，总状花序顶生，花初开时下垂，后渐直立，花冠筒状，淡黄色。

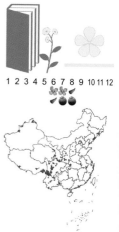

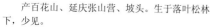

荇菜
莕菜 睡菜科/龙胆科 荇菜属

Nymphoides peltata

Yellow Floatingheart | xìngcài

多年生水生草本①②③；茎圆柱形，多分枝，沉于水中，具不定根，地下茎生水底泥中，匍匐状；叶漂浮水面①②③，圆形，近革质，长1.5～7厘米，基部心形①，上部的叶对生，其他的为互生；叶柄长5～10厘米，基部变宽，抱茎；花序生于叶腋；花黄色①③，花梗稍长于叶柄；花萼5深裂，裂片卵圆状披针形；花冠5深裂①，喉部具毛，裂片卵圆形，钝尖，边缘具齿毛①，雄蕊5，花丝短，花药狭箭形；子房基部具5蜜腺，花柱瓣状2裂；蒴果长椭圆形④，径2.5毫米，宿存花柱；种子大，褐色，椭圆形，边缘具纤毛。

产各区平原地区。生于水塘、湖泊中。

荇菜的叶圆形，漂浮于水面，花黄色，5数，花冠裂片边缘具齿毛。

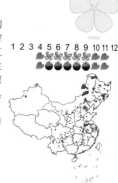

徐长卿

夹竹桃科/萝藦科 白前属

Vincetoxicum pycnostelma

Paniculate Swallow-wort | xúzhǎngqīng

多年生草本；茎直立，不分枝；叶对生，披针形至条形①，长5～13厘米，宽5～15毫米，两端锐尖；圆锥状聚伞花序腋生①，长达7厘米，具花10余朵；花冠黄绿色①，近辐状；副花冠裂片5，先端钝（①右下）；蓇葖果单生，披针形（①左下）。

产房山、门头沟、昌平、延庆。生于山坡路旁、草丛中。

相似种：竹灵消【*Vincetoxicum inamoenum*，夹竹桃科/萝藦科 白前属】叶卵形②，长4～5厘米；花黄色②③；副花冠裂片5，先端尖③。产门头沟、昌平、延庆、怀柔、密云；生山坡林缘。**黄连花**【*Lysimachia davurica*，报春花科 珍珠菜属】叶对生或轮生，条状披针形④；花序总状；花冠深黄色⑤，深裂达基部；雄蕊5⑤；蒴果。产小龙门、官厅水库、喇叭沟门；生山坡林缘、水边。

黄连花叶对生或轮生，花无副冠，蒴果，其余二者叶对生，花具副冠，蓇葖果；徐长卿叶较窄，副冠先端钝；竹灵消叶较宽，副冠先端尖。

天仙子

莨菪 茄科 天仙子属

Hyoscyamus niger

Henbane | tiānxiānzǐ

二年生草本；全株生有短腺毛和长柔毛；根粗壮，肉质；茎基部有莲座状叶丛；叶互生，矩圆形，长4～10厘米，宽2～6厘米，边缘羽状深裂或浅裂①；花单生于叶腋，在茎上端聚集成顶生的穗状聚伞花序①；花萼筒状钟形，5浅裂，果时增大成壶状（①左下）；花冠漏斗状，5浅裂，黄绿色，具暗紫色脉纹②；雄蕊5；蒴果卵球状，径约1.2厘米，顶端盖裂，藏于宿萼内；种子近圆盘形。

产延庆、怀柔、密云。生于村边、河岸、山坡路旁、荒地。

相似种：小天仙子【*Hyoscyamus bohemicus*，茄科 天仙子属】一年生草本；叶全部茎生，具很浅的羽裂或不裂④；花黄色③，花萼果期增大成壶状④。产怀柔、密云；生境同上。

天仙子的茎基部有莲座状叶丛，叶羽状深裂或浅裂；小天仙子无莲座状叶丛，叶浅裂或不裂。

天仙子属植物全株有毒，请注意不要误食。有观点认为天仙子和小天仙子应为同一种。

败酱 黄花龙芽 忍冬科/败酱科 败酱属

Patrinia scabiosifolia

Pincushions-leaf Patrinia | bàijiàng

多年生草本；植株根部有特殊气味；基生叶卵形，有长柄，花时枯萎；茎生叶对生，长5～15厘米，羽状深裂或全裂①，裂片2～3对，边缘具粗锯齿；聚伞圆锥花序生于枝端①；花黄色，萼齿不明显；花冠钟形，5裂（①右下）；雄蕊4，稍超出或几不超出花冠；瘦果长圆形，长3～4毫米，具3棱②，无膜质增大的翅状果苞。

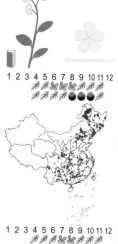

产各区山地。生于山坡或沟谷林缘、林下、亚高山草甸，常见。

相似种：糙叶败酱【*Patrinia scabra***，忍冬科/败酱科 败酱属】**多年生草本；叶片羽状浅裂至深裂，裂片条形，先端圆钝④；花黄色④，花冠较大，直径5～6.5毫米；瘦果倒卵圆柱状，与下面的果苞合生③。产各区低山地区；生向阳山坡灌草丛中。

败酱植株高大，叶裂片先端尖，果实无翅状果苞，仅有棱；糙叶败酱植株较矮，叶裂片先端圆钝，果实有翅状果苞。

异叶败酱 墓头回 忍冬科/败酱科 败酱属

Patrinia heterophylla

Heterophyllous Patrinia | yìyèbàijiàng

多年生草本；植株根部有特殊气味；基生叶丛生，长3～8厘米，具长柄，常不裂或有浅裂，茎生叶对生，羽状深裂①，裂片2～3对，中央裂片最大①；伞房状聚伞花序；花冠钟形，黄色②，5裂；雄蕊4，伸出花冠外；瘦果长圆形或倒卵形，与翅状果苞合生③，果苞成熟时干膜质。

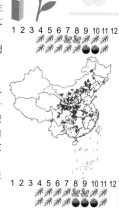

产各区山地。生于山坡或沟谷林缘，常见。

相似种：少蕊败酱【*Patrinia monandra***，忍冬科/败酱科 败酱属】**二年生或多年生草本；茎生叶对生，长6～13厘米，不分裂或大头羽状深裂④；聚伞圆锥花序顶生及腋生；花冠淡黄色⑤或有时近白色，5裂；雄蕊1～3；果实与翅状果苞合生⑤。产坡头、雾灵山；生沟谷林缘。

异叶败酱的花黄色，雄蕊4；少蕊败酱的花淡黄色或近白色，雄蕊1～3。

二色补血草

白花丹科 补血草属

Limonium bicolor

Bicolor Sea Lavender | èrsèbǔxuècǎo

多年生草本；叶基生①②，匙形至长圆状匙形②，长3～15厘米，宽0.5～3厘米，先端通常圆钝，基部渐狭成平扁的柄；花序轴从叶丛中生出，聚伞花序排成圆锥状①，自中部以上作数回分枝；花萼膜质，初开时粉紫色③，后变白色④，土壤盐碱度越高，花萼持续紫色的时间越长；花冠黄色③④，高出花萼；雄蕊5；蒴果倒卵形。

产朝阳、海淀、昌平、平谷。生于水边、河滩、盐碱地。

二色补血草的叶基生，花萼膜质，初开时紫色，后变白色，花冠黄色，花萼在果期宿存。

红毛七

类叶牡丹 小檗科 红毛七属

Caulophyllum robustum

Robust Cohosh | hóngmáoqī

多年生草本；叶互生，二至三回三出复叶①②；小叶卵形、矩圆形或阔披针形①②，长4～8厘米，宽1.5～5厘米，先端渐尖，基部宽楔形，全缘，有时2～3裂，上面绿色，背面淡绿色或带灰白色，两面无毛；复聚伞花序顶生①②；花淡黄色②③；萼片6，倒卵形，花瓣状③，长5～6毫米，宽2.5～3毫米，先端圆形；花瓣6，远较萼片小，蜜腺状，扇形③，基部缢缩呈爪状；雄蕊6；雌蕊单一，子房1室，含2枚基生胚珠，花后子房开裂，露出2粒球形种子；种子浆果状，直径6～8毫米，熟时蓝黑色，微被白粉④。

产延庆、怀柔、密云。生于沟谷林下阴湿处。

红毛七具二至三回三出复叶，花序顶生，花淡黄色，萼片花瓣状，花瓣极小，蜜腺状，种子浆果状，熟时蓝黑色。

北黄花菜 野黄花 阿福花科/百合科 萱草属

Hemerocallis lilioasphodelus

Yellow Daylily | běihuánghuācài

多年生草本；根稍肉质，中下部绳索状，有时纺锤状膨大；叶基生，二列，带状①，长20～70厘米，宽3～12毫米；顶生假二歧状的总状花序或圆锥花序①②，具4至多朵花；苞片披针形；花漏斗状②，花被黄色③，下部合生，花被管长1.5～2.5厘米，花被裂片长5～7厘米，内三片宽约1.5厘米；雄蕊6，向上卷曲②；蒴果椭球形，长约2厘米；花蕾可作蔬菜，生食有毒（含秋水仙碱），高温加热后方可食用。

产各区山地。生于山坡林缘、灌草丛中、亚高山草甸，常见。

相似种：小黄花菜【*Hemerocallis minor*，阿福花科/百合科 萱草属】多年生草本；根被索状；叶基生，条形④，长20～60厘米；花序具1～2朵花④，稀为3朵；花被筒长1～2.5厘米。产房山、门头沟、怀柔、密云、平谷；生境同上。

北黄花菜的花序明显分枝，具4至多朵花；小黄花菜的花序不分枝，仅具1～3朵花。

少花万寿竹 秋水仙科/百合科 万寿竹属

Disporum uniflorum

Few-flower Fairy Bells | shǎohuāwànshòuzhú

多年生草本；茎直立，上部具分枝；叶互生，卵形或椭圆形①，长4～15厘米，顶端骤狭渐尖，脉上和边缘有乳头状突起，有短柄至无柄；花钟状①，黄色或淡黄色，1～3朵生于枝端，下垂①；花梗长1～2厘米；花被片6②，基部具长1～2毫米的短距；雄蕊6，内藏②；浆果椭球形，熟时黑色。

产房山、门头沟、昌平、密云、平谷。生于山坡或沟谷林下。

相似种：小顶冰花【*Gagea terraccianoana*，百合科 顶冰花属】多年生小草本；鳞茎卵形；基生叶1枚④，长12～18厘米，宽1～3毫米；花序具2～5朵花④；花被片条状披针形③，内面淡黄色③，外面黄绿色；蒴果倒卵形。产金山、小龙门、玉渡山、凤凰坨、雾灵山；生沟谷林下阴湿处。

少花万寿竹叶宽大，茎生，花钟状下垂，花被片靠合；小顶冰花叶条形，基生，花被片开展。

少花万寿竹过去被误定为宝铎草*Disporum sessile*，后者产日本和俄罗斯，不产中国。

黄花油点草

百合科 油点草属

Tricyrtis pilosa

Pilose Toad Lily | huánghuāyóudiǎncǎo

多年生草本；叶互生，无柄，矩圆形或倒卵形①②，长5～14厘米，宽6～9厘米，上部的叶基部心形抱茎①②；聚伞花序疏生少花，顶生②或生于茎上部叶腋①；花被片6，矩圆形，黄绿色，内面具紫褐色斑点③；外轮者花被片比内轮宽，在基部向下延伸而呈囊状，水平开展；雄蕊6，自花丝中上部向外弯垂③；柱头3，稍微高出雄蕊，具乳头状突起，3裂，裂片长1～1.2厘米，每裂片上端又2深裂③；蒴果三棱柱形，直立①，长2～3厘米。

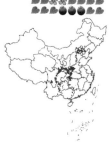

产房山、门头沟、延庆、怀柔、密云。生于沟谷林下、水边。

黄花油点草的叶矩圆形或倒卵形，基部心形抱茎；花被片黄绿色，内面具紫褐色斑点，雄蕊和柱头向外反折。

黄花葱

石蒜科/百合科 葱属

Allium condensatum

Crowded Onion | huánghuācōng

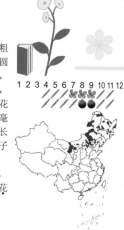

多年生草本；鳞茎狭卵状柱形至近圆柱状，粗1～2厘米，外皮红褐色，有光泽；叶圆柱状或半圆柱状③，上面具沟槽，中空；花莛圆柱状，实心，高于叶①；伞形花序球状①②，具多而密集的花，总苞2裂，宿存；小花梗近等长，长7～20毫米；花淡黄色①②；花被片卵状矩圆形，钝头，长4～5毫米，宽1.8～2.2毫米，外轮的略短；花丝等长，长于花被片②，无齿，基部合生并与花被片贴生；子房倒卵球状，花柱伸出花被外②。

产怀柔、密云、平谷。生于向阳山坡草丛中。

黄花葱的叶圆柱状，中空，伞形花序球状，花密集，花淡黄色，花丝和花柱均伸出花外。

金莲花　　毛茛科 金莲花属

Trollius chinensis

Chinese Globeflower　|　jīnliánhuā

　　多年生草本；基生叶1～4，具长柄；叶片五角形①，长3.8～6.8厘米，宽6.8～12.5厘米，3全裂①，中央裂片菱形，3裂至中部；茎生叶似基生叶，向上渐小；花1～3朵生枝顶①；萼片8～15，橙黄色，倒卵形②，长1.5～2.8厘米；花瓣与萼片近等长，狭条形②；雄蕊多数②；心皮20～30；蓇葖果具喙（①右下）。

　　产百花山、东灵山、海坨山、喇叭沟门、坡头、雾灵山。生于亚高山林下或草甸。

　　相似种：辽吉侧金盏花【*Adonis ramosa*，毛茛科 侧金盏花属】 多年生草本；叶片宽菱形，长宽均为4～8厘米，二至三回羽状全裂③，于花后开展；花单生茎顶③；萼片约5，灰紫色；花瓣多数，黄色③；瘦果先端具弯曲的短喙（③左下）。产延庆四海；生山脊林下，早春开放，民间称"雪里埋"。

　　金莲花叶五角形，3全裂，花橙黄色，萼片宽大，花瓣狭条形；辽吉侧金盏花叶宽菱形，花后开展，花单生茎顶，黄色，萼片短小，花瓣宽大。

豆茶山扁豆　　山扁豆　　豆科 山扁豆属

Chamaecrista nomame

Nomame Chamaecrista　|　dòucháshānbiǎndòu

　　一年生草本；茎直立或铺散；偶数羽状复叶①，长4～8厘米；小叶8～28对，条状披针形①，长5～9毫米，宽约1.5～2毫米，先端圆或急尖，具短尖，基部圆，偏斜；花腋生①②，单生或2至数朵排成短的总状花序；花冠黄色②；雄蕊4，稀5个；子房密被短柔毛；荚果条形①，扁平，长3～8厘米；种子6～12个，近菱形，平滑。

　　产各区山地。生于山坡路旁、灌草丛中。

　　相似种：合萌【*Aeschynomene indica*，豆科 合萌属】 偶数羽状复叶③；小叶20对以上；花冠黄色，带紫纹④；荚果条状矩圆形，有6～10节荚④。产房山、密云；生山坡林缘，少见。

　　二者叶形相似；豆茶山扁豆的花为假蝶形花冠，果实扁平；合萌的花为蝶形花冠，常带紫色条纹，果实常有明显节荚。

草木樨 黄香草木樨 豆科 草木樨属

Melilotus officinalis

Yellow Sweetclover | cǎomùxī

二年生草本；羽状三出复叶①，小叶椭圆形，长1.5～2.5厘米，宽0.3～0.6厘米，先端圆，具短尖头，边缘具锯齿；总状花序腋生①；花冠黄色②；荚果卵球形②（②右下），稍有毛，有种子1粒。

产各区平原和低山区。生于田边、路旁、草丛中，极常见。

相似种：天蓝苜蓿【Medicago lupulina，豆科苜蓿属】一年生草本；羽状三出复叶③，小叶宽倒卵形，长0.7～2毫米，先端钝圆，微缺，上部具锯齿；花10～15朵密集成头状花序③；花冠黄色③；荚果弯曲（③左下），肾形。产各区低山地区；生境同上。**花苜蓿【Medicago ruthenica，豆科 苜蓿属】**多年生草本；羽状三出复叶④⑤；花冠黄色，外面常带紫色④⑤；荚果扁平，矩圆形。产门头沟、昌平、延庆；生山坡路旁、草丛中。

三者均为三出复叶；草木樨的花序总状；天蓝苜蓿的花聚成头状，荚果弯曲；花苜蓿的花聚成伞形，花冠外面带紫色。

大山黧豆 茳芒香豌豆 豆科 山黧豆属

Lathyrus davidii

David's Pea | dàshānlídòu

多年生高大草本；茎多分枝；羽状复叶，叶轴先端具卷须①；小叶4～8，卵形或椭圆状卵形①，长3～10厘米，宽1.8～6厘米，托叶大，半箭头状；总状花序腋生①；花初开时黄色①，后变橙黄色②；荚果条形，扁平①。

产各区山地。生于沟谷林缘，常见。

相似种：披针叶野决明【Thermopsis lanceolata，豆科 野决明属】三出复叶，小叶倒披针形③，长2.5～7.5厘米，背面被贴伏柔毛；托叶片状，故外观看似5小叶；总状花序顶生，具花2～6轮；萼钟状弯曲③；花冠黄色③。产野鸭湖；生水边沙地。

高山野决明【Thermopsis alpina，豆科 野决明属】小叶倒卵形④，长2～5.5厘米，背面被长柔毛；花黄色④。产东灵山；生亚高山草甸。

大山黧豆植株高大，羽状复叶，先端具卷须，花黄色，后变橙黄色，其余二者植株低矮，三出复叶，托叶叶状；披针叶野决明小叶窄，倒披针形，高山野决明小叶宽，倒卵形。

黄芪 膜荚黄芪 豆科 黄芪属

Astragalus membranaceus

Bay Chi | huángqí

多年生草本；主根肥厚；奇数羽状复叶①，互生，小叶6～15对，椭圆形，长7～30毫米，宽3～12毫米，先端钝；总状花序稍密集①，有10～20朵花，总花梗稍长于叶；花萼外面被疏被黑色柔毛；花冠黄色或淡黄色①②；荚果薄膜质，膨胀，长2～3厘米，子房柄长于宿萼（②左上）。

产门头沟、怀柔、密云。生于山坡林缘。

相似种：短花梗黄芪【*Astragalus hancockii*，豆科 黄芪属】小叶3～6对，椭圆形③；总状花序有花8～15朵；花萼密被黑色伏毛；花冠淡黄色③；荚果略膨胀，子房柄与萼等长（③左上）。产百花山、东灵山；生亚高山草甸。**华黄芪**【*Astragalus chinensis*，豆科 黄芪属】小叶8～12对，披针形④；总状花序多花；花冠黄色④；荚果近球形，膨胀（④左下）。原产我国北部，城区有引种；植于公园。

华黄芪荚果极膨胀，其余二者荚果略膨胀；黄芪小叶较多，花序多花，荚果子房柄长于萼；短花梗黄芪小叶较少，花序少花；子房柄与萼等长。

华北玄参 玄参科 玄参属

Scrophularia moellendorffii

Moellendorff's Figwort | huáběixuánshēn

多年生草本；叶对生；叶片卵形①，长5～10厘米，边缘具不规则粗锯齿；花序顶生①，短穗状，由轮状排列的聚伞花序组成；花密集，黄色①②；花萼歪斜；花冠筒略呈球形②，裂片短；雄蕊微露出，约与花冠筒等长②；蒴果卵球形。

产东灵山。生于亚高山草甸石缝中。

相似种：山西玄参【*Scrophularia modesta*，玄参科 玄参属】多年生草本；叶卵形③，长4.5～9厘米；聚伞花序顶生③，稀疏；花黄绿色④。产喇叭沟门、崎峰山、密云冯家峪、雾灵山；生沟谷林下、水边、草丛中。**北玄参**【*Scrophularia buergeriana*，玄参科 玄参属】多年生草本；叶狭卵形⑤，长5～12厘米；花序穗状⑤，长达50厘米；花黄色⑥。产金山、昌平周坊；生山坡草丛中。

三者的花冠筒均为球形，裂片短小；山西玄参的花序疏松，花黄绿色，其余二者花序紧密，花黄色；华北玄参的叶较宽，花序短穗状，北玄参的叶较窄，花序长穗状。

阴行草 刘寄奴 列当科/玄参科 阴行草属

Siphonostegia chinensis

Chinese Siphonostegia | yīnxíngcǎo

一年生草本；茎下部常不分枝，上部多分枝；叶对生，下部者常早枯，上部者茂密，长1～6厘米，宽0.8～5厘米，二回羽状全裂①，裂片约3对，条形，宽1～2毫米；花于茎上部排成疏总状花序①；萼筒有10条显著的主脉，萼齿5；花冠黄色②，上唇弓曲呈盔状②，先端带红色，背部密被长纤毛；下唇3裂，有隆起的褶片；蒴果披针状长圆形，为宿存花萼所包。

产各区山地。生于干旱山坡或沟谷林缘、灌丛下，极常见。

相似种：沟酸浆【Erythranthe tenella，透骨草科/玄参科 沟酸浆属**】**多年生草本；茎柔弱，常铺散状；叶对生，卵形①，长1～3厘米，边缘具疏锯齿；花腋生；花萼具5棱（③左上）；花冠黄色，二唇形③；蒴果椭球形。产门头沟、昌平、延庆、怀柔、密云；生沟谷林缘、水边。

阴行草的叶二回羽裂，花冠上唇盔状；沟酸浆的叶卵形，不裂，花冠上唇不成盔状。

黏毛黄芩 唇形科 黄芩属

Scutellaria viscidula

Viscid Skullcap | niánmáohuángqín

多年生草本；茎直立或斜升，被疏或密且具腺的短柔毛；叶对生，叶片披针形至披针状条形①，长1.5～3.2厘米，宽3～9毫米，全缘，两面均被短柔毛，有多数黄色腺点；花序顶生①，总状②，长4～7厘米，花序轴和花梗均密被具腺短柔毛；花萼果时增大，上部具囊状突起④；花冠初开时黄色，后变淡黄色②，冠檐二唇形③；雄蕊4，内藏；小坚果卵球形，黑色，具瘤。

产昌平、延庆。生于河滩、沙地、干旱山坡向阳处。

相似种：大黄花【Cymbaria daurica，列当科/玄参科 大黄花属**】**多年生草本；全株密被白色绢毛⑤；叶对生，条形⑤，无柄；总状花序顶生；花冠黄色，二唇形⑥。产八达岭；生于旱山坡草丛中。

黏毛黄芩植株被囊状柔毛，叶较宽，花淡黄色，花萼有囊状突起，小坚果；大黄花植株被白色绢毛，叶较细，花黄色，花萼无突起，蒴果。

红纹马先蒿

列当科/玄参科 马先蒿属

Pedicularis striata

Striate Lousewort | hóngwénmǎxiānhāo

多年生草本;叶互生,叶片长6~10厘米,宽3~4厘米,羽状深裂至全裂①,裂片条形;穗状花序顶生①,长6~22厘米;花萼钟状,萼齿三角形;花冠黄色,长25~33毫米,具红色脉纹②,上唇盔形,向一侧略弯曲①,先端下缘有2齿;下唇稍短于盔,3浅裂;蒴果卵球形。

产各区山地。生于中高海拔山坡林缘、山脊灌草丛中、亚高山草甸,常见。

相似种:中国马先蒿【*Pedicularis chinensis*,列当科/玄参科 马先蒿属】一年生草本;叶片披针状矩圆形,羽状浅裂至半裂③,有重锯齿;花冠黄色,花冠管极长③,达5厘米,上唇盔形,向一侧扭转③。产百花山、东灵山;生亚高山草甸。

红纹马先蒿的花冠具红色脉纹,花冠管粗短,上唇向一侧略弯曲;中国马先蒿的花冠管极长,上唇向一侧扭转。

1 2 3 4 5 6 7 8 9 10 11 12

黄花列当

列当科 列当属

Orobanche pycnostachya

Yellow-flower Broomrape | huánghuālièdāng

寄生草本;全株密被腺毛;茎单一,直立;叶鳞片状,披针形,黄褐色①,长1~2厘米;穗状花序①,密生腺毛;苞片卵状披针形;花萼2深裂至基部,裂片顶端又2裂;花冠唇形②,淡黄色,长1.5~2毫米,上唇2裂,下唇3裂,花冠筒近直立;花柱伸出花冠口②;蒴果成熟后2裂。

产各区山地。生于水边、沙地、山坡或沟谷草丛中,多寄生于蒿属植物的根部,常见。

相似种:欧亚列当【*Orobanche cernua* var. *cumana*,列当科 列当属】寄生草本;全株密被腺毛;叶鳞片状;花序穗状③,生茎顶;花冠长1.4~2.2厘米,淡黄色③或淡蓝色(另见402页),花冠管中部强烈向前弯曲。产延庆张山营;生田边、沙地,多寄生于蒿属植物的根部。

黄花列当的花冠管直伸,欧亚列当的花冠管强烈弯曲。

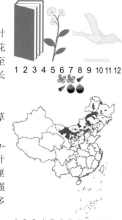

1 2 3 4 5 6 7 8 9 10 11 12

珠果黄堇　罂粟科 紫堇属

Corydalis speciosa

Beautiful Fumewort ｜ zhūguǒhuángjǐn

多年生草本；植株灰绿色；下部叶具柄，上部叶近无柄，叶片狭矩圆形，长12～17厘米，二回羽状全裂①，末回裂片条形至披针形；总状花序生枝端，密集多花①；苞片披针形；花金黄色①；萼片小，近圆形；上花瓣长2～2.2厘米，距约占花瓣全长的1/3，下花瓣长约1.5厘米；蒴果条形，长约3厘米，念珠状②，具1列种子。

产各区山地。生于沟谷林下、水边，常见。

相似种：阜平黄堇【*Corydalis wilfordii*，罂粟科 紫堇属】多年生草本；叶片羽状全裂，羽片再次浅裂至深裂，裂片卵形或狭卵形③；总状花序生枝端；花黄色③④，上花瓣长1.5～1.7厘米，距约占花瓣全长的一半；蒴果条形，具结节，但不呈念珠状④。产门头沟、昌平；生境同上。

珠果黄堇叶末回裂片条形，较窄，花序密集，蒴果念珠状；阜平黄堇叶末回裂片卵形，较宽，花序较疏松，蒴果不呈念珠状。

小黄紫堇　罂粟科 紫堇属

Corydalis raddeana

Radde's Fumewort ｜ xiǎohuángzǐjǐn

多年生草本；叶片三角形或宽卵形，长4～10厘米，宽2～7厘米，二至三回羽状分裂①，末回裂片倒卵形，背面具白粉；总状花序顶生和腋生①，花排列稀疏；苞片狭卵形；萼片鳞片状；花黄色①②，上花瓣长1.8～2厘米，距圆筒形，约占花瓣全长的一半，末端略下弯②，下花瓣长1～1.2厘米；蒴果矩圆形（①右下），长1.5～2厘米，略扁平。

产门头沟、延庆、怀柔、密云。生于沟谷林缘、林下、水边，常见。

相似种：蛇果黄堇【*Corydalis ophiocarpa*，罂粟科 紫堇属】多年生草本；植株灰绿色；叶片一至二回羽状分裂③；总状花序多花③；花淡黄白色③④，上花瓣长9～12毫米，距短囊状，约占花瓣全长的1/3，末端上弯④；蒴果条形，蛇形弯曲④。产百花山、云蒙山；生沟谷林下阴湿处。

小黄紫堇的花黄色，距末端下弯，蒴果矩圆形，不弯曲；蛇果黄堇的花淡黄白色，距末端上弯，蒴果蛇形弯曲。

双花堇菜 双花黄堇菜 堇菜科 堇菜属

Viola biflora

Alpine Yellow-violet | shuānghuājǐncài

多年生草本；叶基生，叶片肾形①，稀为心形或宽卵形，长1.5～3厘米，基部弯缺，有时很狭而深，边缘有钝齿①，两面散生细短柔毛，基生叶具长而细弱的柄；托叶草质，矩圆形、卵形或半卵形，全缘或有疏锯齿，长4～5毫米；花常单生，稀双生，两侧对称②；萼片5，条形，顶端钝或圆，基部有极短的附属物③；花瓣5，黄色①②，下面1瓣近基部有紫色条纹②，距短③，长2.5～3毫米；蒴果矩圆状卵形④，长4～7毫米，无毛。

产百花山、东灵山、海坨山、坡头、雾灵山。生于亚高山林下或草甸。

双花堇菜叶肾形，边缘有钝齿，花黄色，常单生，稀双生，下花瓣近基部有紫色条纹，具短距。

水金凤 辉菜花 凤仙花科 凤仙花属

Impatiens noli-tangere

Yellow Balsam | shuǐjīnfèng

一年生草本；茎直立，多分枝；叶互生，叶片卵形或椭圆形①，长5～10厘米，宽2～5厘米，先端钝或短渐尖，边缘有圆齿②；花序腋生，有花2～3朵；花大，黄色，常疏生红色斑点③④；侧萼片2，宽卵形，先端急尖；上面1枚花瓣，背面中肋有龙骨突起③，下面1枚萼片花瓣状，基部延长成内弯的长距④；蒴果条状矩圆形③，成熟时轻轻碰触即爆裂，将种子弹射出去。

产各区山地。生于沟谷水边、湿润处。

水金凤的叶卵形或椭圆形，边缘具圆齿，花黄色，常有红色斑点，后面有内弯的长距。

弯距狸藻　狸藻科 狸藻属

Utricularia vulgaris subsp. *macrorhiza*

Curved-spur Bladderwort ｜ wānjùlízǎo

多年生沉水草本；叶片多回二歧状深裂，裂片上具卵球形的捕虫囊（①左上）；花序直立，挺出水面①，中部以上具数朵疏离的花；花梗丝状，长6～15毫米，于花期直立，果期明显下弯；花萼2裂达基部；花冠黄色①②，长12～18毫米，二唇形①②，基部伸出筒状的距，斜向上弯曲②；蒴果球形，长3～5毫米。

产海淀、房山、昌平、延庆、大兴。生于池塘、河道缓流中。

相似种：柳穿鱼【*Linaria vulgaris* subsp. *chinensis*，车前科/玄参科 柳穿鱼属】多年生草本；茎直立，上部常分枝；叶互生，稀在下部轮生，条形③，长2～6厘米；总状花序顶生；花冠黄色，二唇形③，基部伸出长距③，长1～1.5厘米；蒴果卵球状。产延庆千家店；生路旁、山坡草丛中。

弯距狸藻为沉水草本，叶多回分裂，具捕虫囊，距较短，弯曲；柳穿鱼为陆生草本，叶条形，距较长，直伸。

牛扁　黄花乌头 鸡肋膀子　毛茛科 乌头属

Aconitum barbatum var. *puberulum*

Slight-pilose Monkshood ｜ niúbiǎn

多年生草本；茎被反曲的微柔毛；基生叶1～5，与下部茎生叶均具长柄；叶片圆肾形，长5.5～15厘米，宽10～22厘米，3全裂③，中央裂片菱形，在中部3裂，二回裂片狭卵形小裂片，叶面常有绿白色斑点③；总状花序长10～17厘米，密被反曲的微柔毛，花黄色或淡黄色①②；花梗长3.5～14毫米；小苞片生花梗中部，条形；萼片5，上萼片圆筒形②，高1.9～2.2厘米，粗4～5毫米；花瓣2，内藏，具长爪，距与瓣片近等长；雄蕊多数；心皮3；蓇葖果3，长约8毫米。

产各区山地。生于海拔900米以上的沟谷林缘、山坡草丛中。

牛扁的叶片圆肾形，3全裂，叶面常有绿白色斑点，花黄色，上萼片显著，圆筒形。

乌头属植物全株有毒，以根部毒性最大，请注意不要误食。

尖唇鸟巢兰

兰科 鸟巢兰属

Neottia acuminata

Acuminate Bird's-nest Orchid | jiānchúnniǎocháolán

腐生兰；植株黄褐色；茎中部以下具3~5枚膜质鞘①；总状花序顶生，通常具20余朵花①；花小，黄褐色；萼片、花瓣、唇瓣相似（①右上），狭披针形至狭卵形，唇瓣不裂；蒴果椭球形。

产百花山、东灵山、海坨山、雾灵山。生于亚高山林下。

相似种：珊瑚兰【*Corallorhiza trifida*，兰科 珊瑚兰属】腐生兰；植株黄绿色；总状花序具3~7朵花②；萼片条形，花瓣矩圆形，靠合成盔状③；唇瓣椭圆形，有纵褶片③。产百花山、东灵山、海坨山；生境同上。**裂唇虎舌兰**【*Epipogium aphyllum*，兰科 虎舌兰属】腐生兰；植株黄褐色；花2~6朵顶生④；萼片与花瓣相似，条形，黄色⑤；唇瓣近白色⑤，基部3裂，中裂片有数条紫红色纵脊⑤。产百花山、海坨山、雾灵山；生境同上。

尖唇鸟巢兰的花黄褐色，萼片、花瓣、唇瓣相似；珊瑚兰的花较小，扭转，唇瓣在下；裂唇虎舌兰的花较大，不扭转，唇瓣在上。

1 2 3 4 5 6 7 8 9 10 11 12

1 2 3 4 5 6 7 8 9 10 11 12

1 2 3 4 5 6 7 8 9 10 11 12

山西杓兰

兰科 杓兰属

Cypripedium shanxiense

Shanxi Cypripedium | shānxīsháolán

多年生草本；茎直立，基部具数枚鞘；中上部具3~4枚互生的叶①；叶片椭圆形至卵状披针形①，长7~15厘米，宽4~8厘米，先端渐尖，两面被疏毛，边缘有缘毛；花序顶生，具1~3花；苞片叶状，长5.5~10厘米，花梗和子房长2.5~3厘米；花绿黄色至黄褐色②，具深色脉纹；中萼片披针形，长2.5~3.5厘米，合萼片卵状披针形，先端深2裂②③，花瓣狭披针形，长2.7~3.5厘米；唇瓣深囊状②③，球形至椭圆形，常有深色斑点；蒴果近梭形或狭椭圆形（①左下），长3~4厘米。

产玉渡山、海坨山、喇叭沟门、密云新城子。生于山坡林下或亚高山林下。

山西杓兰的茎具数枚叶，1~3朵花顶生，花较大，绿黄色至黄褐色，唇瓣深囊状。

北京所产的山西杓兰过去被误定为杓兰*Cypripedium calceolus*，后者仅产东北地区。

1 2 3 4 5 6 7 8 9 10 11 12

1 2 3 4 5 6 7 8 9 10 11 12

旋覆花 六月菊 菊科 旋覆花属

Inula japonica

Japanese Yellowhead │ xuánfùhuā

多年生草本；基部叶常较小，在花期枯萎；中部叶矩圆形或披针形①③，长4～13厘米，宽1.5～3.5厘米，基部微抱茎或不抱茎③，无柄；头状花径3～4厘米，多数或少数排列成疏散的伞房花序①②；总苞半球形，径13～17毫米，总苞片约6层；舌状花黄色②，舌片条形，长10～13毫米；管状花黄色②，冠毛1层，白色；瘦果长1～1.2毫米，圆柱形，疏被短毛。

产各区平原和低山区。生于房前屋后、路旁、田边、山坡草丛中，极常见。

相似种：欧亚旋覆花【*Inula britannica*，菊科旋覆花属】多年生草本；叶椭圆状披针形④，基部宽大，心形或有耳，半抱茎④；头状花序数个生于枝端；舌状花和管状花均为黄色⑤；瘦果圆柱形，被短毛。产昌平、延庆；生路旁、水边，少见。

旋覆花的叶基部抱茎不明显；欧亚旋覆花的叶基部心形或有耳，明显抱茎。

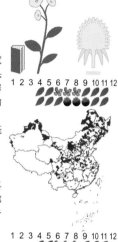

线叶旋覆花 窄叶旋覆花 菊科 旋覆花属

Inula linariifolia

Linear-leaf Yellowhead │ xiànyèxuánfùhuā

多年生草本；基部叶和下部叶在花期常生存，条状披针形①，长5～15厘米，宽0.7～1.5毫米，边缘常反卷，有不明显的小锯齿，上部叶渐狭小，条形；头状花径1.5～2.5厘米，3～5个在枝端排列成伞房状①；总苞半球形，长5～6毫米；舌状花和管状花均为黄色①②，舌片长达10毫米；冠毛1层，白色；瘦果圆柱形，被短毛。

产各区山地。生于山坡灌草丛中，常见。

相似种：蓼子朴【*Inula salsoloides*，菊科旋覆花属】多年生草本；茎平卧或斜升，具密集的分枝④；叶披针形③，长5～10毫米，宽1～3毫米，基部半抱茎；头状花序径1～1.5厘米，单生枝端；舌状花和管状花均为黄色③④；冠毛白色；瘦果被粗毛。产丰台、昌平、延庆；生水边、河滩。

线叶旋覆花的茎少分枝，叶和花均较大；蓼子朴的茎具密集的分枝，叶和花均较小。

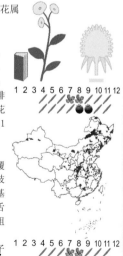

草本植物 花黄色 小而多 组成头状花序

剑叶金鸡菊

菊科 金鸡菊属

Coreopsis lanceolata

Lance-leaf Tickseed | jiànyèjīnjījú

多年生草本；基部叶匙形，不裂，茎生叶对生，不裂或3深裂①，顶裂片较大，长6～8厘米，宽1.5～2厘米；头状花序单生枝端①；舌状花黄色②，舌片先端有粗锯齿，管状花黄色②，狭钟形；瘦果圆形，无冠毛，边缘有宽翅。

原产北美洲，各区有引种。常用于装饰花坛，或在路旁逸生。

相似种：黑心金光菊【*Rudbeckia hirta*，菊科金光菊属】一年或二年生草本；叶互生，矩圆形或匙形③，长8～12厘米；头状花序径5～7厘米；舌状花黄色③，管状花暗褐色③。产地同上；生境同上。**菊芋**【*Helianthus tuberosus*，菊科 向日葵属】多年生草本；具地下块茎；叶对生，卵圆形④，长10～16厘米；花黄色④；块茎可食，俗称"洋姜"。产地同上；植于庭院、田中或逸生。

黑心金光菊叶互生，管状花褐色，其余二者叶对生，管状花黄色；剑叶金鸡菊植株较矮，茎生叶常3裂；菊芋植株高大，叶不裂。

腺梗豨莶

菊科 豨莶属

Sigesbeckia pubescens

Glandular-stalk St. Paulswort | xiàngěngxīxiān

一年生草本；茎直立，粗壮，上部多分枝，被开展的长柔毛和糙毛；叶卵圆形或卵形①，基出三脉，长4～12厘米，宽2～8厘米，边缘有尖头状粗齿；头状花序多数生于枝端①，排成圆锥花序；花序梗和总苞片密生紫褐色头状具柄的腺毛和长柔毛②③；总苞宽钟状，总苞片2层，外层匙形，长7～14毫米，内层矩圆形，长3.5毫米；舌状花与管状花均为黄色，舌状花的舌片先端2～3齿裂②③；瘦果倒卵圆形，4棱，顶端有灰褐色环状突起。

产各区平原和低山区。生于沟谷林缘、水边、路边湿润处，常见。

腺梗豨莶的叶对生，叶片卵圆形或卵形，基出三脉，茎上部、花序梗、总苞片均有紫褐色头状具柄腺毛，头状花序较小，舌片先端齿裂。

婆婆针 鬼针草 菊科 鬼针草属

Bidens bipinnata

Spanish Needles | pópozhēn

一年生草本；叶对生，二回羽状深裂①②，裂片边缘具不规则细齿；头状花序总梗长2～10厘米；舌状花黄色①，有1～5朵，不结实；管状花黄色①，结实；瘦果条形，冠毛芒状②，3～4枚，可依附于动物身上传播。

产各区平原和低山区。生于田边、荒地、山坡路旁，常见。

相似种：小花鬼针草【*Bidens parviflora*，菊科鬼针草属】一年生草本；叶二至三回羽状全裂③；管状花黄色，无舌状花③。产地同上；生境同上。

鬼针草【*Bidens pilosa*，菊科 鬼针草属】一年生草本；羽状复叶具3～5小叶④；管状花黄色，无舌状花④，有时具白色舌状花（④左下）。产海淀、平谷；生路旁草丛中。

三者的果实顶端均具芒状刺：婆婆针的叶二回羽裂，花较大，有黄色舌状花，小花鬼针草的叶多回羽裂，花较窄小，无舌状花；鬼针草的叶为一回羽状复叶，小叶3～5，无舌状花，如有则为白色。

狼耙草 狼把草 菊科 鬼针草属

Bidens tripartita

Threelobe Beggarticks | lángpácǎo

一年生草本；叶对生，中部叶3～5深裂②，侧裂片披针形，长3～7厘米，宽8～12毫米，上部叶3裂①或不裂；头状花序单生茎端及枝端，直径1～2.5厘米，具较长的花序梗，总苞片多数，叶状①②；小花黄色，全为管状①②；瘦果扁平，顶端具2枚芒刺（②左下），可依附于动物身上传播。

产各区平原地区。生于水边、河滩。

相似种：大狼耙草【*Bidens frondosa*，菊科 鬼针草属】一年生草本；一回羽状复叶③，小叶3～5，边缘具粗锯齿③；花黄色，全为管状花③；瘦果顶端具2枚芒刺。原产北美洲，各区均有逸生；生境同上。**柳叶鬼针草【*Bidens cernua*，菊科 鬼针草属】**一年生草本；单叶对生，披针形④，边缘具疏锯齿；舌状花与管状花均为黄色④；瘦果顶端具4枚芒刺。产海淀、昌平、延庆；生境同上。

三者的总苞片均为叶状，果实顶端均具芒刺：大狼耙草为羽状复叶，狼耙草为单叶3～5裂，柳叶鬼针草为单叶不裂，具舌状花。

甘菊 野菊花 菊科 菊属

Chrysanthemum lavandulifolium

Lavender-leaf Chrysanthemum | gānjú

多年生草本；有地下匍匐茎；叶互生，叶片轮廓卵形或宽卵形，长2～5厘米，宽1.5～4.5厘米，二回羽状分裂(③左)，一回全裂或几全裂，二回为半裂或浅裂；头状花序多数，在茎枝顶端排成复伞房花序①②；总苞碟形，径5～7毫米，总苞片边缘膜质(①左下)；舌状花与管状花均为黄色②；瘦果长1.2～1.5毫米，无冠毛。

产各区山地。生于中低海拔山坡林缘、灌草丛中，极常见。

相似种：野菊【*Chrysanthemum indicum*，菊科菊属】多年生草本；叶片卵形或长圆形，长2.5～6厘米，羽状半裂、浅裂或仅有浅锯齿(③右)；头状花序多数，花黄色④。原产我国东北和南部地区，城区偶有栽培；植于公园。

甘菊的叶片二回羽状分裂；野菊的叶片一回羽状分裂。

某些文献记载野菊在北京有野生分布，但我们在野外未见到有符合特征的标准植株。

线叶菊 兔毛蒿 菊科 线叶菊属

Filifolium sibiricum

Filifolium | xiànyèjú

多年生草本；茎丛生，密集，基部具密厚的纤维鞘；叶互生，叶片二至三回羽状全裂①；末回裂片丝状①，长达4厘米，宽达1毫米，无毛；头状花序在枝端排成伞房花序①；总苞球形或半球形，直径4～5毫米，总苞片3层；小花黄色，全为管状花②；瘦果倒卵形，稍压扁。

产门头沟、昌平、延庆。生于向阳山坡灌草丛中、亚高山草甸。

相似种：束伞亚菊【*Ajania parviflora*，菊科亚菊属】草本或半灌木；中下部叶二回羽状分裂③，末回裂片条形，宽约1毫米，上部叶一回羽裂④；头状花序数个在茎枝顶排成伞房花序③④；总苞直径2.5～3毫米；小花黄色，全为管状花④。产密云新城子；生山坡灌丛中。

线叶菊的叶裂片丝状，极细长；束伞亚菊的叶裂片条形，较宽短。

款冬 冬花 菊科 款冬属

Tussilago farfara

Coltsfoot | kuǎndōng

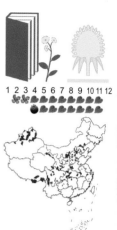

1 2 3 4 5 6 7 8 9 10 11 12

多年生草本；根状茎横生地下；早春抽出数个花葶，高5～10厘米，密被白色茸毛，有互生的鳞片状苞片；头状花序单个顶生①②，初时直立，花后稍下垂；总苞片1～2层，总苞钟状④，总苞片条形，顶端钝，常带紫色；舌状花为雌花，多层，黄色，细条形①②；管状花为两性花，少数，花冠顶端5裂；花药基部尾状；柱头头状，通常不结实；瘦果圆柱形，长3～4毫米；冠毛白色④，长10～15毫米；花后生叶，叶片阔心形③，长3～12厘米，宽4～14厘米，具长柄，边缘有波状疏齿③。

产昌平流村、延庆张山营。生于沟谷水边或小溪缓流中，少见。

款冬先叶开花，头状花序单生，花黄色，舌状花多层，细条形，叶片阔心形。

狭苞橐吾 菊科 橐吾属

Ligularia intermedia

Intermediate Leopard Plant | xiábāotuówú

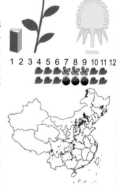

1 2 3 4 5 6 7 8 9 10 11 12

多年生草本；基生叶有长柄，叶片肾状心形①，长可达19厘米，宽可达21厘米，边缘有细锯齿①；茎生叶渐小，上部叶渐变为苞片；头状花序多数，排列成总状①②，有短梗及条形苞叶；总苞圆柱形，长9～11毫米；舌状花4～6②，黄色；管状花7～12；瘦果圆柱形，冠毛污褐色。

产房山、门头沟、昌平、延庆、怀柔、密云、平谷。生于沟谷水边、亚高山草甸或林下。

相似种:全缘橐吾【*Ligularia mongolica***，菊科橐吾属】**多年生草本；植株略显蓝绿色；叶矩圆形或卵形，全缘④，基部下延；头状花序集成总状③⑤；舌状花1～4③，舌片矩圆形，管状花5～10，均为黄色③⑤。产海坨山；生山坡林缘。

1 2 3 4 5 6 7 8 9 10 11 12

狭苞橐吾叶片肾状心形，边缘有细锯齿；全缘橐吾植株蓝绿色，叶片矩圆形或卵形，边缘全缘。

某些文献记载北京产橐吾*Ligularia sibirica*，经查标本，实际为狭苞橐吾的误定，橐吾仅产东北。

林荫千里光 黄菀 菊科 千里光属

Senecio nemorensis

Shady Groundsel | línyīnqiānlǐguāng

多年生草本；叶互生，披针形①，长10～15厘米，宽3～5厘米，边缘有细锯齿①；头状花序多数，排成复伞房状①；总苞片1层；舌状花约5个，黄色①；管状花多数；瘦果无毛，冠毛白色。

产门头沟、延庆、怀柔、密云。生于山坡林缘、林下、沟谷水边、亚高山草甸。

相似种：额河千里光【Jacobaea argunensis，菊科 疆千里光属**】**叶羽状深裂②，裂片全缘或有齿；头状花序排成复伞房状②，密集；舌状花10～15个，黄色③，舌片长8～9毫米；瘦果无毛。产门头沟、延庆、怀柔、密云、平谷；生山坡林缘、沟谷林下。**琥珀千里光【**Jacobaea ambracea，菊科 疆千里光属**】**叶羽状深裂④；头状花序疏松；舌状花13～18个，黄色⑤，舌片长12～15毫米；瘦果被短毛。产房山、门头沟、密云；生山坡草地、河滩。

林荫千里光叶不裂，其余二者叶羽裂；额河千里光头状花序排列紧密，舌状花较短，果无毛；琥珀千里光头状花序排列疏松，舌状花长，果有毛。

狗舌草 菊科 狗舌草属

Tephroseris kirilowii

Kirilow's Groundsel | gǒushécǎo

多年生草本；茎和叶两面被白色蛛丝状密毛①②；基生叶和茎下部叶倒卵状矩圆形①，长5～10厘米，宽1.5～2.5厘米，顶端钝，下部渐狭成翅状的柄；茎生叶少数，条状披针形，基部抱茎；头状花序5～11个，伞房状排列①；总苞筒状，总苞片1层，被蛛丝状毛；舌状花1层，黄色①；管状花多数；瘦果有纵肋，被密毛，冠毛白色。

产各区山地。生于山坡林缘、林下，常见。

相似种：橙舌狗舌草【Tephroseris rufa，菊科 狗舌草属**】**多年生草本；茎生叶矩圆形④，两面疏被蛛丝状毛，后变无毛④；头状花序生茎顶③，排成伞房状，舌状花橙黄色③，管状花黄色。产百花山、东灵山；生于高海拔的草甸石缝中。

狗舌草的叶密被白色蛛丝状密毛，舌状花黄色，生于中低海拔的山坡；橙舌狗舌草的叶疏被毛或无毛，舌状花橙黄色，生于高海拔的草甸。

橙舌狗舌草在《北京植物志》中被认定为"红轮狗舌草"(*Tephroseris flammea*，又名"红轮千里光")。

桃叶鸦葱 皱叶鸦葱 菊科 鸦葱属

Scorzonera sinensis

Chinese Scorzonera | táoyèyācōng

多年生草本，具白色乳汁；根圆柱状；叶基生，披针形或宽卵形①②，长5～30厘米，宽0.3～5毫米，边缘强烈皱波状①②；茎单生或数个聚生，有鳞片状苞叶；头状花序单生茎端，全为舌状花，黄色②；瘦果圆柱状，冠毛白色，羽状。

产各区山地。生于山坡林缘、林下、山脊灌草丛中，早春极常见。

相似种：鸦葱【*Scorzonera austriaca*，菊科 鸦葱属】叶条形或条状披针形③，边缘平展③；头状花序单生枝端，花黄色③。产门头沟、昌平；生境同上。**华北鸦葱**【*Scorzonera albicaulis*，菊科 鸦葱属】多年生草本；茎直立，中空；基生叶长达40厘米，茎生叶较短，条形④，抱茎；头状花序在枝端排成伞房状④；花全为舌状，黄色或淡黄色④；瘦果长2.5厘米，冠毛污黄色，羽状⑤。产各区山地；生山坡林缘、灌草丛中，常见。

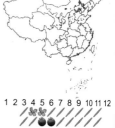

华北鸦葱茎直立，高大，其余二者无茎；桃叶鸦葱叶边缘强烈皱波状；鸦葱叶边缘不为皱波状。

日本毛连菜 枪刀菜 菊科 毛连菜属

Picris japonica

Japanese Oxtongue | rìběnmáoliáncài

二年或多年生草本，具白色乳汁；茎上部分枝，茎、叶、总苞均被钩状分叉的黑色硬毛（①、②左下），可粘在衣服上；叶倒披针形①，长8～22厘米，宽1～3毫米，基部窄成具翅的叶柄，边缘有疏齿；头状花序多数，排成疏伞房状①②；总苞筒状钟形，总苞片3层；花全为舌状，黄色①②，顶端具5小齿；瘦果褐色，冠毛羽状（①左下）。

产各区山地。生于山坡灌草丛中，常见。

相似种：毛连菜【*Picris hieracioides*，菊科 毛连菜属】二年生草本；茎、叶、总苞均被钩状分叉的绿色硬毛③；花全为舌状，淡黄色③。产海淀、门头沟、延庆、密云；生山坡路旁、水边。

日本毛连菜全株被钩状分叉的黑色硬毛；毛连菜全株被绿色硬毛。

蒲公英 婆婆丁 菊科 蒲公英属
Taraxacum mongolicum

Mongolian Dandelion | púgōngyīng

多年生草本，具白色乳汁；叶全部基生①，倒卵状披针形，长4～20厘米，宽1～3厘米，羽状深裂、倒向羽裂或大头羽裂①；头状花序单生；总苞钟状，总苞片先端具增厚的角状突起（①右下）；花全为舌状，黄色①；瘦果暗褐色，冠毛白色②。

产各区平原和低山区。生于房前屋后、路旁、田边、山坡林缘、草丛中，极常见。

相似种：白缘蒲公英【*Taraxacum platypecidum*，菊科 蒲公英属】叶宽倒披针形，羽裂③；头状花序径约5厘米；总苞片无小角，边缘白色宽膜质（③左下）。产门头沟、延庆、密云；生中高海拔山坡路旁、亚高山草甸。**深裂蒲公英【*Taraxacum scariosum*，菊科 蒲公英属】**叶倒向羽裂④，侧裂片条形；总苞片先端有较短的小角（④左下）；花黄色④。产百花山、东灵山；生亚高山草甸。

白缘蒲公英叶和头状花序均大型，总苞片具白色宽膜质边缘，无小角，其余二者总苞片先端有小角；蒲公英叶裂片较宽，深裂蒲公英叶裂片较窄。

山柳菊 菊科 山柳菊属
Hieracium umbellatum

Narrow-leaf Hawkweed | shānliǔjú

多年生草本，具白色乳汁；叶披针形至狭条形①，长3～10厘米，宽0.5～2厘米，边缘全缘有稀疏的牙齿；头状花序在茎枝顶端排成伞房状；总苞暗绿色，钟状，长8～10毫米，总苞片3～4层，向内层渐长（①右下）；花全为舌状，黄色①。

产百花山、东灵山。生于亚高山草甸。

相似种：北方还阳参【*Crepis crocea*，菊科 还阳参属】全株被腺毛、短刺毛及蛛丝状毛；基生叶多数②，倒披针形，全缘或有少数锯齿，茎生叶1～2枚；总苞4层，最外层最短，内层长③；花黄色③。产门头沟、延庆；生向阳山坡路旁、草丛中。

猫耳菊【*Hypochaeris ciliata*，菊科 猫耳菊属】基生叶长椭圆形④，边缘有尖锯齿，茎生叶渐小；头状花序单生茎端④；总苞宽钟状；花橙黄色④⑤。产金山、松山、喇叭沟门、雾灵山；生山坡草丛中。

猫耳菊头状花序单生，橙黄色，其余二者头状花序小，黄色，伞房状；山柳菊总苞片向内层逐渐变长，北方还阳参总苞片内外层长度差别明显。

苦苣菜　曲曲菜　菊科 苦苣菜属

Sonchus oleraceus

Common Sowthistle ｜ kǔjùcài

一年生草本，具白色乳汁；根圆锥状；叶羽状深裂或大头羽裂①，长10～22厘米，宽5～10厘米，边缘有刺状尖齿，叶柄有翅，基部扩大抱茎；头状花序在茎端排列成伞房状；总苞钟状，总苞片3～4层，覆瓦状排列，向内层渐长，沿中脉有少数头状具柄的腺毛②；花全为舌状，黄色①②，极多数；瘦果褐色，长椭圆形，压扁，冠毛白色。

产各区平原地区。生于路旁、田边、草丛中。

相似种：长裂苦苣菜【*Sonchus brachyotus*，菊科苦苣菜属】一年生草本；叶羽状浅裂或深裂，边缘无刺状尖齿（③左上）；花全为舌状，黄色③。产地同上；生境同上。**续断菊**【*Sonchus asper*，菊科 苦苣菜属】一年生草本；叶不裂或缺刻状半裂，边缘有刺状尖齿④，触摸有扎手的感觉；花全为舌状，黄色④。产海淀；生路旁，少见。

苦苣菜叶缘有软刺尖，触之不扎手；长裂苦苣菜叶缘无刺尖；续断菊叶缘有硬刺尖，触之扎手。

苦菜　中华小苦荬 苦麻子　菊科 苦荬菜属

Ixeris chinensis

Chinese Ixeris ｜ kǔcài

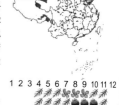

多年生草本，具白色乳汁；基生叶莲座状，条状披针形或倒披针形①，长7～15厘米，宽1～2厘米，顶端钝或急尖，不规则羽裂，有时全缘或具疏齿；茎生叶极少，无柄，稍抱茎，不裂或羽裂；头状花序排成疏伞房状聚伞花序①；总苞长7～9毫米；小花全为舌状，黄色②或白色（另见312页）；瘦果狭披针形，冠毛白色；全株可作野菜，味苦。

产各区平原和低山区。生于村旁、田边、山坡路旁、草丛中，常见。

相似种：黄鹌菜【*Youngia japonica*，菊科 黄鹌菜属】一年生草本；基生叶丛生，倒披针形，长4～13厘米，琴状或大头羽状半裂③；茎生叶少数；头状花序小，径6～8毫米，排成圆锥花序③，小花全为舌状，黄色（③左下）。产海淀、门头沟、昌平、延庆；生路旁、田边、草丛中。

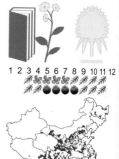

苦菜的植株低矮，叶条状披针形，不规则羽裂，头状花序大，排列稀疏；黄鹌菜的植株高大，倒披针形，叶大头羽裂，头状花序小，排列紧密。

草本植物 花黄色 小而多 组成头状花序

尖裂假还阳参 抱茎小苦荬 菊科 假还阳参属
Crepidiastrum sonchifolium
Sowthistle-leaf Ixeris | jiānlièjiǎhuányángshēn

多年生草本，具白色乳汁；基生叶多数，矩圆形，长3.5～8厘米，宽1～2厘米，边缘具锯齿或不规则羽裂；茎生叶较小，卵状矩圆形，长2.5～6厘米，宽0.7～1.5厘米，基部耳形或戟形抱茎①②，全缘或羽状分裂；头状花序排成伞房状①，有细梗；小花全部舌状，黄色①②，先端5齿裂；瘦果纺锤形，有细条纹，冠毛白色，微糙毛状。

产各区平原和低山区。生于房前屋后、村旁、路边、山坡路旁，极常见。

相似种：黄瓜菜【*Crepidiastrum denticulatum*，菊科 假还阳参属】多年生草本；基生叶花期枯萎，卵形或披针形；茎生叶舌状卵形③，边缘具锯齿或全缘，基部耳形，半抱茎③；小花舌状，黄色③。产各区山地；生山坡或沟谷林缘、林下，常见。

尖裂假还阳参基生叶在花期不枯萎，茎生叶抱茎，春夏季开花；黄瓜菜基生叶在花期枯萎，茎生叶半抱茎，秋季开花。

翅果菊 山莴苣 多裂翅果菊 菊科 莴苣属
Lactuca indica
Indian Lettuce | chìguǒjú

一年或二年生草本，具白色乳汁；茎高大，上部有分枝；叶形多变，条形或条状披针形，长13～22厘米，宽1.5～3厘米，不分裂②或羽状浅裂至深裂①，边缘有缺刻状锯齿，基部戟形半抱茎；下部叶花期枯萎；头状花序在枝端排成圆锥花序①②；总苞片4层，长卵形；花全为舌状，黄色或淡黄色（①右下）；瘦果黑色，压扁，冠毛白色。

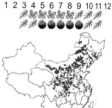

产各区平原和低山区。生于路旁、田边、山坡林缘、沟谷水边。

相似种：毛脉翅果菊【*Lactuca raddeana*，菊科 莴苣属】二年生草本；叶倒卵形或三角状卵形，羽状分裂或大头羽状分裂（④左下），长5～11厘米；叶柄有翅（④左下），上部渐小；头状花序排成圆锥状；小花全为舌状，黄色③④。产门头沟、怀柔、密云；生沟谷林下阴湿处。

翅果菊的叶条形或条状披针形，不分裂或羽状浅裂至深裂，头状花序较大；毛脉翅果菊的叶倒卵形，羽裂或大头羽裂，头状花序较小。

露珠草 牛泷草 柳叶菜科 露珠草属

Circaea cordata

Cordate Enchanter's Nightshade | lùzhūcǎo

多年生草本；叶对生，卵形①，长5～9厘米，宽4～8厘米，边缘全缘或有疏锯齿；总状花序顶生①，花序轴密被短柔毛及短腺毛；花瓣2，白色，宽倒卵形，顶端2浅裂②；雄蕊2；子房下位；果实倒卵形，外被钩状毛①，果梗与果等长。

产各区山地。生于沟谷林缘、水边、湿润处。

相似种：深山露珠草【*Circaea alpina* subsp. *caulescens*，柳叶菜科 露珠草属**】**小草本；叶阔卵形至近三角形③，长1.2～4.5厘米；花序无毛④；果实棒状④。产百花山、东灵山、海坨山、雾灵山；生沟谷或亚高山林下。**水珠草【***Circaea canadensis* subsp. *quadrisulcata*，柳叶菜科 露珠草属**】**多年生草本；叶卵状披针形，长4.5～12厘米；花序被柔毛及腺毛⑤；果实倒卵形，果梗明显长于果⑤。产百花山、小龙门、坡头；生沟谷水边。

深山露珠草植株细弱，高约10厘米，花序和果无毛，其余二者较高大，花序和果被毛；露珠草果梗与果等长，水珠草果梗为果的1.5倍以上。

野慈姑 狭叶慈姑 泽泻科 慈姑属

Sagittaria trifolia

Three-leaf Arrowhead | yěcígu

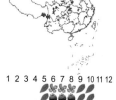

挺水草本；根状茎横走，较粗壮，末端常膨大；叶箭形①，顶裂片长5～15厘米，侧裂片略长；花3～5朵为一轮①，组成总状或圆锥状花序；外轮花被片绿色，内轮花被片白色①②；雄蕊和心皮均多数②；瘦果倒卵形，两侧压扁，具翅。

产各区平原地区。生于水沟、池塘中。

相似种：东方泽泻【*Alisma orientale*，泽泻科 泽泻属**】**挺水草本；叶椭圆形③；花轮生成伞状，再集成大型圆锥花序③；花两性，白色④；瘦果两侧扁。产地同上；生境同上。**水鳖【***Hydrocharis dubia*，水鳖科 水鳖属**】**浮水草本；叶圆形，背面有气囊状结构（⑤左下）；花从基部的苞片中伸出，白色⑤。产海淀、昌平、延庆、顺义；生池塘中。

野慈姑的叶箭形，花大而明显；东方泽泻的叶椭圆形，花小而密集；水鳖为浮水草本，叶圆形，背面有气囊。

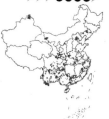

荠

荠菜 十字花科 荠属

Capsella bursa-pastoris

Shepherd's Purse ｜ jì

一年或二年生草本；基生叶丛生，叶形变化极大，一般为大头羽状分裂，长可达10厘米，边缘有浅裂或不规则粗锯齿；茎生叶狭披针形①，长1～2厘米，基部抱茎；总状花序顶生和腋生；花白色①；短角果倒心形（①右上），长5～8毫米，宽4～7毫米，扁平，先端微凹；嫩株可作野菜。

产各区平原和低山区。生于村旁、路边、田边、草丛中，早春极常见。

相似种：蒙古葶苈【*Draba mongolica*，十字花科 葶苈属】多年生草本；叶莲座状，披针形②，长8～18毫米，茎生叶少数；花白色②；短角果（②右下）。产百花山、东灵山、雾灵山；生亚高山草甸石缝中。**裸茎碎米荠**【*Cardamine scaposa*，十字花科 碎米荠属】叶基生，圆肾形（③右下），长6～25毫米；花白色③；长角果（③左上）。产海坨山、喇叭沟门、坡头、雾灵山；生海拔1200米以上的林下。

荠的叶常羽裂，果倒心形；蒙古葶苈的叶披针形，果狭卵形；裸茎碎米荠的叶圆肾形，果条形。

白花碎米荠

十字花科 碎米荠属

Cardamine leucantha

White-flower Bittercress ｜ báihuāsuìmǐjì

多年生草本；奇数羽状复叶①，小叶2～3对②，宽披针形，长3.5～5厘米，宽1～2厘米，边缘有不整齐的锯齿②；总状花序顶生①②；花白色②；长角果条形（②左上），长1.5～2.5厘米。

产百花山、东灵山、玉渡山、松山、喇叭沟门、坡头、雾灵山。生于沟谷林下阴湿处。

相似种：碎米荠【*Cardamine occulta*，十字花科 碎米荠属】一年生草本；奇数羽状复叶③，小叶1～3对，先端有3～5圆齿；花白色③；长角果条形③。产海淀、昌平；生路旁、田边。**豆瓣菜**【*Nasturtium officinale*，十字花科 豆瓣菜属】全株无毛；大头羽状复叶④，小叶1～4对；花白色④；长角果圆柱形（④左下）。原产欧洲和亚洲西部，各区平原和低山区均有逸生；生河滩、水沟、溪流中。

豆瓣菜为水生草本，植株略肉质，其余二者陆生；白花碎米荠植株较高大，小叶边缘有多数锯齿；碎米荠植株矮小，小叶边缘有少数圆齿。

国产的碎米荠过去被误定为 *Cardamine hirsuta*。

垂果南芥　十字花科 垂果南芥属

Catolobus pendulus

Drooping Rockcress　│　chuíguǒnánjiè

1 2 3 4 5 6 7 8 9 10 11 12

二年生草本；全株被硬毛；叶长椭圆形①，茎下部叶长3～10厘米，宽1～3厘米，边缘有浅齿，上部叶渐小，基部心形抱茎；花瓣4，白色②，匙形；长角果条形②，长4～10厘米，略下垂②。

产各区山地。生于山坡或沟谷林缘、林下、路旁，常见。

1 2 3 4 5 6 7 8 9 10 11 12

相似种：新疆南芥【*Arabis borealis*，十字花科南芥属】叶矩圆形④，具浅齿；花白色③；长角果条形。产百花山、玉渡山、松山、喇叭沟门；生山坡林缘、路旁。**蚓果芥**【*Braya humilis*，十字花科 肉叶荠属】叶宽匙形，全缘或具钝齿③；花白色⑤；长角果条形（⑤右上），略呈念珠状。产门头沟、昌平、延庆、密云；生山坡路旁、石缝中。

1 2 3 4 5 6 7 8 9 10 11 12

蚓果芥植株矮小，果略呈念珠状，其余二者植株较高大，果长条形，不呈念珠状；垂果南芥果略下垂；新疆南芥果直立。

华北所产的新疆南芥过去被误定为硬毛南芥*Arabis hirsuta*。

舞鹤草　天门冬科/百合科 舞鹤草属

Maianthemum bifolium

False Lily of the Valley　│　wǔhècǎo

1 2 3 4 5 6 7 8 9 10 11 12

多年生矮小草本；根状茎细长匍匐；茎直立，不分枝；基生叶1枚，早落，茎生叶2①③，互生于茎的上部，叶柄长1～2厘米，有柔毛；叶片厚纸质，三角状卵形①③，长3～10厘米，宽2～5厘米，下面脉上有柔毛或微毛，边缘生柔毛或有锯齿状乳头突起，基部心形①③，顶端尖至渐尖；总状花序顶生①，长3～5厘米，约有20朵花；总花轴有柔毛或乳突状毛；花白色①②，直径3～4毫米；花梗细，长约5毫米；花被片4②，矩圆形，长约2毫米；雄蕊4②；浆果球形③，熟时红色④。

1 2 3 4 5 6 7 8 9 10 11 12

产各区山地。生于海拔1000米以上的山坡或沟谷林下。

舞鹤草具2枚茎生叶，叶片基部心形，花白色，花被片4，雄蕊4，浆果球形，熟时红色。

北方拉拉藤 砧草 茜草科 拉拉藤属

Galium boreale

Northern Bedstraw | běifānglālāténg

多年生草本；茎四棱；叶4片轮生①，狭披针形，长1~2.5厘米，基出脉3条(②上)，在上面常凹陷；聚伞花序顶生，密花；花小，白色(①右下)，有短梗；果小，果片单生或双生，密被毛。

产百花山、东灵山、坡头。生于亚高山草甸。

相似种：喀喇套拉拉藤【*Galium karataviense*，茜草科 拉拉藤属】茎直立或攀缘，柔弱，具4棱，有倒向小刺毛；叶6~10片轮生(②左)，倒披针形，长0.6~5厘米；圆锥状聚伞花序③；花白色③；果片近球形。产海坨山；生沟谷林下、林缘。**异叶轮草**【*Galium maximoviczii*，茜草科 拉拉藤属】茎4棱；叶4~8片轮生(②右)，椭圆形，长1.5~5.3厘米，顶端钝圆；聚伞花序顶生④；花白色；果片近球形。产延庆、怀柔；生沟谷林下。

北方拉拉藤4叶轮生；喀喇套拉拉藤6~10叶轮生，先端尖；异叶轮草4~8叶轮生，先端圆钝。

喀喇套拉拉藤过去被误定为中亚车轴草*Galium rivale*。

线叶拉拉藤 线叶猪殃殃 茜草科 拉拉藤属

Galium linearifolium

Linear-leaf Bedstraw | xiànyèlālāténg

多年生草本；茎四棱，常近地面分枝成丛生状；叶4片轮生；狭条形①，常稍弯，长1~6厘米，宽1~4毫米，上面粗糙，下面中脉被短硬毛，1脉；聚伞花序顶生，疏散，少花至多花②；花小，白色②，有纤细梗；花萼和花冠均无毛；果无毛，直径2.5~3毫米，果片近球状，单生或双生。

产房山、门头沟、昌平、延庆、怀柔、密云。生于山坡或沟谷林缘、草丛中。

相似种：林猪殃殃【*Galium paradoxum*，茜草科 拉拉藤属】多年生小草本；叶4片轮生③④，其中2片较大，2片较小，卵形或卵状披针形④，长0.7~3厘米，顶端渐尖，边缘有小刺毛；聚伞花序顶生和腋生，少花；花冠白色③④；果片单生或双生，近球形，密被黄棕色钩毛。产小龙门、东灵山、玉渡山、坡头；生沟谷林下。

线叶拉拉藤的叶狭条形，花序较密；林猪殃殃的叶卵形，2大2小，花序较疏。

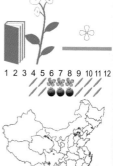

急折百蕊草　反折百蕊草　檀香科 百蕊草属

Thesium refractum

Refracte Thesium　|　jízhébǎiruǐcǎo

多年生半寄生草本；叶互生，条形①，长3～5厘米，宽2～2.5毫米；总状花序，总花梗呈"之"字形曲折①；花梗细长，花后外倾并渐反折①；苞片1枚，叶状，小苞片2枚；花被筒状，顶部5裂，白色（①右下）；雄蕊5，内藏；坚果卵形。

产百花山、东灵山、海坨山、雾灵山。生于海拔1000米以上的山坡草丛中。

相似种：华北百蕊草【*Thesium cathaicum*，檀香科 百蕊草属】花梗纤细②，长5～10毫米；花4数或5数（③上）；宿存花被呈高脚杯状，比果长（③下）。产各区山地；生山坡草丛中。**百蕊草【*Thesium chinense*，檀香科 百蕊草属】**花梗极短④或无花梗；花5数（⑤上）；宿存花被近球状，比果短（⑤下）。产地同上；生境同上。

急折百蕊草的花梗明显反折，其余二者直伸；华北百蕊草花4数或5数，花梗明显，宿存花被比果长；百蕊草花5数，花梗极短或无花梗，宿存花被比果短。

长蕊石头花　霞草　石竹科 石头花属

Gypsophila oldhamiana

Oldham's Baby's-breath　|　chángruǐshítouhuā

多年生草本；全株无毛，粉绿色；叶对生①，矩圆状披针形①，长4～6厘米，宽5～12毫米，有3条纵脉，上部叶较狭，条形；聚伞花序顶生①，花多而密集；花梗长约5毫米；花萼钟状，裂片5；花瓣5，白色②，偶有粉红色，倒卵形；雄蕊10，长于花瓣②；子房卵圆形，花柱2，伸出花冠外；蒴果卵球形，有少数种子。嫩株可作野菜。

产延庆、平谷。生于山坡林缘、灌草丛中。

相似种：河北石头花【*Gypsophila tschiliensis*，石竹科 石头花属】多年生草本；叶条状披针形③，长2～3厘米，宽2～4毫米，顶端急尖，具小短尖头；聚伞花序少花③；花萼钟状；花瓣5，外面粉色，内面白色③；雄蕊10，短于花瓣③。产百花山、东灵山、海坨山；生山坡林缘、亚高山草甸。

长蕊石头花植株高大，花序多花，花径约7毫米，雄蕊长于花瓣；河北石头花植株不超过30厘米，花序少花，花径约14毫米，雄蕊短于花瓣。

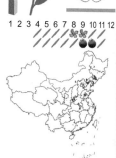

鹅肠菜 牛繁缕 石竹科 鹅肠菜属

Myosoton aquaticum

Giant Chickweed | échángcài

二年生草本；茎多分枝；叶对生，卵形或宽卵形①，长2.5~5.5厘米，宽1~3厘米，基部近心形；上部叶常无柄或具极短柄；萼片5，外被短柔毛；花瓣5，白色①，顶端2深裂达基部①；雄蕊10，花柱5(①右下)；蒴果5瓣裂。

产各区平原和低山区。生于路旁、水边、草丛中，常见。

相似种：繁缕【*Stellaria media*，石竹科 繁缕属】一年生草本；叶片宽卵形或卵形②，长1.5~2.5厘米；花瓣白色，2深裂；雄蕊3~5，花柱3②。产各区平原地区；生田边、路旁、草丛中。**无瓣繁缕**【*Stellaria pallida*，石竹科 繁缕属】一年生草本；叶片近卵形③，长5~10毫米；花瓣极小或退化③；雄蕊3~5，花柱3。原产欧洲，海淀、丰台有逸生；为温室、花坛、苗圃中的杂草。

鹅肠菜的雄蕊10，花柱5，其余二者的叶、花均比鹅肠菜稍小，雄蕊3~5，花柱3；繁缕有花瓣，无瓣繁缕的花瓣极小或退化。

中国繁缕 石竹科 繁缕属

Stellaria chinensis

Chinese Starwort | zhōngguófánlǚ

多年生草本；茎铺散或上升；叶对生，叶片卵状椭圆形①②，长3~4厘米，宽1~1.6厘米，两面无毛；聚伞花序疏散，具细长花序梗；萼片5，无毛(①右下)；花瓣5，白色②，2深裂，与萼片近等长(①右下)；雄蕊10，花柱3；蒴果卵形。

产海淀、房山、门头沟、昌平。生于山坡林缘、林下。

相似种：林繁缕【*Stellaria bungeana* var. *stubendorfii*，石竹科 繁缕属】叶片卵状披针形③，长4~8毫米，边缘具短睫毛；萼片被柔毛(③左下)；花瓣2深裂，稍长于萼片(③左下)；雄蕊10，花柱3。产海坨山、云岫谷；生山坡或沟谷林缘。**沼生繁缕**【*Stellaria palustris*，石竹科 繁缕属】叶条形④；花瓣2深裂至基部④；雄蕊10，花柱3。产百花山、东灵山、海坨山、喇叭沟门；生亚高山林下。

沼生繁缕的叶条形，细长，其余二者叶宽；中国繁缕植株无毛，叶较短，花瓣与萼片等长；林繁缕茎、叶缘、花萼均被毛，叶较长，花瓣长于萼片。

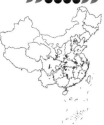

卷耳　石竹科 卷耳属

Cerastium arvense subsp. *strictum*

Strict Mouse-ear Chickweed ｜ juǎn'ěr

多年生草本；茎基部匍匐，上部直立；叶对生，矩圆状披针形，长1～2.5厘米，基部抱茎，疏生长柔毛①；聚伞花序顶生，有3～7花；萼片5，被毛；花瓣5，白色，倒卵形，顶端2裂至1/3①，裂片圆钝；雄蕊10，花柱5；蒴果矩圆筒形。

产百花山、东灵山、海坨山。生于亚高山草甸或林下。

相似种：叉歧繁缕【Stellaria dichotoma，石竹科 繁缕属**】**茎数回二叉状分歧②，有腺毛；叶卵状披针形②，长0.5～2厘米；花瓣2裂至中部②，裂片稍尖②；雄蕊10，花柱3。产地同上；生亚高山草甸、岩石缝中。**兴安繁缕【**Stellaria cherleriae，石竹科 繁缕属**】**垫状草本③；茎丛生；叶条形，长1～2厘米；花瓣白色，长不及萼片之半，2深裂（③右上）。产东灵山、玉渡山；生亚高山草甸石缝中。

卷耳的叶矩圆状披针形，花瓣裂至1/3，裂片圆钝；叉歧繁缕的叶卵状披针形，短小，花瓣裂至中部；兴安繁缕为垫状草本，花瓣极短。

蔓孩儿参　蔓假繁缕　石竹科 孩儿参属

Pseudostellaria davidii

David's Pseudostellaria ｜ mànhái'érshēn

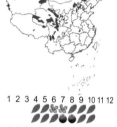

多年生草本；有块根（②左上）；茎匍匐或斜升，有时生不定根；叶对生，披针形至卵形，长2～3厘米，宽1.5～2毫米；闭锁花生下部叶腋②，不开放即直接结果；正常花生上部叶腋①；萼片5；花瓣5，白色①，比萼片长近1倍，顶端微凹缺（①右下）；雄蕊10，短于花瓣；蒴果卵形。

产各区山地。生于林下、林缘、阴湿处。

相似种：毛脉孩儿参【Pseudostellaria japonica，石竹科 孩儿参属**】**茎直立，密被柔毛③；叶宽卵形，长1.5～2.5厘米，两面疏生短柔毛（③左下），边缘具缘毛；正常花生上部；花瓣白色③，顶端微缺。产小龙门、坡头；生沟谷林下。**细叶孩儿参【**Pseudostellaria sylvatica，石竹科 孩儿参属**】**叶条形④，长3～7厘米；正常花生上部；花瓣白色，顶端浅2裂④。产百花山、海坨山；生亚高山林下。

细叶孩儿参叶条形，花瓣顶端浅2裂，其余二者叶卵形，花瓣不裂；蔓孩儿参蔓生，植株被疏毛；毛脉孩儿参茎直立，植株被密毛。

女娄菜 石竹科 蝇子草属

Silene aprica

Heliophilous Silene | nǚlóucài

一年生草本；茎常数个丛生；基生叶条状披针形，长4~7厘米，宽4~8毫米，茎叶对生①，比基生叶稍小；圆锥花序顶生①；花萼卵状钟形②，密被短柔毛；花瓣5，白色，偶有粉红色，露出花萼②，顶端2浅裂；副花冠片舌状；蒴果卵形。

产各区山地。生于海拔1000米以下的山坡路旁、灌草丛中，常见。

相似种：坚硬女娄菜【*Silene firma***，石竹科 蝇子草属】**茎单生；叶椭圆状披针形③；花萼无毛或被微柔毛；花瓣微露出花萼④，顶端2浅裂④。产房山、门头沟、延庆、怀柔、密云；生中高海拔山坡草地、林缘。**蔓茎蝇子草【***Silene repens***，石竹科蝇子草属】**叶条状披针形⑤；花序圆锥状；花萼棒状⑥，被柔毛；花瓣5，白色，瓣片浅2裂⑥。产门头沟、延庆、怀柔；生山坡草地。

蔓茎蝇子草叶条状披针形，花萼棒状，较长；其余二者花萼钟形，较短；女娄菜片狭，花瓣明显露出花萼；坚硬女娄菜叶宽，花瓣微露出花萼。

石生蝇子草 石生麦瓶草 石竹科 蝇子草属

Silene tatarinowii

Tatarinow's Catchfly | shíshēngyíngzicǎo

多年生草本；茎仰卧或斜升；叶对生，卵状披针形①，长2~5厘米，宽5~15毫米；二歧聚伞花序疏松①；花萼筒状棒形②，疏被短柔毛；花瓣5，白色，瓣片先端浅2裂②，两侧中部各具1条形小裂片或细齿②；副花冠片椭圆状；蒴果卵形。

产各区山地。生于山坡林下、草地，常见。

相似种：山蚂蚱草【*Silene jeniseensis***，石竹科蝇子草属】**叶条形③；花序狭圆锥状③；花瓣5，白色，瓣片叉状2裂至中部，裂片狭矩圆形④。产百花山、东灵山、海坨山、雾灵山；生石质山坡、亚高山草甸。**石缝蝇子草【***Silene foliosa***，石竹科 蝇子草属】**叶条形⑤；花瓣5，白色，长于花萼1倍，瓣片叉状2深裂，裂片条形（⑤左上）。产房山霞云岭、小龙门；生山坡林下、石缝中。

石生蝇子草叶卵状披针形，花萼被疏柔毛，花瓣瓣片两侧有小裂片，其余二者叶条形，花萼无毛，瓣片两侧无裂片；山蚂蚱草瓣片短，裂片稍宽；石缝蝇子草瓣片长，裂片极细。

老牛筋 灯芯草蚤缀 石竹科 老牛筋属

Eremogone juncea

Rush-like Sandworts │ lǎoniújīn

多年生草本；茎多数丛生①；叶丝状①，长8～25厘米，宽约1毫米；聚伞花序顶生①，有多花；萼片5，有3脉；花瓣5，白色（①右下），长为萼片的2～2.5倍；雄蕊10，花柱3；蒴果卵形。

产百花山、东灵山、海坨山、喇叭沟门、雾灵山。生于亚高山草甸石缝中。

相似种：华北老牛筋【*Eremogone grueningiana***，石竹科 老牛筋属】**多年生草本，密丛生；叶窄条形②，长1～3厘米，宽2～5毫米；花单生枝端②；花瓣5，白色②。产东灵山；生亚高山草甸岩石上。**种阜草【***Moehringia lateriflora***，石竹科 种阜草属】**叶矩圆形③④，长1～2.5厘米，宽4～10毫米，具三脉③④；聚伞花序顶生或腋生，具1～3朵花；花瓣5，白色③④；种子肾形，种脐旁具白色种阜。产百花山、海坨山；生亚高山林下。

老牛筋的叶丝状，聚伞花序多花；华北老牛筋植株密丛生，叶窄形，单花顶生；种阜草的叶矩圆形，聚伞花序少花。

北京水毛茛 毛茛科 毛茛属

Ranunculus pekinensis

Beijing Batrachium │ běijīngshuǐmáogèn

沉水草本；叶片轮廓楔形或宽楔形，长1.6～3厘米，宽1.4～2.5厘米，二型，沉水叶裂片丝形，上部浮水叶二至三回中裂至深裂，末回裂片窄条形②，宽0.6～2毫米，无毛；花挺出水面①，花梗长1.2～3.7厘米，无毛；萼片近椭圆形，有白色膜质边缘，脱落；花瓣5，白色①，宽倒卵形，基部带黄色①，有短爪；雄蕊和心皮均多数。

产昌平、延庆、密云。生于干净的山谷小溪缓流中。

相似种：水毛茛【*Ranunculus bungei***，毛茛科 毛茛属】**沉水草本；叶片轮廓近半圆形，长2.5～3厘米，三至四回细裂，末回裂片线状④，宽0.3～0.5毫米；花瓣5，白色，基部带黄色③。产门头沟、昌平、延庆；生境同上。

北京水毛茛叶二型，浮水叶末回裂片窄条形，较宽；水毛茛叶一型，末回裂片丝状。

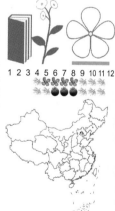

小花草玉梅 毛茛科 欧银莲属

Anemone rivularis var. flore-minore

Small-flower Brooklet Anemone | xiǎohuācǎoyùméi

多年生草本；叶基生，叶片轮廓肾状五角形，3全裂；花葶1~3，高7~65厘米；聚伞花序长6~30厘米，二至三回分枝①；苞片3，似基生叶，具鞘状柄，倒菱形①，长3.2~6.5厘米；萼片5，白色①，狭椭圆形或倒卵状狭椭圆形；无花瓣；雄蕊多数（①右下）；心皮30~60；瘦果狭卵形，宿存花柱钩状弯曲（①左下）。

产百花山、小龙门、东灵山、玉渡山。生于山坡或沟谷林缘、草丛中。

相似种：大花银莲花【*Anemone sylvestris*，毛茛科 欧银莲属】多年生草本；叶片心状五角形，长2~5.5厘米，3全裂②，裂片再次分裂；花葶1，顶生1花②；苞片3，有柄；萼片5，稀6，白色（②左下），倒卵形，长1.5~2厘米；心皮极多数，180~240，集生成球状（②左下）；瘦果密被长绵毛。产延庆、密云；生山坡草丛中，少见。

小花草玉梅聚伞花序多花，花小，径约1.5厘米；大花银莲花花序单花，花大，径约4厘米。

银莲花 华北银莲花 毛茛科 银莲花属

Anemonastrum chinense

Cathayan Anemone | yínliánhuā

多年生草本；基生叶4~8，有长柄，叶片圆肾形，长2~5.5厘米，宽4~9厘米，3全裂②，裂片再次3裂至近中部，小裂片卵形②，两面疏被柔毛或无毛；花葶2~6①，具2~5朵花，苞片约5，无柄，3裂；萼片5，有时可多至8枚，内面白色③，外面带淡粉色，倒卵形；雄蕊多数；心皮4~16；瘦果扁平，宽椭圆形，长约5毫米。

产百花山、东灵山、玉渡山、坡头。生于沟谷林下、亚高山草甸。

相似种：长毛银莲花【*Anemonastrum narcissiflorum* subsp. *crinitum*，毛茛科 银莲花属】多年生草本；叶片圆五角形，长4~6厘米，宽7.5~11厘米，3全裂④，裂片再次3裂，小裂片条形④，背面密被长柔毛；花葶具2~5朵花；萼片5，白色④；瘦果扁平。产东灵山、海坨山；生亚高山草甸或林下。

银莲花叶片的小裂片卵形，较宽，叶背近无毛；长毛银莲花叶片的小裂片条形，较窄，叶背被长柔毛。

扯根菜

扯根菜科/虎耳草科 扯根菜属

Penthorum chinense

Chinese Ditch Stonecrop | chěgēncài

多年生草本；叶互生，无柄或近无柄，披针形至狭披针形①，长4～10厘米，宽0.4～1.2厘米，先端渐尖，边缘具细重锯齿，无毛；镰状聚伞花序多花①②，长1.5～4厘米，花序分枝与花梗均被褐色腺毛；花梗长1～2.2毫米；萼片5，革质，三角形，长约1.5毫米，宽约1.1毫米，无毛；花瓣5，白色②；雄蕊10；心皮5，下部合生②③；子房5室，胚珠多数，花柱5；蒴果熟时红色③，直径4～5毫米；种子多数，卵状矩圆形。

产海淀、门头沟、昌平、延庆。生于水库边、河滩。

扯根菜的叶互生，狭披针形，镰状聚伞花序多花，顶端卷曲，花5数，白色，蒴果熟时红色，心皮下部合生。

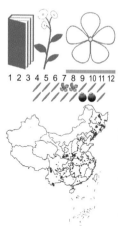

球茎虎耳草

虎耳草科 虎耳草属

Saxifraga sibirica

Sibirian Saxifrage | qiújīnghǔ'ěrcǎo

多年生草本；基部有球茎；茎上部疏生短腺毛，疏生数叶；基生叶有长柄，叶片肾形①②，长0.7～1.8厘米，宽1～2.7厘米，5～9浅裂②，裂片卵形、阔卵形至扁圆形，两面和边缘均具腺柔毛；下部茎生叶似基生叶，中部以上的渐变小，有短柄或无柄；聚伞花序伞房状，具1至多朵花；萼片5，直立，狭卵形，长约3.5毫米；花瓣5，白色③，狭倒卵形，长8～12毫米，先端圆形①③；雄蕊10，花丝钻形；心皮2，中下部合生④，长2.6～4.9毫米，子房卵球形，花柱2，叉开④。

产百花山、东灵山、海坨山、坡头、雾灵山。生于阴坡石壁上、水边、亚高山草甸。

球茎虎耳草的叶片肾形，5～9浅裂，花瓣5，白色，心皮2，中下部合生。

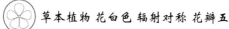

多枝梅花草
梅花草科/虎耳草科 梅花草属

Parnassia palustris var. *multiseta*

Marsh Grass-of-Parnassus | duōzhīméihuācǎo

多年生草本；基生叶丛生，卵圆形或心脏形，长1～3厘米，宽1.5～3.5厘米，基部心形，叶柄长；花茎中部具一无柄叶片①，基生叶同形；花单生顶端；萼片5；花瓣5，白色①，平展，卵圆形；雄蕊5，与花瓣互生，退化雄蕊5，11～23丝状裂，裂瓣先端有头状腺体（①右下）；蒴果卵球形。

产百花山、东灵山、碓臼峪、玉渡山、喇叭沟门。生于沟谷林下、水边、亚高山草甸。

相似种：细叉梅花草【*Parnassia oreophila*，梅花草科/虎耳草科 梅花草属】多年生草本；叶卵形②，长20～40毫米；花瓣5，白色②，矩圆形；雄蕊5，退化雄蕊5，3深裂（②左下）；蒴果长卵球形。产百花山、东灵山、海坨山；生亚高山草甸。

多枝梅花草的花大，径达2.5厘米，花瓣较宽，退化雄蕊11～23丝状裂；细叉梅花草的花小，径约1.5厘米，花瓣较窄，退化雄蕊3裂。

小丛红景天
雾灵景天　景天科 红景天属

Rhodiola dumulosa

Shrubbery Stonecrop | xiǎocónghóngjǐngtiān

多年生草本；地上部分常有残存的老枝；叶螺旋状着生，密集，条形①②，长7～10毫米，宽1～2毫米，顶端急尖，全缘；花序顶生①；花单性，雌雄异株；萼片5；花瓣5，白色①②，有时带淡红色，长8～11毫米，顶端渐尖，有长的短尖头②；雄蕊10，较花瓣短；心皮5，卵状矩圆形，长6～9毫米；蓇葖果内有种子少数。

产百花山、东灵山、海坨山、雾灵山。生于亚高山草甸石缝中。

相似种：钝叶瓦松【*Orostachys malacophylla*，景天科 瓦松属】二年生草本；第一年仅有莲座叶，叶矩圆形，顶端钝；第二年生出花茎③；茎生叶匙状倒卵形，较莲座叶大，长达7厘米，先端有短尖③；花序总状③，花紧密；萼片5；花瓣5，白色③；雄蕊10；心皮5；蓇葖果卵形。产门头沟、昌平、延庆、怀柔、密云；生海拔1000米以上的山坡石缝中。

小丛红景天的叶在茎上螺旋状着生，花序聚伞状；钝叶瓦松的叶莲座状，花序塔形。

石生悬钩子
Rubus saxatilis

Stone Bramble | shíshēngxuángōuzǐ

蔷薇科 悬钩子属

矮小草本；茎细，圆柱形，不育茎有鞭状匍枝，具小针刺和稀疏柔毛；三出复叶①③，有时为单叶分裂，小叶卵状菱形至矩圆状菱形，顶生小叶长5～7厘米，稍长于侧生小叶，顶端急尖，基部近楔形，侧生小叶基部偏斜，两面有柔毛，边缘常具粗重锯齿，侧生小叶有时2裂①；叶柄长，具稀疏柔毛和小针刺；托叶离生；花常2～10朵聚成伞房状；萼片5，卵状披针形；花瓣5，匙形或矩圆形，白色②，直立；雄蕊多数；心皮通常4～6；果实球形，熟时红色③④，直径1～1.5厘米。

产百花山、东灵山、海坨山。生于亚高山林缘、林下。

石生悬钩子为矮小草本，三出复叶，花白色，5数，心皮较少，果球形，熟时红色。

蚊子草
Filipendula palmata

Palmate Meadowsweet | wénzicǎo

蔷薇科 蚊子草属

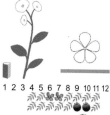

多年生草本；茎有棱，近无毛或上部被短柔毛；羽状复叶①，互生，有小叶2对，叶柄被短柔毛或近无毛，顶生小叶特别大，5～9掌状深裂①③，裂片披针形至菱状披针形，顶端渐狭或三角状渐尖，边缘常有小裂片和尖锐重锯齿，上面绿色无毛，下面密被白色茸毛，侧生小叶较小，3～5裂；托叶大，草质，绿色，半心形，边缘有尖锐锯齿；顶生圆锥花序①，花梗疏被短柔毛，以后脱落无毛；花小而多②；萼片卵形，外面无毛；花瓣5，白色②，倒卵形，有长爪；瘦果半月形，直立，有短柄，沿背腹两边有柔毛。

产延庆张山营、喇叭沟门。生于沟谷林下或林缘湿润处。

蚊子草的叶为羽状复叶，顶生小叶特大，掌状深裂，圆锥花序顶生，花小而密集，白色。

变豆菜 山芹菜 伞形科 变豆菜属

Sanicula chinensis

Chinese Sanicle | biàndòucài

多年生草本；基生叶少数，茎生叶互生，叶片圆肾形至圆心形，掌状3裂①②，有时5裂，中间裂片倒卵形，基部近楔形，长3~10厘米，宽4~13厘米，侧裂片通常各有1深裂，边缘有大小不等的重锯齿；花序二至三回叉式分枝①；小伞形花序有花6~10，具雄花和两性花；花瓣5，白色②；双悬果卵形，长4~5毫米，密生钩状刺（②右下）。

产门头沟、延庆、怀柔、密云。生于沟谷林缘、林下、水边，常见。

相似种：小窃衣【*Torilis japonica***，伞形科 窃衣属】**一年或二年生草本；叶片一至二回羽状分裂③，小叶披针形至矩圆形；复伞形花序；花小，白色③；双悬果长卵形，长1.5~3毫米，有斜向上内弯的钩刺（③左下）。产门头沟、怀柔、密云；生路旁、水边、湿润处。

二者的果实均有钩状刺；变豆菜的叶片掌裂，果卵形，较大；小窃衣的叶片多回羽裂，果长卵形，较小。

迷果芹 伞形科 迷果芹属

Sphallerocarpus gracilis

Sphallerocarpus | míguǒqín

多年生草本①；茎下部密被白色硬毛；茎生叶卵形，长5~15厘米，二至三回羽状分裂①，小叶披针形至条状披针形，羽状深裂，下面脉上有疏柔毛；复伞形花序顶生和侧生①；总花梗长1.5~6厘米；总苞片1，条形；伞辐5~10；小总苞片5，披针形；花瓣5，白色②；双悬果矩圆形（②右下），长4~7毫米，无毛，分生果有棱，横切面五角形。

产门头沟、延庆、怀柔、密云。生于村旁、田边、山坡或沟谷林缘。

相似种：峨参【*Anthriscus sylvestris***，伞形科 峨参属】**多年生草本；叶二回羽状分裂③，裂片披针状卵形，边缘羽状缺裂或齿裂；复伞形花序；伞辐6~12；花白色④；双悬果条状管形（④左下），长5~10毫米，分生果横切面圆形。产门头沟、延庆、密云；生沟谷林下、溪流边。

迷果芹的茎下部密被毛，分生果有棱，横切面五角形；峨参的茎下部无毛，分生果无棱，横切面圆形。

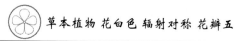

水芹　水芹菜　伞形科　水芹属
Oenanthe javanica

Java Waterdropwort | shuǐqín

多年生草本；叶互生，叶片轮廓三角形，一至二回羽状分裂②，末回裂片卵形至菱状披针形，长2~5厘米，宽1~2厘米，边缘有牙齿或圆齿状锯齿；复伞形花序顶生，无总苞；伞辐6~16，不等长①，长1~3厘米；小总苞片2~8，小伞形花序有花20余朵；萼齿条状披针形；花瓣5，白色，倒卵形；双悬果椭圆形（②右下），长2.5~3毫米。

产海淀、丰台、昌平、延庆、密云。生于水边、河滩，常见。

相似种：毒芹【Cicuta virosa，伞形科　毒芹属】 多年生草本；叶片二至三回羽状分裂④，裂片条状披针形，边缘疏生锐锯齿；复伞形花序，伞辐10~25，近等长③；小总苞片8~12，小伞形花序有花15~35朵；双悬果卵球形（④左下）；全草有毒，误食可致死。产延庆、怀柔、密云；生境同上。

水芹复伞形花序的伞辐较少，不等长，小伞形花序的花排列近于平面；毒芹的伞辐较多，近等长，小伞形花序的花排列近于球面。

泽芹　伞形科　泽芹属
Sium suave

Hemlock Waterparsnip | zéqín

多年生草本；全株无毛；茎有条纹；一回羽状分裂（①左下），裂片3~9对，条状披针形，无柄，远离，边缘有细或粗的锯齿；复伞形花序顶生和侧生①；伞辐8~20，长1.5~3厘米；小总苞片条状披针形，长1~3毫米，小伞形花序有花10余朵；花瓣5，白色①；双悬果卵形，分生果的果棱肥厚，翅状（①右下）。

产海淀、丰台、门头沟、昌平、延庆、大兴。生于水边、河滩，常见。

相似种：蛇床【Cnidium monnieri，伞形科　蛇床属】 一年生草本；叶二至三回三出式羽状分裂②，末回裂片狭条形，长2~10毫米，宽1~3毫米；复伞形花序②；伞辐10~30；小总苞片2~3；花白色②；双悬果宽椭圆形，果棱成翅状（②左下）。产各区平原和低山区；生水边、河滩、溪流中。

二者的果棱均肥厚成翅状；泽芹为一回羽状分裂，裂片条状披针形；蛇床为多回羽状分裂，裂片狭条形。

白芷 兴安白芷 伞形科 当归属

Angelica dahurica

Dahurian Angelica | báizhǐ

多年生高大草本；下部叶卵形至三角形，长50～80厘米，二至三回三出式羽状全裂①②，末回裂片下延成翅状②；茎中部叶渐小，上部叶简化为囊状膨大的膜质叶鞘；复伞形花序顶生或侧生①，伞辐18～38，中央主花序伞辐可达70；小总苞片5～10，花序梗长5～20厘米；花瓣5，白色①，倒卵形，顶端内曲成凹头状；双悬果卵球形③，黄棕色，长4～7毫米。

产各区山地。生于中高海拔山坡林缘、沟谷阴湿处，常见。

相似种：拐芹【*Angelica polymorpha***，伞形科当归属】**二至三回三出式羽状全裂④，一回羽片有柄，弧形弯曲；复伞形花序④，伞辐11～20；花白色④；果实矩圆形，侧棱翅状。产门头沟、延庆、密云；生沟谷林下、水边。

白芷的叶末回裂片下延成翅状，复伞形花序球形，伞辐极多；拐芹的一回羽片有弯曲的柄，末回裂片不下延，复伞形花序半球形，伞辐少。

短毛独活 短毛白芷 伞形科 独活属

Heracleum moellendorffii

Moellendorff's Cowparsnip | duǎnmáodúhuó

多年生高大草本；根圆锥形，粗大；茎直立，有棱槽；叶二至三回三出式分裂①，裂片广卵形或圆形，不规则3～5裂，边缘具粗锯齿；复伞形花序；花瓣白色，花序边缘的花瓣辐射状增大②；双悬果倒卵形，扁平，被柔毛（①右下）。

产房山、门头沟、昌平、延庆、怀柔、密云。生于沟谷林下、溪流边。

相似种：山芹【*Ostericum sieboldii***，伞形科 山芹属】**叶三出式分裂，末回裂片菱状卵形（③右下）；花白色；双悬果卵形，侧棱宽翅状（③左上）。产门头沟、昌平、延庆；生沟谷林下。**大齿山芹【***Ostericum grosseserratum***，伞形科 山芹属】**叶三出式分裂，末回裂片再深裂或有缺刻状锯齿（④右下）；花白色；双悬果椭球形，侧棱宽翅状（④左上）。产房山、门头沟、延庆；生境同上。

短毛独活花序边花增大，果无翅，被柔毛，其余二者边花不增大，果棱具翅，无毛；山芹末回裂片不裂；大齿山芹末回裂片深裂或有缺刻状锯齿。

田葛缕子 田贲蒿 伞形科 葛缕子属

Carum buriaticum

Buryat Caraway | tiángélǚzi

多年生草本；根圆柱形；基生叶及茎下部叶有柄，三至四回羽状分裂，末回裂片细条形①，长5～10毫米，宽约0.5毫米，上部叶二回羽状分裂；复伞形花序伞辐10～15；总苞片2～4，条形（①右下）；小总苞片5～8（①右下），小伞形花序有花10～30朵；花瓣5，白色①；双悬果卵形（①左下），长3～4毫米。

产海淀、房山、昌平、延庆。生于路旁、田边、山坡草丛中。

相似种：葛缕子【*Carum carvi***，伞形科 葛缕子属】**多年生草本；叶二至三回羽状分裂，末回裂片细条形②；复伞形花序伞辐5～10，常无总苞片和小总苞片（②左下）；花白色②；双悬果卵形（②左下）。产海淀；生田边。

田葛缕子具总苞片和小总苞片数个；葛缕子无总苞片和小总苞片。

辽藁本 藁本 香藁本 伞形科 藁本属

Ligusticum jeholense

Jehol Licorice-root | liáogǎoběn

多年生草本；叶片轮廓宽卵形，长10～20厘米，宽8～16厘米，二至三回三出式羽状全裂①，羽片4～5对，末回裂片卵形①，长2～3厘米，边缘常浅裂；复伞形花序顶生或侧生，伞辐8～10，总苞片2，条形；小总苞片8～10，小伞形花序具花15～20；花瓣5，白色①；双悬果卵形，分生果侧棱具狭翅，宿存花柱长而弯曲（①右下）。

产各区山地。生于山坡或沟谷林下、林缘。

相似种：岩茴香【*Rupiphila tachiroei***，伞形科 岩茴香属】**多年生草本；叶片三回羽状全裂②，末回裂片条形或丝状，宽0.5～1毫米；复伞形花序少数，伞辐6～10，总苞片2～4；萼齿5，显著，三角形（②左下）；花瓣白色②；双悬果卵形，分生果侧棱具狭翅，宿存花柱短（②左下）。产百花山、东灵山、海坨山；生沟谷林缘、亚高山草甸。

辽藁本的叶末回裂片卵形，较宽，萼齿不明显，宿存花柱长而弯曲；岩茴香的叶末回裂片条形，极窄，萼齿明显，宿存花柱短。

石防风　伞形科 石防风属

Kitagawia terebinthacea

Terebinthine Peucedanum ｜ shífángfēng

多年生草本；叶片轮廓三角状卵形①，长6~18厘米，二回羽状全裂，末回裂片披针形，边缘浅裂或具锯齿(②左)；复伞形花序，伞辐8~20，总苞片无；小总苞片6~10；花瓣5，白色；双悬果卵状椭圆形(①右下)，果棱微突起。

产各区山地。生于山坡林缘、灌草丛中。

相似种：华北前胡【*Peucedanum harry-smithii***，伞形科 前胡属】** 叶三回羽状分裂或全裂，末回裂片菱状倒卵形，基部楔形，边缘具少数缺刻状牙齿(②右上)；花白色③；双悬果卵状椭圆形，密被短硬毛(③左下)。产房山、门头沟；生沟谷林下。**北京前胡【***Peucedanum caespitosum***，伞形科 前胡属】** 叶二回羽状分裂，末回裂片细条形(②右下)；花白色④；双悬果卵状椭圆形，无毛。产百花山、东灵山；生沟谷林下阴湿处。

石防风的叶末回裂片披针形，边缘浅裂或具锯齿，果无毛；华北前胡的叶末回裂片菱状倒卵形，果有毛；北京前胡的叶末回裂片细条形，果无毛。

防风　伞形科 防风属

Saposhnikovia divaricata

Saposhnikovia ｜ fángfēng

多年生草本；茎单生，自下部二歧分枝①；基生叶矩圆状披针形，长7~19厘米，一至二回羽状全裂③，末回裂片条形至披针形③，长5~40毫米，宽1~9毫米，全缘；叶柄长2~6.5厘米；茎上部叶渐小，具扩展叶鞘；复伞形花序②直径1.5~4.5厘米，伞辐5~9；小总苞片4~5，条形至披针形，小伞形花序有4~9朵花；花瓣5，白色②；双悬果矩圆形，具小瘤状突起(③左上)。

产各区山地。生于向阳山坡灌草丛中，常见。

相似种：绒果芹【*Eriocycla albescens***，伞形科 绒果芹属】** 多年生草本；叶片一回羽状全裂④，裂片全缘或顶端2~3深裂；复伞形花序直径3~5厘米；花白色④；双悬果矩圆形，密被白色茸毛(④左下)。产坡头、雾灵山、延庆四海和张山营；生山坡林缘或草丛中。

防风的果无毛，具小瘤状突起；绒果芹的果密被白色茸毛。

东北土当归

五加科 楤木属

Aralia continentalis

Continental Spikenard | dōngběitǔdāngguī

多年生草本；有块状根茎；地上茎高大；叶互生，二至三回羽状复叶②，羽片有小叶3～7片，小叶膜质，顶生者倒卵形或椭圆状倒卵形②，侧生者矩圆形或椭圆形至卵形，长5～15厘米，宽3～9厘米，两面有灰色细硬毛，边缘有不整齐锯齿或重锯齿；叶柄长11.5～24.5厘米；小伞形花序组成大型圆锥花序①，顶生或腋生；伞形花序直径1.5～2毫米，有花多数③；花萼无毛，边缘有5个三角形尖齿；花瓣5，绿白色③，三角状卵形，长2毫米；雄蕊5；子房5室；花柱5，基部合生，顶端离生；果实熟时紫黑色④，有5棱，径约3毫米；宿存花柱长约2毫米，中部以下合生④，顶端离生，反曲。

产门头沟、昌平、延庆、怀柔、密云。生于沟谷林下。

东北土当归为高大草本，二至三回羽状复叶，圆锥花序大型，由小伞形花序组成，花绿白色，果实紫黑色。

野西瓜苗

锦葵科 木槿属

Hibiscus trionum

Flower of an Hour | yěxīguāmiáo

一年生草本；茎柔软，被白色星状粗毛；下部叶圆形，不分裂，上部叶掌状3～5全裂①②，直径3～6厘米；裂片倒卵形，通常羽状分裂，两面有星状粗刺毛；叶柄长2～4厘米；花单生叶腋；花梗果时延长达4厘米；小苞片12，条形，长8毫米；萼钟形，淡绿色，长1.5～2厘米，裂片5，膜质，三角形，有紫色条纹④；花瓣白色①③，有时带淡黄色，内面基部深紫色；蒴果球形，径约1厘米，有粗毛，果片5，包于萼中④。

原产非洲，各区平原地区均有逸生。生于路旁、荒地、草丛中。

野西瓜苗的叶掌裂，花瓣白色，内面基部深紫色，花萼钟形，膜质，膜质被果实。

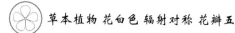

点地梅 喉咙草 铜钱草 报春花科 点地梅属

Androsace umbellata

Umbellate Rockjasmine | diǎndìméi

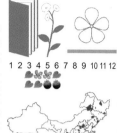

一年或二年生草本；全株被细柔毛；叶10~30片，全部基生②，圆形至心状圆形，直径5~15毫米，边缘具三角状裂齿②；叶柄长1~2厘米；花莛数条，由基部抽出④，高5~12厘米，顶端着生伞形花序①④；花序有花4~15朵；苞片卵形至披针形，长4~7毫米；花梗长2~3.5厘米；花萼5深裂，裂片卵形，长2~3毫米，有明显的纵脉3~6条；花冠白色①③④，有时带粉色，漏斗状，喉部黄色③，紧缩，稍长于萼，5裂；雄蕊着生于花冠筒中部，长约1.5毫米；蒴果近球形，径约4毫米。

产各区平原和低山区。生于路旁、田边、山坡林下、草丛中，早春极常见。

点地梅的叶全部基生，边缘有裂齿，花莛数条，伞形花序，花萼5裂，雄蕊内藏。

狼尾花 虎尾草 报春花科 珍珠菜属

Lysimachia barystachys

Manchurian Yellow Loosestrife | lángwěihuā

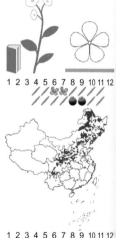

多年生草本；具横走的根茎，全株密被卷曲柔毛；叶互生或近对生，窄披针形①，长4~10厘米，宽6~22毫米，无腺点；总状花序顶生，花密集，偏向一侧①②；花萼分裂近达基部；花冠白色②，长7~10毫米，基部合生部分长约2毫米，裂片舌状狭矩圆形；雄蕊内藏；果期花序直立，蒴果球形，直径2.5~4毫米。

产各区山地。生于山坡林缘、林下、灌草丛中，常见。

相似种:狭叶珍珠菜【*Lysimachia pentapetala*，报春花科 珍珠菜属】一年或二年生草本；叶条状披针形④，长2~7厘米，背面常有赤褐色腺点；总状花序直立③，初时密集成头状，后渐伸长③；花萼合生至中部以上；花冠白色③④，深裂至基部；蒴果球形。产地同上；生境同上。

狼尾花的叶宽而厚，无腺点，花序偏向一侧；狭叶珍珠菜的叶窄而薄，背面有腺点，花序直立。

鹿蹄草 杜鹃花科/鹿蹄草科 鹿蹄草属

Pyrola calliantha

Chinese Witergreen | lùtícǎo

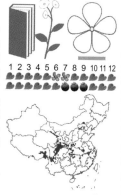

多年生常绿草本；根状茎长；基生叶4～7，叶片革质，椭圆形、圆卵形或近圆形①④，长3～5.2厘米，宽2.2～3.5厘米，边缘反卷，下面灰蓝绿色；花莛下部有1～2苞片；总状花序多花①，花倾斜，稍下垂②；苞片舌形，稍长于花梗；萼片舌形，长5～7.5毫米，先端急尖或钝尖，边缘近全缘；花瓣5，白色②③，有时稍带粉红，倒卵状椭圆形，长8～10毫米；雄蕊10，花丝无毛，花药长圆柱形；花柱长6～8毫米，倾斜②③；蒴果扁球形，直径7.5～9毫米，高5～5.5毫米。

产百花山、东灵山、海坨山、雾灵山。生于亚高山林下。

鹿蹄草为常绿草本，叶革质，总状花序顶生，花瓣5，白色，花柱倾斜。

睡菜 睡菜科/龙胆科 睡菜属

Menyanthes trifoliata

Buckbean | shuìcài

多年生沼生草本；根状茎粗大，匍匐；叶基生，挺出水面，三出复叶①③，小叶椭圆形，长2.5～7厘米，宽1.2～4厘米，先端钝圆，基部楔形，全缘或边缘微波状，中脉明显，无小叶柄；花莛由根状茎顶端鳞片形叶腋中抽出，高30～35厘米；总状花序多花①；苞片卵形，全缘；花梗斜伸，长1～1.8厘米；花萼长4～5毫米，分裂至近基部，萼筒短，裂片卵形；花冠白色②③，筒形，长14～17毫米，裂片5，椭圆状披针形，长7.5～10毫米，内面具白色长流苏状毛②③；雄蕊着生于冠筒中部，花丝扁平，条形，长5.5～6.5毫米；子房椭圆形，花柱条形；蒴果球形，长6～7毫米；种子圆形，长2～2.5毫米，表面平滑。

产延庆张山营。生于水塘中。

睡菜为沼生草本，三出复叶，总状花序，花冠裂片具白色长流苏状毛。

中国茜草

茜草科 茜草属

Rubia chinensis

Chinese Madder | zhōngguóqiàncǎo

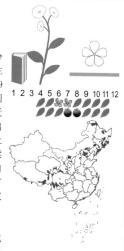

多年生草本；茎直立，茎通常数条丛生，不分枝或少分枝，具4棱，棱上被钩状毛；叶4片轮生①，薄纸质或近膜质，卵形至阔椭圆形①，长4~9厘米，宽2~4厘米，顶端短渐尖或渐尖①，基部圆或阔楔形，稀不明显心形，边缘有密缘毛，上面近无毛或基出脉上被疏硬毛，下面被白色柔毛；基出脉5~7条；聚伞花序排成圆锥状，顶生或在茎的上部腋生，花序轴和分枝均较纤细，无毛或被柔毛；苞片披针形；花梗长2~5毫米，纤细；花冠白色①②，裂片5，偶有4或6，卵形或近披针形，有明显的3脉，顶端尾尖；雄蕊生花管近基部②；浆果近球形，径约4毫米，熟时黑色。

产延庆、怀柔。生于沟谷林下。

中国茜草为直立草本，叶4片轮生，花序排成圆锥状，花白色，5数；同属的茜草和林生茜草为藤本(见140页)。

百金花

龙胆科 百金花属

Centaurium pulchellum var. *altaicum*

Altai Centaury | bǎijīnhuā

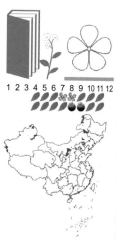

一年生草本；全株无毛；茎略呈四棱形，多二歧状分枝①；叶对生，无柄，椭圆形或卵状椭圆形①，长6~17毫米，宽3~6毫米，叶脉1~3条；花多数，排列成疏散的二歧式或总状复聚伞花序①；花梗细弱；花萼深5裂，裂片钻形，有小尖头，背面中脉突起呈脊状④；花冠白色②③，漏斗形，长13~15毫米，冠筒狭长，圆柱形，顶端5裂，裂片短，狭矩圆形，长2.7~3.2毫米；雄蕊5，着生于冠筒喉部②③，稍外露；子房椭圆形，花柱细，丝状，柱头2裂；蒴果无柄，椭圆形，长7.5~9毫米，先端具长的宿存花柱；种子黑褐色，球形。

产昌平沙河、官厅水库、军谷东高村。生于水边、河滩、草丛中。

百金花为一年生草本，茎和花序常二歧状分枝，叶对生，无柄，花萼裂片背面中脉突起呈脊状，花冠白色，漏斗形。

百金花也有粉花类型，限于篇幅，不再单列。

草本植物 花白色 辐射对称 花瓣五

挂金灯 酸浆 姑娘儿 茄科 酸浆属
Alkekengi officinarum var. *franchetii*
Franchet's Groundcherry | guàjīndēng

多年生草本；茎直立，节部稍膨大；叶在茎下部互生，在上部成假对生，长卵形、宽卵形或菱状卵形①，长5~15厘米，宽2~8厘米，基部偏斜，全缘、波状或有粗齿，有柔毛；花单生于叶腋，俯垂①；花萼钟形，有柔毛；花冠辐状，白色（①左下），外面有短柔毛；浆果球形，橙红色，直径1~1.5厘米，包于膨大的宿萼中，宿萼卵形②，长3~4厘米，熟时红色②。

产各区山地。生于村旁、水边、山坡路旁、沟谷林下，常见。

相似种：小酸浆【*Physalis minima***，茄科 洋酸浆属】**茎平卧或斜升；叶卵形③；花腋生；花冠辐状，白色④；果梗细瘦，浆果球形，包于宿萼中④。产海淀、延庆、怀柔；生路旁、荒地。

挂金灯茎直立，叶、花均较大；小酸浆茎平卧或斜升，叶、花均较小，花径不及1厘米。

日本散血丹 茄科 散血丹属
Physaliastrum echinatum
Echinate Physaliastrum | rìběnsànxuèdān

多年生草本；叶互生，草质，卵形或阔卵形①，长4~8厘米，宽3~5厘米，叶柄成狭翅状①；花常2~3朵生于叶腋或枝腋，俯垂；花萼短钟状，疏生长柔毛②，萼齿极短，扁三角形；花冠钟状，5浅裂，裂片有缘毛，筒部内面中部有5对同雄蕊互生的蜜腺（②右下），下面有5簇髯毛；浆果球形，被果萼包围大部分，顶端露出（①左上）。

产九龙山、玉渡山、松山、云岫谷。生于山坡林下、沟谷水边。

相似种：华北散血丹【*Physaliastrum sinicum***，茄科 散血丹属】**多年生草本；叶阔卵形③；花萼短钟状，外面密生短柔毛④，5裂至中部，裂片狭三角形；花冠白色，钟状，筒部内面中部有5对绿色斑点（④左下）；浆果球状，为宿萼所包。产蒲洼、延庆永宁、密云冯家峪；生沟谷林下。

日本散血丹的花萼疏生长柔毛，极浅裂，果实顶端露出宿萼；华北散血丹的花萼密被短柔毛，5中裂，果实完全为宿萼所包。

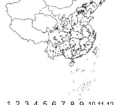
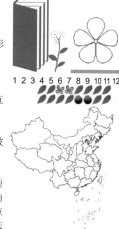

曼陀罗　茄科 曼陀罗属

Datura stramonium

Jimsonweed ｜ màntuóluó

多年生草本；叶宽卵形①，长8～12厘米，宽4～12厘米，顶端渐尖，基部不对称，边缘有不规则波状浅裂，裂片三角形①，有时具疏齿；叶柄长3～5厘米；花夜间开放，常单生于枝分叉处或叶腋，直立；花萼筒状，有5棱角（①左下）；花冠漏斗状，下部淡绿色，上部白色①，偶有紫色；雄蕊5；子房卵形；蒴果直立②，卵状，长3～4厘米，表面生有坚硬的针刺②，成熟后4瓣裂。

原产墨西哥，各区平原和低山区有逸生。生于路旁、田边、垃圾堆、建筑荒地。

相似种：毛曼陀罗【*Datura inoxia*，茄科 曼陀罗属】多年生草本；叶全缘或有波状疏齿③，两面被柔毛；花萼筒圆柱状，无棱角；花冠白色③；蒴果下垂④，表面密生针刺。原产美洲，各区偶见逸生；生境同上。

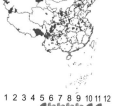

曼陀罗植株近无毛，花萼筒有5棱，果直立；毛曼陀罗被腺毛和柔毛，花萼筒无棱，果下垂。

曼陀罗属植物全株有毒，请注意不要误食。

木龙葵　茄科 茄属

Solanum scabrum

American Nightshade ｜ mùlóngkuí

一年生草本；茎直立，多分枝；叶互生，叶片卵形①②，长2.5～10厘米，宽1.5～5.5厘米，先端短尖，基部楔形至阔楔形而下延至叶柄，全缘或有不规则的波状粗齿①②，两面光滑或有疏短柔毛；叶柄长1～2厘米；聚伞花序腋外生①，有4～10朵花，总花梗长1～2.5厘米，花梗长约5毫米；花萼小，浅杯状；花冠白色③，辐状，筒部短，隐于萼内，裂片5，卵状三角形；雄蕊5；子房卵形，花柱中部以下有白色茸毛，柱头小，头状；浆果球形，直径约8毫米，熟时变黑色④；种子多数，近卵形，压扁状。

原产非洲，在我国广泛逸生，产各区平原和低山区。生于房前屋后、路旁、田边、草丛中，极常见。

木龙葵的叶卵形，边缘全缘或有不规则的波状粗齿，聚伞花序腋外生，花白色，果实熟时黑色。

砂引草 紫草科 紫丹属

Tournefortia sibirica

Siberian Sea Rosemary | shāyǐncǎo

多年生草本；茎直立或斜升，密生糙伏毛或白色长柔毛；叶互生，狭矩圆形至条形①，长1~5厘米，宽6~10毫米，密生糙伏毛或长柔毛；花序顶生①，直径1.5~4厘米；苞片披针形，密生向上的糙伏毛；花冠白色，喉部带黄色②，钟状，花冠筒较裂片长；子房微4裂；核果椭球形或卵球形，长7~9毫米，直径5~8毫米，密生伏毛（①右下）。

产各区平原地区。生于路旁、水边、河滩盐碱地，常见。

相似种：紫草【*Lithospermum erythrorhizon*，紫草科 紫草属】多年生草本；根紫色；叶披针形③，长3~8厘米；花冠白色③，裂片宽卵形，全缘或微波状，喉部具半球形附属物（③左下）；小坚果卵球形（③左下），有光泽。产门头沟、昌平、延庆、怀柔、密云、平谷；生山坡林缘或林下。

砂引草的叶条形，花冠喉部黄色，无附属物，果实为核果；紫草的叶卵状披针形，花冠喉部有附属物，果实为4个小坚果并生。

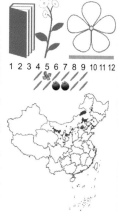

紫斑风铃草 桔梗科 风铃草属

Campanula punctata

Spotted Bellflower | zǐbānfēnglíngcǎo

多年生草本；全株被刚毛，具乳汁；基生叶具长柄，叶片卵状心形①，长6~7厘米，茎生叶互生，渐小；花数朵生枝端，下垂①；花萼裂片间有反折的附属物；花冠筒状钟形①，长3~6.5厘米，白色，内面散生紫色斑点（①右下）。

产延庆、怀柔、密云。生于沟谷林缘、林下。

相似种：荠苨【*Adenophora trachelioides*，桔梗科 沙参属】叶卵状心形或三角状卵形②，基部心形；花冠钟状，白色②或蓝色（另见360页）。产各区山地；生沟谷林下。**细叶沙参**【*Adenophora capillaris* subsp. *paniculata*，桔梗科 沙参属】叶条形至椭圆形③；圆锥花序③；萼裂片丝状④；花冠白色或淡蓝色（另见358页）；花柱伸出花冠外④。产门头沟、延庆、怀柔、密云；生山坡林缘、亚高山草甸。

细叶沙参的叶条形至椭圆形，花小，萼裂片丝状，花柱明显伸出花外，其余二者叶卵状心形，萼裂片较宽，花柱内藏；紫斑风铃草的花大，内面有紫色斑点；荠苨的花稍小，内面无斑点。

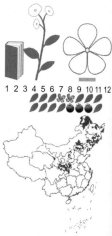

草本植物 花白色 辐射对称 花瓣六

棉团铁线莲　山蓼　毛茛科 铁线莲属
Clematis hexapetala
Six-petal Clematis ｜ miántuántiěxiànlián

多年生草本；茎直立，有纵棱，疏生短毛；羽状复叶①，对生；小叶质地革质，下部的小叶不等2或3裂①，裂片狭卵形至条形，中部小叶常2裂，上部小叶不分裂，披针形，全缘，网脉明显；叶柄长0.5～3.5厘米；聚伞花序腋生或顶生①，通常具3花；苞片条状披针形；花梗有伸展的柔毛；萼片6，白色①②，开展，狭倒卵形，长1.5～1.7厘米，宽6～10毫米，顶端圆形，外面有白色绵毛③，花蕾时似棉团，故名"棉团铁线莲"；无花瓣；雄蕊多数②，长约9毫米，无毛；心皮多数；瘦果倒卵形，长约4毫米，有紧贴的柔毛，先端宿存羽毛状花柱④。

产各区山地。生于山坡草地或林缘，常见。

棉团铁线莲的叶对生，一至二回羽状深裂，花序顶生，花白色，萼片6，外被白色绵毛，花蕾时似棉团，瘦果具宿存的羽毛状花柱。

热河黄精 多花黄精　天门冬科/百合科 黄精属
Polygonatum macropodum
Macropodous Solomon's Seal ｜ rèhéhuángjīng

多年生草本；根状茎圆柱形；叶互生，卵形至卵状椭圆形①，长4～9厘米；花序腋生，具5～12朵花①，近伞房状，总花梗长3～5厘米；花被白色②，顶端6裂，裂片长4～5毫米；浆果熟时蓝色。

产各区山地。生于山坡林缘、林下、山脊灌草丛中，常见。

相似种:二苞黄精【*Polygonatum involucratum***,** 天门冬科/百合科 黄精属】多年生草本；叶4～7枚，互生，卵形③，长5～10厘米；花序具2花，有2枚叶状苞片③；花绿白色③。产房山、门头沟、延庆、平谷；生沟谷林下。**五叶黄精【***Polygonatum acuminatifolium***,** 天门冬科/百合科 黄精属】多年生草本；叶4～5枚，互生，椭圆形④，长7～9厘米；花序通常具2花，苞片极小；花白色④。产凤凰坨、云蒙山、喇叭沟门、雾灵山；生境同上。

热河黄精叶多枚，花序具花多，其余二者叶较少，花序通常具2花；二苞黄精花序有1对大型叶状苞片，五叶黄精的苞片很小。

黄精

天门冬科/百合科 黄精属

Polygonatum sibiricum

Siberian Solomon's Seal | huángjīng

多年生草本；根状茎圆柱状，结节膨大。幼株具基生叶1枚，宽披针形③，表面常有浅色条纹；茎生叶4~6枚轮生①，条状披针形，长8~15厘米，宽6~16毫米，先端拳卷或弯曲成钩①，有时借此攀缘；花序腋生，具2~4花，俯垂；花被乳白色（①右下），先端6裂，裂片长约4毫米；雄蕊6，内藏；浆果球形②，径7~10毫米，熟时黑色。

产各区山地。生于山坡或沟谷林缘、林下、草丛中，极常见。

相似种：狭叶黄精【*Polygonatum stenophyllum***，天门冬科/百合科 黄精属】**多年生草本；根状茎圆柱状；叶4~6枚轮生，条状披针形④，长6~10厘米，宽3~8毫米，先端渐尖；花序腋生，具2花；花被白色⑤，先端6裂。产喇叭沟门；生沟谷林下。

黄精的叶稍宽，先端拳卷；狭叶黄精的叶较窄，先端直。

玉竹

地管子 铃铛菜 天门冬科/百合科 黄精属

Polygonatum odoratum

Fragrant Solomon's Seal | yùzhú

多年生草本；根状茎圆柱状，径5~14毫米；茎偏向一侧①，具7~12枚叶；叶互生，椭圆形至卵状矩圆形①，长5~12厘米，下面带灰白色，无毛；花序腋生②，具1~3花，总花梗长1~1.5厘米，苞片极小或无；花被筒状，白色，顶端绿色②，裂片6；雄蕊6，内藏，花丝丝状；浆果球形，熟时蓝黑色（①右下）。

产各区山地。生于山坡林缘、林下，极常见。

相似种：小玉竹【*Polygonatum humile***，天门冬科/百合科 黄精属】**茎直立③；叶互生，椭圆形③，长5.5~8.5厘米，下面被短糙毛（③左下）；花序通常仅具1花③，花梗向下弯曲；花白色，顶端带绿色（③左下）。产百花山、东灵山、海坨山、喇叭沟门；生山坡草地、亚高山林下。

玉竹的茎偏向一侧，叶下面无毛，花序具1~3花；小玉竹的茎直立，叶下面被短糙毛，花序通常单花。

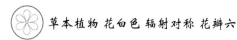

鹿药　　天门冬科/百合科　舞鹤草属

Maianthemum japonicum

Japanese False Solomon's Seal　|　lùyào

多年生草本；叶互生，卵状椭圆形或狭矩圆形①，长6～13厘米，宽3～7厘米，两面疏被粗毛或近无毛，具短柄；圆锥花序顶生①，具花10～20余朵，长3～6厘米，被毛；花被片6②，排成两轮，白色②，离生或仅基部稍合生，矩圆形或矩圆状倒卵形；雄蕊6；浆果近球形，径5～6毫米，熟时红色（①右下），具种子1～2颗。

产各区山地。生于沟谷林下、水边，常见。

相似种：铃兰【*Convallaria majalis*，天门冬科/百合科 铃兰属】多年生草本；叶通常2枚③，极少3枚，椭圆形；总状花序偏向一侧⑤；花白色，下垂，钟状⑤，花被顶端6浅裂④。产地同上；生中高海拔山坡或沟谷林下。

鹿药的叶多枚，圆锥花序，花小而多，花被片开展，离生或基部稍合生；铃兰的叶仅两枚，总状花序偏向一侧，花下垂，花被片合生。

七筋姑　　百合科　七筋姑属

Clintonia udensis

Asian Bluebead　|　qījīngū

多年生草本；叶数枚，基生，厚纸质，椭圆形或倒披针形①，长8～25厘米，宽3～16厘米，无毛或幼时边缘有柔毛，基部成鞘状抱茎或后期伸长成柄状；短总状花序顶生①，有花3～12朵，花梗密生柔毛；花被片6，白色②；雄蕊6；浆果矩圆形，长7～12毫米，熟时蓝色（①右下）。

产门头沟、怀柔、密云。生于亚高山林下。

相似种：三花顶冰花【*Gagea triflora*，百合科 顶冰花属】基生叶1枚，茎生叶1～3枚，条形③，长3.5～7厘米，宽4～6毫米；花2～4朵顶生③；花被片白色④；蒴果三棱状倒卵形。产玉渡山、松山；生沟谷林下。**洼瓣花**【*Gagea serotina*，百合科 顶冰花属】基生叶通常2枚，细条形⑤，宽约1毫米，茎生叶少数；花1～2朵顶生⑤；花被片白色⑥；蒴果倒卵形。产东灵山；生亚高山草甸石缝中。

七筋姑植株较高大，叶宽大，浆果蓝色，不开裂，其余二者植株矮小，蒴果开裂；三花顶冰花叶条形，较宽；洼瓣花叶细条形，宽约1毫米。

茖葱 山葱 石蒜科/百合科 葱属

Allium victorialis

Alpine Leek | gécōng

多年生草本；鳞茎柱状圆锥形，外皮黑褐色；叶2~3枚，长8~20厘米，宽3~10厘米，披针状矩圆形至宽椭圆形①②，顶端短尖或钝，基部楔形，沿叶柄下延；花莛圆柱形，幼时弯垂②，开花时直立①；总苞2裂，宿存；伞形花序球形，多花；花梗等长，无苞片；花被6，白色（①右下），椭圆形；雄蕊伸出；子房具3棱。嫩叶可食。

产各区山地，尤以西北山区为多。生于山坡林下、草丛中、石壁上、亚高山草甸。

相似种:对叶山葱【*Allium listera***，石蒜科/百合科 葱属】**多年生草本；叶椭圆形至卵圆形，基部圆形至心形③；花莛幼时弯垂③；伞形花序球形，花白色④。产门头沟、怀柔；生山坡林下。

二者的花莛均为幼时弯垂，花时直立；茖葱的叶基部楔形，沿叶柄下延；对叶山葱的叶基部心形，不下延。

野韭 石蒜科/百合科 葱属

Allium ramosum

Chinese Chives | yějiǔ

多年生草本；鳞茎圆柱状，外皮黄褐色，破裂成纤维状；叶三棱状条形①，长10~30厘米，中空；伞形花序半球状①，多花；花被片6，排成2轮，白色（①左下），背面具红色中脉；雄蕊6；蒴果三棱状球形；全株可食，味道与韭菜相似。

产各区山地。生于山坡或山脊林缘、林下。

相似种:花蔺【*Butomus umbellatus***，花蔺科 花蔺属】**挺水草本；叶条形②，长30~120厘米；伞形花序②；花被片白色③；雄蕊9，花药红色③；心皮6；蓇葖果。产海淀、昌平、延庆、大兴；生水库边、溪流中。**棋盘花【***Anticlea sibirica***，藜芦科/百合科 棋盘花属】**叶基生，条形④，长12~33厘米；圆锥花序具疏松的花④；花被片6，绿白色⑤，内面基部有肉质腺体⑤。产雾灵山；生亚高山草甸。

棋盘花的叶扁平，疏松圆锥花序，其余二者的叶三棱状，伞形花序；野韭植株有韭味，叶、花均较小；花蔺为水生草本，植株较高大，叶、花均较大。

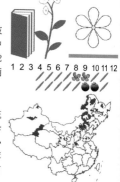

七瓣莲

报春花科 七瓣莲属

Trientalis europaea

Arctic Starflower | qībànlián

多年生草本；根茎纤细，横走，末端常膨大成块状；叶5～10枚聚生茎端呈轮生状①，叶片披针形至倒卵状椭圆形①，长2～7厘米，宽1～2.5厘米，先端锐尖或稍钝，基部楔形至圆楔形，具短柄或近于无柄，边缘全缘或具不明显的微细圆齿；花1～3朵，单生于茎端叶腋①，通常7数③，偶有6数②或8数④；花梗纤细，长2～4厘米；花萼分裂近达基部，裂片条状披针形，长4～7毫米；花冠白色②③④，裂片椭圆状披针形，先端锐尖或具骤尖头；雄蕊比花冠稍短，长4～5毫米；子房球形；蒴果直径2.5～3毫米，比宿存花萼短。

产百花山、东灵山、海坨山、坡头。生于亚高山林下。

七瓣莲的叶聚生茎顶，花单生茎端叶腋，白色，通常7数，故名"七瓣莲"。

苦参

豆科 苦参属

Sophora flavescens

Shrubby Sophora | kǔshēn

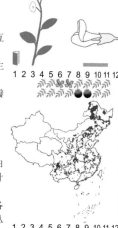

多年生草本或半灌木；奇数羽状复叶①，互生，长20～25厘米；小叶25～29，条状披针形①，长3～4厘米，下面密生平贴柔毛；总状花序顶生①，长约15～20厘米，花偏向一侧②；萼钟形，长约6～7毫米；花冠淡黄白色②，旗瓣匙形，翼瓣无耳；荚果长约5～8厘米，熟时串珠状(①左下)。

产各区山地。生于山坡灌丛中，常见。

相似种：糙叶黄芪【*Astragalus scaberrimus***, 豆科 黄芪属】**多年生矮小草本；根状茎短缩；地上茎不明显，有时伸长而匍匐③，全株密生白色"丁"字形毛④；奇数羽状复叶③④，小叶7～15，椭圆形，长5～15毫米；总状花序腋生，3～5花；花冠白色带淡蓝色④；荚果圆柱形。产各区平原和低山区；生山坡林缘、田边、路旁、草丛中，早春极常见。

苦参植株较高大，花序多花，花淡黄白色，偏向一侧，荚果串珠状；糙叶黄芪植株匍匐，密生"丁"字形毛，花序少花，花白色带淡蓝色。

草木樨状黄芪

豆科 黄芪属

Astragalus melilotoides

Sweet-clover-like Milkvetch | cǎomùxǐzhuànghuángqí

多年生草本；茎多分枝，具条棱；奇数羽状复叶①，互生，小叶条状矩圆形，长7～20毫米，宽1.5～3毫米，下部叶常具5小叶（①左下），上部叶常具3小叶①；总状花序多花①，疏生；花冠白色，略带淡红色②；荚果椭球形，具短喙（②右下）。

产各区山地。生于山坡林缘、林下、灌草丛中，极常见。

相似种：草珠黄芪【*Astragalus capillipes*，豆科黄芪属】奇数羽状复叶，小叶7～11③，矩圆形；总状花序腋生；花冠白色③；荚果倒卵球形。产地同上；生山坡路旁、荒地、灌草丛中，常见。**白花草木樨**【*Melilotus albus*，豆科 草木樨属】二年生草本；三出复叶，小叶椭圆形，边缘具细齿④；总状花序多花④；花白色④；荚果卵球形。产各区低山地区；生田边、路旁、草丛中，极常见。

白花草木樨小叶3枚，具细齿，其余二者小叶全缘；草木樨状黄芪的复叶具3～5小叶，草珠黄芪的复叶具7～11小叶。

茶菱

车前科/芝麻科 茶菱属

Trapella sinensis

Trapella | chálíng

多年生水生草本；根状茎横走；叶对生，漂浮水面①，表面无毛，背面淡紫红色，三角状圆形至心形①，长1.5～3厘米，宽2.2～3.5厘米；叶柄长1.5厘米；花单生叶腋，挺出水面①，在茎上部叶腋多为闭锁花，花梗长1～3厘米，花后增长；萼齿5，长约2毫米，宿存；花冠漏斗状②，二唇形②，白色，微带淡红色②③，长2～3厘米，直径2～3.5厘米；雄蕊2，内藏，花丝长约1厘米，药室2，极叉开，纵裂；子房下位，2室；蒴果狭长，不开裂，有种子1颗，顶端有锐尖、3长2短的钩状附属物④，其中3枚长的附属物可达7厘米，顶端卷曲成钩状，2枚短的长0.5～2厘米。

产海淀、昌平、延庆、怀柔、密云、顺义、通州。生于水塘中。

茶菱为水生草本，叶漂浮，花挺出水面，花冠二唇形，白色微带淡红色，蒴果顶端有3长2短的钩状附属物。

草本植物 花白色 两侧对称 唇形

小米草

列当科/玄参科 小米草属

Euphrasia pectinata

Comblike Eyebright | xiǎomǐcǎo

一年生草本；叶对生，无柄，叶片卵形至宽卵形①，长5～10毫米，每边有数枚急尖或稍钝的锯齿①，两面被硬毛；穗状花序长3～15厘米，疏花①；苞片与叶同形；花萼筒状，被刚毛，裂片三角形；花冠白色带淡粉色②，二唇形，上唇直立，下唇开展；蒴果扁，长4～5毫米。

产百花山、东灵山、玉渡山。生于沟谷林下、亚高山草甸。

相似种：脐草【*Omphalotrix longipes*，列当科/玄参科 脐草属】一年生草本；叶对生，叶片条状椭圆形③，长5～15毫米，边缘有少数尖齿；总状花序顶生；花冠白色④，二唇形；蒴果矩圆形。产玉渡山；生河边草丛中。

小米草的叶片卵形，宽短，花无梗；脐草的叶片条状椭圆形，较狭长，花有梗。

小米草在北京也有粉紫色花的类型，限于篇幅，不再单列。

白苞筋骨草

唇形科 筋骨草属

Ajuga lupulina

Hops-like Bugle | báibāojīngǔcǎo

多年生草本；植株被白色长柔毛；叶对生，叶片披针状矩圆形①，长5～11厘米，宽1.8～3厘米，两面少被疏柔毛；叶柄短，具狭翅；轮伞花序6至多花，密集组成假穗状花序；苞片大，白色、白黄色或绿紫色，花藏于苞片内①②；花萼钟状，10脉，齿5，近相等；花冠白色或白绿色，具紫色条纹，筒狭漏斗状④，长1.8～2.5厘米，檐部二唇形③，上唇小，2裂，下唇伸延，中裂片狭扇形，微凹；雄蕊4，伸出④；小坚果倒卵状三棱形，背部有网状皱纹。

产百花山、东灵山、海坨山。生于亚高山草甸石缝中。

白苞筋骨草的植株呈塔形，顶部的苞片大型，白色或绿紫色，花白色，藏于苞片内。

夏至草

唇形科 夏至草属

Lagopsis supina

Supine Lagopsis | xiàzhìcǎo

多年生草本，常成片生长①，花期有浓厚的草香味；基生叶具长柄，轮廓圆形，径1.5～2厘米，3深裂（②左上），下面沿脉有长柔毛，秋季叶远较春季宽大，3裂不达中部（②右下）；轮伞花序疏花①；花冠白色（②右上），二唇形，上唇全缘，下唇3裂；雄蕊4，二强，内藏；小坚果长卵形。

产各区平原和低山区。生于田边、路旁、草丛中，早春极常见。

相似种：地笋【*Lycopus lucidus*，唇形科 地笋属】叶对生，矩圆状披针形③，长3～9厘米，边缘有锐锯齿③；轮伞花序球形；花冠白色④，不明显二唇形。产地同上；生水边、河滩、湿润处。**欧地笋**【*Lycopus europaeus*，唇形科 地笋属】叶披针形，下部叶羽状深裂，上部叶浅裂⑤；花冠白色（⑤左下）。产门头沟、延庆；生水边。

夏至草的叶掌状3裂，花冠明显二唇形，其余二者的花冠近辐射对称；地笋的叶不裂，边缘有锐锯齿；欧地笋的叶羽裂。

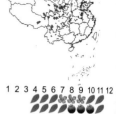

口外糙苏

唇形科 糙苏属

Phlomoides jeholensis

Jehol Jerusalem Sage | kǒuwàicāosū

多年生草本；叶对生，叶片卵形①，长3～12厘米，宽2～7.5厘米，基部浅心形至圆形，边缘具粗牙齿状锯齿；轮伞花序多数①，有6～16花，生主茎及分枝上，苞片条状钻形；花萼管状，外面沿脉上疏被刚毛；花冠白色②，外面无毛，冠檐二唇形，上唇外面密被茸毛②；雄蕊内藏；小坚果无毛。

产延庆、怀柔、平谷。生于山坡或沟谷林缘、河边灌草丛中。

相似种：錾菜【*Leonurus pseudomacranthus*，唇形科 益母草属】多年生草本；叶对生，茎下部叶3裂达中部，上部叶不裂③，长圆形，长5～6厘米；轮伞花序腋生，多花，远离而在茎上部组成长穗状；花冠白色③，二唇形，上唇略长于下唇（③左下）。产松山、箭扣、喇叭沟门；生山坡林缘、林下。

口外糙苏的叶卵形，不裂，花冠上唇外面密被茸毛；錾菜的茎下部叶3裂，花冠上唇无毛。

西山堇菜 堇菜科 堇菜属

Viola hancockii

Hancock's Violet | xīshānjǐncài

1 2 3 4 5 6 7 8 9 10 11 12

多年生草本；无地上茎；叶基生；叶片卵状心形①，长2~6厘米，宽2~4厘米，先端急尖有时钝，基部深心形，边缘具整齐钝锯齿，叶面有时沿脉有白色斑纹②；萼片披针形，基部附属物短；花瓣5，白色①，基部浅绿色（②左下），下瓣距长6~8毫米；蒴果椭球形（①右下），熟时3裂。

产各区山地。生于山坡或沟谷林下，常见。

相似种：北京堇菜【*Viola pekinensis***，堇菜科堇菜属】**叶片心形③，长2~4厘米，长宽几相等，边缘具钝锯齿，齿端向前弯曲④；花白色③、淡粉色或紫色（另见410页）；蒴果椭球形（④左下）。产地同上；生山坡或山脊林缘、林下、草丛中，常见。

1 2 3 4 5 6 7 8 9 10 11 12

西山堇菜叶长大于宽，有时具白斑（但叶形与斑叶堇菜不同），叶缘锯齿不向前弯；北京堇菜叶长宽近相等，叶缘锯齿向前弯曲，果期尤为明显。

西山堇菜的斑叶类型过去被发表为房山堇菜*Viola hancockii* var. *fangshanensis*；北京堇菜的白花类型过去被误定为蒙古堇菜*Viola mongolica*。

鸡腿堇菜 堇菜科 堇菜属

Viola acuminata

Acuminate Violet | jītuǐjǐncài

1 2 3 4 5 6 7 8 9 10 11 12

多年生草本；具地上茎①；叶心形①，边缘有钝锯齿，长3~6厘米，两面有疏短柔毛；托叶草质，边缘牙齿状羽裂（①左下）；花瓣5，白色①②，下瓣具囊状短距；果椭球形，长约1厘米。

产各区山地。生于沟谷林下，常见。

相似种：蒙古堇菜【*Viola mongolica***，堇菜科 堇菜属】**多年生草本，无地上茎；叶片长卵形③，长2~5厘米，边缘具浅锯齿，两面被短柔毛；花白色③。产百花山、东灵山、玉渡山、海坨山、坡头、雾灵山；生海拔1000米以上的山坡或沟谷林下。**总裂叶堇菜【***Viola dissecta* var. *incisa*，堇菜科堇菜属】**无地上茎；叶片卵形，边缘具缺刻状浅裂至中裂④；花白色④或紫色（另见410页）。产海淀、房山、门头沟、延庆；生山坡或沟谷林下，偶见。

1 2 3 4 5 6 7 8 9 10 11 12

鸡腿堇菜有地上茎，托叶牙齿状羽裂，其余二者无地上茎，托叶不裂；蒙古堇菜叶长卵形，两面被柔毛；总裂叶堇菜叶缺刻状浅裂，无毛。

蒙古堇菜过去被误定为阴地堇菜*Viola yezoensis*。

房山紫堇 石黄连 罂粟科 紫堇属
Corydalis fangshanensis
Fangshan Fumewort | fángshānzǐjǐn

多年生草本；植株灰绿色①，常丛生；基生叶多数，叶片披针形，二回羽状全裂①，一回羽片5~7对，具短柄，末回羽片倒卵形，基部楔形，约长1.5~2厘米，宽1.3~2厘米，3深裂，裂片常2~3浅裂；总状花序长5~10厘米，具多花；苞片披针形，约与花梗等长；花白色②③，微带淡红色或黄绿色；萼片卵圆形，全缘，长约2毫米；上花瓣长约2厘米，距囊状②③，约占花瓣全长的1/3~1/4；距内有蜜腺体；下花瓣长约1.6毫米；内花瓣具高鸡冠状突起；子房条形，约长于花柱2倍，柱头横向伸出2臂；蒴果条形④，长约2厘米，具1列种子；种子肾形，径约1.5毫米。

产上方山、十渡、龙门涧。生于竖直崖壁上。

房山紫堇的植株灰绿色，叶二回羽状全裂，花近白色，上花瓣基部有囊状距，蒴果条形，生于竖直崖壁上。

银线草 四块瓦 金粟兰科 金粟兰属
Chloranthus japonicus
Japanese Chloranthus | yínxiàncǎo

多年生草本；根状茎多节，横走，地上茎直立，单生或数个丛生，不分枝；叶对生，通常4枚生于茎顶①③，成假轮生状，纸质，宽椭圆形或倒卵形，长8~14厘米，宽5~8厘米，顶端急尖，基部宽楔形，边缘有齿牙状锐锯齿，齿尖有1腺体；叶柄长8~18毫米；穗状花序单一，顶生①③，连总花梗长3~5厘米；苞片三角形或近半圆形；花白色①；雄蕊3枚，药隔基部连合，着生于子房上部外侧；中央药隔无花药，两侧药隔各有一个1室的花药②，药隔顶端延伸成条形②，长约5毫米；子房卵形，无花柱，柱头截平；核果近球形或倒卵形③④，长2.5~3毫米，绿色。

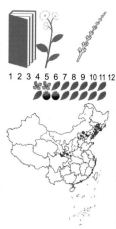

产房山、延庆、怀柔、密云。生于沟谷林下。

银线草的叶4枚生于茎顶，成假轮生状，穗状花序单一，顶生，雄蕊3，药隔基部连合为一体，白色，果近球形。

兴安升麻

毛茛科 类叶升麻属

Actaea dahurica

Dahurian Bugbane | xīng'ānshēngmá

多年生草本；二至三回三出复叶①，小叶狭卵形，长5～10厘米，宽3.5～9厘米，边缘有锯齿①；叶柄长；圆锥花序①，雌雄异株；雄株花序大，长达30厘米，具多条分枝，雌株花序稍小，分枝少；花白色②；退化雄蕊上部二叉状分裂；雄蕊多数②；心皮4～7，具短柄；蓇葖果先端有短尖（①右下），种子3～4粒，长约3毫米，褐色。

产各区山地。生于山坡林下。

相似种：类叶升麻【*Actaea asiatica*，毛茛科 类叶升麻属】三回三出羽状复叶④，小叶卵形，3裂，边缘具锯齿；总状花序顶生④；花两性，白色③；雄蕊多数；心皮1；浆果近球形，熟时紫黑色（④左下）。产门头沟、延庆、怀柔、密云；生海拔1000米以上的沟谷林下。

兴安升麻的花单性异株，圆锥花序，心皮数个，蓇葖果；类叶升麻的花两性，总状花序，心皮单个，浆果。

高山蓼

高山神血宁 蓼科 冰岛蓼属

Koenigia alpina

Alaska Wild Rhubarb | gāoshānliǎo

多年生草本；茎自中上部分枝，分枝不呈叉状；叶披针形或披针形①，长3～9厘米，宽1～3厘米，顶端急尖，基部宽楔形，边缘全缘，密生短缘毛；托叶鞘膜质，开裂；花序圆锥状，顶生，分枝开展①；花被5深裂，白色②；雄蕊8，花柱3；瘦果卵形，具3锐棱，长4～5毫米，有光泽。

产房山、门头沟、延庆、怀柔、密云。生于山坡或沟谷林下、亚高山草甸。

相似种：西伯利亚蓼【*Knorringia sibirica*，蓼科 西伯利亚蓼属】多年生草本；叶片长椭圆形或披针形，长5～13厘米，基部戟形（④左下）；托叶鞘膜质；花序圆锥状④，顶生；花被5深裂，白色③；瘦果卵形，具3棱，有光泽。产房山、门头沟、昌平、延庆、怀柔、密云；生水边、河滩、盐碱地。

高山蓼植株高大，叶基宽楔形；西伯利亚蓼植株矮小，叶基戟形。

高山蓼在某些植物志书中被误定为叉分蓼*Aconogonon divaricatum*，后者不产北京。

两栖蓼 蓼科 蓼属

Persicaria amphibia

Longroot Smartweed | liǎngqīliǎo

多年生草本；植株有水陆两型；水生者茎漂浮，叶矩圆形或椭圆形，浮于水面①②，长5～12厘米，宽2.5～4厘米，基部近心形，两面无毛，无缘毛，托叶鞘筒状，薄膜质，无毛；陆生者茎直立③，叶狭披针形，长6～14厘米，宽1.5～2厘米，两面被短硬伏毛，具缘毛，托叶鞘疏生长硬毛；花序穗状②④，顶生或腋生，长2～4厘米；花被5深裂，白色或带淡红色④；瘦果近圆形，黑色。

产房山、昌平、延庆、密云。陆生者生于水边、沟边，水生者生于水流、池塘中。

相似种：水蓼【*Persicaria hydropiper*，蓼科 蓼属】一年生草本；植株味极辣；叶披针形⑤，长4～7厘米；托叶鞘筒状，膜质，节处常有一红色的环⑤⑥；花白色⑥或淡红色（另见422页）。产各区平原地区；生水边、湿润处。

两栖蓼植株有水陆两型，叶宽大，花序紧密；水蓼植株一型，叶狭长，花序疏松。

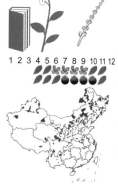

拳参 拳蓼 蓼科 拳参属

Bistorta officinalis

Meadow Bistort | quánshēn

多年生草本；根状茎肥厚；下部叶矩圆状披针形或狭卵形①，长10～18厘米，宽2.5～5厘米，基部沿叶柄下延成狭翅，边缘外卷；上部叶无柄，抱茎①；托叶鞘筒状，膜质；花序穗状（②左），顶生；花白色或带淡红色；瘦果椭圆形，具3棱。

产各区山地。生于山坡林下、林缘、灌草丛中，常见。

相似种：珠芽蓼【*Bistorta vivipara*，蓼科 拳参属】多年生草本；叶矩圆形③，长3～6厘米；花序穗状，下部生珠芽（②中）或全为珠芽④；花白色或带淡红色。产百花山、东灵山、海坨山、雾灵山；生亚高山草甸。**支柱蓼**【*Bistorta suffulta*，蓼科 拳参属】多年生草本；叶卵形⑤，长5～12厘米，基部心形⑤；花序短穗状（②右）；花白色或粉色。产门头沟、延庆、怀柔、密云；生沟谷林下。

支柱蓼植株较矮，花序短穗状，其余二者植株较高大，花序长穗状；拳参的叶较宽，花序无珠芽；珠芽蓼的叶较窄，花序下部常生珠芽。

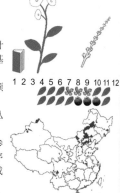

华北大黄 河北大黄 蓼科 大黄属

Rheum franzenbachii

North China Gound | huáběidàhuáng

多年生草本；根状茎肥厚；茎粗壮，直立，有纵沟，无毛；基生叶有长柄；叶片卵形或宽卵形①，长15~25厘米，宽7~18厘米，顶端圆钝，基部近心形，边缘波状①，上面无毛，下面稍有短毛；茎生叶较小，有短柄或近无柄；托叶鞘膜质，暗褐色；大型圆锥花序顶生①，具2次以上分枝，轴及分枝被短毛，幼时红色②；花梗纤细，中下部有关节；花白色③，较小；花被片6，成2轮，宿存；花柱3；瘦果有3棱，沿棱生翅④，顶端略下凹，基部心形。

产百花山、东灵山、黄花坡、海坨山、雾灵山。生于亚高山草甸或林下。

华北大黄植株高大，叶宽卵形，基部心形，边缘波状，大型圆锥花序顶生，花小而密，白色，果实具三棱翅。

有观点认为华北大黄和波叶大黄 *Rheum undulatum* 均应归并入菜大黄 *R. rhabarbarum*。

东风菜 菊科 紫菀属

Aster scaber

Scabrous Whitetop | dōngfēngcài

多年生草本；叶互生，叶片心形①，长9~15厘米，宽6~15厘米，边缘具有小尖头的齿，两面被微糙毛；中部以上的叶常有楔形具宽翅的叶柄（②左上）；头状花序排成圆锥伞房状①②；总苞半球形，总苞片约3层，边缘宽膜质；舌状花7~10个，舌片白色②；管状花黄色②；瘦果椭圆形，长3~4毫米，无毛，冠毛污白色。

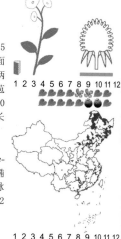

产各区山地。生于中高海拔沟谷林下。

相似种：三脉紫菀【*Aster trinervius* subsp. *ageratoides*，菊科 紫菀属】多年生草本；叶宽卵形、椭圆形或矩圆状披针形③，长5~15厘米，离基三出脉③；头状花序多数；舌状花白色③或紫色（另见432页）；管状花黄色③。产地同上；生山坡灌草丛中、沟谷林缘、林下，极常见。

东风菜的植株较高大，叶片心形，叶柄有翅；三脉紫菀的植株稍矮，叶片宽卵形或椭圆形，离基三出脉。

高山蓍 锯草 菊科 蓍属

Achillea alpina

Alpine Yarrow | gāoshānshī

多年生草本；叶无柄，下部叶期凋落，中部叶条状披针形①，长6～10厘米，宽7～15毫米，羽状中裂，基部裂片抱茎，裂片条形，有不等的锯齿状齿或浅裂①；头状花序多数，密集成伞房状①；总苞半卵状，总苞片3层，边缘膜质；舌状花6～8个，舌片白色②，卵形，顶端有3小齿；管状花淡黄白色②；瘦果宽倒披针形。

产房山、门头沟、延庆、怀柔、密云。生于中高海拔山坡林缘、亚高山草甸。

相似种：粗毛牛膝菊【*Galinsoga quadriradiata***，菊科 牛膝菊属】** 一年生草本；叶对生，卵形③，长2.5～5.5厘米，边缘具浅或钝锯齿；头状花序排成疏松的伞房花序；舌状花5个，白色③，顶端3齿裂（③左上）；管状花黄色③。原产南美洲，各区平原和低山区有逸生；生田边、路旁、草丛中。

高山蓍的叶条状披针形，羽状分裂，舌状花6～8个，管状花近白色；粗毛牛膝菊的叶卵形，不裂，舌状花5个，管状花黄色。

鳢肠 墨旱莲 旱莲草 菊科 鳢肠属

Eclipta prostrata

False Daisy | lǐcháng

一年生草本；茎直立或平卧，通常自基部分枝，被伏毛；叶对生，叶片披针形或条状披针形①，长3～10厘米，宽0.5～2.5厘米，两面被密硬糙毛，边缘全缘或有细锯齿；头状花序腋生或顶生；总苞片5～6枚，草质，被毛；舌状花条形，白色①②，舌片小，全缘或2裂；管状花两性，裂片4，淡黄白色①②；瘦果具棱，无冠毛②。

产各区平原地区。生于水边、路旁湿润处。

相似种：一年蓬【*Erigeron annuus***，菊科 飞蓬属】** 一年生草本；茎粗壮，上部有分枝，被短硬毛；叶互生，矩圆状披针形或披针形③，长2～9厘米，宽0.5～2厘米，边缘有不规则锯齿或近全缘；头状花序多数，排列成圆锥状③；舌状花2层，白色④；管状花黄色④；瘦果具冠毛。原产北美洲，各区平原地区有逸生；生田边、路旁、草丛中。

鳢肠植株矮小，叶对生，管状花近白色，瘦果无冠毛；一年蓬植株高大，叶互生，瘦果具冠毛，管状花黄色。

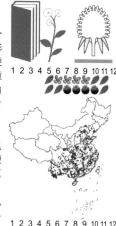

铃铃香青　铃铃香　菊科 香青属
Anaphalis hancockii
Hancock's Pearly Everlasting　| línglíngxiāngqīng

多年生草本；根状茎细长，稍木质；茎被蛛丝状毛及具柄头状腺毛；茎下部叶匙形或条状矩圆形①，长2～10厘米，宽0.5～1.5厘米，基部渐狭成翅①，上部叶条形，渐小，全部叶被蛛丝状毛，离基三出脉；头状花序9～15个，在茎端密集成复伞房状①②，密集；总苞宽钟状，总苞片4～5层，白色，膜质③；小花全为管状，白色，花药黄色③；瘦果矩圆形，长约1.5毫米，被密乳头状突起。

产百花山、东灵山。生于亚高山草甸。

相似种：女菀【Aster fastigiatus，菊科 紫菀属】多年生草本；叶互生，叶片条状披针形④，全缘，下面被短毛；头状花序密集成复伞房状④；总苞片草质；舌状花白色⑤，管状花黄色⑤。产昌平百善；生山坡林下。

铃铃香青的叶柄沿茎下沿成翅；总苞片膜质，花全为管状，白色；女菀的叶柄不下沿，总苞片草质，舌状花白色，管状花黄色。

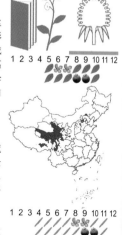

火绒草　薄雪草　菊科 火绒草属
Leontopodium leontopodioides
Common Edelweiss　| huǒróngcǎo

多年生草本；茎密被长柔毛或绢状毛；叶条状披针形①②，长2～4.5厘米，宽0.2～0.5厘米，下面密被灰白色毛；头状花序数个排成伞房状，苞叶两面被灰白色茸毛①②；花淡黄白色，单性异株，小花管状（①左上为雌花序，②左上为雄花序）。

产各区山地。生于中低海拔山坡灌草丛中。

相似种：绢茸火绒草【Leontopodium smithianum，菊科 火绒草属】茎、叶、苞叶、总苞被灰白色茸毛或绢状毛；叶条状披针形③，长2～5.5厘米；苞叶3～10，排成苞叶群③；花淡黄白色（③左上）。产百花山、东灵山、海坨山；生亚高山草甸。

长叶火绒草【Leontopodium longifolium，菊科 火绒草属】植株基部常有莲座状叶丛④；叶条形④，长2～13厘米；苞叶多数，两面被白色茸毛；花淡黄白色⑤。产百花山、东灵山；生境同上。

火绒草植株细弱，苞叶较少；绢茸火绒草全株密被茸毛或绢状毛，苞叶多，形成苞叶群；长叶火绒草叶长达13厘米，常形成莲座状叶丛，苞叶较多。

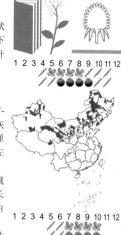

山尖子 戟叶兔儿伞 菊科 蟹甲草属

Parasenecio hastatus

Hastate Indian plantain | shānjiānzi

多年生草本；下部叶花期枯萎，中部叶三角状戟形①③，长10～17厘米，宽13～19厘米，基部截形或微心形，楔状下延成上部有狭翅的叶柄，边缘有不规则尖齿①；上部叶渐小，三角形；头状花序多数，下垂②，排成窄金字塔形的圆锥花序①③；总苞筒状②，总苞片8个，密生腺状短毛；管状花13～19个，淡白色②；瘦果淡黄褐色，冠毛白色。

产百花山、东灵山、玉渡山、喇叭沟门、坡头。生于山坡或沟谷林下。

相似种：和尚菜【*Adenocaulon himalaicum***，菊科 和尚菜属】**多年生草本；叶三角状肾形④，长5～8厘米，边缘有波状大牙齿，下面被蛛丝状毛，叶柄有翼④；头状花序排成圆锥状；花白色⑤；瘦果棍棒状（⑤左下），被头状具柄腺毛。产门头沟、延庆、怀柔、密云；生沟谷林下、阴湿处。

山尖子的叶三角状戟形，头状花序下垂，瘦果具长冠毛；和尚菜的叶三角状肾形，头状花序直立，瘦果具黏质腺毛。

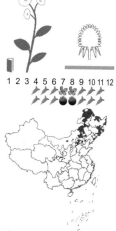

苍术 北苍术 菊科 苍术属

Atractylodes lancea

Sword-like Atractylodes | cāngzhú

多年生草本；根状茎块状；叶卵状披针形至椭圆形①，长3～5.5厘米，宽1～1.5厘米，顶端渐尖，基部渐狭，边缘有刺状锯齿①，上面深绿色，有光泽，下面淡绿色，叶脉隆起，无柄；下部叶羽状浅裂②，裂片顶端尖，顶端裂片大，卵形，两侧裂片较小，基部楔形，无柄或有柄；头状花序生枝端①，下部有1列叶状苞片，羽状深裂③，裂片刺状；总苞圆柱形，总苞片5～7层，卵形至披针形；花全为管状，白色②③，有时稍带红色，长约1厘米，上部略膨大，顶端5裂，裂片条形；瘦果有柔毛；冠毛长约8毫米，羽状④。

产各区山地。生于向阳山坡林缘、山脊灌草丛中，常见。

苍术的叶边缘有刺状锯齿，下部叶有裂片，中上部叶常不裂，头状花序下部的叶状苞片有刺状的裂片，植株触摸有扎手的感觉。

大丁草 菊科 大丁草属

Leibnitzia anandria

Japanese Gerbera | dàdīngcǎo

多年生草本，有春秋二型：叶基生，宽卵形，提琴状羽裂①②，边缘有圆齿：春季叶长2～10厘米，头状花序单生，舌状花和管状花均为白色①，常不结实：秋季叶长达20厘米，头状花序仅有管状花，不开放而直接结实②：瘦果扁，冠毛污白色。

产各区山地。生于山坡林缘、林下，极常见。

相似种：苦荬菜【*Ixeris chinensis*，菊科 苦荬菜属】基生叶条状披针形或倒披针形，不规则羽裂③，茎生叶极少：头状花序排成伞房花序，花全为舌状，白色③或黄色(另见226页)。产各区平原和低山区：生村旁、田边、山坡路旁，常见。**朝鲜蒲公英【*Taraxacum coreanum*，菊科 蒲公英属**】叶基生，倒披针形或条状披针形，羽状浅裂至深裂④：头状花序单生：总苞片先端具小角状突起：花全为舌状，白色④。产门头沟、延庆：生山坡路旁。

大丁草春型株头状花序有管状花，其余二者全为舌状花：苦荬菜头状花序排成伞房状，总苞片无小角：朝鲜蒲公英头状花序单生，总苞片有小角。

福王草 盘果菊 菊科 耳菊属

Nabalus tatarinowii

Tatarinow's Rattlesnakeroot | fúwángcǎo

多年生草本，具乳汁：叶互生，下部叶大头羽状分裂②，顶裂片卵状心形、戟状心形或三角状戟形，长5～15厘米，宽6～15厘米，边有不整齐的细齿②，上部叶渐小，不裂：头状花序在枝上部排成圆锥花序①：总苞圆柱形，总苞片3层，外层总苞片小，卵状披针形，内层条形，外面被稀疏短毛：小花舌状，花乳白色(①右下)，有时微带淡紫色，舌片顶端具5齿裂：瘦果狭长椭圆形，长4.5毫米，有5条纵肋：冠毛淡褐色。

产各区山地。生于沟谷林下、水边，常见。

相似种：多裂福王草【*Nabalus tatarinowii* subsp. macranthus*，菊科 耳菊属】多年生草本：叶掌状分裂③，顶裂片较大，卵状披针形，侧裂片2～3对，基部常有1对小裂片：头状花序排成圆锥状⑤：小花舌状，乳白色④或微带淡紫色：瘦果圆柱状。产地同上：生境同上。

福王草叶大头羽裂：多裂福王草叶掌状分裂。

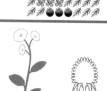

瓣蕊唐松草　马尾黄连　毛茛科 唐松草属

Thalictrum petaloideum

Petal-formed Meadow-rue　｜　bànruǐtángsōngcǎo

　　多年生草本；三至四回三出复叶①，小叶倒卵形至菱形，长3～12毫米，宽2～25毫米，3裂；聚伞花序伞房状①；萼片4，白色，早落；雄蕊多数，花丝增大成棍棒状②，明显比花药宽；心皮4～13；瘦果卵球形，有明显纵肋②右下）。

　　产各区山地。生于山坡林缘或灌草丛中、亚高山草甸，常见。

　　相似种：长喙唐松草【*Thalictrum macrorhynchum*，毛茛科 唐松草属】多年生草本；二至三回三出复叶③，小叶3浅裂；心皮10～20；瘦果狭卵形，宿存花柱卷曲（③左下）。产小龙门、龙门洞；生沟谷林缘。**唐松草**【*Thalictrum aquilegiifolium* var. *sibiricum*，毛茛科 唐松草属】多年生草本；三至四回三出复叶④，小叶3浅裂；心皮6～8，有长柄；瘦果有3条宽纵翅（④左下）。产玉渡山；生沟谷林下。

　　唐松草的瘦果有长柄和3条宽纵翅，其余二者瘦果仅有纵肋；瓣蕊唐松草瘦果宿存花柱短而直；长喙唐松草瘦果宿存花柱长而拳卷。

贝加尔唐松草　毛茛科 唐松草属

Thalictrum baicalense

Baikal Meadow-rue　｜　bèijiā'ěrtángsōngcǎo

　　多年生草本；植株无毛；三回三出复叶①，顶生小叶宽菱形，长1.8～4.5厘米，宽2～5厘米，3浅裂，裂片有圆齿；花序圆锥状①；萼片4，绿白色，早落；雄蕊多数，白色②，花丝上部增粗，与花药近等宽；心皮3～7，花柱直；瘦果卵球形，鼓胀（②右下），幼时有8条纵肋，熟时不明显。

　　产百花山、松山、喇叭沟门、坡头。生于亚高山林下。

　　相似种：长柄唐松草【*Thalictrum przewalskii*，毛茛科 唐松草属】多年生草本；四回三出复叶③，顶生小叶菱状椭圆形，长1～3厘米，3裂，有粗齿；圆锥花序多分枝；萼片白色，早落；雄蕊白色④，花丝上部略增粗；心皮4～9，有长柄（④左下）；瘦果扁，斜倒卵形（④左下）。产东灵山、松山、雾灵山、梨花顶；生山坡草丛中、亚高山林下。

　　贝加尔唐松草的小叶大而薄，瘦果卵球形，无柄；长柄唐松草的小叶稍小，瘦果扁，有长柄。

大叶铁线莲　草本女萎　毛茛科 铁线莲属

Clematis heracleifolia

Hyacinth-flower Clematis ｜ dàyètiěxiànlián

多年生草本或亚灌木；叶对生，三出复叶①，长达30厘米，中叶具长柄，叶宽均6～13厘米，不裂或3浅裂，边缘有粗锯齿①，侧叶近无柄，较小；花序腋生或顶生，花排列成2～3轮；花梗长1.5～3.5厘米，花通常弯垂②；花瓣管状②，萼片4，蓝色（①左下），偶有白色，边缘稍增大；无花瓣；雄蕊多数；瘦果倒卵形，宿存花柱羽毛状。

产各区山地。生于沟谷林下、水边、山坡林缘，常见。

相似种：卷萼铁线莲【*Clematis tubulosa*，毛茛科 铁线莲属】三出复叶③；花梗粗短④，长0.3～2厘米；萼片4，蓝色，上部向外弯曲，边缘增大呈薄片状（③左下）。产地同上；生境同上。

大叶铁线莲的花梗较长，花常弯垂，萼片上部边缘稍增大；卷萼铁线莲的花梗较短，花直立，萼片上部边缘明显增大，呈薄片状。

有观点认为大叶铁线莲和卷萼铁线莲应归并为同一种。

诸葛菜　二月蓝　十字花科 诸葛菜属

Orychophragmus violaceus

Violet Orychophragmus ｜ zhūgěcài

一年或二年生草本；全株无毛，有粉霜；秋季植株叶全部基生，肾形②；春季植株叶互生，基生叶和下部叶具叶柄，叶形变化极大，常为大头羽状分裂，长3～8厘米，宽1.5～3厘米，中上部叶渐小，抱茎①；总状花序顶生①；花紫色①，花瓣4，雄蕊6，4长2短；长角果条形，具4棱，有喙；种子卵状矩圆形。

产各区平原和低山区。生于村边、路旁、林缘、草丛中，常见。

相似种：大叶碎米荠【*Cardamine macrophylla*，十字花科 碎米荠属】多年生草本；奇数羽状复叶③，互生，小叶3～5对，矩圆状披针形，边缘有锯齿③；总状花序顶生，有花12～15朵；花紫色④；长角果条形。产百花山、东灵山、坡头、雾灵山；生亚高山林下。

诸葛菜的叶为单叶，不裂或大头羽状分裂；大叶碎米荠的叶为奇数羽状复叶。

花旗杆

十字花科 花旗杆属

Dontostemon dentatus

Dentate Dontostemon | huāqígān

1 2 3 4 5 6 7 8 9 10 11 12

二年生草本；植株散生白色弯曲柔毛；叶互生，椭圆状披针形①，长3~6厘米，宽3~12毫米，边缘有少数疏牙齿；花瓣淡紫色，倒卵形（①右下），长6~10毫米，宽约3毫米，基部具爪；长角果圆柱形①，无毛，长2.5~6厘米。

产昌平、延庆、怀柔、密云、平谷。生于山坡路旁、草丛中。

相似种：小花花旗杆【*Dontostemon micran-thus***，十字花科 花旗杆属】**叶条形②，长1.5~4厘米，全缘；花瓣淡紫色③，长3.5~5毫米；长角果圆柱形③。产翠湖、八达岭、喇叭沟门；生境同上。**涩芥【***Strigosella africana***，十字花科 涩芥属】**二年生草本；植株密生单毛和叉状硬毛；叶矩圆形④，长1.5~8厘米，有波状齿；花粉紫色⑤；长角果圆柱形⑤。产昌平、平谷；生路旁、田边。

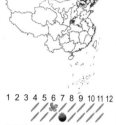

1 2 3 4 5 6 7 8 9 10 11 12

涩芥植株矮小，密被毛，触之粗糙，其余二者植株较高，疏被毛；花旗杆的叶披针形，有锯齿，花较大；小花花旗杆的叶条形，全缘，花较小。

毛萼香芥

香花芥 十字花科 香芥属

Clausia trichosepala

Hairysepal Rocket | máoèxiāngjiè

1 2 3 4 5 6 7 8 9 10 11 12

二年生草本；茎直立，多为单一；基生叶在花期枯萎，茎生叶互生，椭圆形或狭卵形①，长2~4厘米，宽3~18毫米，边缘有不等尖锯齿（①左下），两面几无毛；总状花序顶生；萼片直立，长4~6毫米，条形；花瓣紫色①②，倒卵形，长1~1.5厘米，基部具长爪；花柱极短，柱头显著2裂；长角果窄条形②，长3.5~8厘米，无毛。

产蒲洼、百花山、小龙门、延庆张山营。生于山坡草丛或石缝中。

相似种：北香花芥（雾灵香花芥）**【***Hesperis sibirica***，十字花科 香花芥属】**二年生草本；叶卵状披针形③，长4~15厘米，宽1.5~5厘米，边缘有波状齿或尖锐锯齿；花瓣紫色⑤，倒卵形，长1.5~2.2厘米；长角果四棱状圆柱形④，长2~5厘米；具短腺毛。产雾灵山；生亚高山草甸或林下。

1 2 3 4 5 6 7 8 9 10 11 12

毛萼香芥的叶小而厚，微肉质，花、果均较小，雄蕊露出；北香花芥的叶大而薄，草质，花、果均大，雄蕊不露出。

柳叶菜

柳叶菜科 柳叶菜属

Epilobium hirsutum

Great Willowherb | liǔyècài

多年生草本；茎密被开展的白色长柔毛及短腺毛；下部叶对生，上部叶互生，叶片矩圆形至披针形①，长4～12厘米，宽2～3.5厘米，边缘具细锯齿，基部略抱茎，两面被长柔毛；花单生于上部叶腋；花瓣4，紫色②，宽倒卵形，长1～1.2厘米，顶端浅2裂；雄蕊8，短于雌蕊②；子房下位，柱头4裂②；蒴果长圆柱形①②，被短腺毛。

产门头沟、延庆、怀柔、密云。生于沟谷林下、水边、溪流中。

相似种：小花柳叶菜【*Epilobium parviflorum***，柳叶菜科 柳叶菜属】**多年生草本；叶片狭披针形③，长3～12厘米，宽0.5～2厘米，边缘具细锯齿；花瓣紫色④，长4～8.5毫米，宽3～4.5毫米，顶端浅2裂；雄蕊略短于雌蕊④；柱头4裂；蒴果长圆柱形③。产十三陵、玉渡山；生境同上。

柳叶菜的叶较宽，花大，雄蕊短于雌蕊，柱头高过花药；小花柳叶菜的叶窄，花小，直径约为前者之半，雄蕊略短于雌蕊，柱头与花药平齐。

柳兰

柳叶菜科 柳兰属

Chamerion angustifolium

Fireweed | liǔlán

多年生草本；叶互生，披针形①，长7～15厘米，宽1～3厘米，边缘有细锯齿；总状花序顶生①；花大，紫色，稍两侧对称②，花梗长1～2厘米；花瓣4，倒卵形，基部具short爪；雄蕊8，向下弯曲②；子房下位；蒴果圆柱形，长7～10厘米。

产百花山、东灵山、海坨山、喇叭沟门、坡头、雾灵山。生于亚高山草甸或林下。

相似种：沼生柳叶菜【*Epilobium palustre***，柳叶菜科 柳叶菜属】**叶狭披针形，长1.2～7厘米，全缘或具浅齿③；花瓣粉色，先端2裂③。产门头沟、延庆、怀柔、密云；生沟谷林下、水边。**毛脉柳叶菜【***Epilobium amurense***，柳叶菜科 柳叶菜属】**叶披针形，长2～7厘米，边缘具锐锯齿④；花粉色④；果圆柱形④。产房山、门头沟、延庆；生水边。

柳兰植株高大，叶、花均大型，花稍两侧对称，花瓣先端微凹，其余二者叶、花均较小，花辐射对称，花瓣先端2裂；沼生柳叶菜叶边缘近全缘；毛脉柳叶菜叶边缘具锐锯齿。

耳基水苋　千屈菜科 水苋菜属

Ammannia auriculata

Eared Redstem ｜ ěrjīshuǐxiàn

一年生草本；叶对生，狭披针形或矩圆状披针形①，长1.5～7.5厘米，宽3～15毫米，基部扩大，呈心状耳形，半抱茎②，无柄；聚伞花序腋生，通常有花3朵①；萼筒钟形②，结实时近半球形，裂片4；花瓣4，粉紫色②，近圆形；雄蕊4～8；蒴果扁球形，径2～3.5毫米，不规则周裂。

产海淀、丰台、房山、昌平、延庆、顺义。生于田边、河滩、水库边。

相似种：水苋菜【*Ammannia baccifera***，千屈菜科 水苋菜属】**一年生草本；叶长椭圆形④，长8～25毫米，下部叶基部渐狭，中部叶基部常平形；聚伞花序腋生③，多花；花瓣4，粉绿色或淡粉色③，小而早落；蒴果扁球形。产丰台；生水边。

耳基水苋的花序少花，花、果均较大，花瓣明显；水苋菜的花序多花，花、果均较小，花瓣小而早落。

中华秋海棠　秋海棠科 秋海棠属

Begonia grandis subsp. *sinensis*

Chinese Begonia ｜ zhōnghuáqiūhǎitáng

多年生草本；有球形块茎；叶互生，叶片宽卵形②，长5～12厘米，宽3.5～9厘米，先端渐尖，偶带红色，基部心形，偏斜②，边缘有细尖牙齿，下面和叶柄都带紫红色；叶柄长5～10厘米；二歧聚伞花序腋生，呈伞房状或圆锥状；花单性，雌雄同株；花被粉红色或淡红色；雄花被片4③，雄蕊多数，长1～2毫米，花药黄色，整体呈球状；雌花被片5，花柱基部合生或微合生，有分枝，柱头呈螺旋状扭，子房下位；蒴果长1.2～2厘米，有3翅④，其中一翅通常较大。

产各区山地。生于沟谷水边、石壁上，在阴湿处常成大片分布①。

中华秋海棠的叶互生，宽卵形，叶基明显偏斜；花粉红色，果实有3翅。

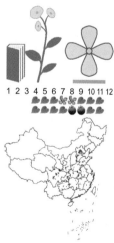

北水苦荬 水菠菜 车前科/玄参科 婆婆纳属

Veronica anagallis-aquatica

Water Speedwell | běishuǐkǔmǎi

多年生草本；基生叶有时没入水下；茎生叶对生，无柄，上部叶半抱茎，卵状矩圆形至条状披针形①，长2～10厘米，全缘或有疏锯齿；总状花序多花，腋生①，比叶长，无毛②；花梗上升，与花序轴成锐角②，与苞片近等长；花萼4深裂；花冠淡紫色或粉色①，近辐射对称，筒部极短，裂片宽卵形；蒴果卵球形，顶端微凹。

产各区平原地区。生于水边、湿润处，或在水中挺水生长，常见。

相似种：水苦荬【*Veronica undulata***，车前科/玄参科 婆婆纳属】**多年生草本；茎、花序轴、花梗、花萼和蒴果上有腺毛④；叶卵状矩圆形③，边缘有尖锯齿；花梗叉开，与花序轴成直角④；花淡紫色或粉白色。产地同上；生境同上。

北水苦荬植株近无毛，花梗与花序轴成锐角；水苦荬植株被腺毛，花梗与花序轴成直角。

光果婆婆纳 车前科/玄参科 婆婆纳属

Veronica rockii

Rock's Speedwell | guāngguǒpóponà

多年生草本；茎不分枝；叶对生，披针形①，长1.5～8厘米，宽0.4～2厘米，边缘有尖齿；总状花序直立；苞片条形；花冠蓝紫色①；雄蕊2，短于花冠（①右下）；蒴果卵形，无毛（①右下）。

产百花山。生于山坡林缘。

相似种：阿拉伯婆婆纳【*Veronica persica***，车前科/玄参科 婆婆纳属】**一年生矮小草本，茎铺散，多分枝；叶卵圆形②，长6～20毫米，具钝齿②；总状花序顶生，苞片与叶同形，花梗长约为苞片的2倍②；花冠蓝色②。原产亚洲西南部，海淀、延庆有逸生；生路旁、草丛、花坛中。**婆婆纳【***Veronica polita***，车前科/玄参科 婆婆纳属】**叶卵圆形③，长5～10毫米；花梗比苞片短③；花冠粉紫色③。原产亚洲西南部，朝阳、海淀有逸生；生境同上。

光果婆婆纳茎直立，花序长，苞片条形，其余二者茎匍散，花序短，苞片与叶同形；阿拉伯婆婆纳花梗长于苞片，花径约8毫米，蓝色；婆婆纳花梗短于苞片，花径约4毫米，粉紫色。

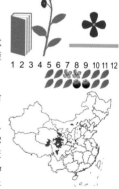

扁蕾 中国扁蕾 龙胆科 扁蕾属

Gentianopsis barbata

Barbate Fringed Gentian | biǎnlěi

二年或多年生草本；茎直立，四棱形；叶对生，茎基部的叶匙形或条状披针形，辐状排列，长1~4厘米，宽0.5~1厘米，花时枯萎；茎上部的叶4~10对，条状披针形①，长1.5~6厘米，宽0.2~0.3厘米，边缘稍反卷；花顶生，蓝紫色①②，长2~3.5厘米；花萼筒状钟形，具4棱③，顶端4裂，裂片边缘具白色膜质边③，外对条状披针形，尾尖，内对披针形，短尖；花冠钟状，顶端4裂②，裂片椭圆形，具微波状齿，近基部边缘具流苏状毛；雄蕊4；腺体4，下垂；子房具柄，柱头2裂；蒴果；种子卵圆形，具指状突起。

产门头沟、昌平、延庆、密云。生于山坡草地、亚高山草甸。

扁蕾的花顶生，蓝紫色，花萼筒状钟形，具4棱，花冠4裂，裂片近基部边缘具流苏状毛。

垂序商陆 美国商陆 商陆科 商陆属

Phytolacca americana

American Pokeweed | chuíxùshānglù

多年生草本；根粗壮，肥大，倒圆锥形；茎直立，常带紫红色；叶片椭圆状卵形或卵状披针形①，长9~18厘米，宽5~10厘米，叶柄长1~4厘米；总状花序顶生或侧生，长5~20厘米；花淡粉色③，花被片5，雄蕊、心皮及花柱均为10，心皮合生②；果序下垂；浆果扁球形，熟时紫黑色②；种子圆肾形，径约3毫米。

原产美洲，各区平原和低山区均有逸生。生于房前屋后、山坡路旁。

相似种：商陆【*Phytolacca acinosa***，商陆科 商陆属】**多年生草本；叶卵状椭圆形⑤；总状花序顶生，直立⑤；花淡粉色④，有时绿白色，雄蕊、心皮均为8；心皮离生④，熟时紫黑色。产海淀、房山、延庆、怀柔、密云；生沟谷林缘。

垂序商陆的心皮10，合生，果序下垂；商陆的心皮8，离生，果序直立。

商陆属植物全株有大毒，请注意不要误食。

紫花耧斗菜 石头花 毛茛科 耧斗菜属

Aquilegia viridiflora var. atropurpurea

Purple-flower Columbine | zǐhuālóudǒucài

1 2 3 4 5 6 7 8 9 10 11 12

多年生草本；基生叶为二回三出复叶①，小叶
楔状倒卵形，长1.5～3厘米，3裂，裂片具圆齿，茎
生叶渐小；花序具3～7朵花；花下垂①；萼片5，
紫色②；花瓣5，紫色②，瓣片顶端近截形，基部
有长距①，直或稍弯；雄蕊多数，伸出花冠外②；
花柱与子房近等长；蓇葖果有宿存花柱（①左下）。

产各区山地。生于海拔1000米以下的山坡林
缘、水边、灌among丛中，早春极常见。

相似种：耧斗菜【*Aquilegia viridiflora***，毛茛科
耧斗菜属】**与紫花耧斗菜的区别为花黄绿色（②左
上）。产怀柔、密云；生沟谷水边，偶见。**华北耧
斗菜【***Aquilegia yabeana***，毛茛科 耧斗菜属】**多年
生草本；二回三出复叶③；花下垂；花瓣5，紫色，
距末端向内弯曲④；雄蕊不伸出花冠④。产各区山
地；生海拔1000米以上的山坡或沟谷林下，常见。

华北耧斗菜花较大，雄蕊不伸出花外，距的末
端钩状，其余二者花较小，雄蕊伸出花外，距直或
微弯曲；紫花耧斗菜花紫色，耧斗菜花黄绿色。

1 2 3 4 5 6 7 8 9 10 11 12

丝叶唐松草 毛茛科 唐松草属

Thalictrum foeniculaceum

Fennel-like Meadow-rue | sīyètángsōngcǎo

1 2 3 4 5 6 7 8 9 10 11 12

多年生草本；全株无毛；基生叶2～6，长
5～18厘米，二至四回三出复叶①④，小叶薄草
质，细丝状①④，长0.6～3厘米，宽0.5～1.5毫
米，顶端尖；叶柄长1.5～9厘米，基部有短鞘；
茎生叶2～4，似基生叶，渐变小；聚伞花序伞房
状；花梗细，长2～4.5厘米；萼片5②，粉白色或
粉红色②，椭圆形或狭倒卵形，长6～10毫米，宽
3～5毫米；雄蕊多数，长2.8～3毫米，花药矩圆
形，花丝短；心皮7～11，无柄；瘦果纺锤形，长
3.5～4.5毫米，有8～10条纵肋③。

产房山长沟、昌平兴寿、延庆八达岭和香营。
生于干旱山坡草丛中。

丝叶唐松草具二至四回三出复叶，小叶细丝
状，花5数，粉色，为唐松草属中形态较为独特的
种类，容易识别。

石竹 洛阳花 石竹科 石竹属
Dianthus chinensis
Rainbow Pink | shízhú

多年生草本；茎簇生，无毛；叶对生，条形或宽披针形①，长3～5厘米，宽3～5毫米，全缘；花顶生于枝端①，单生或对生，有时成聚伞花序；花下有4～6苞片；花萼圆筒形，萼齿5；花瓣5，红色、粉色或紫色①②，瓣片扇状倒卵形，边缘有不整齐浅齿②，基部具长爪；雄蕊10；花柱2，丝形；蒴果矩圆形。

产各区山地。生于山坡林缘、林下、灌草丛中，极常见。

相似种：瞿麦【*Dianthus superbus*，石竹科 石竹属】多年生草本；叶片条状披针形③，长5～10厘米；花萼圆筒形；花瓣紫色，顶端深裂成细条状③④；蒴果圆筒形。产百花山、东灵山、海坨山、喇叭沟门、雾灵山；生山坡草地、亚高山草甸。

石竹花瓣边缘有不整齐浅齿；瞿麦花瓣边缘裂成细条状。

独根草 岩花 小岩花 虎耳草科 独根草属
Oresitrophe rupifraga
Oresitrophe | dúgēncǎo

多年生草本；有粗大的根状茎①；花先叶开放①，花莛有短腺毛；复聚伞花序圆锥状，密生短腺毛，无苞片；花梗长3～6毫米；花萼花瓣状，粉红色①②，长4～6.5毫米，裂片5，狭卵形；无花瓣；雄蕊10或更多，长达3毫米，花药紫色；心皮2，合生；叶花后生出④，2～3片基生；叶片卵形至心形③④，长5.5～10厘米，宽3.5～12厘米，先端急尖或短渐尖，基部心形，边缘有不整齐的牙齿③④，牙齿具骤尖头，上面几无毛，下面几无毛或有短柔毛，后变无毛；叶柄长2.5～12厘米。

产房山、门头沟、昌平、延庆、怀柔、密云。生于竖直崖壁上，常见。

独根草生于崖壁上，花先叶开放，花萼5，粉红色，无花瓣；叶心形。

瓦松　景天科 瓦松属

Orostachys fimbriata

Fimbriate Dunce Cap　｜wǎsōng

　　二年生草本；第一年生莲座状叶（①左下），第二年枯萎，茎生叶条形，棒状①，长可达5厘米，宽可达5毫米，顶端有软骨质附属物，中央有一长刺；花序长10～35厘米，呈塔形①；花瓣5，紫红色①；雄蕊10；心皮5；膏葖果矩圆形。

　　产各区山地。生于山坡石缝中、屋瓦上，常见。

　　相似种：华北八宝【*Hylotelephium tatarinowii***，景天科 八宝属】**多年生草本；叶互生，倒披针形，边缘有浅裂（②左下）；伞房花序；花紫红色②，雄蕊与花瓣近等长。产门头沟、延庆、怀柔、密云；生山坡或沟谷石缝中。**长药八宝【***Hylotelephium spectabile***，景天科 八宝属】**多年生草本；三叶轮生③，卵形至宽卵形，近全缘或有波状牙齿；伞房花序，花密生③；花紫红色，雄蕊长于花瓣（③左下）。产延庆、怀柔、密云、平谷；生山坡石缝中。

　　瓦松叶棒状，花序塔形，其余二者均扁平，花序开展；华北八宝较矮，叶缘有浅裂，雄蕊与花瓣近等长；长药八宝较高大，叶近全缘，雄蕊长于花瓣。

地蔷薇　直立地蔷薇　蔷薇科 地蔷薇属

Chamaerhodos erecta

Little Rose　｜dìqiángwēi

　　一年或二年生草本，具长柔毛及腺毛；基生叶密生，莲座状，长1～2.5厘米，二回羽状3深裂，末回裂片条形；茎生叶似基生叶，3深裂①；聚伞花序顶生①，多花；苞片及小苞片2～3裂；花梗细，长3～6毫米；萼筒钟形，萼片卵状披针形；花瓣倒卵形，淡粉色或粉白色，与萼片等长（①右下）；雄蕊5；心皮10～15，离生；瘦果卵形。

　　产门头沟、延庆、怀柔。生于中高海拔山坡林缘、亚高山草甸。

　　相似种：灰毛地蔷薇【*Chamaerhodos canescens***，蔷薇科 地蔷薇属】**多年生草本；茎自基部分枝；叶二回羽状3裂③，末回裂片条形；聚伞花序；萼筒宽钟形，外面有长刚毛；花瓣倒卵形，淡粉色②③，长于萼片1倍（③左下）；心皮4～6；瘦果卵圆形。产百花山、松山；生山坡草丛中。

　　地蔷薇的花较小，径约4毫米，花瓣与花萼等长；灰毛地蔷薇的花稍大，径约8毫米，花瓣超出花萼1倍。

野亚麻　亚麻科 亚麻属

Linum stelleroides

Wild Flax ｜ yěyàmá

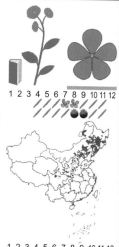

　　一年或二年生草本；茎直立，不分枝或自中部以上多分枝；叶互生，条形至条状披针形①，长1～3厘米，宽1.5～2.5毫米，两面无毛，全缘；花生于枝端，形成聚伞花序①；萼片5，卵状披针形，边缘有黑色腺体（①右下），果期尤为明显；花瓣5，长约为萼片的3～4倍，紫色①②；花丝基部合生。蒴果球形（①右下），直径3～5毫米。

　　产各区山地。生于山坡路旁、灌草丛中。

　　相似种:宿根亚麻【Linum perenne，亚麻科 亚麻属】多年生草本。叶狭条形④，长8～25毫米，宽2～3毫米；花多数组成聚伞花序；萼片5，卵形；花瓣5，蓝色③；蒴果近球形④。产海淀、门头沟、延庆；生路旁、荒地。

　　野亚麻的花紫色，萼片边缘有黑色腺体；宿根亚麻的花蓝色，萼片无腺体。

白鲜　芸香科 白鲜属

Dictamnus dasycarpus

Hairy-fruit Gasplant ｜ báixiān

　　多年生草本；植株有特殊气味；奇数羽状复叶①，互生，有小叶9～13片，小叶对生，无柄，长3～12厘米，宽1～5厘米，生于叶轴上部的较大，叶缘有细锯齿，叶脉不明显，叶轴有极狭窄的翅；总状花序顶生①，长可达30厘米；花梗长1～1.5厘米；苞片狭披针形；萼片5，长6～8毫米；花瓣5，粉红色带紫色条纹②，4枚靠上，1枚靠下，使花冠略成两侧对称②；雄蕊伸出于花瓣外②；萼片及花瓣均密生透明油点；果成熟时沿腹缝线开裂为5个分果爿，顶端具角状尖③，每分果爿有种子2～3粒；种子阔卵形或近圆球形，光滑。

　　产延庆、密云。生于山坡林缘或草丛中。

　　白鲜植株有特殊气味，奇数羽状复叶，总状花序顶生，花瓣成两侧对称，花瓣粉红色带紫色条纹，果顶端具角状尖。

牻牛儿苗　太阳花　牻牛儿苗科 牻牛儿苗属
Erodium stephanianum

Stephan's Stork's Bill ｜ mángniúrmiáo

一年或二年生草本；茎多分枝；叶对生，长卵形，长约6厘米，二回羽状深裂①，小裂片条形；伞形花序腋生，具2~5花；花瓣紫色②；雄蕊10，外轮5枚无花药②；蒴果长约4厘米，有长喙①，成熟时5个果片与中轴分离，喙部螺旋状卷曲。

产各区低山地区。生于田边、路旁、山坡草丛中，常见。

相似种：鼠掌老鹳草【*Geranium sibiricum***，牻牛儿苗科 老鹳草属】**一年生草本；叶近三角形，掌状5深裂③；花1~2个腋生，径约8毫米，淡紫色③；雄蕊10，全部具花药；蒴果有喙。产各区山地；生村旁、田边、山坡或沟谷湿润处，常见。

老鹳草【*Geranium wilfordii***，牻牛儿苗科 老鹳草属】**多年生草本；叶肾状三角形，3深裂④；花2个腋生，淡紫色④，径约13毫米；蒴果有喙。产小龙门、黄花城、坡头；生沟谷林缘、水边，少见。

牻牛儿苗的叶二回羽裂，其余二者叶掌裂；鼠掌老鹳草叶5裂，花较小；老鹳草叶3裂，花较大。

毛蕊老鹳草　牻牛儿苗科 老鹳草属
Geranium platyanthum

Wide-flower Geranium ｜ máoruǐlǎoguàncǎo

多年生草本；叶互生，肾状五角形，直径5~10厘米，掌状5裂①，裂片菱状卵形，边缘有粗牙齿；聚伞花序顶生，具2~4花①，花开放时下垂①；花瓣5，蓝紫色①②；花丝下部扩展，边缘被糙毛②；长约1.5毫米；果长约3厘米，有喙。

产门头沟、延庆、怀柔、密云。生于沟谷林缘、水边、亚高山林下。

相似种：粗根老鹳草【*Geranium dahuricum***，牻牛儿苗科 老鹳草属】**多年生草本；具簇生纺锤形块根；叶肾状圆形，径3~5厘米，掌状7裂③；花序常具2花，淡紫色③。产百花山、东灵山、海坨山；生亚高山草甸或林下。**灰背老鹳草【***Geranium wlassovianum***，牻牛儿苗科 老鹳草属】**叶五角状肾形，径4~8厘米，掌状5裂达中部④；花序具2花，淡紫色④。产门头沟、延庆、密云；生境同上。

毛蕊老鹳草叶互生，花下垂，雄蕊花丝具毛，其余二者叶对生，花近直立；粗根老鹳草叶掌状7深裂，花较小；灰背老鹳草叶掌状5裂，花较大。

野葵 锦葵科 锦葵属

Malva verticillata

Cluster Mallow | yěkuí

二年生草本；茎被星状长柔毛；叶互生，叶片肾形至圆形，直径5～11厘米，掌状5～7浅裂①，裂片三角形，边缘具钝齿，两面被极疏糙伏毛或近无毛；花3至多朵簇生于叶腋②，具极短柄至近无柄；小苞片3，条状披针形；萼杯状，裂片5，广三角形；花瓣5，粉白色至淡紫色②，顶端凹；果扁球形，径5～7毫米，分果爿10～11个。

产门头沟、昌平、延庆、密云。生于村边、路旁、荒地。

相似种：蜀葵【*Alcea rosea*，锦葵科 蜀葵属】二年生高大草本；早春先发出基生叶，数枚丛生；茎生叶互生，近于圆心形或5～7浅裂③，径约6～15厘米，边缘有齿；花大，有红、紫、白、黄及黑紫等各种颜色，单瓣或重瓣（③左下）；果盘状，径约2厘米。原产我国西南地区，各区平原和低山区均有栽培；生村旁、田边、草丛中。

野葵的花小，径不及1厘米，淡紫色；蜀葵植株高大，花较大，径6厘米以上，有各种颜色。

狼毒 瑞香狼毒 断肠草 瑞香科 狼毒属

Stellera chamaejasme

Chinese Stellera | lángdú

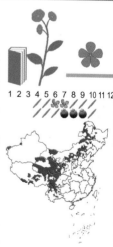

多年生草本；有粗大圆柱形木质根状茎；地上茎直立，丛生②；叶互生，螺旋密集排列①②，无柄，披针形至椭圆状披针形①④，长1.4～2.8厘米，宽3～9毫米，全缘，无毛①；头状花序顶生；花外部常为紫红色①②，偶有黄色或白色③，具有绿色总苞；花被筒细瘦，长8～12毫米，顶端5裂，裂片长2～3毫米，外面紫色，内面白色①；无花瓣；雄蕊10，2轮，着生于花被筒中部以上；子房1室，顶端被淡黄色细柔毛；果实圆锥形，干燥，为花被管基部所包④。

产东灵山、海坨山、雾灵山。生于向阳山坡、亚高山草甸。

狼毒具粗大根状茎，叶螺旋状着生，头状花序顶生；花紫红色、黄色或白色，具细长的萼筒，无花瓣。

狼毒全株有毒，请注意不要食用。

草本植物 花紫色 辐射对称 花瓣五

红花鹿蹄草

杜鹃花科/鹿蹄草科 鹿蹄草属

Pyrola asarifolia subsp. *incarnata*

Incarnate Wintergreen | hónghuālùtícǎo

多年生常绿草本；茎基部簇生叶3～5片；叶片革质，圆形或卵状椭圆形②③，长、宽2～4厘米，基部和顶端圆形，边缘近全缘或有不明显的浅缺刻齿③，两面叶脉稍隆起；叶柄长3～5厘米；花葶高10～25厘米，下部有1～3枚鳞片状叶；总状花序有7～15朵花①②；花宽钟状，倾斜①；苞片披针形，长远过于花梗，渐尖头，膜质，长约8毫米；萼片三角状宽披针形，渐尖头；花瓣5，粉红色①④，倒圆卵形；雄蕊10，花丝无毛，花药紫色；花柱长6～10毫米，倾斜，上部向外弯曲①④；蒴果扁球形，高4.5～5毫米，直径7～8毫米。

产东灵山。生于亚高山林下，少见。

红花鹿蹄草为常绿草本，叶革质，总状花序顶生，花瓣5，粉红色，花柱倾斜。

海乳草

报春花科 海乳草属

Glaux maritima

Sea Milkwort | hǎirǔcǎo

多年生草本；茎直立或下部匍匐，通常有分枝；叶近于无柄，对生①或有时在茎上部互生，间距较短，近茎基部的3～4对鳞片状，膜质，上部叶肉质，条形、条状矩圆形或近匙形①，长4～15毫米，宽1.5～3.5毫米，先端钝或稍锐尖，基部楔形，全缘；花单生于茎中上部叶腋；花梗长可达1.5毫米，有时不明显；花萼钟形，粉红色①，有时淡粉白色，花冠状，长约4毫米，5裂达中部①，裂片倒卵状矩圆形，宽1.5～2毫米，先端圆形；无花冠；雄蕊5①，稍短于花萼；子房卵珠形，上半部密被小腺点；蒴果卵状球形，长2.5～3毫米。

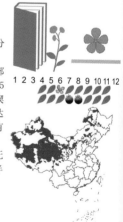

产昌平、延庆、大兴。生于水边、河滩。

海乳草植株矮小，肉质，叶小而密，花5数，花萼粉红色，无花冠。

河北假报春 北京假报春 报春花科 假报春属

Cortusa matthioli subsp. *pekinensis*

Beijing Alpine Bells | hébĕijiăbàochūn

多年生草本；叶基生，叶片轮廓肾状圆形或近圆形，掌状7~11裂①，裂深达叶片的1/3或有时近达中部，裂片通常矩圆形，边缘有不规整的粗牙齿，顶端3齿较深，常呈3浅裂状；花葶直立，伞形花序具5~8花，下垂；花冠漏斗状钟形，紫红色①，分裂略超过中部，裂片矩圆形（①左上）；花柱长，略伸出花冠外；蒴果圆筒形，长于宿存花萼。

产百花山、东灵山、海坨山、雾灵山。生于亚高山林下。

相似种：岩生报春【*Primula saxatilis*，报春花科 报春花属】多年生草本；叶3~8枚基生，叶片矩圆状卵形，长2.5~8厘米，边缘具缺刻或羽状浅裂②；伞形花序1~2轮顶生；花冠高脚碟形，粉色②，裂片倒卵形，先端具深凹缺②。产延庆珍珠泉、坡头、雾灵山；生沟谷林缘、阴湿石壁上。

北京假报春的花漏斗状钟形，下垂；岩生报春的花高脚碟形，直伸。

箭报春 报春花科 报春花属

Primula fistulosa

Fistulos Primrose | jiànbàochūn

多年生草本；叶密丛生①，叶片矩圆形至矩圆状倒披针形，长2~6厘米，宽5~15毫米，边缘具不整齐的浅齿①，近无柄；花葶粗壮，中空，呈管状；伞形花序多花，密集呈球状①；苞片多数，先端多少锐尖，基部增宽并稍膨胀；花萼钟形；花冠高脚碟形，粉色①，裂片倒卵形，先端2深裂；蒴果球形，与花萼近等长。

产玉渡山、松山。生于沟谷溪边、林缘、山坡草丛中。

相似种：粉报春【*Primula farinosa*，报春花科报春花属】多年生草本；叶丛生，叶片倒卵状矩圆形②，长2~7厘米，边缘具细牙齿，基部下延成柄状；伞形花序具8~12朵；花冠粉紫色②，裂片顶端2裂。产延庆千家店；生阴湿岩壁上。

箭报春叶密丛生，近无柄，伞形花序密集成球状；粉报春叶疏丛生，有柄，花序不密集成球状。

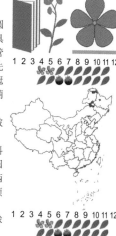

秦艽 大叶龙胆 龙胆科 龙胆属

Gentiana macrophylla

Large-leaf Gentian | qínjiāo

多年生草本；主根粗大，圆锥形；基生叶莲座状，茎生叶对生，叶片披针形或矩圆状披针形①，长10~25厘米，宽2~4厘米；聚伞花序密集呈头状①②；花萼一侧开裂呈佛焰苞状，萼齿4~5；花冠筒状钟形，蓝色①②，5裂；蒴果矩圆形。

产房山、门头沟、延庆、怀柔、密云。生于中高海拔山坡林缘、水边、亚高山草甸。

相似种：达乌里秦艽【*Gentiana dahurica*，龙胆科 龙胆属】多年生草本；基生叶莲座状，披针形③，茎生叶少数；花萼裂片窄条形（③左下）；花冠漏斗形，蓝色③，长3.5~4.5厘米。产门头沟、延庆；生山坡草地。**纤茎秦艽【*Gentiana tenuicaulis*，龙胆科 龙胆属】**多年生草本；基生叶狭椭圆形④；花萼裂片倒披针形（④左上）；花冠蓝色④，长3~3.7厘米。产十三陵、箭扣；生岩石缝中。

秦艽花小而密集，长不及2厘米，其余二者花大而稀疏，长3厘米以上；达乌里秦艽的叶较狭，花萼裂片极窄；纤茎秦艽叶和花萼裂片均较宽。

鳞叶龙胆 小龙胆 龙胆科 龙胆属

Gentiana squarrosa

Squarrose Gentian | línyèlóngdǎn

一年生小草本；茎自基部多分枝①；叶对生，匙形①，长4~7毫米，宽1.7~3毫米，向外反卷；花单生枝端；萼筒倒锥状长5~8毫米，裂片反卷，叶状（②左）；花冠蓝色，筒状漏斗形（②左）；蒴果外露，短圆形；种子黑褐色，椭圆形。

产各区山地。生于中低海拔山坡草地、灌丛下，早春常见。

相似种：假水生龙胆【*Gentiana pseudoaquatica*，龙胆科 龙胆属】茎自基部分枝；叶匙形③，长3~5毫米；萼裂片直立（②中）；花冠蓝色③。产百花山、东灵山、海坨山、雾灵山；生亚高山草甸。**笔龙胆【*Gentiana zollingeri*，龙胆科 龙胆属】**茎不分枝④；叶卵圆形，长10~13毫米；萼裂片披针形，直立（②右）；花冠蓝色④。产门头沟、延庆、怀柔、密云；生山坡或沟谷林下，少见。

笔龙胆茎不分枝，叶、花较大，花冠长于15毫米，其余二者茎自基部分枝，铺散，叶、花较小；鳞叶龙胆萼裂片反卷；假水生龙胆萼裂片直立。

红直獐牙菜 红直当药 龙胆科 獐牙菜属

Swertia erythrosticta

Red-Strict Felwort | hóngzhízhāngyácài

多年生草本；茎四棱形；叶对生，矩圆形，具5脉，上部叶无柄①；聚伞花序顶生，排成圆锥状，花下垂①；花冠5深裂，具紫褐色斑点，近基部具圆形腺窝（①右下），边缘有流苏状裂齿；雄蕊5，花丝扁，蒴果无柄，卵状椭圆形。

产门头沟、昌平、延庆。生于沟谷林下。

相似种：肋柱花【*Lomatogonium carinthiacum*，龙胆科 肋柱花属】一年生草本；叶狭披针形②，长4~20毫米；花淡蓝色；花萼裂片披针形，长为花冠的一半③。产东灵山；生亚高山草甸。**辐状肋柱花【*Lomatogonium rotatum*，龙胆科 肋柱花属】**一年生草本；叶狭披针形④，长15~40毫米；花淡蓝色；花萼裂片条状披针形，与花冠等长或过之⑤。产百花山、东灵山；生亚高山草甸。

红直獐牙菜植株粗壮，花下垂，紫褐色，其余二者植株较细弱，花直立，蓝色；肋柱花花萼裂片长为花冠一半，辐状肋柱花花萼裂片与花冠等长或过之。

北方獐牙菜 当药 獐牙菜 龙胆科 獐牙菜属

Swertia diluta

Dilute Felwort | běifāngzhāngyácài

一年生草本；茎直立，四棱形，棱上具窄翅，多分枝；叶对生，无柄，叶片条状披针形至条形①，长1~4厘米，宽3~9毫米；圆锥状复聚伞花序具多花①，花梗直立，四棱形；花萼绿色，长于或等于花冠，裂片条形，长6~12毫米；花冠淡蓝色②，5深裂，基部有2个腺窝，边缘有流苏状毛②，毛表面光滑；蒴果卵形，长约1.2厘米。

产海淀、门头沟、昌平、延庆、密云。生于山坡林缘、林下，秋季常见。

相似种：瘤毛獐牙菜【*Swertia pseudochinensis*，龙胆科 獐牙菜属】一年生草本；叶对生，叶片窄披针形③，长2~4厘米；圆锥状复聚伞花序多花③；花冠蓝紫色④，基部具腺窝，边缘具流苏状毛④，毛表面有瘤状突起（高倍放大镜可见）。产房山、门头沟、延庆、密云；生境同上。

北方獐牙菜的花径1~1.5厘米，花色淡；瘤毛獐牙菜的花径1.5~2.5厘米，花色深。

斑种草　紫草科 斑种草属

Bothriospermum chinense

Chinese Bothriospermum ｜ bānzhǒngcǎo

二年生草本；全株被开展糙硬毛；叶匙形①，长3.5～12厘米，边缘皱波状①；镰状聚伞花序；花冠蓝色①，喉部有5个半月形附属物（②左上）；小坚果肾形，腹面有椭圆形的横向凹陷（②左下）。

产各区平原和低山区。生于村边、路旁、草丛中，早春极常见。

相似种：多苞斑种草【*Bothriospermum secundum*，紫草科 斑种草属】茎被向上开展的硬毛及伏毛；叶矩圆形③；花冠蓝色，喉部附属物半月形（②中上）；小坚果卵状椭圆形，腹面有椭圆形纵凹陷（②中下）。产海淀、门头沟、昌平、延庆、怀柔；生山坡林缘、林下。**弯齿盾果草**【*Thyrocarpus glochidiatus*，紫草科 盾果草属】茎被开展长硬毛；叶卵形④；花冠淡蓝色，喉部附属物半月形（②右上）；小坚果有1层箆状牙齿，齿端内弯（②右下）。原产黄河以南地区，海淀有逸生；生路旁草丛中。

斑种草叶缘波状，小坚果腹面有横凹陷；多苞斑种草有纵凹陷；弯齿盾果草小坚果有箆状牙齿。

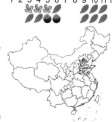

狭苞斑种草　紫草科 斑种草属

Bothriospermum kusnezowii

Kusnezow's Bothriospermum ｜ xiábāobānzhǒngcǎo

一年生草本；茎直立或平卧①，被硬毛；叶矩圆形①，长2～5厘米；花冠喉部有5个半月形附属物（②左上）；小坚果腹面具圆形凹陷（②左下）。

产房山、门头沟、延庆、怀柔、密云。生于中高海拔山坡林缘、路旁、草丛中。

相似种：长柱斑种草【*Bothriospermum longistylum*，紫草科 斑种草属】植株被开展硬毛；叶矩圆形③；花冠蓝色，附属物梯形（②中上）；小坚果具纵凹陷，宿存花柱极长（②中下）。产海淀、丰台、房山、门头沟、延庆；生境同上。**柔弱斑种草**【*Bothriospermum zeylanicum*，紫草科 斑种草属】茎细弱，被贴伏毛；叶椭圆形④；花冠附属物半月形（②右上）；小坚果具纵凹陷（②右下）。原产我国东北和南部地区，海淀有逸生；生路旁草丛中。

长柱斑种草花冠附属物梯形，先端平截，花柱高出小坚果，其余二者附属物半月形，2裂，花柱极短；狭苞斑种草被开展硬毛，小坚果具圆形凹陷；柔弱斑种草被伏毛，小坚果具椭圆形纵凹陷。

勿忘草　紫草科 勿忘草属

Myosotis alpestris

Forest Forget-me-not ｜ wùwàngcǎo

多年生草本；茎被开展的糙毛；叶条状倒披针形①，长3～8厘米，有短伏毛；花序长达10厘米，无苞片；花萼长2～3毫米，外面密生短伏毛，5深裂（②左下），裂片狭披针形；花冠蓝色，5裂②，檐部短筒状，喉部黄色②，有5个附属物，旋转状排列；雄蕊5；小坚果卵形，双凸镜状（①右下）。

产百花山、东灵山。生于亚高山草甸。

相似种:湿地勿忘草【*Myosotis caespitosa*，紫草科 勿忘草属】多年生草本；叶倒披针形③，长2～3厘米；花萼5裂至近中部（③左下），裂片三角形；花冠淡蓝色（③左下）。产昌平、延庆；生水边、河滩。

勿忘草的花萼5裂超过中部，裂片窄；湿地勿忘草的花萼5裂至近中部，裂片宽。

附地菜　紫草科 附地菜属

Trigonotis peduncularis

Pedunculate Trigonotis ｜ fùdìcài

一年生草本；茎直立或斜升，常分枝；叶片椭圆形或匙形①，长达2厘米，宽达1.5厘米，两面有糙伏毛；镰状聚伞花序①，果期伸长；花萼5深裂，裂片先端尖（②左下）；花冠小，淡蓝色，喉部黄色，有5个附属物（②左上），小坚果四面体形。

产各区平原和低山区。生于房前屋后、田边、路旁、草丛中，早春极常见。

相似种:钝萼附地菜【*Trigonotis amblyosepala*，紫草科 附地菜属】叶椭圆形③；花萼5深裂，裂片先端尖或钝（②右下）；花冠蓝色（②右上），径约4毫米。产各区山地；生中高海拔山坡或沟谷林下、亚高山草甸，常见。**蒙山附地菜**【*Trigonotis tenera*，紫草科 附地菜属】多年生草本；叶心形④；花冠蓝色④，径约3毫米。产玉渡山；生石缝中。

蒙山附地菜叶心形，其余二者叶椭圆形；附地菜花小，径2毫米，钝萼附地菜花大，径约4毫米。

大花附地菜*Trigonotis peduncularis* var. *macrantha*与钝萼附地菜无明显区别，应归为一种。

紫筒草　狭管紫草　紫草科 紫筒草属

Stenosolenium saxatile

Stenosolenium | zǐtǒngcǎo

多年生草本；根细锥形，根皮紫褐色；叶互生，匙状条形①，长1.5～4.5厘米，宽3～8毫米，两面密生硬毛；聚伞花序顶生①，逐渐延长；花萼密生长硬毛，裂片钻形；花冠紫色，筒部细长，檐部5裂，裂片开展②；雄蕊着生于花冠筒中部之上，内藏；小坚果斜卵形。

产海淀、昌平、延庆。生于路旁草丛中。

相似种：长筒滨紫草【*Mertensia davurica*，紫草科 滨紫草属】多年生草本；叶条状矩圆形③，长1.5～3.2厘米；聚伞花序少花；花冠蓝色，筒部细管状③，长1.2～2.2厘米，檐部5浅裂，裂片近半圆形，直立或稍开展④，喉部附属物半圆形，雄蕊着生于附属物之间。产东灵山；生亚高山草甸。

二者花冠筒均细长；紫筒草花冠紫色，裂片开展；长筒滨紫草花冠蓝色，裂片直伸。

鹤虱　紫草科 鹤虱属

Lappula myosotis

Myosotis Stickseed | hèshī

一年或二年生草本；茎直立，密被短糙毛；叶互生，矩圆形匙形①，全缘，长2.5～5厘米，两面密被糙毛；聚伞花序在花期短，果期伸长；花冠淡蓝色，喉部黄色，附属物梯形（②左上）；小坚果卵状，边缘有2行近等长的锚状刺（②左下）。

产各区平原和低山区。生于田边、路旁、山坡草丛中，常见。

相似种：北齿缘草【*Eritrichium borealisinense*，紫草科 齿缘草属】多年生草本；叶条形③，长1.5～3厘米；花冠蓝色，喉部有梯形附属物（②中上）；小坚果近陀螺状，密布小疣突，边缘有1行三角形锚状刺（②中下）。产延庆、怀柔、密云；生山坡石缝中。**大果琉璃草**【*Cynoglossum divaricatum*，紫草科 琉璃草属】叶披针形④，长7～15厘米；花冠蓝紫色，附属物半月形（②右上）；小坚果密生锚状刺（②右下）。产延庆、密云；生路旁、河边。

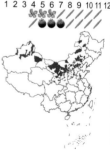

鹤虱小坚果具2行锚状刺；北齿缘草具1行锚状刺；大果琉璃草植株高大，小坚果密生锚状刺。

罗布麻　茶叶花　夹竹桃科 罗布麻属

Apocynum venetum

Indian Hemp | luóbùmá

多年生草本或亚灌木，具乳汁；叶对生，有时近对生，椭圆状披针形至卵圆状矩圆形①，长1～5厘米，宽0.5～1.5厘米，顶端急尖至钝，具短尖头，两面无毛；圆锥状聚伞花序顶生①，稀腋生；苞片膜质，披针形；花萼5深裂，裂片披针形；花冠圆筒状钟形，紫红色或粉色②，两面密被颗粒状突起，5裂，裂片卵圆状矩圆形，基部向右覆盖；蓇葖果2，叉生③，下垂，长圆筒形，长8～20厘米，直径2～3毫米；种子多数，卵圆状矩圆形，顶端有一簇白色绢质的种毛④。

产海淀、丰台、昌平、延庆、大兴。生于水边、河滩盐碱地。

罗布麻植株具乳汁；叶对生，花冠紫红色或粉色，圆筒状钟形，蓇葖果2个叉生，下垂。

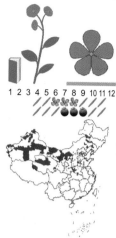

青杞　茄科 茄属

Solanum septemlobum

Sevenlobed Nightshade | qīngqǐ

多年生草本；叶互生，叶片卵形，长3～7厘米，宽2～5厘米，羽状分裂①或上部叶近全缘，裂片卵状矩圆形至披针形，全缘或具尖齿，两面均疏被短柔毛；聚伞花序顶生或腋外生；花萼杯状，萼齿三角形；花冠青紫色①，5深裂，裂片矩圆形，开放后常向外反折①；花丝极短，花药黄色；浆果近球状，熟时红色②，径约8毫米。

产房山、延庆、怀柔、密云、平谷。生于山坡林下、路旁。

相似种：脬囊草【*Physochlaina physaloides*，茄科 脬囊草属】多年生草本；根状茎粗大；叶片卵形③，长3～5厘米，全缘或微波状，基部向叶柄下延；聚伞花序顶生；花萼筒状④，果期增大；花冠漏斗状，紫色③，5浅裂；蒴果包于宿萼内④。产海坨山、延庆大庄科、凤凰坨；生沟谷林下。

青杞的叶羽裂，花冠深裂，宿萼不增大；脬囊草的叶不裂，花冠浅裂，宿萼增大，包被果实。

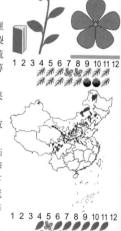

中华花葱　花葱科 花葱属

Polemonium chinense

Chinese Jacob's-Ladder ｜ zhōnghuáhuācōng

　　多年生草本；根状茎横生；茎单一，直立或基部上升，不分枝，无毛或上部有腺毛；奇数羽状复叶①③，互生；小叶19～25，矩圆状披针形、披针形或窄披针形，长5～30毫米，宽2～7毫米，全缘，两面无毛或偶有柔毛，小叶无柄；叶柄长3～5厘米；圆锥花序顶生或上部叶腋生，由伞房花序组成①，有花10～30朵，疏生；总梗和花梗密生短腺毛；花萼钟状，长3～4毫米，无毛或有短腺毛，裂片卵形；花冠辐状或宽钟状②，长12～14毫米，蓝色或浅蓝色②，裂片圆形，边缘疏生缘毛；蒴果宽卵形，长约5毫米；种子长2毫米，深棕色。

　　产百花山、东灵山、海坨山、雾灵山。生于亚高山草甸或林下。

　　中华花葱的叶为奇数羽状复叶，圆锥花序顶生，花蓝色，花冠辐状或宽钟状。

缬草　香草　忍冬科/败酱科 缬草属

Valeriana officinalis

Garden Valerian ｜ xiécǎo

　　多年生草本；根状茎粗短，有浓香；茎中空，有纵棱，被粗白毛，老时毛渐少；叶对生，羽状深裂①，裂片2～9对，中央裂片与两侧裂片近同形，常与其后的侧裂片合生成3裂状，裂片披针形或条形，顶端渐窄，基部下延，全缘或有稀疏锯齿，两面及柄轴多少被毛；顶生聚伞圆锥花序②③，苞片羽裂，长1～2厘米，小苞片条形，长约1厘米；花冠淡紫红色①②或淡粉白色③，筒状，上部5裂；雄蕊3；子房下位；瘦果卵形，长约4毫米，基部近平截，顶端宿萼多条，羽毛状③。

　　产各区山地。生于中高海拔沟谷林缘、林下、亚高山草甸。

　　缬草的叶对生，羽状深裂，大型聚伞圆锥花序，花紫色，果实顶端有宿萼形成的毛，以风力传播种子。

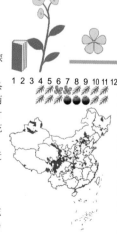

多歧沙参 桔梗科 沙参属

Adenophora potaninii subsp. *wawreana*

Wawra's Lady Bells | duōqíshāshēn

多年生草本，具乳汁；叶互生，叶片变异大，心形、卵形或披针形（②左下），长2.5～10厘米，宽1～3.5厘米，边缘有锯齿；圆锥花序长达45厘米，多分枝①；花萼裂片5，钻形，边缘有2～3个小齿②；花冠蓝色②，钟状；花柱伸出花冠外②。

产各区山地。生于山坡林缘、灌草丛中。

相似种：毛萼石沙参【*Adenophora polyantha* subsp. *scabricalyx*，桔梗科 沙参属】多年生草本；叶狭卵形④，边缘有牙齿状尖齿④；花序总状或下部有分枝而呈圆锥状；萼裂片全缘③；花冠蓝色③，花柱微伸出。产地同上；生境同上。**狭长花沙参**【*Adenophora elata*，桔梗科 沙参属】多年生草本；叶狭卵形⑥，边缘具钝齿；总状花序少花⑥，有时单花；萼裂片边缘有小齿⑤；花冠蓝色⑤。产百花山、东灵山、海坨山；亚高山草甸或林下。

多歧沙参圆锥花序多花，萼裂片有齿，花柱伸出花冠；毛萼石沙参总状或圆锥花序，萼裂片全缘；狭长花沙参总状花序少花，萼裂片有齿。

展枝沙参 桔梗科 沙参属

Adenophora divaricata

Spreading Lady Bells | zhǎnzhīshāshēn

多年生草本，具乳汁；叶3～4枚轮生，菱状卵形①，长4～7厘米，宽2～4厘米，边缘具锯齿；圆锥花序塔形①，分枝多轮生；花萼裂片椭圆状披针形，全缘②；花冠蓝色②，钟状，花柱略伸出。

产各区山地。生于沟谷林缘、山坡林下。

相似种：雾灵沙参【*Adenophora wulingshanica*，桔梗科 沙参属】叶3～4枚轮生，卵形或椭圆形④，长5～13厘米，边缘具不规则锯齿；花序顶生④；萼裂片钻形，边缘有1～2对小齿③；花冠蓝色③。产雾头山、雾灵山；生山坡林缘、林下。**细叶沙参**【*Adenophora capillaris* subsp. *paniculata*，桔梗科 沙参属】叶条形至椭圆形⑥；圆锥花序⑥；萼裂片丝状⑤；花冠淡蓝色或白色（另见278页）；花柱伸出花冠外⑤。产门头沟、延庆、怀柔、密云；生山坡林缘、亚高山草甸。

细叶沙参叶互生，萼裂片丝状，花柱明显伸出花冠外，其余二者叶轮生，萼裂片较宽，花柱略伸出；展枝沙参萼裂片全缘，雾灵沙参萼裂片有齿。

桔梗 铃铛花 桔梗科 桔梗属

Platycodon grandiflorus

Balloon Flower | jiégěng

多年生草本：根胡萝卜形，长达20厘米；茎下部叶3枚轮生，上部叶互生①，无柄或有短柄，无毛；叶片卵形至披针形①，长2～7厘米，宽0.5～3.2厘米，边缘有尖锯齿；花1至数朵生于分枝顶端；花萼无毛，裂片5，三角形；花冠蓝紫色①，阔钟状，5浅裂，裂片开展①；蒴果倒卵圆形，顶部5瓣裂。

产各区山地。生于山坡或沟谷林缘、林下，民间也有栽培。

相似种：荠苨【*Adenophora trachelioides***，桔梗科沙参属】**多年生草本；叶互生，有长柄，叶片心状卵形或三角状卵形②，长3～13厘米，基部心形；圆锥花序；花冠钟状，蓝色②或白色（另见278页）。产地同上；生沟谷林下。

桔梗的花冠阔钟状，裂片开展；荠苨的花冠钟状，较狭。

白头翁 毛茛科 白头翁属

Pulsatilla chinensis

Chinese Pasqueflower | báitóuwēng

多年生草本：叶于花期刚刚生出①，果期伸展，叶片宽卵形，长4.5～14厘米，掌状3全裂，裂片再次深裂（②右上）；花直立①，苞片3深裂；萼片紫色①；无花瓣；聚合瘦果有宿存花柱②。

产各区山地。生于村旁、山坡草地、灌丛中，早春极常见。

相似种：细叶白头翁【*Pulsatilla turczaninovii***，毛茛科 白头翁属】**叶三回羽状全裂，小裂片条形（③左下），宽1.5毫米；花俯垂，紫色③。产松山；生海拔1200米以上的山坡草地。**朝鲜白头翁【***Pulsatilla cernua***，毛茛科 白头翁属】**叶掌状二回3全裂，小裂片狭卵形（④左上），全缘或顶端3浅裂；花俯垂，紫色④。产东灵山、松山；生境同上。

白头翁叶掌状3全裂，裂片宽大，花直立；细叶白头翁叶三回羽裂，小裂片极细，花俯垂；朝鲜白头翁叶二回掌裂，小裂片较窄，花俯垂。

北京所产的朝鲜白头翁过去被误定为兴安白头翁*Pulsatilla dahurica*。

草芍药　山芍药　芍药科/毛茛科 芍药属

Paeonia obovata

Woodland Peony ｜ cǎosháoyào

多年生草本；茎无毛，基部生数枚鞘状鳞片；叶2～3枚，最下部的为二回三出复叶①，上部为三出复叶或单叶；顶生小叶倒卵形或宽椭圆形①，长11～18厘米，宽6～10厘米，下面无毛或沿脉疏生柔毛，侧生小叶较小，椭圆形；花顶生①；萼片3～5枚，绿色①，长1.2～1.5厘米；花瓣6，粉紫色②③，有时白色，倒卵形，长2.5～4厘米；雄蕊多数②；心皮2～4，无毛②；蓇葖果长2～3厘米，成熟时开裂，果皮反卷呈红色④。

产百花山、东灵山、玉渡山、海坨山、喇叭沟门、坡头。生于山坡或沟谷林下。

草芍药的叶为二回三出复叶，顶生小叶倒卵形，花顶生，大型，花瓣6，粉紫色，雄蕊多数，心皮无毛，果熟时开裂，果皮反卷呈红色。

草芍药在北京偶见白色花类型，限于篇幅，不再单列。

千屈菜　水柳　千屈菜科 千屈菜属

Lythrum salicaria

Purple Loosestrife ｜ qiānqūcài

多年生草本；茎直立，多分枝，四棱形或六棱形，被白色柔毛或近无毛；叶对生④，有时3枚轮生，狭披针形④，长3.5～6.5厘米，宽1～1.5厘米，无柄，有时基部略抱茎④；花序顶生①，花数朵簇生于叶状苞片腋内，具短梗；花萼筒状，萼筒外具12条细棱③，被毛，顶端具6齿，萼齿之间有尾状附属体；花瓣6，紫色①②，生于萼筒上部，长6～8毫米；雄蕊12，6长6短，排成2轮；子房上位，2室；蒴果包于萼内，2裂，裂片再2裂。

产各区平原和低山区。生于水边、河滩。

千屈菜的叶狭披针形，对生或轮生，花序顶生，花萼筒外具细棱，花紫色，6数，在干净的水边、河边易见到。

野鸢尾 射干鸢尾 白花射干 鸢尾科 鸢尾属

Iris dichotoma

Vesper Iris | yěyuānwěi

多年生草本；叶剑形①，基部互相套叠，长20～30厘米，宽1.5～2.5厘米，蓝绿色，边缘绿白色，顶端多弯曲呈镰刀形；花莛高大，二歧分枝①②，花3～5朵簇生，苞片膜质，绿色；干旱环境下花淡蓝白色（②右上），湿润环境下花紫色（②右下）；花被裂片6，有斑点和少数条纹；花柱分枝3，花瓣状；蒴果狭矩圆形（①左上），长3.5～4.5厘米；种子椭圆形，两端具翅状物。

产各区山地。生于向阳山坡灌草丛中，常见。

相似种：马蔺【*Iris lactea*，鸢尾科 鸢尾属】多年生草本；叶基生，多数，条形③，坚韧；花蓝紫色④，稀为白色，外轮花被裂片有条纹；蒴果长椭圆状柱形⑤，长4～6厘米。产各区平原和低山区；生河边沙地、山坡灌草丛中，民间常有栽培。

野鸢尾的叶宽短，常弯曲呈镰刀形，花序多花，花被裂片有斑点；马蔺的叶狭长，质硬，密丛生，花序少花，花被裂片有条纹。

紫苞鸢尾 矮紫苞鸢尾 鸢尾科 鸢尾属

Iris ruthenica

Purplebract Iris | zǐbāoyuānwěi

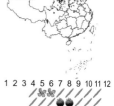

多年生草本；植株基部有纤维状枯死的叶鞘；叶条形①，长10～30厘米，宽达4毫米，扁平，灰绿色；花莛细弱，苞片2枚，有花1朵；花蓝紫色②，花被裂片6，外轮裂片中部白色，有蓝紫色条纹②；花柱分枝3，花瓣状；蒴果椭球形。

产各区山地。生于山地林缘、山脊灌丛下、亚高山草甸，常见。

相似种：粗根鸢尾【*Iris tigridia*，鸢尾科 鸢尾属】叶条形③，长10～30厘米，宽达3毫米；花莛具1花，蓝紫色③；外轮花被裂片有紫色和蓝色斑纹，中脉有黄色须毛状附属物④。产东灵山、延庆四海、密云新城子；生山坡草丛中。**细叶鸢尾**【*Iris tenuifolia*，鸢尾科 鸢尾属】叶丝状⑤，长20～50厘米，宽约1.5毫米；叶贴近地面，蓝绿色⑤；外轮花被裂片有紫色条纹⑤。产延庆康庄；生沙地。

粗根鸢尾的花被裂片有黄色须毛状附属物，其余二者仅有条纹；紫苞鸢尾的叶条形，稍宽；细叶鸢尾的叶极细。

薤白 小根蒜 石蒜科/百合科 葱属

Allium macrostemon

Longstamen Onion | xièbái

多年生草本；鳞茎近球形，外皮带黑色，纸质或膜质；叶3～5枚，半圆柱状，中空；花葶高大，伞形花序半球状至球状①，具多而密集的花，或间具珠芽（①右下）或有时全为珠芽；花淡紫色①；花被片矩圆状卵形，花丝比花被片稍长（①右下）。

产各区平原和低山区。生于村边、路旁、山坡灌草丛中，常见。

相似种：细叶韭【*Allium tenuissimum*，石蒜科/百合科 葱属】鳞茎聚生；叶丝状半圆柱形②，宽0.3～1毫米；伞形花序半球形，花梗等长③；花淡红色，雄蕊内藏③。产各区山地，生向阳山坡灌草丛中。**矮韭**【*Allium anisopodium*，石蒜科/百合科 葱属】鳞茎聚生；叶半圆柱状④，宽1～3毫米；伞形花序松散，花梗不等长⑤；花淡紫色⑤。产房山、延庆、怀柔、密云；生山坡草丛中。

薤白植株较高大，花序常有珠芽，其余二者植株较矮，花序全为花；细叶韭叶宽1毫米以下，花梗等长；矮韭叶宽1毫米以上，花梗不等长。

球序韭 石蒜科/百合科 葱属

Allium thunbergii

Japanese Onion | qiúxùjiǔ

多年生草本；鳞茎常单生，外皮纸质；叶三棱状条形①，宽2～5毫米，背面具1纵棱，呈龙骨状隆起；花葶圆柱状，中空，伞形花序球状，多花密集②；花紫红色，花丝和花柱均伸出花被外②。

产房山、门头沟、昌平、延庆。生于山坡林缘、灌草丛中。

相似种：长柱韭【*Allium longistylum*，石蒜科/百合科 葱属】多年生草本；鳞茎常数枚聚生；叶半圆柱状③，宽2～3毫米；花葶圆柱状，伞形花序球状③；花紫红色，花丝和花柱超出花被约1倍（③左下）。产东灵山、雾灵山；生亚高山林下。**雾灵韭**【*Allium stenodon*，石蒜科/百合科 葱属】多年生草本；鳞茎常数枚聚生；叶狭条形④；花序半球状，弯垂④；花蓝色或紫蓝色，花丝和花柱伸出花被外⑤。产百花山、东灵山、雾灵山；生境同上。

雾灵韭的花序半球状，向一侧弯垂，花偏蓝色，其余二者花序球状，花偏紫色；球序韭的叶扁平，较宽，长柱韭的叶半圆柱状，较窄。

山韭 山葱 野韭　石蒜科/百合科 葱属

Allium senescens

Aging Onion | shānjiǔ

多年生草本；鳞茎单生或数枚聚生，近圆锥状；叶条形，基部近半圆柱状，上部扁平①，宽4~10毫米；花葶圆柱状，伞形花序半球形至球形，多花密集②；花淡紫色，花丝比花被略长②。

产门头沟、延庆、怀柔、密云。生于山坡或山脊灌草丛中。

相似种：砂韭【*Allium bidentatum***，石蒜科/百合科 葱属】**鳞茎常紧密聚生；叶半圆柱状③，宽1~1.5毫米；伞形花序半球形④；花淡紫色，花丝略短于花被片④。产黄花坡、慕田峪、密云新城子；生山坡草丛中。**长梗韭【***Allium neriniflorum***，石蒜科/百合科 葱属】**鳞茎单生；叶近圆柱状⑤，宽1~3毫米；伞形花序疏散；花紫色⑤；花被片基部靠合成管状（⑤右上）。产房山、门头沟、昌平、延庆、怀柔、密云；生山坡草丛中、河边沙地。

长梗韭花被片基部合生成管状，其余二者离生；山韭叶扁平，花序球形密集，花丝长于花被；砂韭叶半圆柱状，花序半球形，花丝短于花被。

知母 穿地龙　天门冬科/百合科 知母属

Anemarrhena asphodeloides

Anemarrhena | zhīmǔ

多年生草本；根状茎横走；叶基生，禾叶状①，长15~60厘米，宽2~11毫米，基部渐宽而成鞘状；花葶远超出叶，总状花序细长①，可达50厘米；花淡粉色或带绿白色；花被片基部靠合成筒状（①右下）。蒴果狭椭圆形，顶端有短喙。

产各区山地。生于向阳山坡灌草丛中，常见。

相似种：绵枣儿【*Barnardia japonica***，天门冬科/百合科 绵枣儿属】**鳞茎卵圆形；叶狭条形②，长4~14厘米；总状花序，花淡粉色至紫红色③，有时近白色；蒴果三棱形。产地同上；生山坡林下、灌草丛中。**禾叶山麦冬【***Liriope graminifolia***，天门冬科/百合科 山麦冬属】**具根状茎和纺锤形小块根；叶细条形④，长20~40厘米；花葶与叶等长或稍短，总状花序；花淡紫色⑤。产上方山、十渡、十三陵、熊儿寨；生山坡草丛中、崖壁上。

知母植株高大，花序长达50厘米，其余二者植株稍矮，花序不超过30厘米；绵枣儿具鳞茎，叶质软；禾叶山麦冬具块根，叶质硬，禾叶状。

雨久花 雨久花科 雨久花属

Monochoria korsakowii

Heart-leaf False Pickerelweed | yǔjiǔhuā

多年生水生草本；根状茎粗壮；基生叶宽卵状心形，长3～8厘米，宽2.5～7厘米，顶端急尖或渐尖，基部心形，全缘，具多数弧状脉①；叶柄基部鞘状，有时膨大成囊状，茎生叶叶柄渐短；总状花序有花10余朵①；花被裂片6，蓝色①。

产海淀、房山、昌平、延庆、怀柔、平谷、顺义。生于水边、池塘中。

相似种：鸭舌草【*Monochoria vaginalis*，雨久花科 雨久花属】叶卵圆形②，长1.5～5厘米；叶柄基部鞘状；总状花序具3～8朵花，蓝色②，直径5～7毫米。产海淀、昌平；生境同上。**凤眼莲【*Eichhornia crassipes*，雨久花科 凤眼莲属】**浮水草本；叶宽菱形，长4～14厘米；叶柄中部膨大成气囊③；花蓝紫色③，上方1枚花被裂片较大，有1黄斑①。原产南美洲，各区有引种；生池塘中，在北京不能越冬。

凤眼莲上方1枚花被裂片有黄斑，其余二者花被裂片相同；雨久花植株高大，花序多花，鸭舌草植株矮缓，花序少花。

农吉利 野百合 豆科 猪屎豆属

Crotalaria sessiliflora

Pedicel-less Rattlebox | nóngjílì

多年生直立草本；茎被紧贴粗糙的长柔毛；单叶，形状变异较大，条形或条状披针形①③，两端渐尖，长3～8厘米，宽0.5～1厘米，上面近无毛，下面密被丝质短柔毛；托叶条形；总状花序顶生、腋生或密生枝顶形似头状；苞片条状披针形，小苞片与苞片同形，成对生萼筒基部；花梗短，长约2毫米；花萼二唇形，长10～15毫米，密被棕褐色长柔毛①③，萼齿阔披针形，先端渐尖；花冠蓝色②，大部分被包于萼内，旗瓣矩圆形，长7～10毫米，先端钝或凹，反卷，基部具胼胝体2枚，翼瓣矩圆形，约与旗瓣等长，龙骨瓣中部以上变狭，形成长喙；荚果短圆柱形，长约10毫米，包被于萼内③，无毛④；种子10～15颗。

产怀柔、密云。生于山坡草丛中。

农吉利的叶为单叶，条状披针形，花冠蓝色，果实无毛，包于密被棕褐色长柔毛的花萼内。

蔓黄芪 背扁黄芪 膨果豆 豆科 蔓黄芪属
Phyllolobium chinense
Flat Milkvetch | mànhuángqí

多年生草本；茎平卧，有棱；奇数羽状复叶①，互生，小叶9～25枚，椭圆形，长5～18毫米，先端钝或微缺，上面无毛，下面疏被粗伏毛；总状花序腋生，具3～7朵花①；总花梗疏被粗伏毛；花萼钟状，被毛，萼齿披针形；花冠紫红色①；子房有柄，被毛；荚果略膨胀，狭矩圆形，两端尖，背腹扁②；种子肾形。

产各区山地。生于山坡路旁、草丛中。

相似种：灰叶黄芪【*Astragalus discolor*，豆科黄芪属】多年生草本；全株灰绿色；奇数羽状复叶③，小叶狭椭圆形，长4～13毫米，下面密被毛，灰绿色；总状花序较长；花冠紫色④；荚果扁平，条状矩圆形。产昌平；生山坡路旁。

蔓黄芪茎平卧，小叶较宽，荚果背腹扁；灰叶黄芪茎直立，小叶较窄，叶背灰绿色。

1 2 3 4 5 6 7 8 9 10 11 12

1 2 3 4 5 6 7 8 9 10 11 12

达乌里黄芪 兴安黄芪 豆科 黄芪属
Astragalus dahuricus
Dahurian Milkvetch | dáwūlǐhuángqí

多年生草本；茎有白色疏长毛；奇数羽状复叶①，小叶11～21枚，矩圆形或狭矩圆形，长10～25毫米，宽3～6毫米，先端钝，上面近无毛，下面白色长柔毛；总状花序腋生，花密集①，初为球状，后逐渐伸长；花萼钟状，萼齿条形或刚毛状②；花冠紫色②，子房有长柔毛，有柄；荚果圆筒形，略弯①，长1.5～3厘米，先端有硬尖，被疏毛。

产各区山地。生于村边、山坡路旁、灌草丛中，常见。

相似种：斜茎黄芪【*Astragalus laxmannii*，豆科黄芪属】多年生草本；奇数羽状复叶③，小叶7～23枚，椭圆形，长1～3厘米；总状花序腋生，长圆柱状③，多花密集；萼齿狭披针形④；花冠紫红色；荚果圆筒形。产房山、门头沟、昌平、延庆、密云；生山坡草地、沟边、林缘、灌丛中。

达乌里黄芪植株被毛较多，花序较短，萼齿条形，极细；斜茎黄芪植株被毛较少，花序长而密集，萼齿狭披针形，较宽。

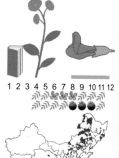

1 2 3 4 5 6 7 8 9 10 11 12

1 2 3 4 5 6 7 8 9 10 11 12

蓝花棘豆 紫花棘豆 豆科 棘豆属

Oxytropis caerulea

Subfalcate Crazyweed | lánhuājídòu

多年生草本，近无茎；奇数羽状复叶①，长7~18厘米，小叶8~20对，卵形或矩圆形①，长3~25毫米，宽2~9毫米，两面疏生平贴长柔毛；花多数排成疏生的总状花序①，比叶长；花萼钟状，萼齿披针形，与筒几等长；花冠蓝紫色或紫色②，龙骨瓣有长约3毫米的喙；荚果卵状披针形。

产房山、门头沟、昌平、延庆。生于山坡草地、林缘、亚高山草甸。

相似种：窄膜棘豆【*Oxytropis moellendorffii***，豆科 棘豆属】**多年生草本；奇数羽状复叶④，小叶6~10对，披针形或狭披针形④，长5~11毫米，两面疏被短硬毛；总状花序近圆，具3~5朵花③；花冠紫色③；荚果矩圆形，膨胀。产百花山、东灵山；生亚高山草甸。

蓝花棘豆植株较高大，小叶对数较多，花序具10余朵花；窄膜棘豆植株矮小，小叶对数较少，花序具3~5朵花。

二色棘豆 地角儿苗 豆科 棘豆属

Oxytropis bicolor

Bicolor Crazyweed | èrsèjídòu

多年生草本，无地上茎；羽状复叶基生，小叶4片轮生①②，披针形，长3~23毫米，宽1.5~6.5毫米，密被绢状长柔毛；总状花序多花；花萼筒状，密被长柔毛；花冠紫红色，旗瓣上有黄色斑点②，龙骨瓣先端具喙；荚果矩圆形，密被长柔毛。

产房山、门头沟、昌平、延庆。生于山坡路旁、田边、河滩。

相似种：硬毛棘豆【*Oxytropis hirta***，豆科 棘豆属】**叶、总花梗及花萼密生长硬毛；羽状复叶，小叶近对生③；总状花序圆筒状③；花蓝紫色（③左下）。产门头沟、昌平、延庆、怀柔、密云；生干旱山坡林缘、灌草丛中。**砂珍棘豆【***Oxytropis racemosa***，豆科 棘豆属】**羽状复叶，小叶轮生④；总状花序短小；花紫红色（④左上）；荚果膜质，球形，膨胀④。产丰台、昌平、延庆；生河滩沙地。

硬毛棘豆小叶对生，花序圆筒状，其余二者小叶轮生；二色棘豆旗瓣有黄斑，荚果矩圆形；砂珍棘豆旗瓣无斑，荚果球形，膨胀。

米口袋　少花米口袋　豆科 米口袋属

Gueldenstaedtia verna

Spring Gueldenstaedtia　|　mǐkǒudài

多年生草本；根具锥状，无地上茎；奇数羽状复叶①②，小叶11～21枚，椭圆形①②，长6～22毫米，宽3～8毫米，花后增大；叶、托叶、花萼、花梗均有长柔毛①，极少无毛；伞形花序有4～6朵花；花萼钟状，上2萼齿较大；花冠紫色①，旗瓣卵形，龙骨瓣极短；荚果圆筒状，形似口袋③，无假隔膜，长17～22毫米；种子多数③，肾形。

产各区山地。生于山坡或沟谷林缘、路旁，早春极常见。

相似种:狭叶米口袋【Gueldenstaedtia stenophylla，豆科 米口袋属**】**多年生草本；奇数羽状复叶，小叶7～19枚，条形或长椭圆形④⑤；花冠淡粉色⑤，有时白色；荚果圆筒状④。产各区低山地区；生田边、水边、路旁，较上种少见。

米口袋的小叶为椭圆形，较宽，花紫色，长约13毫米；狭叶米口袋的小叶为条形，较窄，花淡粉色，长约8毫米。

有观点认为米口袋与狭叶米口袋应为同一种。

甘草　豆科 甘草属

Glycyrrhiza uralensis

Ural Licorice　|　gāncǎo

多年生草本；根与根状茎粗壮，外皮褐色，里面淡黄色，具甜味；茎、叶、花序均被鳞片状腺点和柔毛；奇数羽状复叶①，互生，小叶5～17枚，卵形或长卵形①，长1.5～5厘米，宽0.8～3厘米；总状花序腋生①，多花；花萼钟状，基部偏斜并膨大呈囊状；花冠紫色或粉白色②；荚果弯曲呈镰刀状或环状，密生瘤状突起和刺腺毛③。

产门头沟、延庆。生于干旱山坡。

相似种:刺果甘草【Glycyrrhiza pallidiflora，豆科 甘草属**】**多年生草本；奇数羽状复叶⑤，小叶9～15枚，披针形，长2～6厘米；总状花序腋生，花密集成球状；花冠粉紫色⑤；荚果卵球形，密生硬刺④。产丰台、延庆、大兴；生水边、河滩。

甘草的花序稀疏，果扁平弯曲，被刺腺毛；刺果甘草的花序紧密，果较膨大，被硬刺。

山黧豆　五脉叶香豌豆　豆科 山黧豆属

Lathyrus quinquenervius

Fivevein Vetchling　│　shānlídòu

多年生草本；茎通常直立，单一，具棱及翅；偶数羽状复叶①，互生，小叶1～2对，条状披针形②，长3.5～8毫米，宽5～8毫米，具5条平行脉，叶轴末端具不分枝的卷须②，下部叶的卷须短，成针刺状；总状花序腋生，具5～8朵花，萼钟状，被短柔毛；花紫蓝色①；荚果条形，长3～5厘米。

产东灵山。生于亚高山草甸。

相似种：矮山黧豆【*Lathyrus humilis*，豆科 山黧豆属】多年生草本；偶数羽状复叶③，小叶3～4对，卵形或椭圆形③，长2～3厘米，叶轴末端具卷须；总状花序腋生，具2～4朵花；花紫红色③；荚果条形。产东灵山、海坨山：生山坡林下。

山黧豆小叶1～2对，条状披针形，较窄；矮山黧豆小叶3～4对，卵形或椭圆形，较宽。

歪头菜　豆科 野豌豆属

Vicia unijuga

Two-leaf Vetch　│　wāitóucài

多年生草本；茎数条丛生，具棱，偶数羽状复叶，小叶1对，卵状披针形或近菱形①，长3～7厘米，宽1.5～4厘米，先端渐尖；总状花序腋生①，明显长于叶，花8～20朵，偏向一侧①；花萼斜钟状；花冠蓝紫色或紫红色②；荚果矩圆形③，略扁平，长2～3.5厘米；嫩叶可食。

产各区山地。生于山坡林缘、林下、亚高山草甸，极常见。

相似种：北野豌豆【*Vicia ramuliflora*，豆科 野豌豆属】多年生草本；偶数羽状复叶，小叶通常3对④，长卵圆形，长3～8厘米；总状花序腋生，或有分枝而成圆锥花序；花蓝紫色④；荚果矩圆状菱形。产门头沟、延庆；生沟谷林下阴湿处。

歪头菜小叶1对；北野豌豆小叶3对。

山野豌豆　豆科 野豌豆属

Vicia amoena

Pleasant Vetch ｜ shānyěwāndòu

1 2 3 4 5 6 7 8 9 10 11 12

　　多年生草本；茎具棱，多分枝，斜升或攀缘；偶数羽状复叶①，小叶4~8对，椭圆形（①左下），长1.3~4厘米，宽0.5~1.8厘米，叶轴顶端有分叉的卷须；总状花序腋生①，花10~25朵密集聚生于花序轴上部；花紫红色或蓝紫色①；荚果矩圆形②，长1.8~2.8厘米；种子1~6粒，圆形。

　　产各区山地。生于山坡林缘、灌木丛中、亚高山草甸，极常见。

　　相似种：广布野豌豆【*Vicia cracca*，豆科 野豌豆属】多年生草本；偶数羽状复叶④，小叶5~12对，条形（④左下），长1.1~3厘米，宽0.2~0.5厘米；总状花序具10~40朵花；花冠紫色或蓝紫色④；荚果矩圆形③。产门头沟、延庆、怀柔、密云；生山坡草地、林缘。

1 2 3 4 5 6 7 8 9 10 11 12

　　山野豌豆的小叶椭圆形，较宽，花序具10~25朵花；广布野豌豆的小叶条形，较窄，花序具10~40朵花。

大花野豌豆　三齿萼野豌豆　豆科 野豌豆属

Vicia bungei

Bunge's Vetch ｜ dàhuāyěwāndòu

1 2 3 4 5 6 7 8 9 10 11 12

　　一年生草本；茎四棱，多分枝；偶数羽状复叶①，互生，小叶2~5对，矩圆形，长6~25毫米，宽4~7毫米，叶轴先端有卷须；总状花序腋生，具花2~4朵①；花冠紫色②；荚果矩圆形，略膨胀。

　　产各区平原和低山区。生于田边、路旁、草丛中，常见。

　　相似种：大野豌豆【*Vicia sinogigantea*，豆科 野豌豆属】多年生草本；小叶3~6对，椭圆形③，长1.5~3厘米；花序具6~12朵花③，长于叶；花粉白色或紫色③。产房山、门头沟、延庆、怀柔、密云；生山坡林缘、灌草丛中。**大叶野豌豆【*Vicia pseudo-orobus*，豆科 野豌豆属】**多年生草本；小叶2~5对，卵形，长3~6厘米；花序具15~30朵花④；花紫色④。产地同上；生境同上。

1 2 3 4 5 6 7 8 9 10 11 12

　　大花野豌豆花序具2~4朵花，花较大，长约2厘米；大野豌豆小叶椭圆形，较小，花序具6~12朵花，花短于8毫米；大叶野豌豆小叶卵形，较大，花序极多花，花长于1厘米。

苜蓿 紫苜蓿 豆科 苜蓿属

Medicago sativa

Lucerne │ mùxu

多年生草本；茎多分枝；三出复叶①，互生，小叶倒卵形或倒披针形①，长1~2厘米，宽约0.5厘米，先端圆，上部叶缘有锯齿②，两面有白色长柔毛；总状花序腋生②；花萼有柔毛，萼齿狭披针形；花冠紫色①；荚果螺旋状①（①左下）。

原产亚洲西部，我国自汉代时引入，各区低山地区均有分布。生于田边、路旁、草丛中，常见。

相似种：长萼鸡眼草【*Kummerowia stipulacea*，豆科 鸡眼草属】一年生草本；茎平卧，被向上的硬毛；三出复叶，小叶倒卵形③，长7~20毫米；花1~2朵簇生叶腋，紫红色③；荚果长为萼的2倍。产各区平原和低山区；生田边、路旁、山坡草丛中。

鸡眼草【*Kummerowia striata*，豆科 鸡眼草属】茎被向下的细毛；小叶长倒卵形④，花紫色④；荚果较萼稍长。产门头沟、延庆；生水边草丛中。

苜蓿的叶有齿，花序多花，其余二者叶全缘，花1~2朵簇生；长萼鸡眼草叶较宽，荚果长为萼的2倍；鸡眼草叶较窄，荚果较萼稍长。

远志 小草 远志科 远志属

Polygala tenuifolia

Thin-leaf Milkwort │ yuǎnzhì

多年生草本；茎纤细，多分枝；叶互生，条形①，长1~4厘米，宽1~3毫米；总状花序多腋生；花蓝紫色或淡蓝色，似蝶形花②；萼片5，内轮2片花瓣状；花瓣3，中央1片顶端有流苏状附属物②；蒴果近倒卵形②（②左上），扁平，边缘有狭翅。

产各区山地。生于山坡林缘、石缝、灌草丛中，极常见。

相似种：西伯利亚远志【*Polygala sibirica*，远志科 远志属】多年生草本；叶披针形③，长1~3厘米，宽3~6毫米；总状花序；花蓝紫色③；蒴果近倒心形。产地同上；生境同上。**小扁豆【*Heterosamara tatarinowii*，远志科 小扁豆属】**一年生小草本；叶宽卵形④，长0.8~2毫米；花序顶生；花粉色⑤；蒴果扁圆形⑤。产金山、潭柘寺、上方山、十三陵、箭扣、崎峰山；生山坡灌丛下，少见。

小扁豆植株矮小，高约10厘米，叶宽卵形，花粉色，其余二者植株稍高大，花蓝紫色；远志叶条形，很窄；西伯利亚远志叶披针形，较宽。

筋骨草

唇形科 筋骨草属

Ajuga ciliata

Ciliate Bugle | jīngǔcǎo

多年生草本；叶对生，卵状椭圆形至狭椭圆形①，长4～7.5厘米，宽3.2～4毫米，边缘有不整齐的牙齿①；轮伞花序多花，排成假穗状花序；苞片叶状，有时紫红色；花萼漏斗状钟形，10脉，裂齿5，外面有微毛；花冠紫色②，具蓝色条纹，上唇直立，下唇伸展，中裂片倒心形；雄蕊伸出；小坚果卵状三棱形。

产房山、昌平、怀柔、密云、平谷。生于沟谷林缘、林下。

相似种：多花筋骨草【*Ajuga multiflora*，唇形科筋骨草属】多年生草本；茎密被灰白色长柔毛；叶椭圆形③，长1.5～4厘米，两面被糙伏毛，边缘有波状齿③；轮伞花序生于茎中上部；花萼外面密被长柔毛；花冠蓝紫色③。产昌平、延庆；生河滩。

筋骨草的茎和花萼无毛或被疏毛，花序生茎顶；多花筋骨草的茎和花萼被长柔毛，花序生茎中部和上部。

水棘针

唇形科 水棘针属

Amethystea caerulea

Amethystea | shuǐjízhēn

一年生草本；茎四棱形，被柔毛；叶对生，叶片纸质，三角形或近卵形，3深裂③，稀不裂或5裂，裂片披针形，边缘具粗锯齿或重锯齿，中裂片长2.5～4.7厘米，宽0.8～1.5厘米，侧裂片长2～3.5厘米，宽0.7～1.2厘米，基部不对称；松散具长梗的聚伞花序组成圆锥状花序①②；苞叶与茎叶同形，渐小；花萼钟形，具10脉，萼齿5，三角形，果时增大；花冠蓝色③，二唇形；雄蕊4，前对能育，生于下唇基部，花芽时内卷，花时向后伸长，自上唇裂片间伸出③；小坚果倒卵状三棱形。

产各区山地。生于山坡路旁、水边、草丛中。

水棘针的叶对生，叶片3深裂，聚伞花序排成圆锥状，花蓝色。

黄芩

唇形科 黄芩属

Scutellaria baicalensis

Baikal Skullcap | huángqín

多年生草本；叶对生，条状披针形①，长1.5～4.5厘米，宽0.5～1.2厘米，全缘；总状花序顶生②，长7～20厘米；花萼基部有囊状突起的盾片（①左上），果时极增大；花冠蓝紫色①；小坚果卵球形；民间以叶晒干做茶饮，称"黄芩茶"。

产各区山地。生于山坡林缘、林下、灌草丛中，常见。

相似种：京黄芩【*Scutellaria pekinensis*，唇形科黄芩属】一年生草本；叶卵形②，长1.4～5厘米，边缘有圆钝锯齿②；花序顶生；花冠淡蓝紫色②。产海淀、房山、门头沟、延庆、密云；生山坡林下、沟谷林缘。**大齿黄芩**【*Scutellaria macrodonta*，唇形科 黄芩属】多年生草本；叶长披针形③，长2～4厘米，宽0.8～1.4厘米，边缘具少数牙齿状锯齿③；花序顶生；花冠紫色③。产房山、门头沟、延庆、密云；生山坡林缘、林下。

三者均为顶生总状花序；黄芩叶窄，全缘；京黄芩叶宽，具圆钝锯齿；大齿黄芩具牙齿状锯齿。

并头黄芩

唇形科 黄芩属

Scutellaria scordifolia

Twinflower Skullcap | bìngtóuhuángqín

多年生草本；叶对生，具短柄，叶片三角状狭卵形至披针形①，长1.5～3.8厘米，宽0.4～1.4厘米，边缘具浅锐锯齿①，下面沿脉上疏被小柔毛；花单生于茎上部叶腋内，偏向一侧①；花萼具盾片①，果时增大；花冠蓝紫色①；小坚果椭圆形。

产各区山地。生于山坡林缘、林下、亚高山草甸，常见。

相似种：狭叶黄芩【*Scutellaria regeliana*，唇形科 黄芩属】多年生草本；叶狭披针形②，长1.7～3.3厘米，宽3～6毫米，边缘全缘；花蓝紫色③。产延庆康庄；生路旁。**纤弱黄芩**【*Scutellaria dependens*，唇形科 黄芩属】一年生草本；叶卵状三角形④，长0.5～2厘米，宽0.3～1厘米，边缘有不规则的浅钝牙齿或全缘；花单生叶腋，淡蓝色④。产房山史家营、松山、喇叭沟门；生沟谷林下。

三者均为单花腋生；并头黄芩叶较宽大，边缘有明显锯齿；狭叶黄芩叶较窄，全缘；纤弱黄芩植株矮小，叶、花均长1厘米以下。

丹参 唇形科 鼠尾草属

Salvia miltiorrhiza

Dan-shen | dānshēn

多年生草本；根肥厚，肉质，红色；奇数羽状复叶①，对生，小叶3~5，长1.5~8厘米，宽1~4厘米，卵圆形，边缘具圆齿，草质，两面被疏柔毛，下面较密；轮伞花序具6花至多花，下部者疏离，上部者密集，组成顶生或腋生的总状花序①；苞片披针形，全缘；花萼钟形，带紫色；花冠蓝紫色②，二唇形；能育雄蕊2，伸至上唇；花柱伸出上唇，先端2裂，后裂片极短；小坚果椭圆形。

产各区山地。生于山坡林缘、沟谷林下。

相似种：萌生鼠尾草【*Salvia umbratica*，唇形科 鼠尾草属】一年或二年生草本；叶片三角形或卵圆状三角形③，长3~16厘米，基部戟形；轮伞花序疏离，组成顶生及腋生总状花序③；花冠蓝紫色④。产门头沟、昌平、延庆、密云；生山坡或沟谷林缘、林下、路旁。

丹参为奇数羽状复叶；萌生鼠尾草为单叶，三角形，基部戟形。

荔枝草 雪见草 唇形科 鼠尾草属

Salvia plebeia

Plebeian Sage | lìzhīcǎo

二年生草本；基生叶数枚，叶面极皱（①左下）；茎生叶对生，叶片椭圆状卵形或披针形①，长2~6厘米，叶面稍皱；叶柄长0.4~1.5厘米；轮伞花序具6花，密集成顶生的假圆锥花序①；苞片披针形，细小；花萼钟形，长2.7毫米，外被长柔毛②；花冠淡粉色至蓝紫色②；能育雄蕊2；小坚果倒卵圆形，光滑。

产各区平原和低山区。生于房前屋后、田边、山坡路旁、草丛中，极常见。

相似种：薄荷【*Mentha canadensis*，唇形科 薄荷属】多年生草本；植株有香气；叶对生，叶片矩圆状披针形③，边缘有粗锯齿；花冠淡紫色（③左上），有时白色，4裂，近辐射对称（③左上），上裂片稍大；小坚果卵珠形。产各区平原地区；生水边、沟边，民间常有栽培。

荔枝草叶面极皱，轮伞花序密集成圆锥状，顶生，花冠二唇形；薄荷叶面不皱，轮伞花序腋生，球形，花冠近辐射对称。

麻叶风轮菜 风车草 唇形科 风轮菜属
Clinopodium urticifolium
Nettle-leaf Clinopodium | máyèfēnglúncài

多年生草本；茎被向下的短硬毛；叶对生，叶片卵形至卵状披针形①，长3～5.5厘米，上面被极疏的短硬毛，下面被稀疏贴生具节疏柔毛；叶柄长2～12毫米；轮伞花序多花，半球形①，具长3～5毫米的总花梗；苞片条形②，明显主中脉，被平展长硬毛；花萼狭筒状，外被平展白色纤毛及具腺微柔毛；花冠紫红色②，二唇形；小坚果倒卵球形。

产房山、门头沟、昌平、延庆、怀柔、密云。生于山坡草丛中、沟谷水边。

相似种：活血丹【*Glechoma longituba*，唇形科活血丹属】多年生草本；叶片心形③，长1.8～2.6厘米，边缘具圆齿；轮伞花序少花；花冠淡紫色③，下唇具深色斑点。产昌平、怀柔、密云；生沟谷林缘、水边。

麻叶风轮菜茎直立，叶卵状披针形，轮伞花序多花，花较小；活血丹茎稍匍上升，叶心形，轮伞花序少花，花较大。

百里香 地角花 唇形科 百里香属
Thymus mongolicus
Mongolian Thyme | bǎilǐxiāng

亚灌木，植株有浓烈香气；茎匍匐或斜升，有不育枝；叶对生，叶片卵形①，长4～10毫米，宽2～4.5毫米，先端钝或稍锐尖，基部楔形或渐狭，侧脉2～3对，具腺点；花序头状①②，顶生，苞叶与叶同形；花萼筒状钟形，内面在喉部有白色毛环，萼齿三角形②；花冠粉紫色②；小坚果近圆形。

产房山、门头沟、延庆。生于海拔1000米以上的山坡或沟谷林下。

相似种：地椒【*Thymus quinquecostatus*，唇形科百里香属】亚灌木，植株有浓烈香气；叶片矩圆状披针形③，长7～13毫米，宽1.5～3毫米；花序顶生③；花萼筒状钟形，萼齿条形④；花冠粉紫色④。产房山、门头沟、昌平、延庆、密云；生中低海拔向阳山坡灌草丛中或岩石上。

百里香的叶卵形，较宽，花萼上裂片的萼齿三角形；地椒的叶矩圆状披针形，较窄，花萼上裂片的萼齿条形。

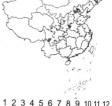

糙苏
唇形科 糙苏属

Phlomoides umbrosa

Shady Jerusalem Sage | cāosū

多年生草本；茎多分枝；叶对生，叶片近圆形、圆卵形至卵状矩圆形①②，长5.2～12厘米；叶柄长3～12厘米；轮伞花序多数，生主茎及分枝上①②，其下有被毛的条状钻形苞片③；花萼筒状，萼齿顶端具小刺尖；花冠粉色③，上唇边缘有不整齐的小齿，边缘有髯毛③。

产各区山地。生于山坡或沟谷林缘、林下、草丛中，极常见。

相似种：块根糙苏【Phlomoides tuberosa**，唇形科 糙苏属】**多年生草本，具增粗的块根；基生叶具长柄，茎生叶具短柄，叶片三角状披针形④，长5.5～19厘米，边缘具圆齿，两面被毛；轮伞花序多花；花冠紫红色，上唇边缘具髯毛⑤。产东灵山；生亚高山林下、水边。

糙苏无基生叶，叶片卵形，较宽短；块根糙苏具基生叶，叶片三角状披针形，较窄长。

华水苏
唇形科 水苏属

Stachys chinensis

Chinese Hedgenettle | huáshuǐsū

多年生草本；茎疏被倒向柔毛状刚毛；叶对生，矩圆状条形①，长5.5～8.5厘米，宽1～1.5厘米，边缘具锯齿状圆齿，两面疏被小刚毛；轮伞花序通常6花，排成长穗状花序①；花萼钟形，疏被刚毛（①右下）；花冠粉紫色①，下唇有条纹。

产海淀、门头沟、昌平、延庆、怀柔。生于水边、溪流边。

相似种：毛水苏【Stachys baicalensis**，唇形科 水苏属】**植株密被白色长柔毛及小刚毛；叶矩圆状披针形③，长4～11厘米，边缘具圆齿；花萼密被刚毛②；花冠粉紫色②。产昌平、密云；生境同上。

甘露子【Stachys sieboldii**，唇形科 水苏属】**多年生草本；根茎顶端有念珠状的肥大块茎⑤；叶狭卵形④，长3～12厘米，叶面皱；花冠紫色④，有条纹。产房山、延庆、怀柔、密云；生沟谷水边。

甘露子有念珠状块茎，叶较宽，其余二者无块茎；华水苏茎、叶和花萼疏被小刚毛；毛水苏茎、叶、花萼密被长柔毛和刚毛。

香青兰 蓝秋花 香花子 唇形科 青兰属

Dracocephalum moldavica

Moldavian Dragonhead | xiāngqīnglán

一年生草本；茎直立或渐升，常在中部以下分枝；基生叶卵圆状三角形，具疏圆齿和长柄，很快枯萎；茎生叶与基生叶近似，对生，叶片披针形②，长1.4~4厘米，宽0.4~1.2厘米，具齿，基部常具长刺①②；轮伞花序，每轮常具4花；苞片有毛和齿，齿具长刺；花冠淡蓝紫色①，外面被毛，具深紫色斑点①；雄蕊微伸出；小坚果矩圆形。

产各区山地。生于山坡路旁、灌草丛中、河滩，常见。

相似种：光萼青兰【*Dracocephalum argunense***，**唇形科 青兰属】多年生草本；叶片条状披针形，长2~6厘米，宽3~6毫米，全缘③；轮伞花序少数几个生于茎顶③，稍密集；花萼钟状，下部被毛，上部无毛；花冠蓝紫色③，长3.3~4厘米。产密云；生山坡草丛中。

香青兰的叶缘有齿和刺，轮伞花序多数，生于茎中上部；光萼青兰的叶全缘，轮伞花序少数生于茎顶。

岩青兰 毛建草 毛尖草 唇形科 青兰属

Dracocephalum rupestre

Rupestrine Dragonhead | yánqīnglán

多年生草本；基生叶多数，花期存在，叶片三角状卵形①，长1.4~5.5厘米，宽1.2~4.5厘米，基部常为深心形，边缘具圆锯齿①，茎生叶对生，较基生叶为小；轮伞花序四轮，密集成头状①；花萼二唇形，上唇3裂，下唇2裂，裂齿披针形；花冠蓝色②，二唇形，上唇盔状，微凹②。

产房山、门头沟、延庆、怀柔、密云。生于山坡石缝中、亚高山草甸。

相似种：康藏荆芥【*Nepeta prattii***，唇形科 荆芥属】**多年生草本；叶对生，叶片披针形，边缘具牙齿状锯齿④；轮伞花序生于茎枝上部③，下部的远离，顶部的密集成穗状，多花而紧密；花冠淡紫色⑤，长2.5~2.8厘米，上唇深2裂，下唇3裂。产雾灵山；生亚高山草甸。

岩青兰叶片三角状卵形，边缘具圆齿，花冠上唇微凹；康藏荆芥叶片披针形，边缘具牙齿状锯齿，花冠上唇深裂。

细叶益母草

唇形科 益母草属

Leonurus sibiricus

Sibirian Motherwort | xìyèyìmǔcǎo

一年或二年生草本；叶对生，掌状3全裂①，裂片再分裂成条状小裂片，花序上的叶3全裂①；轮伞花序多花；花冠粉紫色①，二唇形，上唇密被长柔毛，下唇短于上唇（①右下）；小坚果三棱形。

产各区山地。生于山坡林缘、草丛中，常见。

相似种：益母草【*Leonurus japonicus*，唇形科 益母草属】叶掌状3裂②，裂片再分裂，花序上的叶呈条状披针形，全缘、浅裂或具稀疏牙齿；花冠粉紫色②，下唇稍长于上唇（②左下），边缘反卷。产地同上；生山坡林缘、田边、路旁、草丛中，常见。**大花益母草**【*Leonurus macranthus*，唇形科 益母草属】多年生草本；叶卵圆形，羽状浅裂或具粗锯齿③；花冠淡紫红色④，长2.5～2.8厘米。产房山、门头沟、延庆、密云；生山坡灌草丛中。

大花益母草的叶羽裂，花大，长于2.5厘米，其余二者的叶掌裂，花不超过2厘米；细叶益母草花序上的叶3全裂，花冠下唇短于上唇；益母草花序上的叶全缘或浅裂，花冠下唇长于上唇。

内折香茶菜

唇形科 香茶菜属

Isodon inflexus

Inflexed Isodon | nèizhéxiāngchácài

多年生草本；叶对生，叶片卵圆形或菱状卵形①，长3～8厘米，两面疏被短柔毛；叶柄上部有翅；聚伞花序具梗，3～5朵生，组成顶生和腋生的狭圆锥花序①；苞片与叶同形，渐变小，小苞片条状披针形；花萼钟状；花冠蓝色②，外有微柔毛，下唇较花冠筒长；雄蕊4，包藏在下唇内②；小坚果椭圆形，无毛。

产各区山地。生于山坡或沟谷林缘、林下、灌草丛中，常见。

相似种：蓝萼香茶菜【*Isodon japonicus* var. *glaucocalyx*，唇形科 香茶菜属】多年生草本；叶卵形④，长6.5～13厘米，边缘有粗锯齿；聚伞花序具3～5朵花，组成疏松的圆锥花序④；花萼蓝灰色，花冠粉紫色或有时近白色③，雄蕊及花柱伸出花冠外③。产地同上；生境同上。

内折香茶菜花序较密集，雄蕊藏于花冠下唇内；蓝萼香茶菜花序大而疏松，雄蕊外露。

角蒿 羊角草 紫葳科 角蒿属

Incarvillea sinensis

Chinese Incarvillea | jiǎohāo

一年生草本；茎圆柱形，有条纹；茎下部的叶对生，分枝上的叶互生，二至三回羽状分裂①，羽片4~7对，末回裂片条形或条状披针形②；花序总状①，有4~18朵花；花梗长约1厘米，基部有1苞片和2小苞片；花萼钟状，萼齿钻形，被微柔毛，长4~10毫米，基部膨胀；花冠二唇形，紫红色②③，常常开放几小时即脱落；花冠筒内基部有腺毛，裂片圆或凹入；雄蕊4枚；蒴果圆柱形，先端渐尖，呈角状④，长3.8~11厘米；种子卵形，有翅，宽1~2毫米。

产各区山地。生于村边、山坡路旁、灌草丛中，常见。

角蒿的花序总状，花冠二唇形，紫红色，叶多回羽裂，似蒿属植物，果实角状，故名"角蒿"。

旋蒴苣苔 牛耳草 猫耳朵 苦苣苔科 旋蒴苣苔属

Dorcoceras hygrometrica

Hygrometric Dorcoceras | xuánshuòjùtái

多年生草本；叶基生，莲座状①，无柄，叶片卵圆形②，长1.8~7厘米，宽1.2~5.5厘米，下面被贴伏长茸毛，边缘具牙齿或波状浅齿②；聚伞花序伞状，2~5条，每花序具2~5花①；花萼钟状，5裂至近基部；花冠淡蓝紫色③，二唇形，外面近无毛；花柱伸出；蒴果矩圆形，长3~3.5厘米，成熟后螺旋状卷曲（①左上）。

产各区山地。生于阴面土坡或石壁上，常见。

相似种：珊瑚苣苔【*Corallodiscus lanuginosus***，苦苣苔科 珊瑚苣苔属】**多年生草本；叶基生，莲座状，矩圆形⑤，长2~4厘米；聚伞花序分枝⑤，具3~10花；花萼5裂至近基部；花冠筒状④，粉紫色；雄蕊和花柱内藏④；蒴果条形。产百花山；生中高海拔阴湿石壁上。

旋蒴苣苔花萼钟状，开展，果成熟后螺旋状卷曲；珊瑚苣苔花冠筒状，不开展，果不卷曲。

透骨草 | 药曲草 透骨草科 透骨草属

Phryma leptostachya subsp. *asiatica*

Asian Lopseed | tòugǔcǎo

多年生草本；叶对生，卵形至卵状披针形②，长3～11厘米，宽2～7厘米，基部楔形下延成叶柄，边缘有钝齿②，两面疏生细柔毛；穗状花序细长①②；花小，多数，花期向上或平展，花后向下方贴近总花梗①；花萼筒状，裂片5；花冠淡紫色①，上唇3裂，下唇2裂；瘦果下垂，棒状，长6～8毫米，包在宿存花萼内。

产各区山地。生于沟谷林下、阴湿处，常见。

相似种：陌上菜【*Lindernia procumbens*，母草科/玄参科　陌上菜属】一年生矮小草本；茎自基部多分枝；叶对生，椭圆形③，长1～2.5厘米，全缘，基出脉3～5条；花单生叶腋；花冠粉色（③左下）。产海淀、昌平、顺义；生路旁湿润处。

二者花均较小；透骨草植株较高大，穗状花序，花梗果期下弯贴近总花梗，生于山区；陌上菜植株矮小，花单生叶腋，生于平原湿润处。

通泉草 | 通泉草科/玄参科 通泉草属

Mazus pumilus

Japanese Mazus | tōngquáncǎo

一年生草本；植株无毛或被疏毛；茎直立或倾斜，不具匍匐茎；叶互生，倒卵形至匙形①，长2～6厘米，基部楔形，下延成带翅的叶柄，边缘具不规则粗齿①；总状花序顶生③；花冠紫红色或淡紫色②③，上唇短直，2裂，裂片尖，下唇3裂；子房无毛；蒴果球形。

产各区平原地区。生于路旁、田边、草丛中、阴湿处，常见。

相似种：弹刀子菜【*Mazus stachydifolius*，通泉草科/玄参科　通泉草属】多年生草本；全株被多细胞白色长柔毛⑤；叶匙形④，边缘具不规则锯齿；花冠紫色⑤；子房上部被长硬毛。产房山、门头沟、昌平、延庆；生山坡或沟谷林下。

通泉草植株无毛或被疏毛，花较小，长约1厘米，子房无毛；弹刀子菜植株明显被毛，花较大，长1.5厘米以上，子房有毛。

列当 独根草 兔子拐棍 列当科 列当属

Orobanche coerulescens

Skyblue Broomrape | lièdāng

寄生草本；全株被蛛丝状长绵毛；茎直立，不分枝；叶鳞片状①，卵状披针形，黄褐色；顶生穗状花序①，长5～20厘米，密被茸毛；苞片卵状披针形；花萼2深裂至基部，裂片顶端又2裂；花冠唇形②，上唇2浅裂，下唇3裂，蓝色②；雄蕊和花柱内藏；蒴果卵状椭圆形，长约1厘米，成熟后2裂；种子细小，黑色（①右下）。

产各区山地。生于向阳山坡草丛中，多寄生于蒿属植物的根部。

相似种：欧亚列当【*Orobanche cernua* var. *cumana*，列当科 列当属】寄生草本；全株密被腺毛；叶鳞片状；花序穗状③，生茎顶；花冠长1.4～2.2厘米，淡蓝色④或淡黄色（另见200页），花冠管中部强烈向前弯曲④。产延庆张山营；生田边、沙地，多寄生于蒿属植物的根部。

列当全株被蛛丝状长绵毛，花冠管稍弯曲；欧亚列当全株密被腺毛，花冠管强烈弯曲。

松蒿 列当科/玄参科 松蒿属

Phtheirospermum japonicum

Japanese Phtheirospermum | sōnghāo

一年生草本；植株被多细胞腺毛；叶对生，叶片长三角状卵形①，长15～55毫米，宽8～30毫米，羽状深裂至全裂①；小裂片长卵形，边缘具重锯齿；花腋生；萼齿5枚，叶状①，羽裂；花冠淡紫色至粉色（①右下）；蒴果卵珠形。

产各区山地。生于沟谷林下、林缘、水边。

相似种：山罗花【*Melampyrum roseum*，列当科/玄参科 山罗花属】叶卵状披针形②，长2～8厘米；总状花序②；萼齿三角形；花冠紫红色，上唇帽状③，2齿裂，下唇有2个囊状突起的白斑③。产蒲洼、百花山、海坨山、凤凰坨、云蒙山、喇叭沟门、坡头；生山坡或沟谷林下阴湿处。**疗齿草**【*Odontites vulgaris*，列当科/玄参科 疗齿草属】叶条形披针形④，长1～4.5厘米；穗状花序④；花冠淡红色⑤。产百花山、小龙门；生沟谷水边。

松蒿的叶和萼齿羽裂，其余二者全缘；山罗花的叶较宽大，花较大，下唇有囊状突起的白斑；疗齿草的叶较窄，花较小，下唇无斑。

穗花马先蒿

列当科/玄参科 马先蒿属

Pedicularis spicata

Spicate Lousewort | suìhuāmǎxiānhāo

一年生草本；茎生叶4枚轮生，叶片矩圆状披针形①，长5~7厘米，宽达10~13毫米，两面被毛，羽状浅裂①，边缘有具稍尖的锯齿；穗状花序顶生①；花萼短，前方微开裂；花冠紫红色②，筒在萼口以近直角向前方膝屈，盔指向前上方，下唇明显长于盔②，3裂；花丝1对，有毛。

产门头沟、延庆、怀柔、密云。生于亚高山草甸或林下。

相似种：华北马先蒿【*Pedicularis tatarinowii*，列当科/玄参科 马先蒿属】一年生草本；叶轮生，长2~5.5厘米，羽状全裂，裂片再次浅裂④；花序顶生④；花冠紫红色③，盔顶端圆形弓曲，前端再转向前下方而成喙③。产百花山、东灵山、海坨山；生亚高山草甸。

穗花马先蒿上唇无喙，明显短于下唇；华北马先蒿上唇顶端弓曲，转向下方成喙。

返顾马先蒿 马尿烧

列当科/玄参科 马先蒿属

Pedicularis resupinata

Resupinate Lousewort | fǎngùmǎxiānhāo

多年生草本；茎上部多分枝；叶互生，有时下部或中部叶对生，叶片卵形至矩圆状披针形①，长2.5~5.5厘米，宽1~2厘米，边缘有钝圆的锯齿①，齿上有浅色的胼胝或刺状尖头，常反卷；花序总状；花萼前方深裂，仅2齿；花冠紫红色②，自基部即向右扭旋，成返顾状②，上唇弓曲，顶端成圆锥形短喙②，下唇稍长；蒴果斜矩圆状披针形。

产房山、门头沟、延庆、怀柔、密云。生于山坡林缘、沟谷林下。

相似种：短茎马先蒿【*Pedicularis artselaeri*，列当科/玄参科 马先蒿属】多年生草本；叶基生③，有长柄，叶片矩圆状披针形，羽状全裂③，裂片再次深裂；花腋生；花冠淡紫色④，下唇稍长于上唇，裂片圆形，上唇镰形弓曲④。产门头沟、昌平、延庆、怀柔、密云；生山坡林下、沟谷林缘。

返顾马先蒿有地上茎，叶不裂，花冠上唇有喙，扭旋；短茎马先蒿无地上茎，叶羽裂，花冠上唇无喙。

草本植物 花紫色 两侧对称 唇形

小药巴蛋子 小药八旦子 罂粟科 紫堇属

Corydalis caudata

Tailed Fumewort | xiǎoyàobādànzi

多年生草本；有球形块茎；叶互生，二回三出复叶②，小叶披针状倒卵形，长9～25毫米，宽7～15毫米，全缘②或有浅裂；总状花序具数花，苞片卵圆形，全缘③；花淡蓝色①③或蓝紫色②；上花瓣长约2厘米，距圆筒形，弧形上弯③；蒴果椭圆形（②右下），扁平。

产各区低山地区。生于山坡或沟谷林下，早春为林下优势草本，常形成大面积景观①。

相似种：北京延胡索【*Corydalis gamosepala*，罂粟科 紫堇属】二回三出复叶，小叶具圆齿或圆齿状深裂⑤；总状花序具多花，苞片分裂或具粗齿④；花淡紫色或蓝紫色④⑤；蒴果条形（⑤左下）。产门头沟、延庆、怀柔、密云；生沟谷林下。

小药巴蛋子的小叶常全缘，苞片不裂，蒴果椭圆形；北京延胡索的小叶常有圆齿状深裂，苞片分裂，蒴果条形。

在许多地方植物志书中，小药巴蛋子被误定为全叶延胡索*Corydalis repens*，后者仅产东北。

地丁草 苦丁草 罂粟科 紫堇属

Corydalis bungeana

Bunge's Fumewort | dìdīngcǎo

二年生草本；植株灰绿色；基生叶多数，茎生叶少数，长4～8厘米，叶片二至三回羽状全裂②，末回裂片倒卵形；总状花序长1～6厘米，多花，先密集，后疏离，果期伸长；苞片叶状，明显长于花梗，萼片三角形，具齿，常早落；花粉红色或淡紫色①；上花瓣长1.1～1.4厘米，距长约4～5毫米，稍向上斜伸①；蒴果矩圆形①，下垂，具2列种子。

产各区平原和低山区。生于田边、草丛中。

相似种：紫堇【*Corydalis edulis*，罂粟科 紫堇属】一年生草本；叶片近三角形，长5～9厘米，上面绿色，下面苍白色，一至二回羽状全裂③；总状花序具3～10朵花；花粉色或紫红色③；上花瓣长1.5～2厘米；距圆筒形，基部稍下弯，约占花瓣全长的1/3；蒴果条形③。产房山史家营和蒲洼；生山坡林缘、路旁。

地丁草的叶片末回裂片较窄，花较小，长1厘米以下，蒴果矩圆形；紫堇的叶片末回裂片较宽，花较大，长1.5厘米以上，蒴果条形。

早开堇菜

堇菜科 堇菜属

Viola prionantha

Serrate-flower Violet | zǎokāijǐncài

多年生草本，无地上茎；叶基生，叶片披针形或卵状披针形①②，长3～5厘米，顶端钝圆，基部截形或有时近心形，稍下延，边缘有细圆齿①②；叶柄常为绿色，短于叶片；萼片5，披针形或卵状披针形，基部附器较长；花瓣5片，紫色①，有时为淡紫色或白色，下瓣距长5～7毫米；蒴果长椭圆形，熟时3裂②；常于秋季二次开花。

产各区平原和低山区。生于房前屋后、路旁、田边、山坡林下，极常见。

相似种：紫花地丁【*Viola philippica***，堇菜科堇菜属】**叶长披针形③④，叶基部截形、微心形或楔形，叶柄常带紫色，与叶片近等长；花紫色③，下瓣圆筒状；蒴果熟时3裂④。产各区平原地区；生田边、路旁、草丛中。

早开堇菜的叶卵状披针形，叶柄常为绿色，比叶片短；紫花地丁的叶长披针形，叶柄常带紫色，与叶片近相等；二者果期更容易区别。

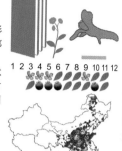

细距堇菜

堇菜科 堇菜属

Viola tenuicornis

Little-spur Violet | xìjùjǐncài

多年生草本；叶卵形或宽卵形①②，长1～3厘米，果期增大，边缘具浅圆齿，上面绿色，叶脉淡绿色①或略显白绿色②，下面绿色或带紫色；萼片披针形，绿色或带紫红色，无毛(②右上)，基部具短附属物；花瓣紫色①②；下瓣距圆筒状。

产各区山地。生于山坡或山脊林缘、路旁、灌草丛中，常见。

相似种：毛萼堇菜【*Viola tenuicornis* subsp. *trichosepala***，堇菜科 堇菜属】**叶宽卵形，两面被短柔毛，萼片边缘被白色柔毛(③右上)；花紫色③。产地同上；生海拔600米以上的山脊灌草丛中。**斑叶堇菜【***Viola variegata***，堇菜科 堇菜属】**叶圆肾形④，顶端圆钝，边缘有细圆齿，上面沿脉有明显白色斑纹④，下面带紫色；花紫色；果熟时3裂(④右上)。产地同上；生山坡或山脊林缘、林下，常见。

斑叶堇菜叶圆肾形，沿脉有明显白色斑纹，其余二者叶宽卵形，叶脉无斑纹或斑纹不明显；细距堇菜叶和花萼无毛，毛萼堇菜叶和花萼被柔毛。

北京堇菜 堇菜科 堇菜属

Viola pekinensis

Beijing Violet | běijīngjǐncài

多年生草本，无地上茎；叶基生；叶片心形①②，长2～4厘米，宽与长几相等，基部心形，边缘具钝锯齿，齿端向前弯曲②；花色多变，紫色、淡粉色①②或白色（另见296页）；萼片披针形，基部具伸长的附属物（①右下）；花瓣宽倒卵形，下瓣距圆筒状，长6～9毫米；蒴果椭球形，熟时3裂。

产各区山地。生于山坡或山脊林缘、林下、草丛中，常见。

相似种：球果堇菜【*Viola collina***，堇菜科 堇菜属】**叶片圆心形③④，长1～3.5厘米，边缘具钝锯齿，两面密生柔毛（③左下），果期增大；花淡紫色（③左上）；蒴果球形，密生柔毛（④左上），熟时果柄下弯，接近地面，靠蚁类传播种子。产门头沟、昌平、延庆、怀柔、密云；生山坡或沟谷林缘。

北京堇菜植株无毛，叶缘锯齿向前弯，果直立；球果堇菜全株被柔毛，果熟时下垂接近地面。

文献曾记载北京产深山堇菜*Viola selkirkii*，经查标本，均为北京堇菜或西山堇菜的误定。

裂叶堇菜 堇菜科 堇菜属

Viola dissecta

Dissected Violet | lièyèjǐncài

多年生草本，无地上茎；叶基生，叶片轮廓圆形、肾形或宽卵形，长1.2～9厘米，宽1.5～10厘米，果期增大，掌状3～5全裂①③，两侧裂片具短柄，常2深裂，中裂片3深裂，小裂片条形；花紫色至粉紫色①②；萼片卵形至披针形，基部具短的附属物；下方花瓣有距，距圆筒形，长4～8毫米；蒴果矩圆形③，熟时3裂。

产各区山地。生于山坡或沟谷林下，常见。

相似种：总裂叶堇菜【*Viola dissecta* var. *incisa***，堇菜科 堇菜属】**多年生草本；叶片卵形，长1.5～3厘米，宽1～1.5厘米，边缘具缺刻状浅裂至中裂④；花紫色④或白色（另见296页）；下瓣的距管状，长6～8毫米。产海淀、房山、门头沟、延庆；生山坡或沟谷林下，偶见。

裂叶堇菜的叶掌状全裂；总裂叶堇菜的叶羽状浅裂至中裂。

总裂叶堇菜可能由裂叶堇菜与其他堇菜属种类杂交形成。

翠雀 大花飞燕草 毛茛科 翠雀属

Delphinium grandiflorum

Siberian Larkspur | cuìquè

多年生草本；基生叶和茎下部叶具长柄；叶片多圆肾形，长2.2~6厘米，宽4~8厘米，3全裂①，裂片再次细裂，小裂片窄条形(②下)，宽0.6~2.5毫米；总状花序具3~15朵花，萼片5，蓝色或紫蓝色①，长1.2~1.5厘米，距通常较萼片稍长，钻形；花瓣2，内藏；退化雄蕊2，瓣片宽倒卵形，有黄色髯毛(②上)；雄蕊多数；心皮3；蓇葖果1.4~1.9厘米，直伸。

产各区山地。生于中高海拔山坡草地、林缘、亚高山草甸。

相似种:细须翠雀【*Delphinium siwanense***，毛茛科 翠雀属】**叶片五角形，长2.8~8厘米，3全裂近基部④，侧裂片再深裂，小裂片条形(③下)，宽2.5~6毫米；萼片蓝紫色，距钻形；退化雄蕊的瓣片黑褐色(③上)。产海坨山；生亚高山草甸。

翠雀叶末回裂片较窄，退化雄蕊瓣片蓝色；细须翠雀叶末回裂片较宽，退化雄蕊瓣片黑褐色。

翠雀属全株有毒，请注意不要误食。

高乌头 毛茛科 乌头属

Aconitum sinomontanum

Chinese Mountain Monkshood | gāowūtóu

多年生草本；具直根；基生叶1枚，与下部茎生叶均具长柄；叶片肾形①，长12~14.5厘米，宽20~28厘米，3深裂①，裂片具不等大的三角形小裂片和锐牙齿；总状花序②长30~50厘米，密被反曲的微柔毛②；萼片5，蓝紫色，上萼片圆筒形②，高1.6~2.2厘米；花瓣2，内藏于花萼中，具长爪；雄蕊多数；心皮3③；蓇葖果基部稍合生③，长1.1~1.7厘米；种子倒卵形。

产门头沟、延庆、怀柔、密云。生于亚高山林下、灌草丛中。

相似种:河北白喉乌头【*Aconitum leucostomum* var. *hopeiense***，毛茛科 乌头属】**多年生草本；叶片3深裂⑤，裂片再次深裂；总状花序多花，花序轴和花梗密被开展的腺毛④；萼片淡蓝紫色，上萼片圆筒形④。产坡头、雾灵山；生境同上。

高乌头的花序被反曲的微柔毛，短小；河北白喉乌头的花序被开展的腺毛，较长而明显。

乌头属全株有毒，根部毒性最大，不要误食。

北乌头 草乌 毛茛科 乌头属

Aconitum kusnezoffii

Kusnezoff's Monkshood | běiwūtóu

多年生草本；块根圆锥形或胡萝卜形；茎下部叶有长柄，中部叶有短柄；叶片五角形①，长9~16厘米，宽10~20厘米，3全裂，裂片再次羽状分裂①；顶生总状花序具9~22朵花，通常与其下的腋生花序组成圆锥花序①；萼片紫蓝色，上萼片盔状②；花瓣无毛，有距，向后弯曲或近拳卷；蓇葖果直；种子扁椭圆球形。

产各区山地。生于山坡草地、沟谷林下、水边，极常见。

相似种：华北乌头【*Aconitum jeholense* var. *angustius***, 毛茛科 乌头属】**多年生草本；块根倒圆锥形；叶片五角形④，长约8厘米，3全裂，裂片再次羽状深裂，末回裂片条形④；总状花序顶生；萼片蓝紫色③，上萼片略成盔状。产百花山、东灵山、海坨山、雾灵山；生亚高山草甸。

北乌头植株高大，叶末回裂片粗，上萼片盔状；华北乌头较矮，叶末回裂片窄，上萼片略成盔状。

乌头属全株有毒，根部毒性最大。

鸭跖草 鸭跖草科 鸭跖草属

Commelina communis

Asiatic Dayflower | yāzhícǎo

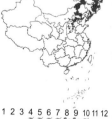

一年生草本；茎匍匐，节处易生根；叶披针形至卵状披针形①，长3~8厘米，宽1.5~2厘米；总苞片佛焰苞状①，有1.5~4厘米长的柄，与叶对生，折叠，镰刀状弯曲；聚伞花序有花数朵；萼片膜质，长约5毫米；花瓣深蓝色①②，内面2枚有长爪，长近1厘米，外面1枚很小②；雄蕊6枚，3长3短②；蒴果椭球形。

产各区平原和低山区。生于村旁、水边、草丛中，极常见。

相似种：饭包草【*Commelina benghalensis***, 鸭跖草科 鸭跖草属】**多年生草本；叶片卵形③，长3~7厘米，有明显的叶柄；总苞片佛焰苞状，柄极短；花瓣蓝色④。产海淀、房山、延庆；生境同上。

鸭跖草的叶较狭，披针形，无柄，花较大；饭包草的叶较宽，卵形，有明显叶柄，花较小，径不及8毫米。

绶草 盘龙参　兰科 绶草属

Spiranthes sinensis

Chinese Lady's Tresses　| shòucǎo

多年生草本；根簇生，肉质；茎基部生2～4枚叶，条状倒披针形或条形①，长10～20厘米，宽4～10毫米；花序顶生①，长10～20厘米，具多数密生的小花，花粉紫色②，偶有白色，呈螺旋状排列②；苞片卵形，长渐尖；唇瓣矩圆形，淡粉色，中部之上具强烈的皱波状的啮齿②。

产各区平原和山地。生于山坡林下、灌草丛中、水边、河滩草地。

相似种：手参【*Gymnadenia conopsea*，兰科 手参属】多年生草本；块茎掌状分裂⑤；叶3～5枚，条状舌形④；总状花序具多数密生的小花，排成圆柱状④；花粉色；唇瓣阔倒卵形，前部3裂，基部有细长距，镰刀状内弯③。产百花山、海坨山、雾灵山；生亚高山草甸。

绶草的花明显螺旋状排列，唇瓣不裂，有齿，无距；手参的花不呈螺旋状，唇瓣3裂，裂片无齿，基部有长距。

二叶兜被兰 兰科 小红门兰属

Ponerorchis cucullata

Hoodshaped Orchid　| èryèdōubèilán

多年生草本；块茎卵形；茎基部具2枚近对生的叶，叶片卵状披针形①，长4～6厘米，宽1.5～3.5厘米，叶面具少数或多数紫红色斑点①；总状花序具数花，紫红色，常偏向一侧①；唇瓣3裂，中裂片具斑点，基部具弯曲的距①。

产上方山、百花山、小龙门、东灵山、玉渡山、箭扣、锥峰山。生于沟谷林缘、石缝中。

相似种：北方盔花兰【*Galearis roborowskyi*，兰科 盔花兰属】多年生草本；具肉质根状茎；叶1枚，长圆形②，长3～9厘米；花1～5朵顶生，紫红色；唇瓣3裂，基部具距③。产海坨山；生亚高山草甸。**河北盔花兰**【*Galearis tschiliensis*，兰科 盔花兰属】多年生草本；具肉质根状茎；叶1枚，长圆形④，长3～5厘米；花1～6朵顶生，粉紫色；唇瓣不裂，无距⑤。产东灵山、海坨山；生境同上。

二叶兜被兰叶常2枚，叶面有斑点，其余二者叶常1枚，叶面无斑点；北方盔花兰唇瓣3裂，有距；河北盔花兰唇瓣不裂，无距。

大花杓兰 大口袋花 兰科 杓兰属

Cypripedium macranthos

Large-flower Cypripedium ｜ dàhuāsháolán

多年生草本；具3~4枚叶③；叶互生，椭圆形或卵状椭圆形①③，长10~15厘米，宽6~8厘米；单花顶生①，少为2朵，紫红色，稀白色；中萼片宽卵形，合萼片卵形；花瓣披针形，较中萼片长；唇瓣囊状，紫红色②，囊内底部与基部具长柔毛，口部的前面内弯②；蒴果狭椭圆形，长约4厘米。

产房山霞云岭、上方山、百花山、东灵山、延庆千家店、海坨山、喇叭沟门、坡头、雾灵山。生于沟谷林缘、林下、亚高山草甸。

相似种：紫点杓兰【*Cypripedium guttatum***，兰科 杓兰属】**多年生草本；在茎中部具2枚叶④，卵状椭圆形，长5~12厘米，宽2.5~4.5厘米；单花顶生④，白色而具紫色斑点⑤；花瓣提琴形；唇瓣深囊状，具宽阔的囊口⑤。产百花山、海坨山、雾灵山；生亚高山草甸。

大花杓兰叶2枚以上，花较大，唇瓣紫色；紫点杓兰叶2枚，花较小，唇瓣白色带紫色斑点。

草本威灵仙 车前科/玄参科 腹水草属

Veronicastrum sibiricum

Siberian Veronicastrum ｜ cǎoběnwēilíngxiān

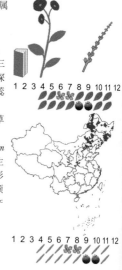

多年生草本；具横走根状茎；叶4~6枚轮生，叶片长矩圆形至宽条形①，长8~15厘米，边缘有三角形锯齿；穗状花序顶生①，长尾状；花萼5深裂，裂片钻形；花冠筒状，蓝紫色②，4裂；雄蕊2；蒴果卵形，长3.5毫米；种子椭圆形。

产各区山地。生于海拔1000米以上的山坡草地、亚高山草甸。

相似种：水蔓菁【*Pseudolysimachion linariifolium*** subsp. *dilatatum***，车前科/玄参科 兔尾苗属】**多年生草本；下部叶对生⑤，上部叶近对生，条状披针形⑤，长3~8厘米，边缘有三角状锯齿；总状花序顶生④；花冠辐状，蓝色③，裂片4；蒴果卵球形。产地同上；生山坡林缘、草丛中。

草本威灵仙的叶轮生，花序粗壮，花冠筒状，顶端浅裂；水蔓菁的叶对生或近对生，花序细瘦，花冠辐状，深裂。

香薷 山苏子 臭荆芥 唇形科 香薷属

Elsholtzia ciliata

Crested Latesummer Mint | xiāngrú

一年生草本；植株具强烈香气；叶对生，椭圆状披针形①，长3～9厘米，宽1～4厘米，基部下延成狭翅，边缘具锯齿；轮伞花序多花密集，组成偏向一侧的假穗状花序①，苞片宽卵圆形(①左下)；花冠淡紫色；雄蕊微露出；小坚果卵圆形。

产各区山地。生于村旁、水边、山坡或沟谷林下阴湿处，常见。

相似种：海州香薷【*Elsholtzia splendens***，唇形科 香薷属】**叶卵状三角形③，长3～6厘米，边缘疏生整齐锯齿③；穗状花序偏向一侧③；花冠淡紫色③。产密云；生山坡路旁、草丛中。**密花香薷【***Elsholtzia densa***，唇形科 香薷属】**叶矩圆状披针形④，长1～4厘米；轮伞花序组成圆柱形假穗状花序④；花淡紫色，四周开放，不偏向一侧⑤。产延庆、怀柔、密云；生沟谷林缘、亚高山草甸。

密花香薷的花序不偏向一侧，其余二者的花序偏向一侧；香薷的叶椭圆状披针形，较窄；海州香薷的叶卵状三角形，较宽。

藿香 香荆芥花 唇形科 藿香属

Agastache rugosa

Korean Mint | huòxiāng

多年生草本；植株具香气；叶具长柄，叶片心状卵形至矩圆状披针形①，长4.5～11厘米，宽3～6.5厘米；轮伞花序多花，在主茎或侧枝上组成顶生的假穗状花序①；苞片披针状条形；花萼筒状倒锥形；花冠淡紫色，筒直伸(①右下)，上唇微凹，下唇3裂；雄蕊伸出(①右下)；花柱顶端等2裂；小坚果卵状矩圆形。

产各区山地。生于山坡或沟谷林缘，民间也常有栽培。

相似种：裂叶荆芥【*Schizonepeta tenuifolia***，唇形科 裂叶荆芥属】**一年生草本；叶片指状3裂，裂片条形②；轮伞花序组成顶生长2～13厘米的假穗状花序②；花冠粉紫色，冠筒包于萼内(②左下)；雄蕊内藏。产地同上；生山坡路旁、灌丛丛中。

藿香的叶不裂，花冠筒长于花萼，雄蕊外露；裂叶荆芥的叶3裂，花冠筒与萼等长，雄蕊内藏。

酸模叶蓼 斑蓼 酸大柳 蓼科 蓼属

Persicaria lapathifolia

Curlytop Knotweed │ suānmóyèliǎo

一年生草本；茎直立，有分枝；叶互生，披针形或宽披针形①②，长6～20厘米，宽2～4厘米，基部楔形，上面常有黑褐色新月形斑点；托叶鞘筒状，膜质（②右上），无毛；数个穗状花序组成圆锥状①；花淡红色②；瘦果卵形，黑褐色。

产各区平原和低山区。生于路旁、水边、草丛中、湿润处，常见。

相似种：长鬃蓼【*Persicaria longiseta***，蓼科 蓼属】**一年生草本；叶披针形③，长5～13厘米，宽1～2厘米，基部楔形；托叶鞘筒状，顶端有长缘毛（③左下）；花序穗状③，细弱；花淡红色③。产门头沟、昌平、延庆、密云；生水边、湿润处，常见。**圆基长鬃蓼【***Persicaria longiseta* var. *rotundata***，蓼科 蓼属】**叶条状披针形，基部圆形④；花淡红色⑤。产门头沟、延庆；生境同上。

酸模叶蓼的托叶鞘无缘毛，花序粗壮，其余二者托叶鞘顶端有长缘毛，花序细弱，下部常间断；长鬃蓼基楔形；圆基长鬃蓼叶基圆形。

水蓼 辣蓼 蓼科 蓼属

Persicaria hydropiper

Marshpepper Knotweed │ shuǐliǎo

一年生草本；植株味极辣；茎直立，多分枝；叶互生，披针形①，长4～7厘米，宽0.5～2.5厘米，基部楔形；托叶鞘膜质，先端有缘毛；节处常有一红色的环（①右下）；总状花序顶生或腋生，通常下垂，花稀疏①；花淡红色①或绿白色（另见302页）；瘦果卵形，具3棱，黑褐色。

产各区平原地区。生于水边、湿润处，常见。

相似种：柳叶刺蓼【*Persicaria bungeana***，蓼科 蓼属】**一年生草本；茎被稀疏的倒刺②；叶披针形③，长3～10厘米；托叶鞘具长缘毛；总状花序；花淡红色③。产海淀、房山、延庆、密云、平谷；生境同上。**红蓼【***Persicaria orientalis***，蓼科 蓼属】**一年生高大草本；叶宽卵形④，长10～20厘米，两面密被毛；托叶鞘顶端具草质、绿色的翅（④左下）；总状花序集成圆锥状；花紫红色④。产各区平原地区；生水边、水中、路旁，或栽培。

水蓼具辣味，节处有红色环；柳叶刺蓼茎具刺；红蓼植株高大，托叶鞘有翅，花密集。

落新妇 红升麻 虎耳草科 落新妇属

Astilbe chinensis

Chinese Astilbe │ luòxīnfù

多年生草本；有粗根状茎；基生叶为二至三回三出复叶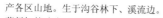；小叶卵形、菱状卵形或长卵形，长1.8~8厘米，宽1.1~4厘米，先端渐尖，基部圆形或宽楔形，边缘有重锯齿②，两面及沿脉疏生有硬毛；茎生叶2~3，较小；圆锥花序顶生①，长达30厘米，密生有褐色曲柔毛，分枝长达4厘米；苞片卵形，较花萼稍短；花密集，几无梗；花萼长达1.5毫米，5深裂；花瓣5，紫红色①，狭条形，长约5毫米，宽约0.4毫米；雄蕊10，长约3毫米；心皮2③，离生；蒴果锥形③，长约3毫米；种子褐色，长约1.5毫米。

产各区山地。生于沟谷林下、溪流边。

落新妇的叶为二至三回三出复叶，圆锥花序大型，花密集，紫红色，心皮2，离生。

尼泊尔蓼 蓼科 蓼属

Persicaria nepalensis

Nepalese Smartweed │ níbó'ěrliǎo

一年生草本；茎细弱，直立或平卧；下部叶有柄，上部叶近无柄，抱茎；叶片卵形或三角状卵形①，长3~5厘米，宽2~4厘米，基部下延呈翅状或耳形（①左上）；花序头状①，顶生或腋生，花密集；花粉红色①或白色；瘦果圆形，黑色。

产各区山地。生于山坡或沟谷林缘、水边、湿润处。

相似种：箭叶蓼【*Persicaria sagittata var. sieboldii*，蓼科 蓼属】一年生草本；茎叶均有倒钩刺；叶长卵状披针形，长2.5~8厘米，基部箭形②；花序短缩呈头状；花粉色②或白色。产各区平原和低山区；生沟边、水边。**戟叶蓼【*Persicaria thunbergii*，蓼科 蓼属】**一年生草本；茎叶均有倒钩刺；叶戟形③，长4~8厘米，宽2~4厘米；花序头状，花粉色③或白色。产地同上；生境同上。

尼泊尔蓼无刺，叶基耳状，花密集，其余二者有刺，花疏松；箭叶蓼叶箭形；戟叶蓼叶戟形。

三者均有白色花类型，限于篇幅，不再单列。

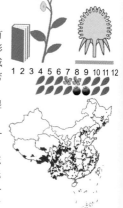

日本续断
续断 忍冬科/川续断科 川续断属

Dipsacus japonicus

Japanese Teasel | rìběnxùduàn

多年生草本；主根长圆锥状，黄褐色；茎中空，具4~6棱，棱上具钩刺①②；基生叶具长柄，叶片长椭圆形，分裂或不裂；茎生叶对生，叶片椭圆状卵形至长椭圆形，长8~20厘米，宽3~8厘米，常3~5裂，顶端裂片最大，两侧裂片较小②，边缘具粗齿或近全缘，叶柄和叶背脉上均具疏的钩刺和刺毛；头状花序顶生，圆球形①③；总苞片条形，具刺毛；小苞片顶端具长喙尖④；花萼盘状，4裂；花冠淡粉色③，花冠管长5~8毫米，4裂，裂片不相等③；雄蕊4，稍伸出花冠外；子房下位，包于囊状小总苞内；瘦果长圆楔形。

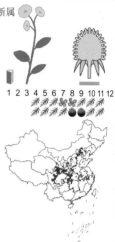

产各区山地。生于山坡林缘、沟谷水边。

日本续断茎、叶均被钩刺；叶对生，羽状深裂；头状花序刺球状，花粉色。

华北蓝盆花
忍冬科/川续断科 蓝盆花属

Scabiosa tschiliensis

North China Scabious | huáběilánpénhuā

多年生草本；基生叶簇生，茎生叶对生，羽状深裂至全裂①，侧裂片披针形，顶裂片卵状披针形；头状花序在茎上部成三出聚伞状，花时扁球形；总苞片披针形，萼5裂，刚毛状；花冠蓝紫色②；边花花冠二唇形，中央花筒状②；雄蕊4，伸出花筒外②；瘦果椭圆形。

产各区山地。生于海拔600米以上的山坡或山脊草丛中。

相似种：大花蓝盆花【*Scabiosa tschiliensis var. superba*，忍冬科/川续断科 蓝盆花属】多年生草本；植株较低矮，高10~20厘米；基生叶簇生，茎生叶少数③；头状花序大④，直径5~7厘米；花紫红色。产百花山、东灵山；生亚高山草甸。

华北蓝盆花植株高40厘米以上，茎生叶多数，裂片窄，头状花序小；大花蓝盆花植株高20厘米以下，茎生叶少数，头状花序大。

有观点认为华北蓝盆花和大花蓝盆花均应归并入窄叶蓝盆花*Scabiosa comosa*。

林泽兰 泽兰 白鼓钉 菊科 泽兰属

Eupatorium lindleyanum

Lindley's Thoroughwort | línzélán

多年生草本；叶对生①，无柄或几无柄，条状披针形①②，长5～12厘米，宽1～2厘米，3裂或不裂，边缘有疏锯齿②，基出三脉；头状花序多数，在分枝顶端排列成紧密的聚伞花序状①③；总苞钟状，总苞片淡绿色或带紫红色，顶端急尖④；头状花序含5个管状两性花，淡紫色或粉红色③④；瘦果长2～3毫米，椭圆状，5棱，散生黄色腺点；冠毛白色，与花冠等长或稍长。

产各区山地。生于沟谷林缘、水边，常见。

林泽兰的叶对生，无柄，条状披针形，花序紧密，排成聚伞状，头状花序含少数管状花，淡紫色或粉红色，总苞片先端尖。

飞蓬 菊科 飞蓬属

Erigeron acris

Bitter Fleabane | fēipéng

二年生草本；茎、叶、总苞均被长硬毛；叶互生，披针形①，长2.5～8厘米，宽3～8毫米；头状花序排成圆锥状；舌状花淡紫色，舌片短小（①左上）；中央管状花黄色；瘦果披针形，冠毛2层。

产百花山、东灵山、海坨山、坡头。生于亚高山草甸或林下。

相似种：碱菀【*Tripolium pannonicum*，菊科 碱菀属】一年生草本；叶条形，稍肉质③；头状花序排成伞房状②；舌状花淡紫色②；瘦果具多层冠毛。产海淀、丰台、门头沟、昌平、延庆；生水边、河滩盐碱地。**长舌钻叶紫菀【*Symphyotrichum subulatum* var. *ligulatum*，菊科 联毛紫菀属】**一年生草本；叶条形⑤；头状花序排成圆锥状④；舌状花淡紫色④。原产北美洲，朝阳、海淀、房山、昌平、延庆、密云有逸生；生路旁、水边、草丛中。

碱菀叶肉质，舌状花较长，冠毛多层，其余二者叶草质，舌状花短小；飞蓬植株被硬毛，生高海拔地区；长舌钻叶紫菀植株无毛，生平原地区。

翠菊 江西蜡 六月菊 菊科 翠菊属

Callistephus chinensis

China Aster ｜ cuìjú

一年或二年生草本；叶互生，卵形或匙形①，长2.5～6厘米，宽2～4厘米，边缘有粗锯齿（③下），两面被短硬毛；头状花序大，单生于枝端①；总苞半球形，外层总苞片叶状（③上），边缘有白色糙毛；外围雌花舌状，1层至多层，蓝紫色②，中央有多数筒状两性花，黄色②；瘦果有柔毛，冠毛两层，外层短，易脱落。

产百花山、东灵山、松山、海坨山、坡头。生于山坡灌草丛中、亚高山草甸，庭院也有栽培，但花色常为大红，与野生者不同。

相似种：山马兰【*Aster lautureanus*，菊科 紫菀属】多年生草本；叶矩圆形，长3～6厘米，全缘（④下）或有疏齿；头状花序排成伞房状⑤，总苞片质硬（④上）；舌状花淡粉色⑤；瘦果倒卵形，冠毛极短。产延庆、怀柔、密云、平谷；生山坡林缘。

翠菊叶缘有粗锯齿，头状花序大，总苞片叶状，舌状花蓝紫色；山马兰叶全缘或有疏齿，头状花序比前者略小，总苞片非叶状，舌状花淡粉色。

全叶马兰 菊科 紫菀属

Aster pekinensis

Integrifolious Aster ｜ quányèmǎlán

多年生草本；茎多分枝①；叶互生，条状披针形或倒披针形，长1.5～4厘米，宽3～6毫米，顶端钝或尖，基部渐狭，无柄，全缘（①左上）；头状花序在枝顶排成疏伞房状①；总苞片3层，草质；舌状花1层，舌片淡粉色②，有时近白色，管状花黄色；瘦果倒卵形，长1.8～2毫米，冠毛极短。

产海淀、昌平、延庆。生于山坡灌草丛中。

相似种：蒙古马兰【*Aster mongolicus*，菊科 紫菀属】多年生草本；茎直立，上部分枝；叶互生，中下部叶倒披针形或狭矩圆形，长5～9厘米，羽状中裂（③左下），上部叶条状披针形，长1～2厘米，不裂③；头状花序生枝端③；舌状花淡粉色③，管状花黄色；瘦果倒卵形，冠毛短。产昌平、延庆、密云；生山坡路旁、水边。

全叶马兰叶不裂；蒙古马兰中下部叶羽裂。

三脉紫菀 三褶脉紫菀 菊科 紫菀属

Aster trinervius subsp. *ageratoides*

Whiteweed-like Aster | sānmàizǐwǎn

1 2 3 4 5 6 7 8 9 10 11 12

多年生草本；叶互生，叶形变化极大，宽卵形、椭圆形或矩圆状披针形①③，长5～15厘米，宽1～5厘米，顶端渐尖，基部楔形，离基三出脉③，边缘有3～7对粗锯齿③，两面有短柔毛或近无毛；头状花序在枝端排列成圆锥伞房状①②；总苞片3层；舌状花粉紫色①②或白色（另见304页）；管状花黄色；瘦果长约2毫米，冠毛污白色。

产各区山地。生于山坡灌草丛中、沟谷林缘、林下，极常见。

相似种：紫菀【*Aster tataricus*，菊科 紫菀属】 多年生高大草本；基生叶椭圆状匙形④，长20～50厘米，边缘有尖锯齿，下半部渐狭成长柄，茎生叶匙状矩圆形，较小；头状花径2.5～4.5厘米，排列成复伞房状①；舌状花紫色⑤。产地同上；生中高海拔山坡林缘、灌草丛中，常见。

三脉紫菀的叶较小，离基三出脉，头状花序径2厘米以下；紫菀植株高大，基生叶和下部叶较大，具长柄，头状花序径2.5厘米以上。

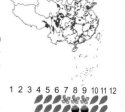

1 2 3 4 5 6 7 8 9 10 11 12

狗娃花 菊科 紫菀属

Aster hispidus

Hispid Aster | gǒuwáhuā

一年或二年生草本；茎上部多分枝①；叶互生，矩圆状披针形或条形①，长3～7厘米，宽0.3～1.5厘米，全缘，两面被糙毛，触摸有明显粗糙感；头状花序排成伞房状；总苞半球形，总苞片2层，草质；舌状花约30个，舌片淡紫色②③或粉白色，冠毛极短③；管状花黄色，冠毛较长②③。

产各区山地。生于山坡林缘、灌草丛中、亚高山草甸，常见。

相似种：阿尔泰狗娃花【*Aster altaicus*，菊科 紫菀属】 多年生草本；叶条形⑤，长2～4.5厘米，被糙毛；头状花序单生枝顶或排成伞房状⑤；舌状花约20个，舌片淡紫色④⑤；管状花黄色；全部小花冠毛同型，均较长④。产各区平原和低山区；生路旁、山坡林缘、林下、灌草丛中，常见。

狗娃花头状花序径3厘米以上，舌状花冠毛极短，管状花冠毛长，花期夏秋；阿尔泰狗娃花头状花序径2厘米以下，小花冠毛同型，花期春夏，偶有延长至秋季者。

1 2 3 4 5 6 7 8 9 10 11 12

小红菊 菊科 菊属

Chrysanthemum chanetii

Chanet's Chrysanthemum | xiǎohóngjú

多年生草本；叶宽卵形或肾形，长3～6厘米，宽1.5～3.5厘米，掌状或羽状浅裂至中裂（②右下），基部心形；头状花序数个在枝端排成伞房状①；总苞碟形，总苞片边缘膜质；舌状花粉色、淡紫色①②或近白色，管状花黄色；瘦果无冠毛。

产各区山地。生于山坡或沟谷林缘、灌草丛中，常见。

相似种：楔叶菊【*Chrysanthemum naktongense***，菊科 菊属】**叶羽状浅裂或中裂，基部楔形（③左上）；舌状花粉红色③或近白色。产金山、百花山、东灵山；生中高海拔山坡林缘、灌草丛中、亚高山草甸。**紫花野菊【***Chrysanthemum zawadskii***，菊科 菊属】**叶二回羽状全裂或深裂（④左下）；舌状花粉红色④或近白色，管状花黄色。产门头沟、密云；生山坡林缘，少见。

紫花野菊叶二回羽裂，其余二者叶一回羽裂；小红菊的叶基部常为心形，楔叶菊的叶基部ярского形；尽量观察基生叶和茎下部叶，茎上部叶不易区分。

兔儿伞 菊科 兔儿伞属

Syneilesis aconitifolia

Shredded Umbrella Plant | tùersǎn

多年生草本；根状茎匍匐；基生叶1，花期枯萎；茎生叶2，互生，叶片圆盾形，直径20～30厘米，掌状深裂①②，裂片7～9，再作二至三回叉状分裂①②，宽4～8毫米，边缘有不规则的锐齿，无毛，下部叶有长10～16厘米的叶柄，幼叶裂片下垂似伞②；头状花序多数，在顶端密集成复伞房状①，花序梗长5～16毫米；总苞圆筒状④；总苞片1层，矩圆状披针形，长9～12毫米，无毛；花序含数个管状花，淡红色③④；瘦果圆柱形，长5～6毫米，有纵条纹；冠毛灰白色或淡红褐色。

产各区山地。生于向阳山坡林缘、山脊灌草丛中，常见。

兔儿伞的叶圆形，叶柄盾状着生，掌裂，幼叶裂片下垂似伞，头状花序含少数小花，淡红色。

蓝刺头 驴欺口 禹州漏芦 菊科 蓝刺头属

Echinops davuricus

Broad-leaf Globe Thistles | láncìtóu

多年生草本；茎密被灰白色蛛丝状绵毛；叶互生，长12～30厘米，宽8～18厘米，叶片二回羽状分裂①②，背面白色，被密厚的蛛丝状绵毛，边缘有短刺；多个小头状花序组成密集的球形复头状花序①，外层总苞片刚毛状，触之扎手；小花全部管状，蓝色（①右下）；瘦果圆柱形，长约7毫米，冠毛膜片条形，边缘糙毛状，下部连合。

产各区山地。生于阳坡林缘、亚高山草甸。

相似种：羽裂蓝刺头【**Echinops pseudosetifer**，菊科 蓝刺头属】多年生草本；茎被稀疏的蛛丝状毛；叶长15～30厘米，宽8～13厘米，羽状深裂③④，侧裂片5～8对，背面白色，边缘有短刺；复头状花序一至数个生枝端；小花管状，蓝色④。产门头沟、昌平、延庆；生山坡灌草丛中。

蓝刺头的叶片二回羽裂，质硬；羽裂蓝刺头的叶片一回羽裂，质稍软。

《北京植物志》记载了砂蓝刺头Echinops gmelinii，但目前没有野外记录，也未查到可靠标本。

丝毛飞廉 飞廉 菊科 飞廉属

Carduus crispus

Curly Plumeless Thistle | sīmáofēilián

二年生草本；茎有翅①，翅有刺齿；叶互生，椭圆状披针形，长5～20厘米，羽裂①，边缘具刺，背面被白色蛛丝状毛（②左）；头状花序数个生枝端；总苞钟状，总苞片顶端刺状（①左下）；花全为管状，紫色①；瘦果长椭圆形，冠毛白色。

产各区山地。生于路旁、田边、山坡灌草丛中，极常见。

相似种：节毛飞廉【**Carduus acanthoides**，菊科 飞廉属】二年生草本；叶羽裂③，有刺齿，背面绿色（②中），疏被毛；头状花序生枝端；花紫色③。产门头沟；生山坡路旁。**猬菊**【**Olgaea lomonossowii**，菊科 猬菊属】多年生草本；叶矩圆形，长8～20厘米，羽裂，背面密被灰白色茸毛（②右）；头状花序单生枝端⑤；总苞半球形⑤，径5～7厘米；花紫色⑤。产门头沟、延庆；生境同上。

猬菊的茎无翅，头状花序大型，径5厘米以上，其余二者茎有翅，头状花序径3厘米以下；丝毛飞廉叶背白色；节毛飞廉叶背绿色。

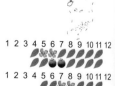

刺儿菜 小蓟 曲曲菜 青青菜　菊科 蓟属

Cirsium arvense var. *integrifolium*

Segetal Thistle ｜ cìrcài

多年生草本；有地下根状茎；叶倒披针形①
③，长5～8厘米，宽1～3毫米，全缘或具缺刻状
齿，边缘具细刺（②右下），上面绿色，近无毛，下
面被毛，后脱落；头状花序生于枝端②，单性，雌
雄异株；总苞卵形，总苞片先端针刺状；花全为管
状，紫色②③；瘦果倒卵形，无毛；冠毛白色。

产各区平原和低山区。生于房前屋后、田边、
路旁、草丛中，极常见。

相似种：大刺儿菜【*Cirsium arvense* var. *setosum*,
菊科 蓟属】多年生高大草本；叶羽裂（⑤左下），边
缘有细刺，下面密被白色茸毛，后脱落；头状花序
集生枝端④；总苞长卵形，花紫色⑤。产各区平原
地区；生田边、水边、河滩，常见。

刺儿菜植株较矮小，叶不裂或浅裂，枝端的头
状花序数量较少，总苞较宽，春夏开花；大刺儿菜
植株较高大，叶羽状分裂，头状花序多数，集生于
枝端，总苞较窄，夏秋开花。

有观点认为刺儿菜和大刺儿菜应为同一变种。

烟管蓟 菊科 蓟属

Cirsium pendulum

Hanging Thistle ｜ yānguǎnjì

多年生草本；茎被蛛丝状毛；基生叶和茎下部
叶椭圆形①，长12～28厘米，宽2～5厘米，羽状深
裂，边缘有刺①；中部和上部叶渐小；头状花序单
生于枝端，或近双生，下垂①；总苞片外层顶端刺
尖，外反；小花管状，紫色①；瘦果冠毛污白色。

产房山、门头沟、延庆、密云。生于山坡或沟
谷林下。

相似种：魁蓟【*Cirsium leo*，菊科 蓟属】多年
生草本；叶长椭圆形，长7～8厘米，羽状中裂②，
头状花序单生枝端②，直立；总苞片条状披针形，
顶端形成长尖刺②；花紫色。产东灵山、延庆千家
店、雾灵山；生山坡林缘。**块蓟**【*Cirsium viridifo-
lium*，菊科 蓟属】多年生草本；叶长披针形④，不
裂，背面绿色（③下）；头状花序生枝端④；花紫色
（③上）。产海坨山、坡头；生山坡草丛中。

块蓟植株较矮，叶不裂，其余二者植株高大，
叶羽裂；烟管蓟头状花序较小，下垂；魁蓟头状花
序大型，直立，总苞片顶端形成长尖刺。

漏芦 祁州漏芦 菊科 漏芦属

Rhaponticum uniflorum

Uniflower Swisscentaury | lòulú

多年生草本；主根圆柱形；茎直立，不分枝；叶互生，叶片长椭圆形或倒披针形，长10～20厘米，宽4～9厘米，羽状深裂至浅裂①③，裂片矩圆形，长2～3厘米，具不规则锯齿，两面被软毛；头状花序单生茎顶①，总苞宽钟状，总苞片多层，外面具干膜质的附片②；花全为管状，紫色①②，长约2.5厘米；瘦果倒圆锥形，冠毛刚毛状。

产各区山地。生于山坡林缘、灌草丛中、亚高山草甸，极常见。

相似种：碗苞麻花头【*Klasea centauroides* subsp. *chanetii*，菊科 麻花头属】多年生草本；叶互生，叶片椭圆形，长10～21厘米，羽状深裂，裂片边缘有尖锯齿④；头状花序3～6个在枝端排成伞房状⑤；总苞片7～8层，排列紧密（⑤右下）；花紫色⑤。产海坨山；生山坡草丛中。

漏芦的头状花序单生，总苞片外面具干膜质的附片；碗苞麻花头的头状花序排成伞房状，总苞片排列紧密，无附片。

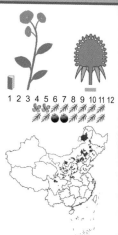

麻花头 菊科 麻花头属

Klasea centauroides

Alpine Ragwort | máhuātóu

多年生草本；具横走根状茎；茎直立，通常不分枝；叶互生，长椭圆形，长8～12厘米，宽2～5厘米，羽状深裂①，侧裂片5～8对，全缘或有少数锯齿；头状花序少数，单生枝端①；总苞卵形，总苞片排列紧密（①左下）；小花全为管状，粉紫色①；瘦果楔状长椭圆形，冠毛褐色。

产各区山地。生于山坡林缘、灌草丛中。

相似种：多花麻花头【*Klasea centauroides* subsp. *polycephala*，菊科 麻花头属】多年生草本；茎上部伞房状分枝；叶长椭圆形，长5～15厘米，羽状深裂②，侧裂片5～8对；头状花序10～20个在枝端排成伞房状②；总苞长卵形；花粉紫色②。产延庆、怀柔、密云；生阳坡灌草丛中。

麻花头的头状花序少数，单生枝端；多花麻花头的头状花序极多数，在枝端排成伞房状。

草本植物 花紫色 小而多 组成头状花序

泥胡菜　菊科 泥胡菜属
Hemisteptia lyrata
Lyrate Saw-wort │ níhúcài

1 2 3 4 5 6 7 8 9 10 11 12

　　二年生草本；基生叶莲座状，秋季生出③，叶片倒披针形，长7～21厘米，提琴状大头羽裂③，顶裂片三角形，较大，下面被白色蛛丝状毛；茎生叶互生①，翌年春季生出，椭圆形，渐小；头状花序多数，在枝端排列成伞房状①；总苞球形，总苞片约5～8层，卵形，背面具紫红色鸡冠状附片②；小花全为管状，紫色②；瘦果圆柱形，冠毛白色。

　　产各区平原和低山区。生于村旁、田边、山坡路旁、草丛中，极常见。

　　相似种：伪泥胡菜【*Serratula coronata*，菊科伪泥胡菜属】多年生草本；中下部叶长椭圆形，长13～24厘米，羽状全裂④，裂片边缘有锯齿，上部叶渐小；头状花序排成伞房状④；总苞碗状，总苞片排列紧密；小花全为管状，紫色⑤。产金山、老峪沟、玉渡山；生山坡林缘、沟谷水边。

　　泥胡菜叶大头羽裂，头状花序小而多，总苞片具鸡冠状附片；伪泥胡菜叶羽状全裂，头状花序大而少，总苞片无附片；二者分布和生境也不同。

风毛菊　日本风毛菊　菊科 风毛菊属
Saussurea japonica
Japanese Saw-wort │ fēngmáojú

1 2 3 4 5 6 7 8 9 10 11 12

　　二年生草本；茎有窄翅（①左下）；中下部叶长椭圆形，长7～22厘米，羽状分裂①，裂片7～8对，茎上部叶渐小，近全缘；头状花序极多数，排成密伞房状①；总苞筒状，总苞片先端有粉色膜质具齿的附片②；小花全部管状，紫色②。

　　产各区山地。生于山坡灌草丛中，常见。

　　相似种：草地风毛菊【*Saussurea amara*，菊科风毛菊属】多年生草本；叶椭圆形③，长4～18厘米，边缘有钝锯齿；头状花序伞房状③；总苞片具粉色附片；花紫色③。产门头沟、昌平、延庆；生水边、河滩。**小花风毛菊**【*Saussurea parviflora*，菊科 风毛菊属】多年生草本；叶长椭圆形⑤，边缘有锯齿，基部沿茎下延成窄翅（④下）；花紫色（④上）。产硃头、雾灵山；生亚高山林下。

　　小花风毛菊叶基沿茎下延成窄翅，总苞片无附片，其余二者总苞片有粉色膜质附片；风毛菊植株高大，叶羽裂，头状花序极多数；草地风毛菊植株稍矮，叶不裂，头状花序较少。

篦苞风毛菊

菊科 风毛菊属

Saussurea pectinata

Pectinate Saw-wort | bìbāofēngmáojú

多年生草本；叶互生，卵状披针形，长9～22厘米，宽4～12厘米，羽状深裂①，裂片5～8对，边缘有钝齿；头状花序在枝端排成疏伞房状①；总苞半球状，总苞片约5层，外层总苞片有篦齿状的附片（①右下），常反折；小花全部管状，紫色。

产各区山地。生于山脊灌草丛中、沟谷林缘、林下，常见。

相似种：蒙古风毛菊【*Saussurea mongolica*，菊科 风毛菊属】 叶卵状三角形，不裂或下部羽状深裂③，边缘有粗齿；总苞片条形，先端长渐尖，反折②；花紫色②。产房山、门头沟、延庆、怀柔、密云；生山坡或沟谷林下。**卷苞风毛菊【*Saussurea tunglingensis*，菊科 风毛菊属】** 叶宽披针形⑤，边缘具波状锯齿；总苞片三角形，先端反卷④；花紫色④。产延庆四海、坡头、雾灵山；生沟谷林下。

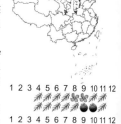

篦苞风毛菊总苞片有篦齿状附片；蒙古风毛菊总苞片条形，先端反折；卷苞风毛菊总苞片三角形，先端反卷；三者叶形也各不相同。

银背风毛菊

菊科 风毛菊属

Saussurea nivea

Snowy Saw-wort | yínbèifēngmáojú

多年生草本；茎被疏蛛丝状毛；中下部叶狭三角形①，长10～12厘米，宽4～6厘米，边缘有疏锯齿，上部叶渐小，下面密被银白色绵毛（①左下）；头状花序在枝端排成疏伞房状①；总苞筒状钟形，总苞片被白色绵毛（①左上）；小花管状，紫色①。

产各区山地。生于沟谷林缘、林下、亚高山草甸，常见。

相似种：乌苏里风毛菊【*Saussurea ussuriensis*，菊科 风毛菊属】 叶卵形至三角形③，边缘有粗锯齿，下面近无毛；总苞片无毛②；花紫色。产门头沟、延庆、怀柔、密云；生沟谷林下、林缘、水边。**中华风毛菊【*Saussurea chinensis*，菊科 风毛菊属】** 叶长椭圆形⑤，长9～10厘米，下面被白色茸毛（④下），边缘有细锯齿；总苞片疏被白色柔毛（④上）；花紫色。产东灵山；生亚高山草甸。

乌苏里风毛菊叶背绿色，总苞片无毛，其余二者叶背和总苞片被白毛；银背风毛菊叶宽，头状花序大而疏；中华风毛菊叶窄，头状花序小而密。

牛蒡 大力子 菊科 牛蒡属

Arctium lappa

Greater Burdock | niúbàng

二年生草本；根肉质；茎粗壮，带紫色，有微毛，上部多分枝①；基生叶丛生；茎生叶互生，宽卵形或心形①④，长40~50厘米，宽30~40厘米，上面绿色，无毛，下面密被灰白色茸毛，全缘，波状或有细锯齿，顶端圆钝，基部心形，有柄，上部叶渐小①；头状花序丛生或排成伞房状①，直径3~4厘米，有梗；总苞球形；总苞片披针形，长1~2厘米，顶端钩状内弯②③，可借此附于动物身上；花全部为管状，淡紫色②③，顶端5浅裂，裂片狭；瘦果椭圆形或倒卵形，长约5毫米，宽约3毫米，灰黑色；冠毛短刚毛状。

产金山、百花山、小龙门、东灵山、玉渡山、喇叭沟门、坡头。生于村旁、沟谷水边。

牛蒡的叶大型，宽卵形或心形，花全为管状花，淡紫色，总苞片顶端钩状内弯。

乳苣 蒙山莴苣 菊科 莴苣属

Lactuca tatarica

Tatar Lettuce | rǔjù

多年生草本，具乳汁；叶互生，叶片长椭圆形或条形，长6~19厘米，宽2~6厘米，羽状浅裂、半裂①或仅有少数大锯齿，裂片三角形，边缘有细锯齿；头状花序多数，在茎顶排成宽或窄的圆锥状①；总苞圆柱状，总苞片4层，无毛；小花全部舌状，蓝色(①右下)；瘦果长圆状披针形，灰黑色，顶端渐尖成长1毫米的喙，冠毛2层，白色。

产门头沟、昌平、延庆、密云、大兴。生于水边、田边、河滩沙地。

相似种：山莴苣【*Lactuca sibirica*，菊科 莴苣属】多年生草本；叶互生，叶片披针形或长披针形，长10~26厘米，宽2~3厘米，边缘全缘②或仅具少数缺刻状齿；头状花序排成圆锥状②；小花管状，蓝色(②左下)；瘦果椭圆形，褐色，冠毛白色。产海坨山；生山坡路旁。

乳苣的叶常羽裂，偶有少数大锯齿，山莴苣的叶常全缘，偶有缺刻状齿。

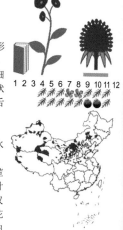

浅裂剪秋罗

石竹科 剪秋罗属

Lychnis cognata

Cognate Campion | qiǎnlièjiǎnqiūluó

多年生草本；叶对生，叶片矩圆状披针形①，长5~11厘米，宽1~4厘米，两面被疏长毛，边缘具缘毛；二歧聚伞花序具数花①，有时紧缩呈头状；花萼筒状棒形，沿脉疏生长柔毛；花瓣橙红色②，爪微露出花萼，瓣片宽倒卵形，叉状浅2裂或深凹缺②，裂片全缘或具不明显细齿；副花冠片暗红色；雄蕊和花柱微外露；蒴果长卵形。

产房山、门头沟、延庆。生于山坡或沟谷林缘、林下。

相似种：剪秋罗【*Lychnis fulgens*，石竹科 剪秋罗属】多年生草本；叶片卵状披针形③，长4~10厘米；二歧聚伞花序具数花③；花萼筒状棒形；花瓣红色④，瓣片深2裂达1/2④，裂片椭圆状条形；雄蕊微外露；蒴果长椭圆状卵形。产门头沟、延庆；生境同上，少见。

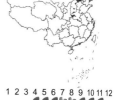

浅裂剪秋罗的花瓣瓣片2浅裂或仅有深凹缺；剪秋罗的花瓣瓣片2深裂。

胭脂花

段报春 报春花科 报春花属

Primula maximowiczii

Maximowicz's Primrose | yānzhihuā

多年生草本，全株无粉；叶基生，长卵状披针形或矩圆状倒卵形①，长8~22厘米，宽1.5~3厘米，顶端钝圆，基部渐狭下延成柄，边缘具三角形小牙齿，稀近全缘，侧脉纤细，不明显；花莛粗壮，具伞形花序1~2轮，每轮着生8~10朵花①；苞片披针形，长5~7毫米，先端渐尖，基部合生；花梗长1~2厘米；花萼狭钟状，长8毫米，裂片长三角形，长2毫米；花冠红色，杯状高脚碟状③，下垂，裂片5②，矩圆形，顶端钝圆，通常反折贴于冠筒上；蒴果卵球形④，稍长于花萼。

产百花山、东灵山、海坨山、雾灵山。生于亚高山草甸或林下。

胭脂花的叶基生，花莛具1~2轮伞形花序，花红色，花冠高脚碟状，下垂，裂片反折。

白薇 山烟根子 夹竹桃科/萝藦科 白前属

Vincetoxicum atratum

Darkened Swallow-wort │ báiwēi

多年生草本，具乳汁；叶对生，叶片卵形或卵状矩圆形①，长5～8厘米，宽3～4厘米，两面均被有白色茸毛，以叶背及脉上为密；聚伞花序腋生①，无总花梗，有花8～10朵；花暗紫红色②；花冠辐状；副花冠5裂，裂片盾状，与合蕊柱等长；蓇葖果单生，基部钝形，中间膨大；种子扁平，种毛白色。

产门头沟、昌平、延庆。生于荒地、河滩、山坡草地。

相似种：华北白前【*Vincetoxicum mongolicum*，夹竹桃科/萝藦科 白前属】多年生草本；叶片卵状披针形③，长3～10厘米，宽1～3厘米，无毛；聚伞花序腋生，有花不到10朵；花冠暗紫红色④；蓇葖果双生，狭披针形。产玉渡山；生山坡草丛中。

白薇植株密被毛，叶较宽；华北白前植株近无毛，叶较窄。

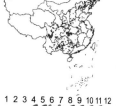

藜芦 藜芦科/百合科 藜芦属

Veratrum nigrum

Black False Hellebore │ lílú

多年生草本；鳞茎不明显膨大；植株基部残存叶鞘撕裂成黑褐色网状纤维；叶4～5枚，椭圆形至矩圆状披针形①②，长12～25厘米，宽4～18厘米；顶生圆锥花序①，长30～50厘米，下部苞片大小，主轴至花梗密生丛卷毛，花梗长3～5毫米，生于主轴上的花常为两性，余则为雄性；花被片6，黑紫色至暗红色③，椭圆形至倒卵状椭圆形，长5～7毫米；雄蕊6，花药肾形；子房长宽约相等，花柱3；蒴果三棱状④，长1.5～2厘米。

产各区山地。生于山坡林下、亚高山草甸。

藜芦的叶为椭圆形，具多条平行脉，明显褶皱状，圆锥花序，花黑紫色至暗红色。

藜芦全株有毒，请注意不要误食。

山丹 细叶百合 百合科 百合属

Lilium pumilum

Coral Lily | shāndān

多年生草本；具鳞茎；叶在茎上螺旋状着生，密集②，条形，长3.5～9厘米，宽1.5～3毫米，常呈镰刀状弯曲；花数朵排成总状花序，下垂②；花被片6枚，向后反卷①，鲜红色，排成2轮，无斑点；花柱比子房长①；蒴果矩圆形，长约2厘米。

产各区山地。生于山坡林缘、山脊灌草丛中、亚高山草甸，常见。

相似种：有斑百合【Lilium concolor var. pulchellum**，百合科 百合属】**叶在茎上散生，宽条形④，长6～9厘米；花被片红色，上面散生紫黑色斑点③；花柱比子房短。产地同上；生境同上。**卷丹【**Lilium tigrinum**，百合科 百合属】**叶在茎上散生，披针形⑤，上部叶腋有珠芽⑤；花下垂，花被片反卷，橙红色，有紫黑色斑点⑥。产凤凰岭、喇叭沟门；生沟谷林下，民间各地常有栽培。

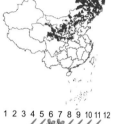

山丹叶密集，极窄，花被片反卷，无斑点，其余二者叶疏散，稍宽，花被片有斑点；有斑百合无珠芽，花被片不反卷；卷丹有珠芽，花被片反卷。

轮叶贝母 一轮贝母 百合科 贝母属

Fritillaria maximowiczii

Maximowicz's Fritillary | lúnyèbèimǔ

多年生草本；鳞茎由4～5枚或更多鳞片组成，周围又有许多米粒状小鳞片；叶条形或条状披针形①③，长4.5～10厘米，宽3～13毫米，通常3～6枚排成一轮①③，极少为二轮，向上有时还有1～2枚散生叶；花单朵顶生，下垂，花被阔钟状，棕红色①②，稍有黄绿色小方格①；叶状苞片1枚，先端不卷；花被片长3.5～4厘米，宽4～14毫米；雄蕊长约为花被片的3/5；花药近基着，花丝无小乳突；柱头裂片长6～6.5毫米；蒴果长1.6～2.2厘米，具6棱翅④，翅宽约4毫米，果梗直立。

产坡头、雾灵山。生于林下阴湿处。

轮叶贝母的叶条形，3～6片轮生，单花顶生，下垂，花被阔钟状，棕红色，蒴果有6棱翅，果梗直立。

苦马豆　豆科 苦马豆属

Sphaerophysa salsula

Alkali Swainsonpea ｜ kǔmǎdòu

多年生草本：奇数羽状复叶①，互生，小叶5~10对，倒卵形至倒卵状矩圆形①，长5~15毫米，宽3~6毫米，先端微凹至圆，具短尖头，基部圆至宽楔形，上面疏被毛至无毛，侧脉不明显，下面被细小、白色"丁"字形毛：总状花序有6~16朵花①；苞片卵状披针形；花梗长4~5毫米，密被白色柔毛：花萼钟状，萼齿三角形：花冠红色①②，旗瓣近圆形，向上反折：荚果椭球形至卵球形，膨胀③，长1.7~3.5厘米，直径1.7~1.8厘米，先端圆，果颈长约10毫米；种子肾形，褐色。

产丰台、延庆。生于河滩、盐碱地。

苦马豆具奇数羽状复叶，花红色，荚果囊状，膨胀。

地黄　列当科/玄参科 地黄属

Rehmannia glutinosa

Glutinous Rehmannia ｜ dìhuáng

多年生草本：全株密被白色长腺毛：根肉质，黄色：叶多基生，莲座状①，叶片倒卵状披针形，长3~10厘米，边缘有钝锯齿①：茎生叶少数，较小：总状花序顶生①，具苞片，由下而上渐小：花多少下垂：花萼长1~1.5厘米，密被多细胞长柔毛，筒部坛状，萼齿5，反折：花冠紫红色、棕红色或黄紫色①②③，花冠筒多少弓曲，外面被多细胞长柔毛，檐部二唇形，上唇2裂片反折，下唇3裂片开展：雄蕊4枚，内藏：子房2室，花后渐变为1室：蒴果卵形：种子卵形，细小，黑褐色④。

产各区平原和低山区。生于村边、路旁、荒地、山坡草丛中，极常见。

地黄全株密被毛，叶多基生，莲座状，总状花序顶生，花冠二唇形，较大，紫红色至棕红色，蒴果卵形，种子细小。

地榆 黄瓜香 蔷薇科 地榆属

Sanguisorba officinalis

Official Burnet | dìyú

多年生草本；植株有黄瓜味；根粗壮，多呈纺锤形；基生叶为奇数羽状复叶①③，小叶2~7对，矩圆状卵形至长椭圆形，长2~6厘米，宽0.8~3厘米，边缘有整齐的圆锯齿③；茎生叶渐小，托叶大，草质；花小而密集，组成多数圆柱形的穗状花序①，生于茎顶，有小苞片；萼片4，花瓣状，红色②，基部具毛；无花瓣；雄蕊4②，与萼片近等长，花丝丝状，不扩大；子房外面无毛或基部微被毛，柱头顶端扩大，盘形，边缘具流苏状乳头；瘦果褐色，包藏在宿萼内。

产各区山地。生于山坡林缘、草丛中、亚高山草甸，极常见。

地榆具奇数羽状复叶，小叶边缘有整齐的圆锯齿，穗状花序，萼片4，红色，无花瓣。

多花百日菊 菊科 百日菊属

Zinnia peruviana

Peruvian zinnia | duōhuābǎirìjú

一年生草本；茎常二歧状分枝；叶对生，披针形①，长2.5~6厘米，宽0.5~1.7厘米，基部半抱茎，基出三脉①；头状花序在枝端排成圆锥状①；花序梗膨大中空圆柱状；总苞钟状，总苞片外边缘稍膜质；舌状花红色（①右下）；瘦果楔形，极扁。

原产美洲，丰台、门头沟、昌平、延庆、密云有逸生。生于山坡路旁、草丛中。

相似种：天人菊【*Gaillardia pulchella***，菊科 天人菊属】**一年生草本；叶互生，匙形或倒披针形②，全缘或上部有疏锯齿，长5~10厘米；头状花序顶生；舌状花红色，先端黄色②。原产北美洲，各区有栽培，偶有逸生；生路旁、荒地。**两色金鸡菊【***Coreopsis tinctoria***，菊科 金鸡菊属】**一年生草本；叶对生，二回羽状全裂③；舌状花舌片下部红色，上部黄色③。产地同上；生境同上。

多花百日菊叶对生，基出三脉，舌片红色；天人菊叶互生，舌片红色，先端黄色；两色金鸡菊叶对生，二回羽裂，舌片下部红色，上部黄色。

紫苞雪莲 紫苞风毛菊 菊科 风毛菊属

Saussurea iodostegia

Purple-bract Snow Lotus | zǐbāoxuělián

1 2 3 4 5 6 7 8 9 10 11 12

多年生草本；基生叶条状矩圆形①，长15～20厘米，边缘有稀疏锐齿，基部渐狭成长柄，上部叶渐小，披针形，无柄；头状花序4～7个在茎顶密集成伞房状，外被大型的紫色苞叶①；总苞卵状矩圆形，总苞片4层；小花全部管状，暗红色至紫黑色②；瘦果矩圆形，冠毛污白色。

产百花山、东灵山、海坨山、雾灵山。生于亚高山草甸。

相似种：大头风毛菊【*Saussurea baicalensis*，菊科 风毛菊属】多年生草本；下部叶椭圆形披针形③，长14～20厘米，边缘具大锯齿，上部叶渐小；头状花序多数，在茎上排成总状③；总苞钟状；小花暗紫红色④。产东灵山；生亚高山草甸岩石上。

紫苞雪莲的头状花序排成伞房状，外被大型紫色苞叶；大头风毛菊的头状花序在茎上排成总状，苞叶小型。

山牛蒡 菊科 山牛蒡属

Synurus deltoides

Synurus | shānniúbàng

1 2 3 4 5 6 7 8 9 10 11 12

多年生草本；茎粗壮，基部直径达2厘米，有条棱，灰白色，被密厚茸毛或下部脱毛而至无毛；基生叶与茎下部叶有长柄，叶柄有狭翼，叶片心形、卵形或卵状三角形①，长10～26厘米，宽12～20厘米，边缘有三角形粗大锯齿①，上面绿色，有多细胞节毛，下面灰白色，被密厚的茸毛；头状花序大，下垂①②，生枝顶；总苞球形，直径3～6厘米，被稠密而蓬松的蛛丝状毛②；小花全部为两性管状花，花冠紫红色②③，长2.5厘米；瘦果长椭圆形，浅褐色，长7毫米，宽约2毫米，有果缘；冠毛褐色，多层。

产海坨山、雾灵山。生于亚高山草甸或林缘。

山牛蒡的植株高大，叶片心形至卵状三角形，下面密被白色茸毛，头状花序大，下垂，总苞外被稠密的蛛丝毛，花紫红色。

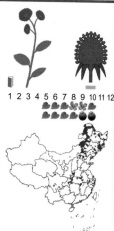

独行菜　腺独行菜 葶苈子　十字花科 独行菜属

Lepidium apetalum

Apetalous Pepperweed ｜ dúxíngcài

一年或二年生草本；茎自基部分枝①；基生叶窄匙形，羽状浅裂或深裂，长3～5厘米，宽1～1.5厘米，叶柄长1～2厘米；茎生叶条形，无柄，有疏齿或全缘②；总状花序具密花，在果期可延长至5厘米；萼片4③，卵形；花瓣退化；雄蕊2③；短角果宽椭圆形，扁平③，长2～3毫米，宽约2毫米，顶端微缺，上部有短翅；种子椭圆形，平滑。

产各区平原地区。生于路旁、田边、草丛中，早春极常见。

相似种：密花独行菜【*Lepidium densiflorum*，十字花科 独行菜属】 一年生草本；基生叶矩圆形，羽状分裂⑤，边缘有不规则深锯齿，基部渐狭成柄⑤；茎生叶条形，具短柄；总状花序具密花；萼片4，卵形；花瓣退化；雄蕊2④；短角果宽倒卵形④。产昌平、怀柔；生路旁、荒地。

独行菜茎生叶无柄，果实宽椭圆形，最宽处在中间；密花独行菜茎生叶明显有柄，果实宽倒卵形，最宽处在上部。

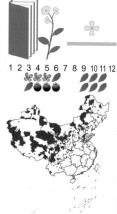

四叶葎　茜草科 拉拉藤属

Galium bungei

Bunge's Bedstraw ｜ sìyèlǜ

多年生草本；有红色丝状根；茎具4棱，细弱；叶4片轮生①，纸质，近无柄，卵状矩圆形至披针状矩圆形①，长0.8～2.5厘米，顶端钝尖，中脉和边缘有刺状硬毛；聚伞花序顶生和腋生，稍疏散；花小，白绿色②，有短梗，4数；果爿近球状，径1～2毫米，通常双生②，有小疣点。

产海淀、房山、门头沟、昌平、延庆。生于山坡林下、石缝中。

相似种：拉拉藤【*Galium spurium*，茜草科 拉拉藤属】 多枝、蔓生草本；茎有倒生刺毛；叶通常6片轮生③，倒披针形，长1～5.5厘米，两面有刺毛；聚伞花序腋生或顶生；花黄绿色（④上）；果密被钩毛（④下），果梗直。产海淀、房山、门头沟、延庆；生水边、路旁湿润处。

四叶葎的叶4片轮生，茎、叶无刺毛；拉拉藤的叶6片轮生，茎、叶有刺毛。

草本植物 花绿色 辐射对称 花瓣四

北重楼

藜芦科/百合科 北重楼属

Paris verticillata

Verticillate Paris | běichónglóu

多年生草本；根状茎细长；茎单一；叶6～8枚轮生茎顶①②，披针形、狭矩圆形或倒披针形①②，长7～13厘米，宽1.5～3.5厘米，先端渐尖，全缘，基部楔形，基出三脉；具短叶柄或几无柄；花梗单一，自叶轮中心抽出①②，长4.5～12厘米，顶生一花，外轮花被片绿色，叶状，通常4片②③，稀5片，内轮花被片窄条形③，长1～2厘米；雄蕊8③，花丝长约5.7毫米，花药条形，长1厘米，药隔延伸③，长约6～8毫米；子房近球形，紫褐色③④，花柱分枝4枚，分枝细长并向外反卷；蒴果浆果状。

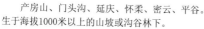

产房山、门头沟、延庆、怀柔、密云、平谷。生于海拔1000米以上的山坡或沟谷林下。

北重楼叶6～8枚轮生，花单朵顶生，外轮花被片叶状，内轮花被片条形。

五福花

五福花科 五福花属

Adoxa moschatellina

Moschatel | wǔfúhuā

多年生草本；植株稍肉质；根状茎横生；茎单一，纤细，无毛，有长匍匐枝；基生叶1～3枚，为一至二回三出复叶①；小叶宽卵形或圆形，长1～2厘米，再3裂①；叶柄长4～9厘米；茎生叶2枚，为三出复叶，小叶不裂或3裂；叶柄长约1厘米；花绿色或黄绿色③④，直径4～6毫米，5朵成顶生头状花序①②；顶生花4数④，花萼裂片2，花冠裂片4，雄蕊8，花柱4④；侧生花5数③，花萼裂片3，花冠裂片5，雄蕊10，花柱5③；核果球形，径2～3毫米。

产百花山、小龙门、延庆永宁、喇叭沟门、坡头、云岫谷。生于阴坡或沟谷林下湿润处。

五福花植株稍肉质，一至二回三出复叶，头状花序具5朵花，顶生花4数，侧生花5数。

龙须菜　雉隐天冬　天门冬科/百合科　天门冬属

Asparagus schoberioides

Seepweed-like Asparagus　｜lóngxūcài

多年生草本；茎与分枝具纵棱；叶退化为鳞片状；叶状枝每3～4枚成簇，条形扁平，镰刀状①，长1～4厘米，宽0.7～1毫米；花2～4朵腋生，单性，雌雄异株，无梗或具短梗，花被片6，黄绿色（①右下）；浆果球形（①左上），熟时红色。

产各区山地。生于沟谷林下，常见。

相似种：兴安天门冬【*Asparagus dauricus*，天门冬科/百合科　天门冬属】叶状枝每1～6枚成簇，圆柱形②，长1～4厘米；花2朵腋生，黄绿色②；浆果球形（②左下）。产房山、门头沟、延庆、怀柔、密云；生向阳山坡草丛中。**攀缘天门冬**【*Asparagus brachyphyllus*，天门冬科/百合科　天门冬属】攀缘草本③；叶状枝每4～10枚成簇，短圆柱形，长4～12毫米；花2～4朵腋生，绿色带褐色（③左上）；浆果球形，熟时红色③。产怀柔；生山坡林下。

攀缘天门冬茎攀援，叶状枝短小，其余二者茎直立，叶状枝较长；龙须菜叶状枝扁平，镰刀状，排列紧密；兴安天门冬叶状枝圆柱形，排列稀疏。

曲枝天门冬　天门冬科/百合科　天门冬属

Asparagus trichophyllus

Hairy-leaf Asparagus　｜qūzhītiānméndōng

多年生草本；茎分枝先下弯而后上升①，基部一段强烈弧曲；叶退化为鳞片状；叶状枝每5～8枚成簇，长7～18毫米，粗约0.4毫米，常伏贴于小枝上；花每2朵腋生，单性异株；花被片，黄绿色带紫色（①右下）；浆果球形（①左下），熟时红色。

产各区山地。生于山坡路旁、沟谷林下。

相似种：长花天门冬【*Asparagus longiflorus*，天门冬科/百合科　天门冬属】叶状枝每4～12枚成簇，长6～15毫米，伏贴②；花绿色带紫色（②左下），花梗长6～12毫米；浆果球形。产延庆、怀柔、密云、平谷；生山坡灌草丛中。**南玉带**【*Asparagus oligoclonos*，天门冬科/百合科　天门冬属】叶状枝每5～12枚成簇，扁圆柱形③，长1～3厘米；花黄绿色（③左上），花梗长15～20毫米；浆果球形。产门头沟、延庆、怀柔、密云；生境同上。

曲枝天门冬分枝弧曲，其余二种分枝斜升；长花天门冬叶状枝短，花紫绿色，花梗短于12毫米；南玉带叶状枝细长，花黄绿色，花梗长于15毫米。

二叶舌唇兰 兰科 舌唇兰属

Platanthera chlorantha

Greater Butterfly-orchid | èryèshéchúnlán

多年生草本；块茎卵状；基生叶2枚①，椭圆形或倒披针形①，长10～20厘米，宽4～8厘米；总状花序具10余枚花①；苞片披针形，和子房近等长；花白绿色②，中萼片宽卵状三角形；侧萼片椭圆形，较中萼片狭；花瓣偏斜，条状披针形，基部较宽；唇瓣条形，基部有弧曲的距②。

产各区山地。生于山坡或沟谷林下、亚高山草甸，常见。

相似种：蜻蜓兰【Platanthera souliei，兰科 舌唇兰属】多年生草本；根状茎指状；茎下部具2～3枚叶③，叶片倒卵形或椭圆形，长6～15厘米；总状花序狭长③，具多数密生的花；花黄绿色④，唇瓣基部两侧各1枚小的侧裂片④。产蒲洼、百花山、喇叭沟门、坡头；生沟谷林缘、山坡林下。

二叶舌唇兰具基生叶2枚，唇瓣不裂；蜻蜓兰具基生叶2～3枚，唇瓣基部有2个小裂片。

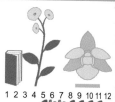

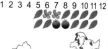

凹舌兰 凹舌掌裂兰 兰科 掌裂兰属

Dactylorhiza viridis

Frog Orchid | āoshélán

多年生草本；块根肉质，前部呈掌状分裂；茎具3～4枚叶①；总状花序多花；苞片条形，常较花长①；花绿色带红棕色①；萼片基部常稍合生，花瓣直立，条状披针形，唇瓣下垂，肉质，倒披针形，基部具囊状距，前部铲状3裂（①右下）。

产百花山、海坨山、雾灵山。生于亚高山草甸或林下。

相似种：对叶兰【Neottia puberula，兰科 鸟巢兰属】多年生草本；茎中部有2枚对生叶②，阔卵形；总状花序具数朵稀疏的花②，绿色；唇瓣楔形，先端2裂③。产百花山、海坨山；生亚高山林下。**北方鸟巢兰【Neottia camtschatea，兰科 鸟巢兰属】**腐生草本；茎上部疏被短柔毛④，下部具鞘；总状花序顶生；花淡绿色⑤，唇瓣楔形，先端2深裂⑤。产地同上；生亚高山林下。

凹舌兰茎具多枚叶，唇瓣先端铲状3裂；对叶兰具2枚对生叶，唇瓣先端2裂；北方鸟巢兰为腐生草本，唇瓣先端2深裂。

角盘兰

兰科 角盘兰属

Herminium monorchis

Monoorchid Herminium | jiǎopánlán

多年生草本；块茎球形；茎下部具2~3枚叶①，狭椭圆形；总状花序多花；花黄绿色①，下垂；萼片近等长；花瓣近菱形，常3裂；唇瓣中部3裂（①左下），侧裂片三角形，较中裂片短很多。

产百花山、东灵山、海坨山、雾灵山。生于亚高山草甸。

相似种：裂瓣角盘兰【*Herminium alaschanicum*，兰科 角盘兰属】块茎球形；茎下部具2~4枚叶③；花黄绿色，下垂②；萼片卵形；花瓣条形，直立；唇瓣先端3深裂②，基部有短距。产青草梁、玉渡山、松山；生山坡草丛中。**原沼兰**【*Malaxis monophyllos*，兰科 原沼兰属】假鳞茎卵形；基生叶2枚⑤；花序狭长⑤；花极小，黄绿色④；萼片和花瓣条形，唇瓣位于上方，宽卵形，顶端尾尖④。产百花山、海坨山、雾灵山；生亚高山草甸或林下。

原沼兰的花极小，唇瓣位于上方，不裂，其余二者花稍大，唇瓣位于下方，3裂；角盘兰唇瓣侧裂片远短于中裂片；裂瓣角盘兰唇瓣裂片近相等。

羊耳蒜

兰科 羊耳蒜属

Liparis campylostalix

Common False Twayblade | yáng'ěrsuàn

多年生草本；假鳞茎卵球形；茎下具2枚叶①，卵形或卵状椭圆形①，长5~14厘米，宽2.5~8.5厘米，具鞘状叶柄；总状花序顶生①，花序轴具翅；花淡黄绿色或带紫色②；萼片条状披针形，花瓣丝状②，唇瓣倒卵形，长5~6毫米，边缘有不明显的细齿②；蒴果倒卵形。

产百花山、松山、喇叭沟门。生于沟谷林下。

相似种：火烧兰【*Epipactis helleborine*，兰科 火烧兰属】多年生草本；茎具4~7枚叶，卵圆形至卵形④，长3~13厘米；总状花序长10~30厘米，具多花④；花黄绿色；萼片卵状披针形，花瓣椭圆形；唇瓣中部缢缩，前端兜状④，内面深紫色。产上方山、百花山；生山坡林下。

羊耳蒜具2枚叶，萼片和花瓣细条形，唇瓣不缢缩；火烧兰具多枚叶，萼片和花瓣宽大，唇瓣中部缢缩，前端兜状。

草本植物 花绿色 两侧对称 兰形或其他形状

468 中国常见植物野外识别手册——北京册

反枝苋 西风谷 人青菜 苋科 苋属

Amaranthus retroflexus

Redroot Pigweed | fǎnzhīxiàn

一年生草本；茎密被短柔毛；叶互生，叶片菱状卵形或椭圆状卵形①，长5~12厘米，宽2~5厘米，两面被柔毛；多数穗状花序组成圆锥状①；苞片及小苞片钻形，苍白色②，有芒尖；花被片膜质，绿白色②；胞果扁球形；全株可作野菜食用。

原产美洲，各区平原和低山区均有分布。生于房前屋后、路旁、田边、草丛中，极常见。

相似种：绿穗苋【*Amaranthus hybridus*，苋科苋属】一年生草本；茎被柔毛；叶片菱状卵形③，长4~10厘米；花序顶生，分枝穗状，细长④，上端稍弯曲；苞片和花被片绿色④。产地同上；生境同上。**刺苋**【*Amaranthus spinosus*，苋科 苋属】一年生草本；叶片菱状卵形⑤，长3~12厘米；叶柄基部有2刺（⑤左下）；花序分枝细长；花绿色。原产美洲，房山、延庆、顺义有逸生；生路旁、水边。

刺苋植株近无毛，具刺，其余二者茎叶密被毛，无刺；反枝苋花序紧凑，花绿白色；绿穗苋花序分枝细长弯曲，花绿色。

凹头苋 野苋 苋科 苋属

Amaranthus blitum

Guernsey Pigweed | āotóuxiàn

一年生草本；全株无毛；叶互生，叶片卵形或菱状卵形①，长1.5~4.5厘米，宽1~3厘米，顶端凹缺①；花序在枝端排成圆锥状①；苞片及小苞片矩圆形，短小；花被片淡绿色②；胞果卵形。

原产美洲，各区平原地区均有分布。生于田边、路旁、荒地，极常见。

相似种：皱果苋【*Amaranthus viridis*，苋科 苋属】一年生草本；全株无毛；叶片卵形至卵状矩圆形③，长2~9厘米；花序腋生及顶生，排成圆锥状；花被片绿色，果时变灰褐色③。产地同上；生境同上。**长芒苋**【*Amaranthus palmeri*，苋科 苋属】一年生草本；叶片菱状卵形，长1.5~7厘米；花序长穗状，顶端弯垂④；苞片具长芒尖⑤，长于花被片。原产北美洲，近年来扩散迅速，海淀、丰台、房山、顺义有逸生；生路旁。

长芒苋花序极长，顶端弯垂，苞片有长尖，其余二者花序较短；凹头苋叶先端明显有凹缺，花序绿色；皱果苋叶先端不凹或略凹，花序灰褐色。

牛膝 苋科 牛膝属

Achyranthes bidentata

Ox-knee | niúxī

多年生草本；根圆柱形；茎有棱角，几无毛，节部膝状膨大；叶对生，叶片卵形至椭圆形①，长4.5~12厘米，两面有柔毛；叶柄长0.5~3厘米；穗状花序①，花后总花梗伸长，向下反折而使果实贴近总花梗②；苞片宽卵形，顶端渐尖，小苞片贴生于萼片基部，刺状；花被片5，绿色②；雄蕊5，花丝基部连合成环状②；胞果矩圆形。

产各区低山地区。生于山地路旁、沟谷林下、阴湿处，常见。

相似种：小花山桃草【Oenothera curtiflora，柳叶菜科 月见草属**】**一年或二年生草本；全株密被伸展灰白色长毛与腺毛；基生叶宽倒披针形，茎生叶渐小，互生③；花序穗状③；萼片4，绿色，花瓣白绿色或带粉红色④，常早落；蒴果纺锤形。原产北美洲，城区有逸生；生路旁、荒地。

牛膝叶对生，果实向下贴近花序梗；小花山桃草植株密被毛，叶互生，果实直立。

地肤 苋科/藜科 沙冰藜属

Bassia scoparia

Burningbush | dìfū

一年生草本；茎多分枝；叶互生，叶片披针形或条状披针形①，长2~5厘米，宽3~7毫米，两面生短柔毛，通常有3条明显的主脉①；花1~3朵生于上部叶腋，成稀疏的穗状花序②；花被片5，基部合生，果期生三角状横突起或翅（②左下）。

产各区平原和低山区。生于田边、路旁、草丛中，极常见。

相似种：刺藜【Teloxys aristata，苋科/藜科 刺藜属**】**叶条形③，长4~7厘米；复二歧式聚伞花序③，末端分枝针刺状④；花被片5；胞果球形。产门头沟、延庆、密云；生田边、路旁、荒地、草丛中。**毛果绳虫实【**Corispermum tylocarpum，苋科/藜科 虫实属**】**叶条形⑤，长2~4厘米；穗状花序细长⑤，稀疏；苞片狭卵形⑥，包被果实；果倒卵形⑥，被星状毛。产丰台、延庆；生盐碱地。

地肤叶较宽，具3脉，花被片果期翅状，其余二者叶较窄，具1脉；刺藜花序二歧，分枝针刺状；毛果绳虫实花序穗状，果包于苞片内。

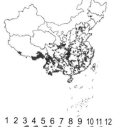

藜 灰菜 灰灰菜 涝涝菜   苋科/藜科 藜属
Chenopodium album
Lamb's Quarters | lí

一年生草本；茎有条纹，多分枝；叶有长柄，叶片菱状卵形至披针形①，长3～6厘米，宽2.5～5厘米，边缘有不整齐的锯齿①，下面生粉粒，灰绿色；穗状花序排成圆锥状②；花被片5，肥厚；胞果包于花被内；全株可作野菜食用，但不能多食。

产各区平原和低山区。生于房前屋后、路旁、田边、草丛中，极常见。

相似种：小藜【*Chenopodium ficifolium***，苋科/藜科 藜属】**一年生草本；叶长卵形，边缘有波状牙齿，基部有2裂片③；花序排成圆锥状③。产各区平原地区；生境同上。**灰绿藜【***Oxybasis glauca***，苋科/藜科 红叶藜属】**一年生草本；叶矩圆形④，肉质，边缘有波状齿④，下面灰白色；花序穗状④。产地同上；生水边、田边、盐碱地，常见。

灰绿藜植株矮小，叶肉质，有波状齿，花序短，其余二者植株较高，叶草质，花序长；藜的叶较宽，叶缘有不规则锯齿，花期夏秋；小藜的叶较窄，基部有2枚裂片，花期春夏。

尖头叶藜   苋科/藜科 藜属
Chenopodium acuminatum
Acuminate Goosefoot | jiāntóuyèlí

一年生草本；茎多分枝；叶有短柄；叶片卵形或宽卵形①②，长2～4厘米，宽1～3厘米，先端圆钝或急尖，具短尖头①②，边缘全缘；花序穗状或圆锥状①②；花两性；花被片5，宽卵形，果时增厚成五角状；胞果球形，种子横生。

产各区平原地区。生于路旁、河滩，常见。

相似种：杂配藜【*Chenopodiastrum hybridum***，苋科/藜科 麻叶藜属】**一年生草本；叶宽卵形③④，长6～15厘米，掌状浅裂④；裂片不等大；花序圆锥状③。产海淀、门头沟、延庆、怀柔、密云；生山坡路旁、荒地、草丛中。**轴藜【***Axyris amaranthoides***，苋科/藜科 轴藜属】**一年生草本；叶披针形⑤，长3～7厘米；花单性，雄花序穗状，雌花数朵簇生；果实倒卵形⑥，侧扁。产门头沟、昌平、延庆、怀柔、密云；生山坡林缘、路旁。

轴藜叶披针形，花单性，雄花序穗状，雌花数朵簇生，其余二者花两性；尖头叶藜的叶全缘，具小尖头；杂配藜的叶掌裂。

猪毛菜 扎蓬棵 苋科/藜科 猪毛菜属

Kali collinum

Slender Russian Thistle | zhūmáocài

一年生草本；叶互生，丝状圆柱形①，肉质，长2～5厘米，宽0.5～1毫米，先端有硬针刺；花序穗状①②，生枝条上部；苞片宽卵形，先端有刺尖②；花被片5，果时变硬，背部有革质突起（①左上）；胞果倒卵形；全株幼嫩时可作野菜食用。

产各区平原和低山区。生于田边、路旁、草丛中，极常见。

相似种：无翅猪毛菜【*Kali komarovii*，苋科/藜科 猪毛菜属】一年生草本；叶半圆柱形③，顶端有短尖；花序穗状；苞片条形，顶端具硬刺尖④，触之扎手；花被片果时变硬，革质④。产延庆、怀柔；生路旁、沙地。**刺沙蓬【*Kali tragus*，苋科/藜科 猪毛菜属】**一年生草本；叶半圆柱形⑤；苞片长卵形，顶端有刺尖；花被片膜质，果时变硬，自背面中部生翅⑥。产房山、怀柔、密云；生境同上。

刺沙蓬花被片果期生翅，其余二者花被片无翅；猪毛菜叶圆柱形，苞片刺尖软，触之不扎手；无翅猪毛菜叶半圆柱形，苞片刺尖硬，触之扎手。

碱蓬 苋科/藜科 碱蓬属

Suaeda glauca

Glaucous Seepweed | jiǎnpéng

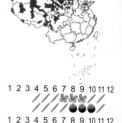

一年生草本；茎浅绿色，上部多分枝；叶丝状条形，半圆柱状或略扁平，灰绿色①，长1.5～5厘米，宽1.5毫米；花两性，单生或几朵簇生叶腋，有短梗，总花梗与叶柄合生成短歧状②，形似花序着生于叶柄上；花被片5，矩圆形，果期花被增厚呈五角星状（①左上）；雄蕊5，柱头2；胞果扁平；种子近圆形，黑色。

产海淀、房山、昌平、延庆、大兴。生于河滩、盐碱地。

相似种：盐地碱蓬【*Suaeda salsa*，苋科/藜科 碱蓬属】一年生草本；植株绿色或紫红色③；叶条形，半圆柱状③；花3～5朵生叶腋④，在分枝上排列成间断的穗状花序；花被片果时背面稍增厚。产房山、昌平、延庆、大兴；生境同上。

碱蓬的总花梗与叶柄合生，形似花生于叶柄上，花被果期增厚呈五角星状；盐地碱蓬的总花梗不与叶柄合生，花被果期稍增厚。

巴天酸模 土大黄 蓼科 酸模属
Rumex patientia

Patience Dock │ bātiānsuānmó

多年生高大草本；根肥厚；茎粗壮，上部分枝；基生叶矩圆形①，长15～30厘米，宽5～10厘米，边缘波状①，茎生叶披针形，较小；托叶鞘膜质；花序圆锥状①，大型；花两性；花被片6，内轮花被片果时增大，全部或部分具小瘤②。

产各区平原和低山区。生于水边、路旁、田边、沟谷林缘，极常见。

相似种：酸模【*Rumex acetosa*，蓼科 酸模属】多年生草本；叶矩圆形，长5～12厘米，基部箭形③；圆锥花序④；内轮花被片无小瘤。产房山、门头沟、延庆、怀柔、密云；生沟谷林下、亚高山草甸。**毛脉酸模**【*Rumex gmelinii*，蓼科 酸模属】多年生高大草本；叶三角状卵形⑥，长8～25厘米，顶端圆钝，基部深心形⑥；花序圆锥状⑤；内花被片无小瘤。产房山、延庆、怀柔；生水边。

巴天酸模内轮花被片具小瘤，其余二者常无小瘤；酸模叶基箭形，花序细瘦，花单性；毛脉酸模叶基深心形，花序粗壮，花两性。

齿果酸模 蓼科 酸模属
Rumex dentatus

Toothed Dock │ chǐguǒsuānmó

一年生草本；叶互生，有长柄，叶片矩圆形或宽披针形①，长4～8厘米，宽1.5～2.5厘米，顶端圆钝，托叶鞘膜质，筒状；花序顶生，圆锥状①；花被片6，2轮，绿色，内轮花被片果时增大，长卵形，边缘有不整齐的针刺状齿齿（①右下）。

产各区平原地区。生于水边、路旁、草丛中。

相似种：刺酸模【*Rumex maritimus*，蓼科 酸模属】一年生草本；叶披针状矩圆形②，长4～15厘米；花序圆锥状②，具小型叶；花绿色；内轮花被片果时增大，边缘具长钩刺③。产房山、昌平、延庆；生水边、路旁湿润处。**羊蹄**【*Rumex japonicus*，蓼科 酸模属】多年生草本；叶矩圆形④，长8～25厘米；花序圆锥状；花绿色；内轮花被片果时增大，边缘具不整齐的小齿⑤。产海淀、丰台、门头沟；生田边、河道旁。

齿果酸模内轮花被片具针刺状齿；刺酸模具长针刺；羊蹄具不整齐小齿。

草本植物 花绿色 小而多 组成穗状花序

草本植物 花绿色 小而多 组成穗状花序

狭叶荨麻 蝎麻 荨麻科 荨麻属
Urtica angustifolia

Narrow-leaf Nettle | xiáyèqiánmá

多年生草本；有螫毛；茎四棱形；叶对生，叶片披针形至披针状条形①②，长4～15厘米，宽1～5厘米，先端长渐尖或锐尖，基部圆形，边缘有粗牙齿或锯齿①②，齿尖常前倾，基出脉3条；花序穗状①②，细长，集成圆锥状；花单性，雌雄异株；花被片4，雌花宿存花被片4，在下部合生；瘦果两侧压扁；嫩叶可作野菜食用。

产各区山地。生于沟谷林下、水边，常见。

相似种：宽叶荨麻【*Urtica laetevirens*，荨麻科荨麻属】多年生草本；叶卵形或披针形③，长4～10厘米；边缘具锐或钝的牙齿状锯齿，基出脉3条；花序近穗状③；花绿色；花被片4，果时宿存。产房山、门头沟、延庆、怀柔、密云；生境同上。

狭叶荨麻的叶披针形，较窄；宽叶荨麻的叶卵形，较宽。

二者均有螫毛，手触可引起轻微刺痛和水泡。

蝎子草 荨麻科 蝎子草属
Girardinia diversifolia subsp. *suborbiculata*

Suborbicular Girardinia | xiēzicǎo

一年生草本；有螫毛；叶互生，宽卵形或近圆形①，长5～19厘米，宽4～18厘米，先端短尾状，边缘有缺刻状粗牙齿①，基出三脉；花单性，雌雄同株；花序穗状②，较粗壮；瘦果宽卵形。

产各区山地。生于山坡、路旁、沟谷，常见。

相似种：麻叶荨麻【*Urtica cannabina*，荨麻科 荨麻属】多年生草本；叶对生，轮廓五角形，长4～12厘米，掌状3深裂③，裂片再次羽状深裂；花序穗状或圆锥状，腋生④。产门头沟、延庆、怀柔、密云；生村边、路旁、荒地。**艾麻**【*Laportea cuspidata*，荨麻科 艾麻属】多年生草本；叶互生，卵形，长7～22厘米，先端长尾状⑤；花单性，雌雄同株，雄花序圆锥状⑤，雌花序穗状。产房山、门头沟、昌平；生沟谷林下，少见。

麻叶荨麻叶对生，掌裂，其余二者叶互生；蝎子草叶缘有缺刻状牙齿；艾麻叶先端有长尾尖。

三者均有螫毛，蝎子草和麻叶荨麻可引起严重刺痛，应避免碰触，艾麻伤害较小。

480　中国常见植物野外识别手册——北京册

透茎冷水花 蕁麻科 冷水花属
Pilea pumila

Canadian Clearweed │ tòujīnglěngshuǐhuā

一年生草本；茎肉质；叶对生，叶片菱状卵形或宽卵形①，长1~8.5厘米，宽0.8~5厘米，基部之上密生牙齿①，基出三脉；花单性，雌雄同株；花序长0.5~5厘米，多分枝②；雄花花被片通常2，雌花花被片3，柱头画笔头状；瘦果卵形，光滑。

产各区山地。生于沟谷林下、水边。

相似种：小赤麻【_Boehmeria spicata_，蕁麻科 苎麻属**】**多年生草本；叶卵状菱形③，长2.4~7.5厘米，先端长渐尖，边缘生粗牙齿；穗状花序单生叶腋④。产门头沟、昌平、延庆、怀柔、密云；生山坡草地、沟谷林下。**赤麻【**_Boehmeria silvestrii_，蕁麻科 苎麻属**】**多年生草本；叶近五角形或圆形，长5~8厘米，边缘有牙齿，顶部具3~5裂的骤尖⑤；穗状花序单生叶腋⑥。产房山、昌平、延庆、怀柔、密云、平谷；生境同上。

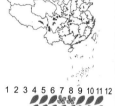

透茎冷水花的花序短而分枝，其余二者花序长穗状，不分枝；小赤麻的叶顶端不裂；赤麻的叶顶端有多裂的骤尖。

墙草 蕁麻科 墙草属
Parietaria micrantha

Smallflower Pellitory │ qiángcǎo

一年生草本；茎平卧或斜升，肉质，纤细，多分枝①；叶互生，稍肉质，叶片卵形或卵状心形②，长0.5~3厘米，宽0.4~2.2厘米，先端锐尖或钝尖，基部圆形或浅心形，两面疏生柔毛，基出三脉；聚伞花序腋生②，花杂性；花被4深裂，膜质；雄蕊4；柱头画笔头状；果实坚果状，卵形，有光泽，具宿存的花被和苞片。

产各区山地。生于阴湿石缝、墙缝、草丛中。

相似种：水蛇麻【_Fatoua villosa_，桑科 水蛇麻属**】**一年生草本；叶互生，叶片卵圆形③，长5~10厘米，宽3~5厘米，边缘具三角形锯齿③；聚伞花序腋生④，花单性；花被4深裂；花柱丝状④；瘦果扁三棱状。产海淀、房山、昌平；生路旁、荒地。

墙草的茎、叶均略显肉质，叶较小，全缘；水蛇麻的叶草质，较大，具锯齿。

平车前 车前草 车轴辘菜 车前科 车前属
Plantago depressa
Depressed Plantain | píngchēqián

一年或二年生草本；具直根系；叶基生，平铺或直立，椭圆形或卵状披针形①②，长4~10厘米，宽1~3厘米，边缘有不整齐锯齿，纵脉5~7条；花葶数条，弧曲，顶生穗状花序②；花冠白绿色；雄蕊稍超出花冠；蒴果圆锥状，周裂。

产各区平原和低山区。生于房前屋后、村边、山坡路旁、草丛中，极常见。

相似种：车前【*Plantago asiatica*，车前科 车前属】二年或多年生草本；具须根系；叶卵形或宽卵形③，长3~10厘米，宽2.5~6厘米，边缘波状；穗状花序粗短③。产各区平原地区；生路旁、田边、草丛中，常见。**大车前**【*Plantago major*，车前科车前属】二年或多年生草本；具须根系；叶宽卵形④，长5~30厘米，边缘近全缘或波状；穗状花序细长④。产地同上；生田边、水边、湿润处，常见。

平车前具直根系，叶柄短，其余二者具须根系，叶柄长；车前的叶较小，花序粗短；大车前的叶大型，长可达30厘米，花序细长。

菖蒲 白菖蒲 菖蒲科/天南星科 菖蒲属
Acorus calamus
Sweet Flag | chāngpú

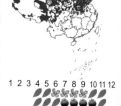

多年生挺水草本①；根状茎横走；叶剑形①，长90~150厘米，草质，绿色，具明显突起的中脉，基部叶鞘套叠；肉穗花序从叶状佛焰苞生出②，锥状圆柱形②；花两性，花被片6，雄蕊6，花丝长条形，与花被片等长；子房上位，2~3室；浆果藏于宿存花被之下。

产各区平原和低山区。生于河滩、池塘中。

相似种：独角莲【*Sauromatum giganteum*，天南星科 斑龙芋属】多年生草本；块茎卵球；叶3~4枚，叶片箭形③，长15~45厘米，宽9~25厘米，叶柄圆柱形，长达60厘米；肉穗花序单性，雌雄异株，具紫色附属器④；果序椭球形，浆果红色⑤。产金山、上方山、百花山；生山坡或沟谷林下。

菖蒲为水生草本，叶剑形，佛焰苞与叶同形；独角莲为陆生草本，叶箭形，佛焰苞圆筒形，具紫色附属器。

半夏 三叶半夏 天南星科 半夏属

Pinellia ternata

Crowdipper | bànxià

多年生草本；有球形块茎；叶基生，一年生者为单叶，心状箭形至椭圆状箭形②，二至三年生者为3小叶复叶①②，小叶卵状椭圆形，长5～12厘米；叶柄长可达25厘米，下部有1珠芽；肉穗花序，下部为雌花，上部为雄花，佛焰苞淡绿色①，顶端附属器细长；浆果卵形（②左下）。

产各区平原和低山区。生于村旁、水边、草丛中、山坡林下，极常见。

相似种：虎掌【Pinellia pedatisecta*，天南星科半夏属】**多年生草本；叶基生，一年生者心形，二至三年生者鸟足状全裂③，裂片5～11，披针形；花序下部为雌花，上部为雄花（③左上）。产各区山地；生沟谷林下、水边，常见。

半夏植株矮小，二至三年生叶为3小叶复叶；虎掌植株稍高大，二至三年生叶鸟足状分裂，有5～11裂片。

半夏属植物全株有毒，请注意不要误食。

一把伞南星 天南星科 天南星属

Arisaema erubescens

Redden Arisaema | yībǎsǎnnánxīng

多年生草本；块茎扁球形，径可达6厘米；叶通常1枚，叶柄长40～80厘米，中部以下具鞘，叶片放射状分裂①，裂片4～20枚，长8～24厘米，宽6～35毫米，长渐尖；花序从叶柄基部伸出①，单性异株；佛焰苞绿色，管部圆筒形②，檐部三角状卵形，常具长5～15厘米的条形尾尖②，附属器棒状；浆果熟时红色。

产各区山地。生于沟谷林下。

相似种：东北南星【Arisaema amurense*，天南星科 天南星属】**多年生草本；叶1枚；叶片鸟足状分裂④，裂片5，宽倒卵形④，长7～12厘米，边全缘或有锯齿；佛焰苞绿色，有白色条纹③，附属器棒状③；浆果熟时红色。产地同上；生境同上。

一把伞南星的叶片放射状分裂，佛焰苞先端常具条形长尾尖；东北南星的叶片鸟足状分裂，佛焰苞无长尾尖。

天南星属植物全株有大毒，请注意不要误食。

小蓬草 小白酒草 小飞蓬 菊科 飞蓬属

Erigeron canadensis

Canadian Horseweed | xiǎopéngcǎo

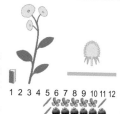

一年生草本；叶互生，条状披针形①，长6～10厘米，宽1～1.5厘米，边缘有微锯齿；头状花序在茎端密集成圆锥状①；总苞被疏柔毛；舌状花雌性，白绿色，舌片短（①右下）；管状花两性。

原产北美洲，各区平原地区有逸生。生于房前屋后、路旁、田边、草丛中，常见。

相似种：香丝草【*Erigeron bonariensis*，菊科飞蓬属】叶狭披针形，边缘具粗齿②；总苞片密被短糙毛③；雌花几无舌片，短于冠毛。原产南美洲，朝阳、海淀有逸生；生公园和校园路边。**短星菊**【*Symphyotrichum ciliatum*，菊科 联毛紫菀属】叶条状披针形④，全缘；头状花序排成圆锥状④；总苞钟形，总苞片条形⑤，顶端尖；雌花舌片极短⑤。产海淀、昌平、延庆；生沟谷水边、河滩。

短星菊的叶全缘，总苞片开展，无毛，其余二者的叶有齿，总苞片紧贴，有毛；小蓬草的植株高大，头状花序小而密集，径约3毫米；香丝草的植株较矮，头状花序大而松散，径约8毫米。

烟管头草 金挖耳 菊科 天名精属

Carpesium cernuum

Drooping Carpesium | yānguǎntóucǎo

多年生草本；茎直立，多分枝①，被白色长柔毛；叶匙状矩圆形①，基生叶大，长9～20厘米，宽4～6厘米，边缘有不规则的锯齿，茎生叶向上渐小；头状花序在茎和枝顶端单生，下垂①③，基部有数个条状披针形不等长的苞叶②③；总苞杯状，总苞片4层，外中层和内层干膜质；小花管状，黄绿色②③；瘦果条形，顶端有短喙。

产各区山地。生于沟谷林缘、林下，常见。

相似种：天名精【*Carpesium abrotanoides*，菊科 天名精属】多年生草本；叶长椭圆形④，长8～16厘米，宽4～7厘米，边缘具不规则钝齿；头状花序多数，生茎端及叶腋④，近无梗，无苞叶或具1～2枚小苞叶⑤；总苞球形，总苞片膜质，黄绿色⑤。原产黄河以南地区，海淀有逸生；生沟谷林下。

烟管头草头状花序大，径约2厘米，基部有多个大型苞叶；天名精头状花序小，径约6毫米，基部常无苞叶。

苍耳 苍子 菊科 苍耳属

Xanthium sibiricum

Siberian Cocklebur │ cāng'ěr

一年生草本；叶互生，具长柄，三角状卵形或心形①，长4～9厘米，宽5～10厘米，基出三脉，边缘有3～5不明显浅裂①；花单性，雌雄同株；雄花序球形①，黄绿色；雌花序椭圆形，含雌花2；成熟时总苞变坚硬，长12～15毫米，外面疏生倒钩刺（②左），可钩住动物皮毛来传播种子。

产各区平原和低山区。生于田边、路旁、河边、草丛中，极常见。

相似种：西方苍耳【*Xanthium occidentale*，菊科苍耳属】叶三角状卵形③，长5～14厘米；总苞长14～20毫米，具粗壮倒钩刺（②中）。原产美洲，海淀、丰台、门头沟有逸生；生路旁、荒地。**意大利苍耳**【*Xanthium italicum*，菊科 苍耳属】叶三角状卵形④，长6～15厘米；总苞长15～25毫米，密生倒钩刺，钩刺上有短刺（②右）。原产美洲，门头沟、延庆、密云有逸生；生村边、路旁。

三者的总苞依次增大：苍耳的刺短而细弱；西方苍耳的刺粗壮；意大利苍耳的刺上还有小刺。

豚草 菊科 豚草属

Ambrosia artemisiifolia

Annual Ragweed │ túncǎo

一年生草本；下部叶对生，二回羽状深裂①，裂片矩圆形至倒披针形，上部叶互生，一回羽裂；头状花序单性，雌雄同株；雄花序具细短梗，排成总状花序②，下弯，小花管状，黄绿色；雌花序无梗，簇生雄花序下部或叶腋，具1枚雌花，花柱2深裂，丝状（①右下）；瘦果倒卵形，顶端具尖嘴。

原产北美洲，各区平原地区有逸生，以永定河沿岸为多。生于田边、河滩、路旁湿润处。

相似种：三裂叶豚草【*Ambrosia trifida*，菊科豚草属】一年生草本；下部叶对生，掌状3～5裂④，上部叶对生或互生，不裂；雄花序排成总状花序③，雌花序生雄花序下部（④左下）。产地同上；生境同上。

豚草的下部叶二回羽状深裂；三裂叶豚草的下部叶掌裂。

豚草和三裂叶豚草均为国际检疫杂草，花粉可致部分人群过敏，遇到应及时拔除。

大籽蒿 菊科 蒿属

Artemisia sieversiana

Sievers's Wormwood | dàzǐhāo

二年至多年生草本；中下部叶有长柄，叶片轮廓宽卵形①，长4~13厘米，宽3~15厘米，二至三回羽状深裂（①右下），裂片宽或狭条形，上部叶浅裂或不裂，条形；头状花序多数排成圆锥状，下垂（①左上），有短梗及条形苞叶；总苞半球形，总苞片4~5层；花序托有白色托毛；小花管状，黄色，极多数，外层雌性，内层两性；瘦果无冠毛。

产各区平原和山地。生于田边、路旁、荒地、山坡林缘、草丛中，极常见。

相似种：裂叶蒿【*Artemisia tanacetifolia***，菊科蒿属】**多年生草本；叶片轮廓狭卵形②，长3~12厘米，宽1.5~5厘米，二至三回栉齿状羽状分裂（②左下）；头状花序排成狭窄的圆锥状，下垂（②右上）；总苞球形，总苞片3层；小花多数，黄色。产百花山、东灵山、海坨山；生亚高山草甸。

大籽蒿的叶片轮廓宽卵形，头状花序大，径约6毫米；裂叶蒿的叶片轮廓狭卵形，头状花序小，径约3毫米。

黄花蒿 香蒿 臭蒿 菊科 蒿属

Artemisia annua

Sweet Wormwood | huánghuāhāo

一年生草本；植株有极浓烈的香味；叶互生，基部及下部叶在花期枯萎，中部叶卵形，三回羽状深裂①，长4~7厘米，宽1.5~3厘米，小裂片矩圆形，开展，顶端尖，两面微被毛；上部叶更小；头状花序极多数，有短梗，排列成总状或圆锥状①，常有条形苞叶；总苞球形（①左上）；小花管状，淡黄色，长不及1毫米，外层雌性，内层两性；瘦果矩圆形，无毛。

产各区平原和低山区。生于房前屋后、路旁、田边、草丛中，极常见。

相似种：白莲蒿【*Artemisia gmelinii***，菊科蒿属】**多年生草本或半灌木；叶二至三回羽状深裂②，背面灰白色，密被柔毛④；头状花序排成圆锥状②③；总苞球形③，小花管状。产各区山地；生于旱山坡林缘、灌草丛中、亚高山草甸，常见。

黄花蒿有浓烈的香味，叶背面绿色，头状花序小，径不及2毫米；白莲蒿气味稍淡，叶背面灰白色，密被毛，头状花序径3毫米以上。

蒌蒿 水蒿 芦蒿 <small>菊科 蒿属</small>

Artemisia selengensis

Seleng Wormwood | lóuhāo

多年生草本；植株具清香气味；叶轮廓宽卵形，长8~12厘米，宽6~10厘米，羽状深裂①②，侧裂片1~2对，边缘具细锯齿，上面绿色，背面灰白色；头状花序排成密穗状①，再组成圆锥花序，总苞矩圆形；小花黄色（②左上）；嫩茎可作野菜。

产昌平、延庆、怀柔、密云。生于河边、沟谷水边、湿润处。

相似种：柳叶蒿【*Artemisia integrifolia*，菊科蒿属】多年生草本；下部叶狭卵形，边缘深裂③，中上部叶浅裂；头状花序排成窄圆锥状③。产百花山、海坨山、坡头；生亚高山草甸或林下。**线叶蒿**【*Artemisia subulata*，菊科 蒿属】多年生草本；叶倒披针形，全缘或具少数锯齿；头状花序排成圆锥状⑤。产百花山、海坨山；生境同上。

蒌蒿叶羽状深裂，头状花序排成密集圆锥状；其余二者叶较窄，羽裂或仅具锯齿，头状花序稀疏；柳叶蒿叶羽裂；线叶蒿叶全缘或仅具锯齿。

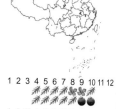

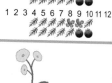

蒙古蒿 蒙蒿 <small>菊科 蒿属</small>

Artemisia mongolica

Mongolian Wormwood | měnggǔhāo

多年生草本；叶互生，叶形变异极大，二回羽状全裂或深裂②，上面近无毛，下面除中脉外被白色短茸毛；中下部叶长6~10厘米，宽4~6厘米，上部叶渐小；头状花序多数密集成狭长的圆锥状花序①，直立；总苞矩圆形，总苞片3~4层，被密或疏的茸毛（①左上）；小花管状，黄绿色，上部带紫红色；瘦果矩圆状倒卵形。

产各区平原和山地。生于田边、路旁、水边、山坡灌草丛中，极常见。

相似种：阴地蒿【*Artemisia sylvatica*，菊科 蒿属】多年生草本；叶片轮廓卵形，长8~12厘米，一至二回羽状深裂④，侧裂片2~3对，长卵形④，再次浅裂或不裂，背面疏被灰白色毛；头状花序排成圆锥状花序，下垂③；总苞疏被蛛丝状毛。产门头沟、延庆、怀柔、密云；生沟谷林下。

蒙古蒿叶质稍厚，裂片较窄，头状花序近直立；阴地蒿叶质薄，裂片较宽，头状花序下垂。

草本植物 花绿色 小而多 组成头状花序

野艾蒿　野艾　菊科 蒿属
Artemisia lavandulifolia
Lavender-leaf Wormwood　｜　yěàihāo

多年生草本；植株有较浓的香气；茎、枝被灰白色蛛丝状短柔毛；叶互生，较厚，稍显肉质，叶片轮廓卵形，长8～13厘米，宽7～8厘米，二回羽状全裂或深裂①，上面疏被灰白色蛛丝状毛，后变无毛，下面密被灰白色绵毛；头状花序排成较密集的圆锥状，下垂②；总苞椭圆形，密被灰白色蛛丝状柔毛②；小花管状，上部紫红色；瘦果长卵形。

产各区山地。生于山坡林缘、草丛中、沟谷林下，常见。

相似种：艾【*Artemisia argyi*，菊科 蒿属】多年生草本；植株有浓烈香气；下部叶宽卵形，羽状深裂③，侧裂片2～3对，不裂或有少数牙齿，背面密被灰白色蛛丝状毛，中上部叶羽状浅裂至不裂；头状花序排列成圆锥状④；总苞椭圆形，密被灰白色毛⑤，小花紫红色。产地同上；生山坡路旁、灌草丛中，民间也有栽培。

野艾蒿的叶二回羽状全裂，裂片较窄；艾的叶一回羽状深裂或浅裂，裂片较宽。

歧茎蒿　菊科 蒿属
Artemisia igniaria
Forkstem Wormwood　｜　qíjīnghāo

多年生草本；下部叶卵形，长6～12厘米，宽4～8厘米，二回羽状深裂（①右上），裂片顶端具少数疏齿，背面被灰白色毛，中上部叶一回羽裂至不裂；头状花序排列成开展的圆锥状①；总苞矩圆形（①左下），被蛛丝状毛；小花管状，黄色带紫色。

产各区山地。生于山坡或沟谷林缘、林下。

相似种：无毛牛尾蒿【*Artemisia dubia* var. *subdigitata*，菊科 蒿属】多年生草本；叶卵形，长5～12厘米，羽状5深裂②，背面绿色，无毛；头状花序排成圆锥状，花序梗"之"字形弯曲③。产地同上；生海拔600米以上的沟谷林下、山脊灌草丛中。**华北米蒿**【*Artemisia giraldii*，菊科 蒿属】多年生草本；下部叶羽状5深裂，中上部叶指状3深裂④，两面疏被灰白色毛；头状花序排成圆锥状，矩圆形⑤。产地同上；生阳坡灌草丛中。

歧茎蒿的叶二回羽裂，背面灰白色；无毛牛尾蒿的叶羽状5深裂，背面绿色，花序梗"之"字形弯曲；华北米蒿的叶远小于前两者，指状3深裂。

南牡蒿 米蒿 菊科 蒿属

Artemisia eriopoda

Wooly-stalk Wormwood | nánmǔhāo

多年生草本；基生叶有长柄，全长5～13厘米，宽2～5厘米，羽状深裂或浅裂②，裂片5～7，有时不裂，边缘有粗锯齿；茎上部叶3裂或不裂①；头状花序在枝端排成圆锥状①；总苞卵形，无毛；小花管状，黄绿色；瘦果矩圆形。

产各区山地。生于山坡或沟谷林缘、林下、石缝中，常见。

相似种：牡蒿【*Artemisia japonica***，菊科 蒿属】**多年生草本；中下部叶匙形至楔形④，上部有齿或浅裂，上部叶条形③，3裂或不裂；头状花序排成圆锥状③。产地同上；生境同上。**茵陈蒿【***Artemisia capillaris***，菊科 蒿属】**多年生草本；叶二回羽状分裂，叶裂片细条形至丝状⑥；头状花序排成圆锥状⑤。产各区平原和山地；生田边、河边沙地、山坡路旁、灌草丛中，常见。

茵陈蒿的叶裂片细条形至丝状，其余二者裂片较宽；南牡蒿的下部叶羽状深裂；牡蒿的下部叶匙形，上部有齿或浅裂。

石胡荽 菊科 石胡荽属

Centipeda minima

Spreading Sneezeweed | shíhúsuī

一年生小草本；茎铺散，多分枝；叶互生，长7～18毫米，宽2～5毫米，楔状倒披针形①，顶端钝，边缘有不规则的粗齿①，无毛或仅背面有微毛；头状花序小，扁球形，单生于叶腋，无总花梗；总苞半球形②；花杂性，黄绿色②，全部为管状；外围的雌花多层，花冠细，有不明显裂片；中央的两性花，花冠明显4裂；瘦果椭圆形，长1毫米，具4棱，边缘有长毛，无冠毛。

产各区平原地域。生于路旁、湿润处，或为温室内的杂草。

相似种：小叶冷水花【*Pilea microphylla***，荨麻科 冷水花属】**纤细小草本，全株无毛；茎肉质；叶对生，倒卵形至匙形③，长3～7毫米；聚伞花序密集成近头状④；花被片4，绿色。原产美洲，见于海淀、丰台；为温室、花坛、苗圃中的杂草。

二者均为小草本；石胡荽的叶互生，有齿，花序为真正的头状花序；小叶冷水花的叶对生，全缘，花序为聚伞花序密集成近头状。

大麻 火麻 大麻科/桑科 大麻属

Cannabis sativa

Cannabis | dàmá

一年生草本；茎直立，有纵沟，密生短柔毛，皮层富纤维；下部叶对生，上部叶互生，掌状全裂①，裂片3～11，披针形至条状披针形，上面有糙毛，下面密被灰白色毡毛，边缘具粗锯齿；叶柄长4～15厘米，被短毛；花单性，雌雄异株；雄花排列成长而疏散的圆锥花序①，黄绿色，花被片5，雄蕊5，花丝细，下垂②；雌花簇生叶腋，绿色③，每朵花外具一卵形苞片，花被退化，膜质；瘦果扁卵形，为宿存的黄褐色苞片所包裹。

产各区平原和低山区。以前广泛栽培作纤维植物，化纤出现后，逐渐被废弃，生于田边、路旁，或偶见栽培。

大麻的叶掌状全裂，揉碎有特殊气味；花黄绿色，雌雄异株，雄花花被片和雄蕊各5，雌花花被退化。

萹蓄 扁竹 猪牙草 蓼科 萹蓄属

Polygonum aviculare

Prostrate Knotweed | biānxù

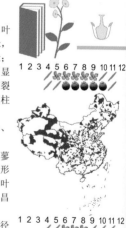

一年生草本；茎平卧或上升，自基部分枝；叶互生，叶片椭圆形或披针形①②，长15～30毫米，宽5～10毫米，两面无毛，顶端钝或急尖，全缘；托叶鞘膜质，下部褐色，上部白色透明，有不明显脉纹；花1～5簇生叶腋，花梗细短；花被5深裂①，绿色，边缘白色①或淡红色②；雄蕊8；花柱3；瘦果卵形，有3棱，黑色。

产各区平原和低山区。生于房前屋后、路旁、田边、湿润处，极常见。

相似种：习见萹蓄【*Polygonum plebeium***，蓼科 萹蓄属】**一年生草本；叶片狭椭圆形或倒披针形③，长5～15毫米，宽1～3毫米；花3～6朵簇生于叶腋④；花被绿色，裂片边缘白色或淡红色④。产昌平、怀柔、密云；生路旁、水边、荒地，少见。

萹蓄的叶椭圆形或披针形，较宽，花稍大，径4～5毫米；习见萹蓄的叶狭椭圆形或倒披针形，宽不过3毫米，花小，径约2毫米。

东亚唐松草 穷汉子腿 毛莨科 唐松草属

Thalictrum minus var. *hypoleucum*

White-backed Small Meadow-rue | dōngyàtángsōngcǎo

多年生草本；叶互生，三至四回三出复叶①，叶片长达35毫米，小叶近圆形或倒卵形，长1.6~4厘米，宽1~4厘米，先端3浅裂，下面被白粉，脉隆起；花序圆锥状①，多花，长10~35厘米；萼片4，白绿色，狭卵形；花无花瓣；雄蕊多数，下垂，花丝丝状；心皮2~5，柱头箭头形；瘦果卵球形，长2~3毫米，有纵肋（①右下）。

产各区山地。生于山坡草地或林缘、沟谷林下，极常见。

相似种：展枝唐松草【*Thalictrum squarrosum***，毛莨科 唐松草属】**多年生草本；茎自中部二歧分枝；二至三回三出复叶②，小叶宽倒卵形，顶端3浅裂；花序圆锥状，二歧分枝；萼片4，淡黄绿色；心皮1~3；瘦果纺锤形，有纵肋（②左下）。产百花山、昌平百善、松山、延庆张山营；生山坡草地。

东亚唐松草茎和花序非二歧分枝，瘦果2~5，宽短；展枝唐松草茎和花序二歧分枝，瘦果1~3，窄长。

细唐松草 细枝唐松草 毛莨科 唐松草属

Thalictrum tenue

Tenuis Meadow-rue | xìtángsōngcǎo

多年生草本，全株无毛，有白粉；叶互生，叶片长5~17厘米，三至四回羽状复叶②，小叶椭圆形，长4~6毫米，宽2~4毫米，通常不分裂②；花序圆锥状，开展①，生于枝端；萼片4，黄绿色①；无花瓣；雄蕊多数，花药有短尖，花丝丝状；心皮4~6；瘦果狭倒卵形，长2~3毫米，扁平，两侧各有1条纵肋，边缘生狭翅（②右上）。

产各区山地。生于向阳山坡灌草丛中，常见。

相似种：腺毛唐松草【*Thalictrum foetidum***，毛莨科 唐松草属】**多年生草本；三回羽状复叶④，小叶菱状宽卵形，长4~15毫米，宽3.5~15毫米，顶端3浅裂④，背面有短柔毛和腺毛；花序圆锥状③；花黄绿色③；心皮4~8；瘦果半倒卵形，扁平，有8条纵肋（④左上）。产门头沟雁翅；生山坡草地。

细唐松草的小叶常全缘，无腺毛；腺毛唐松草的小叶顶端3浅裂，背面有腺毛。

草本植物 花绿色 花小，花被不明显

地构叶 珍珠透骨草 大戟科 地构叶属

Speranskia tuberculata

Tubercle-fruit Speranskia | dìgòuyè

多年生草本；叶互生，纸质，叶片披针形或卵状披针形①，长1.8～5.5厘米，宽0.5～2.5厘米，顶端渐尖，边缘具疏离圆齿①或有时深裂，齿端具腺体；总状花序①，长6～15厘米，上部有雄花20～30朵，下部有雌花6～10朵；雄花萼裂片卵形，花瓣倒卵形，白色，雄蕊10余枚；雌花花柱3，各2深裂；蒴果扁球形，具瘤刺状突起②。

产房山、门头沟、昌平、延庆。生于山坡路旁、草丛中。

相似种：黄珠子草【*Phyllanthus virgatus*，叶下珠科/大戟科 叶下珠属】一年生草本；叶互生，条状披针形④，长5～25毫米，全缘；2～4朵雄花和1朵雌花同簇生于叶腋；蒴果扁球形，有小瘤状突起③。产海淀、房山、门头沟；生水边、山坡路旁。

地构叶的叶有齿，蒴果具瘤刺状突起；黄珠子草的叶全缘，蒴果具小瘤状突起。

北京所产的黄珠子草过去被误定为蜜甘草 *Phyllanthus ussuriensis*。

铁苋菜 铁杆愁 海蚌含珠 大戟科 铁苋菜属

Acalypha australis

Asian Copperleaf | tiěxiàncài

一年生草本；叶互生，薄纸质，叶片椭圆形至卵状菱形，基出三脉①，长2.5～8厘米，宽1.5～3.5厘米，两面被稀疏柔毛或无毛；花单性，雌雄同序，无花瓣；穗状花序腋生，苞片开展时肾形，长约1厘米，合时如蚌壳②，边缘有锯齿；雌花萼片3，子房3室，生于花序下端；雄花多数生于花序上端，淡红色①②；蒴果钝三棱状②。

产各区平原和低山区。生于田边、路旁、草丛中，极常见。

相似种：裂苞铁苋菜【*Acalypha supera*，大戟科 铁苋菜属】一年生草本；叶卵形或宽卵形③；雌雄花同序，花序1～3个腋生；雌花苞片3～5枚，掌状深裂④，苞腋具1朵雌花。产海淀、房山、门头沟；生沟谷林下、路旁草丛中。

铁苋菜的花序具显著总梗，叶状苞片较大，不裂；裂苞铁苋菜的花序无总梗或不显著，叶状苞片3～5深裂。

乳浆大戟　猫眼草　大戟科　大戟属

Euphorbia esula

Leafy Spurge　│　rǔjiāngdàjǐ

多年生草本，具乳汁；叶互生，条形①，长1.5～3厘米，营养枝上的叶密生②，花茎上的叶疏生①；多歧聚伞花序①，通常具5伞梗；苞片对生，宽心形①；杯状小花序具腺体4，新月形，两端呈短角状（②右上）；蒴果表面光滑。

产各区山地。生于山坡路旁、林缘、林下、草丛中，极常见。

相似种：大戟【*Euphorbia pekinensis***，大戟科大戟属】**多年生草本；叶宽条形，中脉黄色③；蒴果表面具疣状突起（③左下）。产地同上；生山坡路旁、灌草丛中。**齿裂大戟【***Euphorbia dentata***，大戟科　大戟属】**一年生草本；叶对生，卵形④，长2～7厘米，具浅齿；杯状小花序具腺体1（④左下），厚唇形；果球形，无毛（④左下）。原产北美洲，海淀、昌平、延庆有逸生；生路旁草丛中。

齿裂大戟叶卵形，有齿，腺体1，厚唇形，其余二者叶条形全缘，腺体4，新月形；乳浆大戟叶绿色，果平滑；大戟叶中脉黄色，果有疣状突起。

地锦草　地锦　大戟科　大戟属

Euphorbia humifusa

Humifuse Sandmat　│　dìjǐncǎo

一年生草本；茎纤细，匍匐，近基部分枝，无毛①；叶对生，矩圆形①，长5～10毫米，宽4～6毫米，边缘有细锯齿①，两面无毛或有时具疏毛；杯状花序单生于叶腋，腺体4，具白色花瓣状附属物②；蒴果三棱状球形②，无毛。

产各区平原地区。生于田边、路旁，常见。

相似种：斑地锦【*Euphorbia maculata***，大戟科大戟属】**一年生草本；茎匍匐，被疏柔毛③；叶长椭圆形，中部有紫色斑点③，有时无斑（③左上）；果被柔毛。产地同上；生境同上。**通奶草【***Euphorbia hypericifolia***，大戟科　大戟属】**一年生草本；茎直立，自基部分枝；叶狭矩圆形④，长1～2.5厘米，宽0.5～1厘米，有细锯齿；杯状花序簇生叶腋④；蒴果三棱状，被贴伏短柔毛。产海淀、房山、门头沟、昌平、延庆；生田边、路旁、水边。

三者腺体均有花瓣状附属物；通奶草茎直立，叶较大，其余二者茎匍匐，叶小；地锦草全株近无毛，叶无斑；斑地锦茎、果实具柔毛，叶常有斑。

草瑞香 粟麻 瑞香科 草瑞香属

Diarthron linifolium

Lilac Daphne | cǎoruìxiāng

一年生草本；茎直立，细瘦，上部分枝①；叶疏生，近于无柄，条形或条状披针形①③，绿色，全缘，长8～20毫米，宽约1.5～2毫米；花小，成顶生总状花序①③，花梗极短；花萼筒状，长约4～5毫米，下端绿色，上端带淡红色③，无毛，顶端4裂，裂片卵状椭圆形；无花瓣；雄蕊4，1轮，着生于花被筒中部以上，花丝极短，花药宽卵形；子房椭圆形，无毛，有子房柄，花柱极细，柱头略微膨大；果实卵形，黑色，长约2毫米，径约1毫米，包于宿存的花被筒中②。

产房山、门头沟、延庆、怀柔、密云、平谷。生于干旱山坡草丛中。

草瑞香的茎细弱，叶对生，条形，花小，成顶生总状花序；花萼筒状，绿色，上部带淡红色，顶端4裂，无花瓣。

黑藻 水鳖科 黑藻属

Hydrilla verticillata

Waterthyme | hēizǎo

多年生沉水草本①；叶通常6片轮生②，膜质，条形或条状矩圆形，长8～20毫米，宽1～2毫米，全缘或具小锯齿；花小，雌雄异株；花被片6，成2轮；雄花单生于叶腋的刺状苞片内③，雄蕊3；雌花生箭状苞片内，子房下位，1室；花柱3（①右下）；花粉浮于水面，靠水媒传粉（①右下）；果实圆柱形，表面常有2～9个刺状突起。

产各区平原地区。生于池塘、水库中，常见。

相似种:苦草【*Vallisneria natans*，水鳖科 苦草属】沉水草本；叶条形，长可达2米；雄花多数，极小，成熟时浮上水面；雌花有长梗，开花时浮于水面⑤，受精后花梗螺旋状卷曲④，将子房拖入水中。产海淀、房山、昌平、顺义；生静水池塘中，近年来由于水体污染，已较少见。

二者均为沉水草本，水媒传粉；黑藻的茎极长，叶小，轮生；苦草的叶基生，极长。

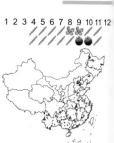

五刺金鱼藻　　金鱼藻科 金鱼藻属

Ceratophyllum platyacanthum subsp. *oryzetorum*

Coon's Tail ｜ wǔcìjīnyúzǎo

　　多年生沉水草本；茎圆柱形，表面具纵向细棱纹；叶4～12片轮生①，一至二回二歧分叉，裂片条形①②，长1.5～2厘米，宽0.1～0.5毫米，顶端带白色软骨质，边缘仅一侧有数细齿；花腋生，单性，雌雄同株或异株；雄花具12枚先端有3齿的苞片；雌花具9～10苞片；坚果宽椭圆形，长4～5毫米，宽约2毫米，平滑，有5长刺②。

　　产各区平原地区。生于池塘、河沟中，常见。

　　相似种：粗糙金鱼藻【*Ceratophyllum muricatum* subsp. *kossinskyi*，金鱼藻科 金鱼藻属】沉水草本；叶常5～11片轮生③，三至四回二歧分叉③；花腋生，单性，雌雄异株；坚果椭圆形，长4～6毫米，褐色，有疣状突起④，边缘有窄翅，具3长刺④。产海淀、丰台；生境同上。

　　五刺金鱼藻的果无翅，表面光滑，具5刺；粗糙金鱼藻的果有窄翅和疣状突起，具3刺。

穗状狐尾藻　　小二仙草科 狐尾藻属

Myriophyllum spicatum

Eurasian Watermilfoil ｜ suìzhuànghúwěizǎo

　　多年生沉水草本；茎圆柱形，长达1～2米，多分枝；叶通常4～6片轮生，羽状深裂①②，长2.5～3.5厘米，裂片长1～1.5厘米；穗状花序顶生或腋生，开花时挺出水面①；花单性，雌雄同株，常4朵轮生于花序轴上③；雌花着生于花序下部，雄花着生于花序上部；花萼4，4深裂；花瓣4，近匙形；雄蕊8；雌花无花瓣；果球形。

　　产各区平原地区。生于池塘、水沟中，常见。

　　相似种：狐尾藻【*Myriophyllum verticillatum*，小二仙草科 狐尾藻属】多年生水生草本；叶通常4片轮生⑤，沉水叶丝状全裂，裂片8～13对，长0.7～1.5厘米，水上叶鲜绿色，长约1.5厘米，羽状全裂④⑤，裂片较宽；花生于水上叶的叶腋内④；雌雄同株，雌花在下，雄花在上。产海淀、房山、延庆、顺义；生池塘中，少见。

　　穗状狐尾藻的叶全部沉水，花序穗状，生于茎端；狐尾藻具沉水叶和水上叶，花腋生于水上叶的叶腋内。

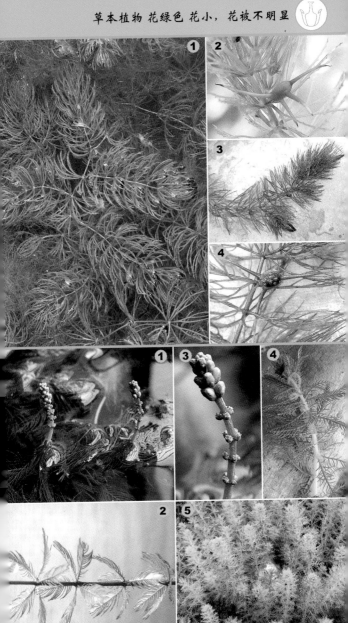

眼子菜

眼子菜科 眼子菜属

Potamogeton distinctus

Distinct Pondweed │ yǎnzicài

多年生水生草本；具匍匐根状茎；沉水叶披针形或条状披针形②，长5～10厘米，宽2～4厘米，柄长6～15厘米，浮水叶较宽短①②；穗状花序①生于浮水叶的叶腋，花序梗粗壮；穗长4～5厘米，密生黄绿色小花(②右上)；小坚果宽卵形。

产各区平原地区。生于水沟、池塘中。

相似种：竹叶眼子菜【*Potamogeton wrightii*，眼子菜科 眼子菜属】沉水草本；叶条状矩圆形③，长5～19厘米，边缘波状③，叶柄长2～6厘米；穗状花序(③右上)生茎端。产地同上；生境同上。**穿叶眼子菜**【*Potamogeton perfoliatus*，眼子菜科 眼子菜属】沉水草本；叶宽卵形或卵状披针形，抱茎④，全缘而常有波皱，穗状花序(④右上)顶生。产地同上；生境同上。

眼子菜具浮水叶和沉水叶，其余二者全为沉水叶；竹叶眼子菜的叶狭长，具叶柄；穿叶眼子菜的叶宽短，基部抱茎。

菹草

眼子菜科 眼子菜属

Potamogeton crispus

Curly Pondweed │ zūcǎo

多年生沉水草本；茎多分枝；叶互生，宽披针形或条状披针形①②，长4～7厘米，宽5～10毫米，边缘强烈波状①②，有细锯齿；穗状花序生茎顶②，开花时伸出水面①，穗长12～20毫米，疏松少花，花被、雄蕊、子房均为4；小坚果宽卵形。

产各区平原地区。生于水沟、池塘、小溪缓流中，常见。

相似种：小眼子菜【*Potamogeton pusillus*，眼子菜科 眼子菜属】沉水草本；叶无柄，狭条形③，全缘，托叶膜质，与叶离生③；穗状花序顶生(③左下)。产地同上；生水沟、池塘。**篦齿眼子菜**【*Stuckenia pectinata*，眼子菜科 篦齿眼子菜属】沉水草本；叶丝状或狭条形④，全缘，托叶鞘状，与叶合生(④左下)，抱茎；穗状花序顶生④。产地同上；生境同上。

菹草的叶较宽，边缘波状，具齿，其余二者叶狭条形，全缘；小眼子菜的托叶与叶离生，篦齿眼子菜的托叶与叶合生，抱茎。

紫萍
天南星科/浮萍科 紫萍属

Spirodela polyrhiza

Common Duckmeat | zǐpíng

浮水小草本；植株为叶状体，扁平，倒卵状圆形①，长5~8毫米，宽4~6毫米，先端钝圆，表面绿色，背面紫色②，具掌状脉5~11条；背面中央生5~11条根②，根长3~5厘米，白绿色；一般不开花，靠叶状体进行营养繁殖。

产各区平原和低山区。生于静水池塘、湖泊中，常见。

相似种：浮萍【*Lemna minor***，天南星科/浮萍科 浮萍属】**浮水小草本；叶状体倒卵形或椭圆形③，长1.5~5毫米，具不明显的3脉纹；背面有根1条。产地同上；生境同上，常见。**无根萍【***Wolffia globosa***，天南星科/浮萍科 无根萍属】**浮水小草本；叶状体微小④，长1.2~1.5毫米，无根。产海淀；生境同上，少见。

紫萍有根数条，浮萍有根1条，无根萍没有根；三者个体大小依次减小。

大茨藻
水鳖科/茨藻科 茨藻属

Najas marina

Spiny Naiad | dàcízǎo

一年生沉水草本；茎二叉状分枝；叶近对生和3叶假轮生，于枝端较密集，条状披针形①②，长1.5~3厘米，宽2~3毫米，边缘每侧具4~10枚粗锯齿②，背面沿中脉疏生小刺状齿；花单生叶腋，黄绿色；瘦果黄褐色，椭圆形②，长4~6毫米。

产海淀、房山、昌平、延庆、密云。生于水沟、池塘、溪流中。

相似种：小茨藻【*Najas minor***，水鳖科/茨藻科 茨藻属】**植株纤细；叶细条形③，长1~3厘米，宽0.5~1毫米，边缘具细锯齿③；花单生叶腋，瘦果长椭圆形。产海淀、昌平、延庆；生水沟、池塘中。**角果藻【***Zannichellia palustris***，眼子菜科/茨藻科 角果藻属】**多年生沉水草本；叶互生或近对生，细条形④，长2~10厘米，全缘；花腋生；果实新月形，具长喙④（左上）。产地同上；生境同上。

角果藻叶全缘，果月牙形，具长喙，其余二者叶有齿，果无喙；大茨藻植株粗壮，叶宽大，小茨藻植株纤细，叶较窄。

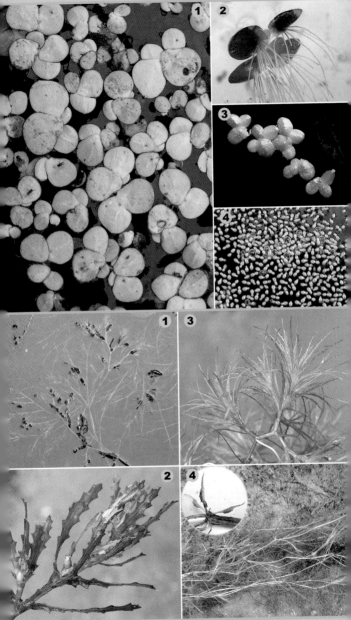

垫状卷柏　卷柏科　卷柏属

Selaginella pulvinata

Pulvinate Spikemoss | diànzhuàngjuǎnbǎi

多年生草本；冬季或干旱时植株内卷，状如拳头①；主茎自近基部有多个羽状分枝，呈莲座状②；中叶边缘内卷呈全缘状，侧叶边缘呈撕裂状，中叶两排直向排列，叶尖指向前方，内缘成二平行线（②右上）；孢子囊穗生枝顶，四棱形。

产各区山地。生于山坡或沟谷石缝中，常见。

相似种：卷柏【*Selaginella tamariscina*，卷柏科　卷柏属】多年生草本；植株莲座状③；中叶和侧叶的叶缘具细齿，中叶两排斜向排列，叶尖指向外侧，内缘不成二平行线（③左下）。产房山、门头沟、怀柔；生山坡石缝中，较上种少见。**旱生卷柏**【*Selaginella stauntoniana*，卷柏科　卷柏属】多年生草本；茎散生，干旱时拳卷，上部羽状分枝④。产各区山地；生干旱山坡或沟谷水边岩石上。

垫状卷柏和卷柏植株莲座状，旱生卷柏茎散生；垫状卷柏的中叶两排直向排列；卷柏的中叶两排斜向排列。

中华卷柏　卷柏科　卷柏属

Selaginella sinensis

Chinese Spikemoss | zhōnghuájuǎnbǎi

多年生草本；茎匍匐，羽状分枝①；叶交互排列，中叶和侧叶近同形②，纸质，表面光滑，具白边，中叶稍向前，侧叶略上斜；孢子囊穗生小枝顶端，四棱形②，孢子叶卵形，边缘具睫毛。

产各区山地。生于山坡林缘、林下、灌丛下，极常见。

相似种：蔓出卷柏【*Selaginella davidii*，卷柏科　卷柏属】多年生草本；茎匍匐③；叶二形，侧叶卵状矩圆形，远大于中叶（③左下），中叶卵状披针形。产地同上；生沟谷林下。**红枝卷柏**【*Selaginella sanguinolenta*，卷柏科　卷柏属】多年生草本；茎匍匐丛生④；圆柱形（④左上），下部鲜红色；叶略二形（④左上）。产地同上；生山坡或沟谷石缝中。

红枝卷柏的枝为圆柱形，中华卷柏和蔓出卷柏的枝扁平；中华卷柏的中叶和侧叶近同形；蔓出卷柏的叶二形，侧叶远大于中叶。

蕨类植物

蕨类植物

问荆 木贼科 木贼属

Equisetum arvense

Field Horsetail | wènjīng

多年生草本；地下茎横走，地上茎二型，孢子茎褐色②，于早春生出，肉质，顶端着生孢子囊穗②；孢子叶六角状盾形③，下面有6～8个孢子囊；营养茎于孢子茎枯萎后生出，绿色①，叶鳞片状，在节处合生成筒状的叶鞘，每节有7～11枚轮状分枝①，分枝斜向上伸展，与主茎成锐角①。

产各区平原和低山区。生于田边、水边、河滩、草丛中，常见。

相似种：草问荆【*Equisetum pratense*，木贼科木贼属】多年生草本；地上茎二型；营养茎分枝水平伸展，与主茎成直角④，茎上具有硅质小刺。产门头沟、昌平、怀柔；生沟谷林下。**犬问荆**【*Equisetum palustre*，木贼科 木贼属】多年生草本；地上茎一型，下部生有轮状分枝⑤，上部于夏季生出孢子囊穗⑤。产延庆、密云；生境同上。

问荆和草问荆的地上茎二型，犬问荆的地上茎一型；问荆的营养茎分枝与主茎成锐角；草问荆则与主茎成直角。

1 2 3 4 5 6 7 8 9 10 11 12

1 2 3 4 5 6 7 8 9 10 11 12

1 2 3 4 5 6 7 8 9 10 11 12

节节草 锉草 木贼科 木贼属

Equisetum ramosissimum

Branched Scouringrush | jiéjiécǎo

多年生草本；根状茎在地下横走，黑棕色，地上茎一型，基部有2～5分枝①，中部直径1～3毫米，节间长2～6厘米，有纵棱脊；叶鳞片状，在节处合生成筒状的叶鞘，分枝细长，近直立；孢子囊穗生枝顶，矩圆形②，孢子叶六角状盾形②。

产各区平原地区。生于田边、水边、河滩、沙地，常见。

相似种：木贼【*Equisetum hyemale*，木贼科 木贼属】多年生草本；根茎横生或直立，地上茎一型，粗壮，径6～10毫米，通常无分枝④；孢子囊穗生枝顶，矩圆形③。产门头沟、延庆、怀柔、密云；生沟谷水边、林下湿润处。

节节草的地上茎较细弱，基部常有分枝；木贼的地上茎粗壮，通常无分枝。

1 2 3 4 5 6 7 8 9 10 11 12

1 2 3 4 5 6 7 8 9 10 11 12

银粉背蕨

凤尾蕨科/中国蕨科 粉背蕨属

Aleuritopteris argentea

Silvery Aleuritopteris | yínfěnbèijué

1 2 3 4 5 6 7 8 9 10 11 12

多年生草本；叶簇生，叶柄栗棕色，有光泽；叶片五角形①，长宽各约5～12厘米，顶生羽片近菱形，侧生羽片三角形，叶片上面暗绿色，下面密布乳白色或乳黄色蜡质粉末②；孢子囊群近边生，生于叶脉顶端。

产各区山地。生于山坡或沟谷石缝、墙缝中，极常见。

相似种：陕西粉背蕨【*Aleuritopteris argentea* var. *obscura*，凤尾蕨科/中国蕨科 粉背蕨属】叶片五角形③，下面无蜡质粉末（③左下）；孢子囊群近边生。产地同上；生境同上。**华北薄鳞蕨**【*Aleuritopteris kuhnii*，凤尾蕨科/中国蕨科 粉背蕨属】叶簇生，叶片矩圆状披针形④，三回羽裂，下面疏被灰白色粉末（④左上）；孢子囊群近边生。产门头沟、延庆、怀柔、密云；生沟谷林缘石缝中。

1 2 3 4 5 6 7 8 9 10 11 12

1 2 3 4 5 6 7 8 9 10 11 12

银粉背蕨和陕西粉背蕨的叶片为五角形，华北薄鳞蕨的叶片为矩圆状披针形；银粉背蕨叶背面粉白色；陕西粉背蕨叶背面绿色。

团羽铁线蕨

凤尾蕨科/铁线蕨科 铁线蕨属

Adiantum capillus-junonis

Round-pinna Maidenhair | tuányǔtiěxiànjué

1 2 3 4 5 6 7 8 9 10 11 12

多年生草本；叶柄铁丝状，深栗色②，有光泽；叶一回羽状①，羽片团扇形①，4～8对，具明显的柄②；叶轴顶端可延伸成鞭状，着地即能生成新植株；孢子囊群1～5枚生于羽片边缘，为反卷的羽片包被②。

产各区山地。生于石缝、墙缝中，常见。

相似种：普通铁线蕨【*Adiantum edgeworthii*，凤尾蕨科/铁线蕨科 铁线蕨属】叶一回羽状，羽片几无柄；叶轴顶端鞭状③；孢子囊群生羽片边缘（③左上）。产海淀、门头沟、昌平、密云、平谷；生沟谷林下石缝中。**鞭叶耳蕨**【*Polystichum craspedosorum*，鳞毛蕨科 耳蕨属】叶一回羽状④，羽片边缘具刺齿⑤；叶轴顶端鞭状⑤；孢子囊群圆形，接近叶缘⑤。产地同上；生境同上。

1 2 3 4 5 6 7 8 9 10 11 12

1 2 3 4 5 6 7 8 9 10 11 12

鞭叶耳蕨的孢子囊群不为叶缘所包，其余二者的羽片边缘反卷，包被孢子囊群；团羽铁线蕨羽片较大，明显有柄；普通铁线蕨羽片较小，几无柄。

日本安蕨

日本蹄盖蕨 华北蹄盖蕨 蹄盖蕨科 安蕨属

Anisocampium niponicum

Japanese Lady Fern | rìběn'ānjué

多年生草本；叶簇生；叶柄长10～25厘米，禾秆色；叶片矩圆状卵形①，长23～40厘米，中部宽10～25厘米，二至三回羽状①，小羽片12～15对，互生，斜展，基部有短柄①；孢子囊群生于小羽片背面，长而弯曲，呈马蹄形（②左）。

产各区山地。生于山坡或沟谷林下，极常见。

相似种：麦秆蹄盖蕨【*Athyrium fallaciosum***，**蹄盖蕨科 蹄盖蕨属】叶片倒披针形，二回羽状深裂③，羽片镰刀形；孢子囊群半圆形（②中）。产房山、门头沟、延庆、怀柔、密云；生沟谷林下石缝中。**中华蹄盖蕨【***Athyrium sinense***，蹄盖蕨科 蹄盖蕨属】叶片矩圆状披针形，长25～65厘米，二至三回羽状④，孢子囊群矩圆形或马蹄形（②右）。产地同上；生中高海拔沟谷林下。

日本安蕨的羽片具短柄，其余二者的羽片无柄；麦秆蹄盖蕨的叶片较窄，倒披针形；中华蹄盖蕨的叶片宽大，矩圆状披针形。

羽节蕨

冷蕨科/蹄盖蕨科 羽节蕨属

Gymnocarpium jessoense

Asian Oak Fern | yǔjiéjué

多年生草本；根状茎细长横走，叶远生；叶柄长15～35厘米，禾秆色；叶片三角状长卵形①，长10～20厘米，二至三回羽状①，小羽片深羽裂，叶轴和羽轴下部有淡黄色小腺体；孢子囊群圆形或矩圆形（②左），生于小脉背上，靠近小羽片边缘。

产房山、门头沟、延庆、怀柔、密云。生于山坡或沟谷林下。

相似种：黑鳞短肠蕨【*Diplazium sibiricum***，蹄盖蕨科 双盖蕨属】叶片卵状三角形③，长20～40厘米，三回羽状；孢子囊群矩圆形，在小羽片上成对着生（②中）。产百花山、东灵山、喇叭沟门、坡头；生亚高山林下。蕨【***Pteridium aquilinum*** subsp. ***japonicum***，碗蕨科/蕨科 蕨属】叶片阔三角形④，三至四回羽状；孢子囊群沿叶缘分布（②右）；幼叶（④右上）为"蕨菜"，但食用有致癌风险。产门头沟、延庆、怀柔、密云；生山坡草地、沟谷林下。

羽节蕨的孢子囊群圆形；黑鳞短肠蕨的孢子囊群矩圆形，成对着生；蕨的孢子囊沿叶缘着生。

北京铁角蕨
铁角蕨科 铁角蕨属

Asplenium pekinense

Beijing Spleewort | běijīngtiějiǎojué

多年生草本；叶簇生；叶柄淡绿色，疏生小鳞片；叶片披针形①，厚草质，长6~12厘米，中部宽2~3厘米，二至三回羽状①，羽轴和叶轴两侧都有狭翅，小羽片的裂片顶端有2~3个尖牙齿①；孢子囊群条形（②左），囊群盖全缘。

产各区山地。生于山坡或沟谷石缝中，常见。

相似种：溪洞碗蕨【*Dennstaedtia wilfordii***，碗蕨科 碗蕨属】**叶片矩圆状披针形③，先端尾尖，二至三回羽状③；孢子囊群圆形，囊群盖碗形，烟斗状（②中）。产地同上；生沟谷水边石缝中。**冷蕨【***Cystopteris fragilis***，冷蕨科/蹄盖蕨科 冷蕨属】**叶片矩圆状披针形④，二回羽状④；孢子囊群小，圆形（②右），生于小脉中部。产门头沟、怀柔、密云；生中高海拔沟谷林下、亚高山草甸。

北京铁角蕨的孢子囊群条形，叶质较厚，其余二者叶质薄；溪洞碗蕨的孢子囊盖为碗形，生于叶缘；冷蕨的孢子囊群圆形，散生于叶背。

荚果蕨
野鸡膀子 球子蕨科 荚果蕨属

Matteuccia struthiopteris

Ostrich Fern | jiáguǒjué

多年生草本；根状茎直立，连同叶柄基部有密披鳞片形鳞片；叶二型，簇生成莲座状①②；营养叶的柄长10~20厘米，深棕色，叶片倒披针形或长椭圆形①②，长45~90厘米，二回羽状深裂①②，羽片35~60对；能育叶较短，直立，有粗硬而较长的柄，一回羽状③，羽片向下反卷成有节的荚果形③，包被孢子囊群；嫩叶可食。

产门头沟、延庆、怀柔、密云。生于沟谷林下、水边。

相似种：河北蛾眉蕨【*Deparia vegetior***，蹄盖蕨科 对囊蕨属】**多年生草本；叶簇生，有长柄；叶片矩圆状披针形⑤，长30~50厘米，二回羽状深裂⑤，孢子囊群短条形，在裂片背部成对着生④。产延庆、怀柔、密云；生沟谷林下。

荚果蕨的叶两型，营养叶的羽片较密，能育叶羽片为荚果状；河北蛾眉蕨的叶一型，羽片较疏，孢子囊群短条形，成对着生。

耳羽岩蕨　岩蕨科　岩蕨属
Woodsia polystichoides
Polystichum-like Cliff Fern ｜ ěryǔyánjué

多年生草本；叶簇生；叶柄基部具鳞片；叶片狭披针形，一回羽状①，羽片16～30对，镰刀形，边缘全缘或浅波状，基部不对称，上侧有明显的耳形突起（②左）；孢子囊群圆形（②左），生于二叉小脉的上侧分枝顶端，每羽片两行。

产门头沟、怀柔、密云、平谷。生于山坡或沟谷石缝中。

相似种：东亚岩蕨【*Woodsia intermedia*，岩蕨科　岩蕨属】叶一回羽状③，羽片边缘波状或圆齿状浅裂（②中），上侧有耳形突起。产房山、门头沟、密云；生山坡石缝中。**等基岩蕨**【*Woodsia subcordata*，岩蕨科　岩蕨属】叶二回羽状深裂④，末回羽片近扇形（②右）。产喇叭沟门；生境同上。

等基岩蕨的叶片二回羽状深裂，其余二者的叶片为一回羽状；耳羽岩蕨的羽片边缘全缘或浅波状，上侧有明显的耳状突起；东亚岩蕨的羽片具圆齿状浅裂。

华北石韦　北京石韦　水龙骨科　石韦属
Pyrrosia davidii
David's Pyrrosia ｜ huáběishíwéi

多年生草本；根状茎长而横走，密生鳞片；叶密生，一型；叶柄长2～5厘米；叶片狭披针形，中部最宽，向两端渐变狭①，顶端圆钝，长3～9厘米，干后有时向上面内卷；孢子囊群多行（②左），着生于叶片背面靠上的位置（②左）。

产海淀、房山、门头沟、延庆、怀柔、密云。生于山坡或沟谷岩石上，常见。

相似种：有柄石韦【*Pyrrosia petiolosa*，水龙骨科　石韦属】叶二型，上面有排列整齐的小凹点③；能育叶具长柄，叶片长卵形③，孢子囊群布满叶背（②中）。产地同上；生境同上。**过山蕨**【*Asplenium ruprechtii*，铁角蕨科　铁角蕨属】叶簇生，近二型；叶片披针形④，顶部延伸成鞭状④，着地即能生成新植株；孢子囊群条形（②右），生中脉两侧。产各区山地；生沟谷石缝中，常见。

华北石韦的叶狭披针形，孢子囊群生叶背上半部分；有柄石韦的叶片长卵形，孢子囊群布满叶背；过山蕨的叶顶端鞭状，孢子囊群条形。

水烛 香蒲 蒲草　香蒲科 香蒲属

Typha angustifolia

Narrow-leaf Cattail　| shuǐzhú

多年生挺水草本；茎粗壮，具地下根茎；叶条形①②，长0.5～1.2米，宽4～9毫米，基部鞘状，抱茎；穗状花序圆柱形，粗壮，雌花序和雄花序分离①；雄花序在上，叶状苞片1～3枚，雄花具雄蕊3枚；雌花序在下，叶状苞片1枚，通常比叶片宽，花后脱落，雌花柱头窄条形，子房纺锤形；果序成熟时变棕色，长圆柱形②。

产各区平原地区。生于水边、河滩、池塘中，常见。

相似种：宽叶香蒲【*Typha latifolia*，香蒲科 香蒲属】挺水草本；叶条形④，长0.5～1米，宽0.5～1.5厘米；雌雄花序紧密相接③④，叶状苞片1～3枚；果序成熟时棕色，圆柱形③。产海淀、门头沟、昌平、延庆、大兴；生境同上。

两者植株均较高大；水烛的雌雄花序相互远离；宽叶香蒲的雌雄花序相接。

短序香蒲　香蒲科 香蒲属

Typha lugdunensis

Lugdun Cattail　| duǎnxùxiāngpú

多年生挺水草本；茎直立，较细弱；基部叶鞘状，长4～9厘米，茎生叶2～4枚，条形①，长50～75厘米，宽2～4毫米，高于花葶①；雌雄花序远离；果序成熟时圆柱形（①右下），长2～4厘米。

产海淀、丰台、门头沟、昌平、大兴。生于水边、河滩、池塘中。

相似种：小香蒲【*Typha minima*，香蒲科 香蒲属】挺水草本；叶多数为基生鞘状叶③，少数为茎生条形叶②，长15～40厘米，宽1～2毫米，短于花葶；雌花序短圆柱形②，长2～4厘米。产丰台、昌平、延庆、大兴；生境同上。**达香蒲**【*Typha davidiana*，香蒲科 香蒲属】挺水草本；叶条形④，长60～70厘米，宽3～5毫米；雌花序长圆柱形⑤，长5～11厘米。产门头沟、昌平、延庆；生境同上。

三者雌雄花序均远离；达香蒲植株较高大，雌花序长圆柱形，其余二者植株较矮，雌花序短小；短序香蒲具多数茎生叶，高于花葶；小香蒲具多数鞘状叶，茎生叶少数，短于花葶。

黑三棱

香蒲科/黑三棱科 黑三棱属

Sparganium stoloniferum

Stoloniferous Bur-reed | hēisānléng

挺水草本，有根状茎；茎直立，上部有短或较长的分枝；叶条形②，基生叶和茎下部叶长达95厘米，宽达2.5厘米，基部变宽成鞘状，中脉明显，上部叶渐渐变小；雌花序1个生最下部分枝顶端或1~2个生于较上分枝的下部，球形①，直径7~10毫米，花密集；花被片3~4，倒卵形，膜质；雌蕊长约8毫米，子房纺锤状，花柱与子房近等长，柱头钻形；雄花序数个或多个生于分枝上部的顶端①，球形，花密集；花被片3~4，膜质，有长柄；雄蕊3，白色①；聚花果球形③，直径约2厘米；果实近陀螺状，长约8毫米，顶部金字塔状③。

产海淀、门头沟、昌平、延庆、大兴。生于池塘、溪流中。

黑三棱为挺水草本，叶条形，花序球形，雄花序在分枝上部，排成穗状，雌花序在分枝下部，聚花果球形。

扁茎灯芯草

细灯芯草 灯芯草科 灯芯草属

Juncus gracillimus

Slender Rush | biǎnjīngdēngxīncǎo

多年生草本；根状茎粗壮横走；茎圆柱形或稍扁①，绿色，直径0.5~1.5毫米；叶基生和茎生，条形①，长3~15厘米，宽0.5~1毫米；顶生复聚伞花序；总苞片叶状，条形，超出花序；花被片6，披针形；蒴果卵球形，超出花被（①右下）。

产各区平原地区。生于水边、河滩、草丛中。

相似种：尖被灯芯草【*Juncus turczaninowii*，灯芯草科 灯芯草属】多年生草本；茎密丛生；叶扁圆柱形，长5~15厘米；复聚伞花序顶生②；蒴果椭球形，与花被片等长（②左下）。产房山、门头沟、延庆；生水边、河滩。**小灯芯草**【*Juncus bufonius*，灯芯草科 灯芯草属】一年生草本；叶条形，扁平，长1~13厘米；二歧聚伞花序顶生③，分枝细弱；花被片披针形，顶端锐尖④；蒴果椭球形，短于花被片④。产延庆、怀柔、密云、平谷；生水边。

小灯芯草植株细弱，花序疏散，其余二者花序密集；扁茎灯芯草的果长于花被片；尖被灯芯草的果与花被片等长。

扁秆荆三棱 扁秆蔗草 莎草科 三棱草属

Bolboschoenus planiculmis

Flatstalk Bulrush | biǎngǎnjīngsānléng

多年生草本；秆三棱形；叶扁平，具长叶鞘；长侧枝聚伞花序顶生①，缩成头状②，有1~6个小穗，叶状苞片1~3枚，长于花序；小穗卵形，具多数花，鳞片褐色或深褐色②，背面具中肋，顶端有短芒；小坚果倒卵形，有下位刚毛4~6条。

产各区平原地区。生于水边、河滩，常见。

相似种：两歧飘拂草【*Fimbristylis dichotoma*，莎草科 飘拂草属】一年生草本；叶条形；长侧枝聚伞花序复出③；小穗单生于辐射枝顶端，卵形(③左下)；鳞片褐色，有光泽；小坚果双凸状，具7~9条纵肋。产海淀、延庆、平谷；生水田边、草丛中。

复序飘拂草【*Fimbristylis bisumbellata*，莎草科 飘拂草属】一年生草本；叶条形；长侧枝聚伞花序多次复出④；小穗长卵形(④左下)；小坚果双凸状，无纵肋。产海淀、怀柔、大兴；生境同上。

扁秆荆三棱植株较高，小穗聚集，其余二者植株细弱，小穗疏离；两歧飘拂草花序单次复出，果具纵肋；复序飘拂草花序多次复出，果无纵肋。

三棱水葱 蔗草 莎草科 水葱属

Schoenoplectus triqueter

Common Bulrush | sānléngshuǐcōng

多年生草本；根状茎匍匐；秆单生，三棱形①，无叶；苞片1枚，为秆的延长，三棱形①；长侧枝聚伞花序有1~8个辐射枝(①右下)，小穗簇生，卵形(①右下)；鳞片矩圆形，黄棕色，有短尖；小坚果倒卵形，有下位刚毛3~5条。

产各区平原地区。生于水田、水库边、河滩，常见。

相似种：萤蔺【*Schoenoplectus juncoides*，莎草科 水葱属】多年生草本；秆圆形，无叶②；苞片1枚，为秆的延长；小穗数个聚成头状③，长卵形。产地同上；生境同上。**水葱**【*Schoenoplectus tabernaemontani*，莎草科 水葱属】多年生草本；秆高大，圆形④，无叶；苞片1枚，为秆的延长；长侧枝聚伞花序复出④，具多个辐射枝；小穗卵形④。产海淀、大兴，各地常有栽培；生池塘中。

三者均无叶；三棱水葱秆三棱形，其余二者秆圆形；萤蔺植株较矮，小穗聚生成头状；水葱植株高大，小穗生于聚伞花序的辐射枝上。

针蔺 具刚毛荸荠 莎草科 荸荠属

Eleocharis valleculosa var. setosa

Setose Spikerush | zhēnlìn

多年生草本；有匍匐根状茎；秆单生或丛生，圆柱状①，径1～3毫米，具少数肋，无叶；小穗顶生①，矩圆状卵形②，有多数密生的两性花，基部有2片鳞片无花，其余鳞片全有花，卵形；小坚果圆双凸状，具下位刚毛4条。

产各区平原地区。生于水边、河滩，常见。

相似种：牛毛毡【*Eleocharis yokoscensis*，莎草科荸荠属】多年生草本；秆密丛生③，细如毛发；叶鳞片状；小穗顶生，卵形（③左下），长3毫米，淡褐色，只有几朵花（③左下）。产海淀、延庆、密云；生水田边、河滩。**太行山蔺藨草**【*Trichophorum schansiense*，莎草科 蔺藨草属】多年生草本；秆丛生④，纤细；小穗顶生，矩圆形⑤，苞片与小穗等长，具短苞⑤。产上方山、十渡；生崖壁上。

三者均无叶，小穗单个顶生；针蔺植株稍高大，秆圆柱状，其余二者植株矮小，秆极细；牛毛毡的小穗无苞片，生水边；太行山蔺藨草的小穗有苞片，生崖壁上。

球穗扁莎 莎草科 莎草属

Cyperus flavidus

Round-spiked Flatsedge | qiúsuìbiǎnsuō

多年生草本；秆丛生，细弱，钝三棱形；叶短于秆，宽1～2毫米；长侧枝聚伞花序具1～6个辐射枝①，苞片2～4枚，长于花序；小穗条形，极压扁①②，聚生于辐射枝上端呈球形；鳞片膜质，褐色②；小坚果倒卵形，双凸状。

产各区平原地区。生于水边、草丛中。

相似种：红鳞扁莎【*Cyperus sanguinolentus*，莎草科 莎草属】多年生草本；秆丛生，扁三棱形，平滑；叶短于秆；长侧枝聚伞花序具少数辐射枝③；小穗矩圆形，极压扁；鳞片中间黄绿色，边缘暗褐红色③。产地同上；生境同上，较上种少见。**水莎草**【*Cyperus serotinus*，莎草科 莎草属】多年生草本；秆散生；长侧枝聚伞花序复出④，苞片叶状，长于花序；小穗拔针形，鳞片红褐色④。产海淀、昌平、延庆、大兴；生路旁、水边、河滩。

水莎草的小穗略压扁，其余二者的小穗极压扁；球穗扁莎的鳞片褐色；红鳞扁莎的鳞片中间黄绿色，边缘暗褐红色。

具芒碎米莎草 黄颖莎草 莎草科 莎草属

Cyperus microiria

Awned Ricefield Flatsedge | jùmángsuìmǐsuōcǎo

一年生草本；秆丛生，扁三棱状；叶基生，短于秆；苞片3~5枚，叶状①；长侧枝聚伞花序复出①，小穗在枝端排列成较疏松的总状；小穗直立②，压扁，有6~22朵花；鳞片黄色，顶端有突出的短芒尖(②右下)；小坚果倒卵形，有三棱。

产各区平原地区。生于路旁、水边、荒地、草丛中，极常见。

相似种：异型莎草【*Cyperus difformis***，莎草科莎草属】**一年生草本；长侧枝聚伞花序简单或复出③，小穗在辐射枝上排成密集的头状花序③；鳞片背部淡黄色，两侧红棕色③。产地同上；生水边、河滩，常见。**褐穗莎草【***Cyperus fuscus***，莎草科莎草属】**一年生草本；长侧枝聚伞花序复出；小穗在辐射枝上排成疏松的头状花序④；鳞片背部黄绿色，两侧深紫褐色④。产地同上；生境同上。

具芒碎米莎草小穗在辐射枝端排成总状，鳞片黄色；异型莎草小穗排成密集的头状，鳞片红棕色；褐穗莎草小穗排成疏松的头状，鳞片紫褐色。

头状穗莎草 球穗莎草 莎草科 莎草属

Cyperus glomeratus

Glomerate Flatsedge | tóuzhuàngsuìsuōcǎo

多年生高大草本；秆粗壮，有三钝棱；叶短于秆，宽4~8毫米；苞片3~4枚，叶状，长于花序；长侧枝聚伞花序复出①，有3~8个长短不等的辐射枝，最长达12厘米；小穗极多数，条形，稍扁，长5~10毫米，聚成头状的穗状花序②；鳞片排列疏松，棕红色②；小坚果矩圆形，有三棱。

产各区平原地区。生于水边、河滩。

相似种：白鳞莎草【*Cyperus nipponicus***，莎草科莎草属】**一年生草本；秆扁三棱形；长侧枝聚伞花序短缩成头状③，具多数密生的小穗；小穗披针形，鳞片绿白色③。产地同上；生水边、草丛中。**旋鳞莎草【***Cyperus michelianus***，莎草科莎草属】**一年生草本；长侧枝聚伞花序短缩成头状④，具极多数密集的小穗；小穗卵形，鳞片螺旋状排列④。产地同上；生水边、湿润处。

头状穗莎草植株高大，花序开展，其余二者植株矮小，花序紧缩成头状；旋鳞莎草鳞片黄色，螺旋状排列；白鳞莎草鳞片绿白色，排成两列。

异鳞薹草 莎草科 薹草属

Carex heterolepis

Different-scale Sedge | yìlíntáicǎo

1 2 3 4 5 6 7 8 9 10 11 12

多年生草本；秆丛生，三棱形；叶与秆近等长①，宽3～6毫米；小穗3～6个，顶生1个小穗为雄性，侧生小穗为雌性①；鳞片狭披针形，淡褐色（②左）；果囊稍长于鳞片，顶端急缩为极短的喙。

产门头沟、昌平、延庆、密云。生于沟谷林下、水边。

相似种：溪水薹草【*Carex forficula*，莎草科 薹草属】多年生草本；秆密丛生③；小穗3～4个，顶生者雄性，其余为雌性；雌花鳞片中间绿色，边缘暗锈色（②中）；果囊长于鳞片，卵形，顶端急缩为长1.5毫米的喙。产延庆、密云；生境同上。**异穗薹草**【*Carex heterostachya*，莎草科 薹草属】多年生草本；小穗3～4个④；雌花鳞片褐色（②右）；果囊稍长于鳞片，宽卵形，顶端急缩为短喙。产各区平原和低山区；生路旁、草丛中、山坡林缘。

1 2 3 4 5 6 7 8 9 10 11 12

异穗薹草雌小穗粗短，长不超过2厘米，其余二者雌小穗细长；异鳞薹草果囊具极短的喙；溪水薹草果囊具稍长的喙。

大披针薹草 顺坡溜 莎草科 薹草属

Carex lanceolata

Lanceolate Sedge | dàpīzhēntáicǎo

1 2 3 4 5 6 7 8 9 10 11 12

多年生草本；秆密丛生①，三棱形；叶宽1～2.5毫米，花后延伸；花葶高出叶丛①，小穗3～6个②，顶生1个为雄小穗，侧生者为雌小穗②，下部小穗具长梗；雌花鳞片披针形，褐色，具宽白色膜质边缘（②左上）；果囊倒卵形，密被短柔毛。

产各区山地。生于山坡或沟谷林下，常形成林下优势草本层，早春常见。

相似种：矮丛薹草【*Carex callitrichos* var. *nana*，莎草科 薹草属】秆丛生；花葶短，不超出叶丛③，小穗2～4个，疏离③；雌小穗仅具1～2朵小花，鳞片褐色。产海淀、门头沟、昌平、延庆；生境同上。**丝引薹草**【*Carex remotiuscula*，莎草科 薹草属】秆丛生；小穗4～10个，上部的几个聚集，下部的疏离④；鳞片狭卵形，白绿色（④右上）；果囊长于鳞片。产门头沟、密云；生沟谷林下。

1 2 3 4 5 6 7 8 9 10 11 12

丝引薹草小穗短，鳞片白绿色，其余二者小穗长，鳞片褐色；大披针薹草花葶高于叶丛，雌小穗多花；矮丛薹草花葶短于叶丛，雌小穗具1～2朵花。

草本植物 植株禾草状

青绿薹草 青菅 莎草科 薹草属

Carex breviculmis

White-green Sedge | qīnglǜtáicǎo

1 2 3 4 5 6 7 8 9 10 11 12

多年生草本；秆三棱形；叶短于秆①，宽2～3毫米；小穗2～4个①，顶生者雄性，其余为雌性，矩圆状卵形；雌花鳞片矩圆形，中间淡绿色，两侧绿白色，顶端具长芒（②左）；果囊倒卵形（②左）。

产各区平原和低山区。生于路旁、田边、山坡灌草丛中，常见。

相似种：扁秆薹草【*Carex planiculmis*，莎草科 薹草属】秆扁三棱形，有两棱具狭翅；叶稍短于秆，宽5～10毫米；下部苞片叶状③，小穗4～6个③；雌花鳞片卵形，黄绿色，顶端具短尖（②中）；果囊长于鳞片。产怀柔、密云；生沟谷水边。**鸭绿薹草**【*Carex jaluensis*，莎草科 薹草属】秆密丛生，粗壮；下部苞片叶状④，小穗5～7个④；雌花鳞片卵形，具短尖（②右）；果囊与鳞片等长。产门头沟、怀柔、密云；生沟谷林下、水边。

青绿薹草小穗短小，雌花鳞片具长芒，其余二者小穗细长，鳞片具短尖；扁秆薹草秆疏丛生，扁三棱形，具狭翅；鸭绿薹草秆密丛生，钝三棱形。

1 2 3 4 5 6 7 8 9 10 11 12

1 2 3 4 5 6 7 8 9 10 11 12

宽叶薹草 崖棕 莎草科 薹草属

Carex siderosticta

Broad-leaf Sedge | kuānyètáicǎo

1 2 3 4 5 6 7 8 9 10 11 12

多年生草本；叶矩圆状披针形①，长10～20厘米，宽1～3厘米，叶脉明显；花茎与叶丛间隔一定距离①，小穗3～6个，上部为雄花，下部为雌花（②左）；鳞片矩圆形，中间绿色，两侧透明膜质（②左）；果囊倒卵形三棱形，无喙。

产各区山地。生于中高海拔沟谷林下。

相似种：麻根薹草【*Carex arnellii*，莎草科 薹草属】秆密丛生；小穗5～7个，上面2～3个为雄小穗，直立，下面3～4个为雌小穗，下垂③，鳞片黄绿色（②中）；果囊具长喙（②中）。产延庆、怀柔、密云；生山坡或沟谷林下。**点叶薹草**【*Carex hancockiana*，莎草科 薹草属】秆丛生，较高大；小穗3～5个，下部几个下垂④，鳞片紫褐色，中间淡绿色；果囊肿胀（②右）。产百花山、东灵山、玉渡山、海坨山、雾灵山；生亚高山草甸或林下。

宽叶薹草叶宽大，花茎与叶丛间隔，其余二者的叶近等长，花茎生叶丛中；麻根薹草小穗较长，果囊具长喙；点叶薹草小穗较短，果囊肿胀，无喙。

1 2 3 4 5 6 7 8 9 10 11 12

1 2 3 4 5 6 7 8 9 10 11 12

白颖薹草　细叶薹草　莎草科 薹草属
Carex duriuscula subsp. *rigescens*
Rigescent Sedge ｜ báiyǐngtáicǎo

1 2 3 4 5 6 7 8 9 10 11 12

　　多年生矮小草本。具细长匍匐根状茎；叶短于秆①，宽1～3毫米，扁平；穗状花序卵形①，具密生的5～8个小穗；小穗卵形或宽卵形（②左），上部为雄花，下部为雌花；鳞片卵形，淡锈色，边缘白色膜质（②左），顶端锐尖；果囊卵形。

　　产各区平原和低山区。生于房前屋后、山坡路旁、草丛中，早春极常见。

　　相似种：翼果薹草【*Carex neurocarpa*，莎草科 薹草属】多年生草本；秆扁三棱形；花序锥状③，短于苞片（②中上）；小穗密生，上部为雄花，下部为雌花；果囊卵形，边缘具宽翅（②中下）。产地同上；生沟谷水边、湿润处。**尖嘴薹草**【*Carex leiorhyncha*，莎草科 薹草属】花序锥状④，长于苞片（②右上）；小穗卵形；果囊狭卵形，无翅（②右下）。产各区山地；生沟谷林下、水边。

1 2 3 4 5 6 7 8 9 10 11 12

　　白颖薹草植株矮小，花序卵形，较短，其余二者植株较高，花序锥状；翼果薹草苞片长于花序，果囊有翅；尖嘴薹草苞片短于花序，果囊无翅。

硬质早熟禾　禾本科 早熟禾属
Poa sphondylodes
Hard Bluegrass ｜ yìngzhìzǎoshúhé

1 2 3 4 5 6 7 8 9 10 11 12

　　多年生草本。秆丛生，质硬，具3～4节，花序以下稍粗糙；叶长3～7厘米，宽1毫米；叶舌膜质，长约4毫米；圆锥花序紧缩①②，长3～10厘米，宽约1厘米；小穗含4～6朵小花，颖顶端尖锐，3脉；外稃披针形②；颖果长约2毫米。

　　产各区山地。生于山坡路旁、沟谷林下、亚高山草甸，常见。

　　相似种：早熟禾【*Poa annua*，禾本科 早熟禾属】一年生小草本；秆细弱，丛生；叶舌长1～2毫米；圆锥花序开展③；小穗含3～6朵小花；外稃边缘宽膜质（③左上）。产各区平原和低山区；生路旁、田边、草丛中。**碱茅**【*Puccinellia distans*，禾本科 碱茅属】多年生草本；叶条形，长2～10厘米；圆锥花序开展④；小穗含5～7朵小花；颖和外稃顶端圆钝⑤。产海淀、昌平、延庆、大兴；生水边、河滩。

1 2 3 4 5 6 7 8 9 10 11 12

　　碱茅的颖和外稃顶端钝，其余二者顶端尖；硬质早熟禾植株稍高大，花序紧缩；早熟禾植株矮小，花序开展。

草本植物 植株禾草状

远东羊茅

禾本科 羊茅属

Festuca extremiorientalis

Extremi-oriental Fescue | yuǎndōngyángmáo

多年生草本；秆疏丛生；叶片扁平，长15～30厘米，宽6～13毫米；圆锥花序开展，顶端弯垂①，长10～25厘米；小穗绿色或带紫色，含4～5小花②；外稃具细弱的芒②，芒长5～7毫米。

产房山、门头沟、延庆、密云、平谷。生于沟谷林下、水边。

相似种：紫羊茅【*Festuca rubra***，禾本科 羊茅属】**多年生草本；秆密丛生；叶片细，宽1～2毫米；圆锥花序狭窄③；小穗绿色或深紫色；外稃具短芒（③左上）。产海坨山；生亚高山草甸。**无芒雀麦【***Bromus inermis***，禾本科 雀麦属】**多年生草本；叶片扁平；圆锥花序开展④；小穗条状披针形⑤，含6～12花；外稃无芒或具短芒尖。产百花山、东灵山、海坨山、雾灵山；生亚高山草甸或林下。

无芒雀麦的小穗细长，小花较多，无芒或仅具短芒尖，其余二者小花较少，有芒；远东羊茅的秆疏丛生，花序开展，外稃具长芒；紫羊茅的秆密丛生，花序狭窄，外稃具短芒。

大画眉草

禾本科 画眉草属

Eragrostis cilianensis

Stinkgrass | dàhuàméicǎo

一年生草本；植株具特殊臭味，有腺体；叶舌为一圈纤毛；叶片条形，宽2～6毫米；圆锥花序①长5～18厘米，花序分枝及小穗柄具腺体；小穗狭披针形，长5～15毫米，含多数小花（①右下）。

产各区平原和低山区。生于田边、路旁、水边、草丛中，常见。

相似种：小画眉草【*Eragrostis minor***，禾本科 画眉草属】**一年生草本；叶、小穗具腺体；圆锥花序②长10～22厘米；小穗长3～8毫米，含多数小花③。产地同上；生境同上。**画眉草【***Eragrostis pilosa***，禾本科 画眉草属】**一年生草本；圆锥花序疏松，开展，长15～30厘米，宽4～10厘米；小穗长3～10毫米，含4～14小花，小花排列疏松（④左上）。产地同上；生田边、草丛中、山坡路旁。

画眉草的花序大型，疏松，小花排列疏松，其余二者花序稍小，略紧密，小花排列整齐而紧密；大画眉草花序较小，小穗较大，长5～15毫米；小画眉草花序较大，小穗较小，长3～8毫米。

臭草 肥马草 枪草   禾本科 臭草属

Melica scabrosa

Scabrous Melicgrass | chòucǎo

多年生草本；秆丛生，直立或基部膝曲，基部密生分蘖；叶鞘闭合；叶舌透明膜质，长1～3毫米；叶片扁平①②，长6～15厘米，宽2～7毫米；圆锥花序紧缩，常偏向一侧①②；小穗柄短，弯曲而具关节，上端具微毛；小穗淡绿色，含2～4个孕性小花（①下），小穗轴顶端有数个互相包裹的不孕外稃，呈球形；颖等长，具3～5脉；外稃7脉，背部具点状粗糙；颖果褐色，纺锤形，有光泽。

产各区平原和低山区。生于田边、山坡路旁、草丛中，极常见。

相似种：细叶臭草【*Melica radula*，禾本科 臭草属】多年生草本；叶片细③，宽1～2毫米；圆锥花序极狭窄④；小穗淡绿色，含2个孕性小花（④左下）。产各区低山地区；生阳坡草丛中。

臭草叶片较宽，花序大，小穗排列密集；细叶臭草叶片极窄，花序小，小穗排列疏松。

广序臭草 华北臭草   禾本科 臭草属

Melica onoei

Onoe's Melicgrass | guǎngxùchòucǎo

多年生草本；叶鞘闭合；叶片扁平①，宽3～14毫米；圆锥花序开展呈塔形①，长15～35厘米；小穗绿色，条状披针形（①右上），含2～3个孕性小花，顶生不育外稃1枚；颖薄膜质，第一颖具1脉，第二颖具3～5脉；颖果纺锤形。

产昌平、延庆、怀柔、密云。生于沟谷林缘、林下、水边。

相似种：抱草【*Melica virgata*，禾本科 臭草属】叶片细②，宽2～4毫米；圆锥花序狭窄②；小穗绿色带紫色③，含2～3个孕性小花。产门头沟、昌平、延庆；生山坡林缘。**大臭草【*Melica turczaninowiana*，禾本科 臭草属】**叶片扁平；圆锥花序开展④；小穗紫褐色（④左下），卵状矩圆形，长8～13毫米，含2～3个孕性小花。产百花山、东灵山、海坨山；生亚高山草甸或林下。

大臭草花序开展，小穗宽大，长8毫米以上，其余二者小穗短小，长7毫米以下；广序臭草花序开展，小穗绿色；抱草花序紧缩，小穗带紫色。

北京隐子草

禾本科 隐子草属

Cleistogenes hancei

Beijing Cleistogenes | běijīngyǐnzǐcǎo

多年生草本；秆疏丛生；叶舌短，边缘裂成细毛；叶片条形或条状披针形①，宽3～8毫米，常与秆成直角①，易自叶鞘处脱落；上部叶鞘内有隐藏的小穗；圆锥花序开展①；小穗灰绿色或带紫色②，含3～7小花；颖不等长，具3～5脉，外稃有黑紫色斑纹，具5脉，顶端有芒②，长1～2毫米。

产各区山地。生于阳坡灌丛中，常见。

相似种：丛生隐子草【*Cleistogenes caespitosa*，禾本科 隐子草属】多年生草本；秆丛生；叶片条形③，宽2～4毫米；圆锥花序开展③；小穗含3～5小花；外稃具短芒④，长0.5～1毫米。产门头沟、昌平、延庆、密云；生境同上。

二者的叶均与秆成直角：北京隐子草叶较宽，外稃芒长1毫米以上；丛生隐子草叶较窄，外稃芒长1毫米以下。

芦苇

芦苇子 禾本科 芦苇属

Phragmites australis

Umbrose Jerusalem Sage | lúwěi

多年生高大草本，根状茎发达；叶片披针状条形，长可达30厘米，宽约2厘米，无毛，中间有横断面（③右下）；圆锥花序大型②，长20～40厘米，宽10～15厘米，分枝多数，着生稠密下垂的小穗；小穗柄长2～4毫米，无毛；小穗含4小花，颖具3脉，外稃顶端渐狭成芒，具3脉，基盘密生丝状柔毛③，与外稃等长；颖果长约1.5毫米。

产各区平原和低山区。生于沟谷水边、田边、河滩盐碱地，常成片生长①。

相似种：西伯利亚三毛草【*Trisetum sibiricum*，禾本科 三毛草属】多年生草本；叶片扁平，宽4～9毫米；圆锥花序狭窄④；小穗黄绿色，有光泽，含2～4小花⑤；外稃自背部伸出1芒⑤，芒长7～9毫米。产百花山、东灵山、海坨山；生亚高山草甸。

芦苇植株高大，叶片宽大，花序开展，芒自外稃顶部，基盘密生柔毛；西伯利亚三毛草植株稍矮，花序狭窄，芒出自外稃背部，基盘无柔毛。

光稃茅香 光稃香草　禾本科 黄花茅属

Anthoxanthum glabrum

Glabrous Sweetgrass ｜ guāngfūmáoxiāng

多年生草本；植株有香气；叶片披针形，宽5~7毫米；圆锥花序开展①；小穗卵圆形，黄褐色，有光泽（②左），含3小花，下方2枚为雄性，顶生1枚为两性；颖膜质；成熟时小穗肿胀（②左）。

产各区平原和山区。生于路旁、草丛中、山坡林缘、水边、亚高山草甸，常见。

相似种：虉草【*Phalaris arundinacea*，禾本科虉草属】叶片扁平，宽1~1.8厘米；圆锥花序狭窄③④，分枝上举；小穗含3小花，2为雄性，1为两性；颖具狭翅状的脊（②中）。产地同上；生水边、河滩。**落草【*Koeleria macrantha*，禾本科 落草属】**叶片细，灰绿色；圆锥花序狭窄⑤⑥；小穗披针形（②右），含2~3小花；外稃有短芒尖（②右）。产各区山地；生向阳山坡灌草丛中，常见。

虉草植株高大，小穗压扁，颖具翅状脊，完全包被小花，其余二者植株稍矮，小穗非压扁，颖部分包被小花；光稃茅香小穗肿胀，外稃无芒尖；落草小穗不肿胀，外稃具短芒尖。

野青茅 禾本科 野青茅属

Deyeuxia pyramidalis

Common Small Reed ｜ yěqīngmáo

多年生草本；叶片扁平，宽2~7毫米；圆锥花序开展①，长6~10厘米，宽1~5厘米；小穗含1小花；颖近等长；外稃具芒（②左），自基部生出，基盘两侧有柔毛，长达外稃的1/4~1/3；鲜时二颖靠合（②左），干后展开，并露出基盘柔毛。

产各区山地。生于山坡或沟谷林下、水边。

相似种：假苇拂子茅【*Calamagrostis pseudophragmites*，禾本科 拂子茅属】圆锥花序开展③；小穗含1小花；基盘具长柔毛；外稃顶端具芒（②中）。产海淀、丰台、门头沟、昌平、延庆；生水边、河滩。**拂子茅【*Calamagrostis epigeios*，禾本科 拂子茅属】**圆锥花序紧缩④；小穗含1小花；基盘具长柔毛；外稃具芒（②右），自背部生出。产海淀、门头沟、延庆；生山坡草地、河滩。

野青茅花序开展，基盘具短柔毛，芒自外稃基部生出；假苇拂子茅花序开展，基盘具长柔毛，芒自外稃顶端生出；拂子茅花序紧缩，基盘具长柔毛，芒自外稃背部生出。

京芒草 远东芨芨草 禾本科 羽茅属

Achnatherum pekinense

Beijing Speargrass | jīngmángcǎo

多年生草本；叶片扁平，长披针形，宽4～7毫米；圆锥花序疏松，开展①，长12～25厘米，分枝细弱；小穗绿色或带紫色，含1小花②；颖几等长，膜质；外稃厚纸质，长6～10毫米，顶端具芒②，芒长2～2.5厘米，干后二回膝曲。

产各区山地。生于山坡或沟谷林缘、灌草丛中，常见。

相似种：羽茅【Achnatherum sibiricum，禾本科羽茅属】多年生草本；圆锥花序较缩短③；小穗含1小花④；外稃芒长2～2.5厘米，干后二回膝曲。产房山、门头沟；生山脊灌草丛中、亚高山草甸。**长芒草【Stipa bungeana，禾本科 针茅属】**多年生草本；叶片细；圆锥花序开展⑤；小穗含1小花；外稃芒长3～5厘米，芒针呈细发状⑤。产门头沟、昌平、延庆；生向阳山坡灌草丛中、河滩沙地。

长芒草的外稃芒呈细发状，长3厘米以上，其余二者的芒长2.5厘米以下；京芒草的花序开展；羽茅的花序紧缩。

三芒草 禾本科 三芒草属

Aristida adscensionis

Sixweeks Threeawn | sānmángcǎo

一年生草本；叶片细，长3～20厘米；圆锥花序开展①或紧缩，分枝细弱；小穗灰绿色或带紫色①，含1小花；颖膜质，具1脉；外稃具3脉，背部平滑或稀粗糙，顶端具3芒（②左），1长2短。

产房山、门头沟、昌平、延庆。生于山坡草丛中、河滩沙地。

相似种：乱子草【Muhlenbergia huegelii，禾本科 乱子草属】多年生草本；圆锥花序疏松开展③，分枝柔弱下垂；小穗灰绿色，含1小花；外稃具纤细柔弱的芒（②右上），芒长8～16毫米。产海淀、门头沟、昌平、延庆、怀柔；生山坡或沟谷林下。**日本乱子草【Muhlenbergia japonica，禾本科 乱子草属】**多年生草本；圆锥花序狭窄④；小穗含1小花；外稃具柔弱的芒（②右下），芒长5～9毫米。产海淀、门头沟；生沟谷林下。

三芒草的外稃顶端具3芒，芒直伸，稍硬，其余二者具1芒，芒纤细柔弱；乱子草的花序开展，芒较长；日本乱子草的花序紧缩，芒较短。

野古草 毛秆野古草 禾本科 野古草属

Arundinella hirta

Hirsute Rabo de Gato | yěgǔcǎo

1 2 3 4 5 6 7 8 9 10 11 12

多年生草本；根茎粗壮，秆疏丛生；叶片长条形①，12～35厘米，宽5～15毫米；圆锥花序长10～40厘米，开展①；小穗成对着生，一具短柄，一具长柄（①下）；小穗含2小花，一为雄性，一为两性；外稃3～5脉，具短芒尖（①左下）。

产各区山地。生于山坡或山脊灌草丛中、沟谷林缘，极常见。

相似种：龙常草【*Diarrhena mandshurica*，禾本科 龙常草属】叶片扁平，自基部扭转180度；圆锥花序开展②；小穗含2～3小花；颖果成熟时肿胀（②左上）。产门头沟、延庆、怀柔、密云；生沟谷林下、水边。**巨序剪股颖**【*Agrostis gigantea*，禾本科 剪股颖属】圆锥花序开展③；小穗长约2毫米，含1小花；颖片舟形（③左下），具脊；内外稃膜质，内藏。产海淀、门头沟、昌平、延庆；生沟谷林下。

1 2 3 4 5 6 7 8 9 10 11 12

1 2 3 4 5 6 7 8 9 10 11 12

野古草的小穗成对着生，小穗柄一长一短；龙常草的颖果熟时肿胀；巨序剪股颖的小穗极小，内外稃膜质，藏于颖内。

大油芒 禾本科 大油芒属

Spodiopogon sibiricus

Frost Grass | dàyóumáng

1 2 3 4 5 6 7 8 9 10 11 12

多年生草本；具长根状茎；叶片条形①，宽6～14毫米；圆锥花序顶生①，由数节总状花序组成，穗轴逐节断落；小穗成对着生②，一有柄，一无柄，均结实且同形，多少呈圆筒形②，含2小花，第一小花雄性，第二小花两性，结实；第二小花芒②，自外稃裂齿间生出，中部膝曲；颖果矩圆形披针形，棕栗色，长约2毫米。

产各区山地。生于山坡或山脊林缘、林下、灌草丛中，极常见。

相似种：细柄草【*Capillipedium parviflorum*，禾本科 细柄草属】多年生草本；圆锥花序疏散，有纤细的分枝④，总状花序1～3节生于枝端；小穗成对生于各节或3枚顶生③，无柄小穗具芒③，有柄小穗无芒。产区低山地区；生山坡林缘、灌草丛中。

1 2 3 4 5 6 7 8 9 10 11 12

大油芒植株高大，小穗成对着生，同形，均具芒；细柄草植株较矮，小穗2～3枚丛生，仅无柄小穗具芒。

鹅观草 弯穗鹅观草 禾本科 披碱草属

Elymus kamoji

Roegneria | éguāncǎo

多年生草本；叶片扁平；穗状花序长7～20厘米，俯垂①；小穗含3～10小花；外稃披针形，边缘宽膜质，无毛（②左上），第一外稃芒长20～40毫米；内稃与外稃近等长（②左上），脊显著具翼。

产各区平原和低山区。生于田边、路旁、水边、草丛中，极常见。

相似种：纤毛鹅观草【*Elymus ciliaris*，禾本科披碱草属】 穗状花序近直立③；颖与外稃边缘具长纤毛（②左下）；外稃芒初时直伸，干后反曲④；内稃比外稃短（②左下）。产地同上；生境同上，极常见。**缘毛鹅观草【*Elymus pendulinus*，禾本科 披碱草属】** 穗状花序近直立⑤；颖与外稃具短纤毛（②右）；外稃芒直伸⑥；内稃与外稃近等长（②右）。产门头沟、延庆、密云；生沟谷林下、亚高山草甸。

鹅观草的花序俯垂，小穗无毛，其余二者的花序近直立，颖和外稃具纤毛；纤毛鹅观草的内稃比外稃短，外稃芒干后反曲；缘毛鹅观草的内稃与外稃近等长，外稃芒直伸。

羊草 禾本科 赖草属

Leymus chinensis

Chinese Wildrye | yángcǎo

多年生草本；植株呈粉绿色①，具地下横走根茎；叶片扁平①，长7～18厘米，宽3～6毫米；穗状花序直立①，长7～15厘米，通常每节着生2个小穗（①右下）；小穗含5～10小花；颖锥状，常短于第一小花；外稃披针形，顶端具芒尖（①右下）。

产海淀、门头沟、延庆、怀柔、密云、大兴。生于山坡或沟谷林缘、水边、河滩盐碱地，常见。

相似种：披碱草【*Elymus dahuricus*，禾本科 披碱草属】 多年生草本；叶片扁平；穗状花序粗壮，较紧密②，常显粉绿色，每节具2～3个小穗；小穗含3～5小花；颖和外稃具芒③。产门头沟、昌平、延庆；生山坡草地、路旁。**老芒麦【*Elymus sibiricus*，禾本科 披碱草属】** 多年生草本；叶片扁平；穗状花序疏松，下垂④，通常每节2个小穗；小穗含4～5小花；颖和外稃具长芒⑤。产海淀、门头沟、延庆、密云；生沟谷林下、水边。

羊草花序直立，外稃具短芒尖；披碱草花序直立，外稃具长芒；老芒麦花序下垂，外稃具长芒。

狗尾草　莠草 谷莠子　禾本科 狗尾草属

Setaria viridis

Green Bristlegrass　｜ gǒuwěicǎo

1 2 3 4 5 6 7 8 9 10 11 12

　　一年生草本；叶片条状披针形①，宽2～20毫米；圆锥花序紧缩呈柱状①②，长2～15厘米，分枝上着生2至多个小穗②，基部有1～6条刚毛状小枝②，绿色或带紫色；第一颖长为小穗的1/3；第二颖与小穗等长或稍短；第二外稃有细点状皱纹，边缘卷抱内稃；果实成熟后与刚毛分离而脱落。

　　产各区平原和低山区。生于房前屋后、田边、山坡路旁、草丛中，极常见。

　　相似种:金色狗尾草【*Setaria pumila*，禾本科狗尾草属】圆锥花序柱状，分枝上着生1个小穗（③左下），基部有刚毛状小枝数条，金黄色③；第二颖长约为小穗的1/2。产各区山地；生水边、山坡路旁、草丛中，常见。

　　狗尾草的花序分枝着生数个小穗，刚毛常为绿色；金色狗尾草的花序分枝仅着生1个小穗，刚毛金黄色。

白草　禾本科 狼尾草属

Pennisetum flaccidum

Flaccidgrass　｜ báicǎo

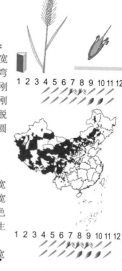

1 2 3 4 5 6 7 8 9 10 11 12

　　多年生草本；具横走根茎；秆单生或丛生；叶舌短，具纤毛；叶片狭条形，长10～25厘米，宽5～8毫米；圆锥花序紧密，柱状①③，直立或稍弯曲，长5～15厘米，宽约1厘米；主轴分枝上密生刚毛，刚毛柔软，紧缩①；小穗通常单生于由多数刚毛状小枝组成的总苞内②，并于成熟时与之一起脱落；第一颖微小；第二颖长为小穗之半；颖果矩圆形，长约2.5毫米。

　　产各区山地。生于干旱山坡草丛中，常见。

　　相似种:狼尾草【*Pennisetum alopecuroides*，禾本科 狼尾草属】多年生草本；叶片条形，宽2～10毫米；圆锥花序柱状④⑤，长10～25厘米，宽1.5～3.5厘米；主轴分枝的刚毛开展④，常呈紫色④；小穗单生。产海淀、门头沟、昌平、延庆；生田边、山坡路旁。

　　白草的花序较窄，刚毛紧缩；狼尾草的花序宽大，刚毛开展。

看麦娘

禾本科 看麦娘属

Alopecurus aequalis

Shortawn Foxtail | kànmàiniáng

一年生草本；叶片扁平，长3～10厘米，宽2～5毫米；圆锥花序紧缩成圆柱形①，长2～7厘米，宽3～6毫米；小穗含1小花；颖基部互相连合；外稃膜质，芒长2～3毫米；花药橙黄色①。

产各区平原和低山区。生于水边、河滩、草丛中，常见。

相似种：白茅【*Imperata cylindrica*，禾本科 白茅属】多年生草本；有长而横走的根茎；叶片条形③；圆锥花序紧缩，先叶生出，有白色丝状柔毛②；小穗成对生于花序分枝各节。产地同上；生河滩沙地、草丛中、山坡路旁。**牛鞭草**【*Hemarthria sibirica*，禾本科 牛鞭草属】多年生草本；有横走根茎；叶片条形④，宽4～6毫米；总状花序顶生，先端尖④；小穗贴生于花序轴凹穴中⑤，使花序呈柱状。产地同上；生水边、河滩。

看麦娘植株较矮，花序紧密，圆柱形；白茅先叶开花，花序蓬松，有白色丝状柔毛；牛鞭草的花序先端尖，小穗贴生于花序轴凹穴中。

中华草沙蚕

禾本科 草沙蚕属

Tripogon chinensis

Chinese Fiveminute Grass | zhōnghuácǎoshācán

多年生草本，秆密丛生①，细弱；叶片狭条形①，宽约1毫米；叶舌膜质，具纤毛；穗状花序细弱①，长8～14厘米，穗轴三棱形；小穗条状披针形②，绿色，含3～5小花；颖具透明的膜质边缘；外稃具芒②，芒长1～2毫米。

产各区山地。生于山坡石缝中。

相似种：虱子草【*Tragus berteronianus*，禾本科 锋芒草属】一年生小草本；花序穗状，疏松③或紧密③；小穗长2～3毫米，通常成对，互相接合成一刺球体③。产地同上；生村边、荒地、山坡路旁。**锋芒草**【*Tragus mongolorum*，禾本科 锋芒草属】一年生草本；花序穗状，紧密⑤；小穗长4～5毫米，成对接合成一刺球体，第二颖顶端伸出刺外的尖头⑥。产延庆；生荒地。

中华草沙蚕的秆密丛生，花序细弱，其余二者花序稍粗，小穗成对接合成刺球体；虱子草的小穗较小，刺球体无尖头；锋芒草的小穗较大，刺球体伸出刺外的尖头。

牛筋草 蟋蟀草 禾本科 穇属
Eleusine indica
Indian Goosegrass | niújīncǎo

一年生草本；秆通常斜升，基部极压扁；叶片条形①，宽3～7毫米；穗状花序2～7枚指状排列①②，生于秆顶，长3～10厘米；小穗密集于花序轴的一侧成两行排列③，白绿色，含3～6小花；第一颖具1脉；第二颖与外稃都有3脉，外稃先端尖，无芒③；囊果，种子卵形，有明显的波状皱纹。

产各区平原地区。生于房前屋后、田边、荒地、路旁、草丛中，极常见。

相似种：虎尾草【*Chloris virgata***，禾本科 虎尾草属】**多年生草本；秆基部极压扁；叶片条状披针形；穗状花序4～10枚指状生于秆顶，并向中间靠拢⑤；小穗排列于穗轴的一侧④，含2小花，外稃顶端以下生芒④。产各区平原和低山区；生田边、荒地、山坡路旁、草丛中，极常见。

牛筋草指状排列的花序开展，小穗含多数小花，外稃无芒；虎尾草指状排列的花序向中间靠拢，小穗含2小花，外稃有芒。

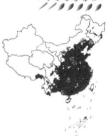

白羊草 白草 禾本科 孔颖草属
Bothriochloa ischaemum
Yellow Bluestem | báiyángcǎo

多年生草本，秆丛生①；叶片狭条形，宽2～3毫米；总状花序4～12枚簇生茎顶，呈指状排列①②，花序轴具白色丝状柔毛②；小穗成对生于总状花序各节，一有柄，一无柄；无柄小穗两性，第二外稃顶端具芒②，膝曲；有柄小穗雄性，无芒。

产各区山地。生于路旁、水边、向阳山坡灌草丛中，极常见。

相似种：马唐【*Digitaria sanguinalis***，禾本科 马唐属】**一年生草本；叶条状披针形；总状花序指状排列③，小穗成对生于花序轴一侧；外稃无毛④。产各区平原和低山区；生田边、路旁、草丛中，常见。**毛马唐【***Digitaria ciliaris* var. *chrysoblephara***，禾本科 马唐属】**一年生草本；总状花序指状排列⑤；外稃脉间具柔毛和疣基刚毛，成熟后平展张开（⑤右下）。产地同上；生境同上。

白羊草的叶细长，花序轴具柔毛，外稃具芒，其余二者的叶宽短，花序轴无毛，外稃无芒；马唐的外稃无毛；毛马唐的外稃脉间具展开的毛。

草本植物 植株禾草状

矛叶荩草 禾本科 荩草属
Arthraxon prionodes

Lance-leaf Carpgrass | máoyèjìncǎo

多年生草本；秆直立或倾斜，具多节，节着地易生根；叶宽披针形①，长2～7厘米，宽5～15毫米，基部心形抱茎①；总状花序2至数枚呈指状排列于枝顶①；小穗成对生于各节，一有柄，一无柄；无柄小穗矩圆状披针形，有芒（①右下），有柄小穗披针形，较短，无芒。

产各区山地。生于向阳山坡林缘、灌草丛中，极常见。

相似种：荩草【*Arthraxon hispidus***，禾本科 荩草属】**一年生草本；秆细弱；叶片卵状披针形②，基部心形抱茎；总状花序2～10枚呈指状排列②；小穗成对生于各节；有柄小穗退化仅剩短柄，无柄小穗具芒（②左下）。产各区平原和低山区；生水边、河滩、沟谷林缘。

矛叶荩草的有柄小穗存在，较无柄小穗为短；荩草的有柄小穗退化仅剩短柄。

荻 禾本科 芒属
Miscanthus sacchariflorus

Silver Banner Grass | dí

多年生草本，具长匍匐根状茎；秆直立，具10多节，节处生柔毛；叶片扁平，条形①，长20～50厘米，宽5～18毫米，边缘锯齿状粗糙；圆锥花序顶生，长10～20厘米，由多数指状排列的总状花序组成①②，分枝腋间生柔毛；小穗成对生于总状花序各节，一柄长，一柄短，均结实且同形；小穗含2小花，基盘具长为小穗2倍的丝状柔毛③；颖果矩圆形，长1.5毫米。

产各区平原和低山区。生于田边、路旁、沟谷水边，常见。

相似种：芒【*Miscanthus sinensis***，禾本科 芒属】**多年生高大草本；叶片条形⑤；圆锥花序长15～40厘米，由多数指状排列的总状花序组成⑤；小穗成对着生，同形；第二外稃具芒④。产密云；生山坡路旁。

荻的小穗无芒；芒的小穗有芒。

稗

稗子 禾本科 稗属

Echinochloa crus-galli

Barnyard Grass | bài

一年生草本；叶片条形①，扁平，长10～40厘米，宽5～20毫米，无毛，边缘粗糙，无叶舌；圆锥花序顶生①，直立，近尖塔形，长6～20厘米；主轴具棱，粗糙或具疣基长刺毛；分枝斜上举或贴向主轴，有时再有小分枝；穗轴粗糙或生疣基长刺毛；小穗卵形②，含2小花，近无柄，密集在穗轴的一侧，脉上密被疣基刺毛；第一小花外稃具芒②，芒长0.5～3厘米；第二小花外稃仅具小尖头。

产各区平原地区。生于路旁、水边、河滩、湿润处，常见。

相似种：长芒稗【*Echinochloa caudata*，禾本科稗属】一年生草本；叶片条形③；圆锥花序顶生，稍下垂③，长10～25厘米；小穗卵状椭圆形，含2小花；第一小花外稃顶端具长3～6厘米的长芒④，常带紫色。产地同上；生水边，或在水中挺水生长。

稗的花序直立，芒长达3厘米；长芒稗的花序紧密，下垂，芒长达6厘米，常带紫色。

菵草

水稗子 禾本科 菵草属

Beckmannia syzigachne

American Sloughgrass | wǎngcǎo

一年生草本；叶片扁平；圆锥花序狭窄，长10～30厘米，由多数直立、长为1～5厘米的穗状花序稀疏排列而成①；小穗近方形，两侧极压扁（①右下），排列于穗轴一侧，含1小花；颖等长，厚草质；外稃披针形，具伸出颖外之短尖头（①右下）。

产各区平原地区。生于水边、河滩。

相似种：西来稗【*Echinochloa crus-galli* var. *zelayensis*，禾本科 稗属】一年生草本；叶片条形，无叶舌；顶生圆锥花序②，分枝近似指状排列，不再有次级小分枝③；小穗密集于穗轴一侧，有短芒或无芒③。产地同上；生田边、路旁、水边，常见。

无芒稗【*Echinochloa crus-galli* var. *mitis*，禾本科稗属】一年生草本；顶生圆锥花序④，分枝近似指状排列，可再有次级小分枝⑤；小穗有短芒或无芒⑤。产地同上；生境同上。

菵草花序狭窄，小穗方形，两侧极压扁，其余二者花序开展，小穗卵形，不压扁；西来稗花序分枝不再有小分枝；无芒稗花序分枝有次级小分枝。

草本植物 植株禾草状

求米草 禾本科 求米草属

Oplismenus undulatifolius

Undulate-leaf Basketgrass | qiúmǐcǎo

一年生草本；秆纤细，基部平卧地面，节处生根；叶片披针形至卵状披针形，长2~8厘米，宽5~18毫米，叶面有横脉，皱褶不平③；圆锥花序顶生①，长2~10厘米，主轴密被疣基刺毛，分枝短缩；小穗卵圆形②，被硬刺毛，长3~4毫米；颖草质，第一颖长约为小穗之半，顶端具长0.5~1厘米的硬直芒②；第二颖和第一小花外稃具短芒②。

产各区平原和低山区。生于沟谷林缘、林下、草丛中，常见。

相似种：野黍【***Eriochloa villosa***，禾本科 野黍属】一年生草本；叶片条状披针形④，宽5~15毫米；总状花序数枚排列于主轴一侧；小穗单生，成两行排列于花序轴的一侧④；小穗卵形，基部密生长柔毛④。产海淀、门头沟、昌平、延庆、怀柔、密云；生沟谷林缘、林下、水边。

求米草叶面皱褶，小穗疏生，卵圆形，较窄，颖与外稃均具芒；野黍叶面平，小穗排列紧密，卵形，较宽，无芒。

黄背草 阿拉伯黄背草 禾本科 菅草属

Themeda triandra

Kangaroo Grass | huángbèicǎo

多年生草本；叶片条形①，长10~50厘米，宽4~6毫米，中脉显著；叶舌坚纸质；花序圆锥状①②，长30~40厘米，多回复出，由数个具佛焰苞的总状花序组成；总状花序长15~17毫米，具长2~3毫米的总梗，基部托以长2.5~3厘米无毛的佛焰苞状总苞②；每一总状花序有小穗7枚，下方两对均不孕并近于轮生，其余3枚顶生而有柄小穗不孕，无柄小穗纺锤状圆柱形；第二外稃延伸成芒②，长3~6厘米，一至二回膝曲；颖果矩圆形。

产各区山地。生于向阳山坡灌草丛中，常见。

黄背草的花序圆锥状，由数个总状花序组成，总状花序基部有佛焰状总苞，含小穗7枚，下方两对，上方3枚。

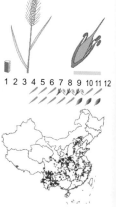

中文名索引
Index to Chinese Names

学名（拉丁名）索引
Index to Scientific Names

后记 Postscript

本书所载植物的名称几经校对和考证，力求其准确性和正确性，除《中国植物志》、*Flora of China*、《北京植物志》（1992年第二版）、《中国生物物种名录》（蕨类和种子植物部分）等资料外，还参考了近年来发表的大量分子系统学研究成果，详见下页的参考文献。在科的范畴方面，本书采用了基于分子系统学的新分类系统，其中石松类和蕨类采用PPG I系统，裸子植物采用Christenhusz系统，被子植物采用APG IV系统，并略有改动，相较于传统的系统，新系统中许多科的范畴都发生了变化，因此对于所属科发生变化的种类，在正文中同时标注了新分类系统的科名和传统分类系统的科名，所有种类的详细变动情况请见584页的"新旧科名变动对照表"。在物种名称方面，本书也采纳了许多最新研究成果的观点，相较于《中国植物志》、*Flora of China*等志书，共有100多种植物的属名发生了变化，详见586页的"属级名称变动对照表"。

为编写本书而进行的野外调查活动，得到了科技部"国家标本资源共享平台"和中国植物园联盟"本土植物全覆盖保护计划"项目的支持。

感谢刘全儒老师和张志翔老师帮助审稿并提出宝贵意见，孙英宝老师为本书绘制线条图，刘业森博士帮助绘制北京市地理和区划图，刘凤博士帮助审订中文名、拉丁名及英文名，沐先运博士提供北京珍稀濒危植物的资料；感谢百花山国家级自然保护区、小五台山国家级自然保护区、延庆林业局调查队、密云坡头林场为野外调查提供便利；感谢王辰、计云、胡德强等朋友提供部分物种在北京的分布资料和野外调查信息；感谢@沙漠豪猪、@小珠丢丢的围脖、@平平淡淡平平安安的日月、@午后太阳雪、@木棉爱摄影、@guardian947等网友提供部分物种在北京的土名。

在编写过程中，以下各位老师和朋友帮助鉴定了专门类群并提出宝贵意见：李振宇老师指点苋科和菊科的外来物种，陈又生老师指点堇菜属，金效华老师指点兰科，俄罗斯国立阿尔泰大学Дмитрий Герман博士和浙江大学赵云鹏老师指点十字花科，江西农业大学李波博士指点蓼科，何理指点杨柳科，汪远指点马齿苋科，闫瑞亚指点紫草科，卫然和张红瑞指点石松类和蕨类。

感谢以下作者帮助提供图片：陈彬、陈又生、杜娟、高穗芳、计云、蒋蕾、李凤华、李西贝阳、刘华杰、刘凤、莫海波、沐先运、彭博、曲上、宋鼎、孙国峰、孙英宝、汤睿、童毅华、汪远、王辰、王钧杰、肖翠、徐晔春、杨南、喻勋林、张金政、张敬莉、张志翔、肇稷、周繇、朱仁斌、朱鑫鑫，部分图片由"中国植物图像库"代理，详细信息见582页的"图片版权声明"。

本书面向的对象是需要在野外识别植物的业余爱好者、生物学工作者等，而非专业的分类学家，所以书中部分文字叙述有失分类学的严谨性，这在前言和使用说明中已有介绍，希望不至于引起读者误会。

由于我们水平有限，书中肯定还有不少疏漏和错误，敬请读者批评指正！

编　者

2017年8月

参考文献

Akhani H, Edwards G, Roalson EH (2007) Diversification of the old world Salsoleae s.l. (Chenopodiaceae): molecular phylogenetic analysis of nuclear and chloroplast data sets and a revised classification. *International Journal of Plant Sciences*, **168**, 931-956.

Al-Shehbaz IA (2005) Nomenclatural Notes on Eurasian *Arabis* (Brassicaceae). *Novon*, **15**, 519-524.

Al-Shehbaz IA, German DA, Mummenhoff K, Moazzeni H (2014) Systematics, tribal placements, and synopses of the *Malcolmia* s.l. segregates (Brassicaceae). *Harvard Papers in Botany*, **19**, 53-71.

APG IV (2016) An update of the Angiosperm Phylogeny Group classification for the orders and families of flowering plants: APG IV. *Botanical Journal of the Linnean Society*, **181**, 1-20.

Barker W, Nesom G, Beardsley PM, Fraga NS (2012) A taxonomic conspectus of Phrymaceae: A narrowed circumscription for *Mimulus*, new and resurrected genera, and new names and combinations. *Phytoneuron*, **39**, 1-60.

Bayly MJ, Holmes GD, Forster PI, Cantrill DJ, Ladiges PY (2013) Major Clades of Australasian Rutoideae (Rutaceae) Based on *rbc*L and *atp*B Sequences. *PLoS ONE*, **8**, e72493.

Braukmann T, Stefanović S (2012) Plastid genome evolution in mycoheterotrophic Ericaceae. *Plant Molecular Biology*, **79**, 5-20.

Castro S, Silveira P, Coutinho AP, Paiva J (2007) *Heterosamara* sect. *Villososperma* comb. nov. (Polygalaceae) from eastern Asia. *Nordic Journal of Botany*, **25**, 286-293.

Christenhusz MJM, Reveal JL, Farjon A, Gardner MF, Mill RR, Chase MW (2011) A new classification and linear sequence of extant gymnosperms. *Phytotaxa*, **19**, 55-70.

Compton JA, Culham A, Jury SL (1998) Reclassification of Actaea to include *Cimicifuga* and *Souliea* (Ranunculaceae): phylogeny inferred from morphology, *nr*DNA ITS, and *cp*DNA *trn*L-F sequence variation. *Taxon*, **47**, 593-634.

Delecti Florae Reipublicae Popularis Sinicae Agendae Academiae Sinicae (中国科学院中国植物志编辑委员会) (1959-2004) *Flora Reipublicae Popularis Sinicae* (中国植物志). Science Press, Beijing.

Dobeš C, Paule J (2010) A comprehensive chloroplast DNA-based phylogeny of the genus *Potentilla* (Rosaceae): implications for its geographic origin, phylogeography and generic circumscription. *Molecular Phylogenetics and Evolution*, **56**, 156-175.

Downie SR, Spalik K, Katz-Downie DS, Reduron JP (2010) Major clades within Apiaceae subfamily Apioideae as inferred by phylogenetic analysis of *nr*DNA ITS sequences. *Plant Diversity and Evolution*, **128**, 111-136.

Fan X, Sha LN, Dong ZZ, Zhang HQ, Kang HY, Wang Y, Wang XL, Zhang L, Ding CB, Yang RW, Zheng YL, Zhou YH (2013) Phylogenetic relationships and Y genome origin in *Elymus* L. *sensu lato* (Triticeae; Poaceae) based on single-copy nuclear *Acc1* and *Pgk1* gene sequences. *Molecular Phylogenetics and Evolution*, **69**, 919-928.

Fuentes-Bazan S, Uotila P, Borsch T (2012) A novel phylogeny-based generic classification for *Chenopodium* sensu lato, and a tribal rearrangement of Chenopodioideae (Chenopodiaceae). *Willdenowia*, **42**, 5-24.

Harbaugh DT, Nepokroeff M, Rabeler RK, McNeill J, Zimmer EA, Wagner WL (2010) A new lineage-based tribal classification of the family Caryophyllaceae. *International Journal of Plant Sciences*, **171**, 185-198.

He SY (贺士元), Xing QH (邢其华), Yin ZT (尹祖棠) (1992) *Flora of Beijing* (北京植物志). Science Press, Beijing.

Jin WT, Jin XH, Schuiteman A, Li DZ, Xiang XG, Huang, WC, Li JW, Huang LQ (2014) Molecular systematics of subtribe Orchidinae and Asian taxa of Habenariinae (Orchideae, Orchidaceae) based on plastid *mat*K, *rbc*L and nuclear ITS. *Molecular Phylogenetics and Evolution*, **77**, 41-53.

Landrein S, Prenner G, Chase MW, Clarkson JJ (2012) *Abelia* and relatives: phylogenetics of Linnaeeae (Dipsacales-Caprifoliaceae s.l.) and a new interpretation of their inflorescence morphology. *Botanical Journal of the Linnean Society*, **169**, 692-713.

Li WP, Yang FS, Jivkova T, Yin GS (2012) Phylogenetic relationships and generic delimitation of Eurasian *Aster* (Asteraceae: Astereae) inferred from ITS, ETS and *trn*L-F sequence data. *Annals of Botany*, **109**, 1341-1357.

Liede-Schumann S, Kong H, Meve U, Thiv M (2012) *Vincetoxicum* and *Tylophora* (Apocynaceae: Asclepiadoideae: Asclepiadeae)-two sides of the same medal: Independent shifts from tropical to temperate habitats. *Taxon*, **61**, 803-825.

Liu B (刘冰), Ye JF (叶建飞), Liu S (刘夙), Wang Y (汪远), Yang Y (杨永), Lai YJ (赖阳均), Zeng G (曾刚), Lin QW (林春文) (2015) Families and genera of Chinese angiosperms: a synoptic classification based on APG III. *Biodiversity Science* (生物多样性), **23**, 225-231.

Lo EY, Donoghue MJ (2012) Expanded phylogenetic and dating analyses of the apples and their relatives (Pyreae, Rosaceae). *Molecular Phylogenetics and Evolution*, **63**, 230-243.

Martins L, Hellwig FH (2005) Phylogenetic relationships of the enigmatic species *Serratula chinensis* and *Serratula forrestii* (Asteraceae - Cardueae). *Plant Systematics and Evolution*, **255**, 215-224.

Ohba H & Akiyama S (2016) Generic Segregation of Some Sections and Subsections of the Genus *Hydrangea* (Hydrangeaceae). *The Journal of Japanese Botany*, **91**, 345-350.

Pelser PB, Kennedy AH, Tepe EJ, Shidler JB, Nordenstam B, Kadereit JW, Watson LE (2010) Patterns and causes of incongruence between plastid and nuclear Senecioneae (Asteraceae) phylogenies. *American Journal of Botany*, **97**, 856-873.

Peterson A, Levichev IG, Peterson J (2008) Systematics of *Gagea* and *Lloydia* (Liliaceae) and infrageneric classification of *Gagea* based on molecular and morphological data. *Molecular Phylogenetics and Evolution*, **46**, 446-465.

PPG I (2016) A community-derived classification for extant lycophytes and ferns. *Journal of Systematics and Evolution*, **54**, 563-603.

Puglisi C, Yao TL, Milne R, Möller M, Middleton DJ (2016) Generic recircumscription in the Loxocarpinae (Gesneriaceae), as inferred by phylogenetic and morphological data. *Taxon*, **65**, 277-292.

Qin HN (覃海宁) *et al.* (2013-). *Species Catalogue of China, Vol. 1, Plants* (中国生物物种名录 第一卷 植物). Science Press, Beijing.

Reveal JL, Chase MW (2011) APG III: Bibliographical information and synonymy of Magnoliidae. *Phytotaxa*, **19**, 71-134.

Salmaki Y, Zarre S, Ryding O, Lindqvist C, Scheunert A, Bräuchler C, Heubl G (2012) Phylogeny of the tribe Phlomideae (Lamioideae: Lamiaceae) with special focus on *Eremostachys* and *Phlomoides*: New insights from nuclear and chloroplast sequences. *Taxon*, **61**, 161-179.

Schuster TM, Reveal JL, Bayly MJ, Kron KA (2015) An updated molecular phylogeny of Polygonoideae (Polygonaceae): Relationships of *Oxygonum*, *Pteroxygonum*, and *Rumex*, and a new circumscription of *Koenigia*. *Taxon*, **64**, 1188-1208.

Shi S, Du Y, Boufford DE, Gong X, Huang Y, He H, Zhong Y (2003) Phylogenetic position of *Schnabelia*, a genus endemic to China: evidence from sequences of *cp*DNA *mat*K gene and *nr*DNA ITS regions. *Chinese Science Bulletin*, **48**, 1576-1580.

Shi S, Li J, Sun J, Yu J, Zhou S (2013) Phylogeny and classification of *Prunus sensu lato* (Rosaceae). *Journal of Integrative Plant Biology*, **55**, 1069-1079.

Susana EF (2017) Revision of the genus *Pertya* (Asteraceae, Pertyoideae). *Systematic Botany Monographs*, **101**, 1-90.

Wagner WL, Hoch PC, Raven PH (2007) Revised classification of the Onagraceae. *Systematic Botany Monographs*, **83**, 1-240.

Wang RJ (2014) A new combination in *Alkekengi* (Solanaceae) for the Flora of China. *Phytotaxa*, **178**, 059-060.

Warwick SI, Al-Shehbaz IA, Sauder C, Harris JG, Koch M (2004) Phylogeny of *Braya* and *Neotorularia* (Brassicaceae) based on nuclear ribosomal internal transcribed spacer and chloroplast *trn*L intron sequences. *Canadian Journal of Botany*, **82**, 376-392.

Wen J, Lu LM, Boggan JK (2013) Diversity and Evolution of Vitaceae in the Philippines. *Philippine Journal of Science*, **142**, 223-244.

Wojciechowski MF (2013) The origin and phylogenetic relationships of the californian chaparral 'paleoendemic' Pickeringia (Leguminosae). *Systematic Botany*, **38**, 132-142.

Wu ZY, Raven PH, Hong DY (1994-2013) *Flora of China*. Science Press & Missouri Botanical Garden Press, Beijing & St. Louis.

Xiang XG, Li DZ, Jin WT, Zhou HL, Li JW, Jin XH (2012) Phylogenetic placement of the enigmatic orchid genera *Thaia* and *Tangtsinia*: Evidence from molecular and morphological characters. *Taxon*, **61**, 45-54.

Zhang ML (张明理), Kang Y (康云), Dietrich P (2009) A taxonomic note on the sections of the genus *Phyllolobium* (Leguminosae). *Journal of Lanzhou University (Natural Sciences)* (兰州大学学报 自然科学版), **45**, 75-78.

Zomlefer WB, Williams NH, Whitten WM, Judd WS (2001) Generic circumscription and relationships in the tribe Melanthieae (Liliales, Melanthiaceae), with emphasis on *Zigadenus*: evidence from ITS and *trn*L-F sequence data. *American Journal of Botany*, **88**, 1657-1669.

图片版权声明

本书摄影图片版权归原作者所有，除下表所列名单外，均为刘冰、林秦文、李敏拍摄。

P017 圆柏 下③ 徐晔春	P059 风箱果 上② 周繇
P021 旱柳 上① 周繇	P059 灰栒子 下①② 朱仁斌
P021 绦柳 上③ 周繇	P081 碎米桠 上①② 朱仁斌
P023 毛白杨 上① 李西贝阳	P081 三花莸 上② 彭博
P025 栗 下④ 周繇	P089 胡桃 上③ 朱仁斌
P033 铁木 上④ 宋鼎	P093 北京花楸 下③ 杜娟
P039 鸡桑 上④ 朱鑫鑫	P093 北京花楸 下④ 张志翔
P041 北桑寄生 上③ 杨南	P101 胡枝子 上④ 周繇
P041 中亚卫矛 下④ 汪远	P105 接骨木 上① 张志翔
P045 中国沙棘 下① 汪远	P107 香椿 下⑤ 汤睿
P055 东北茶藨子 上① 周繇	P109 漆树 下⑤ 张志翔
P055 牛叠肚 下② 周繇	P111 文冠果 上① 王辰

583

新旧科名变动对照表
Comparison of families between the old and current systems

中文名	拉丁名 (学名)	新科名	新科拉丁名	传统科名	传统科拉丁名
菖蒲	*Acorus calamus*	菖蒲科	Acoraceae	天南星科	Araceae
接骨木	*Sambucus williamsii*	荚蒾科	Viburnaceae	忍冬科	Caprifoliaceae
蒙古荚蒾	*Viburnum mongolicum*	荚蒾科	Viburnaceae	忍冬科	Caprifoliaceae
欧洲荚蒾	*Viburnum opulus*	荚蒾科	Viburnaceae	忍冬科	Caprifoliaceae
鸡树条	*Viburnum opulus* subsp. *calvescens*	荚蒾科	Viburnaceae	忍冬科	Caprifoliaceae
轴藜	*Axyris amaranthoides*	苋科	Amaranthaceae	藜科	Chenopodiaceae
地肤	*Bassia scoparia*	苋科	Amaranthaceae	藜科	Chenopodiaceae
杂配藜	*Chenopodiastrum hybridum*	苋科	Amaranthaceae	藜科	Chenopodiaceae
尖头叶藜	*Chenopodium acuminatum*	苋科	Amaranthaceae	藜科	Chenopodiaceae
藜	*Chenopodium album*	苋科	Amaranthaceae	藜科	Chenopodiaceae
小藜	*Chenopodium ficifolium*	苋科	Amaranthaceae	藜科	Chenopodiaceae
毛果绳虫实	*Corispermum tylocarpum*	苋科	Amaranthaceae	藜科	Chenopodiaceae
猪毛菜	*Kali collina*	苋科	Amaranthaceae	藜科	Chenopodiaceae
无翅猪毛菜	*Kali komarovii*	苋科	Amaranthaceae	藜科	Chenopodiaceae
刺沙蓬	*Kali tragus*	苋科	Amaranthaceae	藜科	Chenopodiaceae
灰绿藜	*Oxybasis glauca*	苋科	Amaranthaceae	藜科	Chenopodiaceae
碱蓬	*Suaeda glauca*	苋科	Amaranthaceae	藜科	Chenopodiaceae
盐地碱蓬	*Suaeda salsa*	苋科	Amaranthaceae	藜科	Chenopodiaceae
刺藜	*Teloxys aristata*	苋科	Amaranthaceae	藜科	Chenopodiaceae
矮韭	*Allium anisopodium*	石蒜科	Amaryllidaceae	百合科	Liliaceae
砂韭	*Allium bidentatum*	石蒜科	Amaryllidaceae	百合科	Liliaceae
黄花葱	*Allium condensatum*	石蒜科	Amaryllidaceae	百合科	Liliaceae
对叶山葱	*Allium listera*	石蒜科	Amaryllidaceae	百合科	Liliaceae
长柱韭	*Allium longistylum*	石蒜科	Amaryllidaceae	百合科	Liliaceae
薤白	*Allium macrostemon*	石蒜科	Amaryllidaceae	百合科	Liliaceae
长梗韭	*Allium neriniflorum*	石蒜科	Amaryllidaceae	百合科	Liliaceae
野韭	*Allium ramosum*	石蒜科	Amaryllidaceae	百合科	Liliaceae
山韭	*Allium senescens*	石蒜科	Amaryllidaceae	百合科	Liliaceae
雾灵韭	*Allium stenodon*	石蒜科	Amaryllidaceae	百合科	Liliaceae
细叶韭	*Allium tenuissimum*	石蒜科	Amaryllidaceae	百合科	Liliaceae
球序韭	*Allium thunbergii*	石蒜科	Amaryllidaceae	百合科	Liliaceae
茖葱	*Allium victoralis*	石蒜科	Amaryllidaceae	百合科	Liliaceae
牛皮消	*Cynanchum boudieri*	夹竹桃科	Apocynaceae	萝藦科	Asclepiadaceae
白首乌	*Cynanchum bungei*	夹竹桃科	Apocynaceae	萝藦科	Asclepiadaceae
鹅绒藤	*Cynanchum chinense*	夹竹桃科	Apocynaceae	萝藦科	Asclepiadaceae
地梢瓜	*Cynanchum thesioides*	夹竹桃科	Apocynaceae	萝藦科	Asclepiadaceae
萝藦	*Metaplexis japonica*	夹竹桃科	Apocynaceae	萝藦科	Asclepiadaceae
杠柳	*Periploca sepium*	夹竹桃科	Apocynaceae	萝藦科	Asclepiadaceae
白薇	*Vincetoxicum atratum*	夹竹桃科	Apocynaceae	萝藦科	Asclepiadaceae
竹灵消	*Vincetoxicum inamoenum*	夹竹桃科	Apocynaceae	萝藦科	Asclepiadaceae
华北白前	*Vincetoxicum mongolicum*	夹竹桃科	Apocynaceae	萝藦科	Asclepiadaceae
徐长卿	*Vincetoxicum pycnostelma*	夹竹桃科	Apocynaceae	萝藦科	Asclepiadaceae
变色白前	*Vincetoxicum versicolor*	夹竹桃科	Apocynaceae	萝藦科	Asclepiadaceae
浮萍	*Lemna minor*	天南星科	Araceae	浮萍科	Lemnaceae
紫萍	*Spirodela polyrhiza*	天南星科	Araceae	浮萍科	Lemnaceae
无根萍	*Wolffia globosa*	天南星科	Araceae	浮萍科	Lemnaceae
知母	*Anemarrhena asphodeloides*	天门冬科	Asparagaceae	百合科	Liliaceae
攀缘天门冬	*Asparagus brachyphyllus*	天门冬科	Asparagaceae	百合科	Liliaceae
兴安天门冬	*Asparagus dauricus*	天门冬科	Asparagaceae	百合科	Liliaceae
长花天门冬	*Asparagus longiflorus*	天门冬科	Asparagaceae	百合科	Liliaceae
南玉带	*Asparagus oligoclonos*	天门冬科	Asparagaceae	百合科	Liliaceae
龙须菜	*Asparagus schoberioides*	天门冬科	Asparagaceae	百合科	Liliaceae
曲枝天门冬	*Asparagus trichophyllus*	天门冬科	Asparagaceae	百合科	Liliaceae
绵枣儿	*Barnardia japonica*	天门冬科	Asparagaceae	百合科	Liliaceae
铃兰	*Convallaria majalis*	天门冬科	Asparagaceae	百合科	Liliaceae
禾叶山麦冬	*Liriope graminifolia*	天门冬科	Asparagaceae	百合科	Liliaceae
舞鹤草	*Maianthemum bifolium*	天门冬科	Asparagaceae	百合科	Liliaceae
鹿药	*Maianthemum japonicum*	天门冬科	Asparagaceae	百合科	Liliaceae
五叶黄精	*Polygonatum acuminatifolium*	天门冬科	Asparagaceae	百合科	Liliaceae
小玉竹	*Polygonatum humile*	天门冬科	Asparagaceae	百合科	Liliaceae
二苞黄精	*Polygonatum involucratum*	天门冬科	Asparagaceae	百合科	Liliaceae
热河黄精	*Polygonatum macropodum*	天门冬科	Asparagaceae	百合科	Liliaceae
玉竹	*Polygonatum odoratum*	天门冬科	Asparagaceae	百合科	Liliaceae
黄精	*Polygonatum sibiricum*	天门冬科	Asparagaceae	百合科	Liliaceae
狭叶黄精	*Polygonatum stenophyllum*	天门冬科	Asparagaceae	百合科	Liliaceae
北黄花菜	*Hemerocallis lilioasphodelus*	阿福花科	Asphodelaceae	百合科	Liliaceae
小黄花菜	*Hemerocallis minor*	阿福花科	Asphodelaceae	百合科	Liliaceae
大麻	*Cannabis sativa*	大麻科	Cannabaceae	桑科	Moraceae
黑弹树	*Celtis bungeana*	大麻科	Cannabaceae	榆科	Ulmaceae
大叶朴	*Celtis koraiensis*	大麻科	Cannabaceae	榆科	Ulmaceae
华忽布	*Humulus lupulus* var. *cordifolius*	大麻科	Cannabaceae	桑科	Moraceae
葎草	*Humulus scandens*	大麻科	Cannabaceae	桑科	Moraceae
青檀	*Pteroceltis tatarinowii*	大麻科	Cannabaceae	榆科	Ulmaceae
日本续断	*Dipsacus japonicus*	忍冬科	Caprifoliaceae	川续断科	Dipsacaceae
异叶败酱	*Patrinia heterophylla*	忍冬科	Caprifoliaceae	败酱科	Valerianaceae
少蕊败酱	*Patrinia monandra*	忍冬科	Caprifoliaceae	败酱科	Valerianaceae
败酱	*Patrinia scabiosifolia*	忍冬科	Caprifoliaceae	败酱科	Valerianaceae

糙叶败酱	*Patrinia scabra*	忍冬科	Caprifoliaceae	败酱科	Valerianaceae
华北蓝盆花	*Scabiosa tschiliensis*	忍冬科	Caprifoliaceae	川续断科	Dipsacaceae
大花蓝盆花	*Scabiosa tschiliensis* var. *superba*	忍冬科	Caprifoliaceae	川续断科	Dipsacaceae
缬草	*Valeriana officinalis*	忍冬科	Caprifoliaceae	败酱科	Valerianaceae
宝铎草	*Disporum uniflorum*	秋水仙科	Colchicaceae	百合科	Liliaceae
冷蕨	*Cystopteris fragilis*	冷蕨科	Cystopteridaceae	蹄盖蕨科	Athyriaceae
羽节蕨	*Gymnocarpium jessoense*	冷蕨科	Cystopteridaceae	蹄盖蕨科	Athyriaceae
蕨	*Pteridium aquilinum* subsp. *japonicum*	碗蕨科	Dennstaedtiaceae	蕨科	Pteridiaceae
松下兰	*Hypopitys monotropa*	杜鹃花科	Ericaceae	鹿蹄草科	Pyrolaceae
红花鹿蹄草	*Pyrola asarifolia* subsp. *incarnata*	杜鹃花科	Ericaceae	鹿蹄草科	Pyrolaceae
鹿蹄草	*Pyrola calliantha*	杜鹃花科	Ericaceae	鹿蹄草科	Pyrolaceae
刺果茶藨子	*Ribes burejense*	茶藨子科	Grossulariaceae	虎耳草科	Saxifragaceae
瘤糖茶藨子	*Ribes himalense* var. *verruculosum*	茶藨子科	Grossulariaceae	虎耳草科	Saxifragaceae
东北茶藨子	*Ribes mandshuricum*	茶藨子科	Grossulariaceae	虎耳草科	Saxifragaceae
美丽茶藨子	*Ribes pulchellum*	茶藨子科	Grossulariaceae	虎耳草科	Saxifragaceae
钩齿溲疏	*Deutzia baroniana*	绣球科	Hydrangeaceae	虎耳草科	Saxifragaceae
大花溲疏	*Deutzia grandiflora*	绣球科	Hydrangeaceae	虎耳草科	Saxifragaceae
小花溲疏	*Deutzia parviflora*	绣球科	Hydrangeaceae	虎耳草科	Saxifragaceae
东陵绣球	*Heteromalla bretschneideri*	绣球科	Hydrangeaceae	虎耳草科	Saxifragaceae
绣球	*Hortensia macrophylla*	绣球科	Hydrangeaceae	虎耳草科	Saxifragaceae
太平花	*Philadelphus pekinensis*	绣球科	Hydrangeaceae	虎耳草科	Saxifragaceae
大茨藻	*Najas marina*	水鳖科	Hydrocharitaceae	茨藻科	Najadaceae
小茨藻	*Najas minor*	水鳖科	Hydrocharitaceae	茨藻科	Najadaceae
黄海棠	*Hypericum ascyron*	金丝桃科	Hypericaceae	藤黄科	Clusiaceae
赶山鞭	*Hypericum attenuatum*	金丝桃科	Hypericaceae	藤黄科	Clusiaceae
三花莸	*Schnabelia terniflora*	唇形科	Lamiaceae	马鞭草科	Verbenaceae
荆条	*Vitex negundo* var. *heterophylla*	唇形科	Lamiaceae	马鞭草科	Verbenaceae
陌上菜	*Lindernia procumbens*	母草科	Linderniaceae	玄参科	Scrophulariaceae
田麻	*Corchoropsis crenata*	锦葵科	Malvaceae	椴科	Tiliaceae
光果田麻	*Corchoropsis crenata* var. *hupehensis*	锦葵科	Malvaceae	椴科	Tiliaceae
小花扁担杆	*Grewia biloba* var. *parviflora*	锦葵科	Malvaceae	椴科	Tiliaceae
辽椴	*Tilia mandshurica*	锦葵科	Malvaceae	椴科	Tiliaceae
蒙椴	*Tilia mongolica*	锦葵科	Malvaceae	椴科	Tiliaceae
通泉草	*Mazus pumilus*	通泉草科	Mazaceae	玄参科	Scrophulariaceae
弹刀子菜	*Mazus stachydifolius*	通泉草科	Mazaceae	玄参科	Scrophulariaceae
棋盘花	*Anticlea sibirica*	藜芦科	Melanthiaceae	百合科	Liliaceae
北重楼	*Paris verticillata*	藜芦科	Melanthiaceae	百合科	Liliaceae
藜芦	*Veratrum nigrum*	藜芦科	Melanthiaceae	百合科	Liliaceae
睡菜	*Menyanthes trifoliata*	睡菜科	Menyanthaceae	龙胆科	Gentianaceae
荇菜	*Nymphoides peltata*	睡菜科	Menyanthaceae	龙胆科	Gentianaceae
大黄花	*Cymbaria daurica*	列当科	Orobanchaceae	玄参科	Scrophulariaceae
小米草	*Euphrasia pectinata*	列当科	Orobanchaceae	玄参科	Scrophulariaceae
山罗花	*Melampyrum roseum*	列当科	Orobanchaceae	玄参科	Scrophulariaceae
疗齿草	*Odontites vulgaris*	列当科	Orobanchaceae	玄参科	Scrophulariaceae
脐草	*Omphalotrix longipes*	列当科	Orobanchaceae	玄参科	Scrophulariaceae
短茎马先蒿	*Pedicularis artselaeri*	列当科	Orobanchaceae	玄参科	Scrophulariaceae
中国马先蒿	*Pedicularis chinensis*	列当科	Orobanchaceae	玄参科	Scrophulariaceae
返顾马先蒿	*Pedicularis resupinata*	列当科	Orobanchaceae	玄参科	Scrophulariaceae
穗花马先蒿	*Pedicularis spicata*	列当科	Orobanchaceae	玄参科	Scrophulariaceae
红纹马先蒿	*Pedicularis striata*	列当科	Orobanchaceae	玄参科	Scrophulariaceae
华北马先蒿	*Pedicularis tatarinowii*	列当科	Orobanchaceae	玄参科	Scrophulariaceae
松蒿	*Phtheirospermum japonicum*	列当科	Orobanchaceae	玄参科	Scrophulariaceae
地黄	*Rehmannia glutinosa*	列当科	Orobanchaceae	玄参科	Scrophulariaceae
阴行草	*Siphonostegia chinensis*	列当科	Orobanchaceae	玄参科	Scrophulariaceae
草芍药	*Paeonia obovata*	芍药科	Paeoniaceae	毛茛科	Ranunculaceae
细叉梅花草	*Parnassia oreophila*	梅花草科	Parnassiaceae	虎耳草科	Saxifragaceae
多枝梅花草	*Parnassia palustris* var. *multiseta*	梅花草科	Parnassiaceae	虎耳草科	Saxifragaceae
兰考泡桐	*Paulownia elongata*	泡桐科	Paulowniaceae	玄参科	Scrophulariaceae
毛泡桐	*Paulownia tomentosa*	泡桐科	Paulowniaceae	玄参科	Scrophulariaceae
扯根菜	*Penthorum chinense*	扯根菜科	Penthoraceae	虎耳草科	Saxifragaceae
沟酸浆	*Erythranthe tenella*	透骨草科	Phrymaceae	玄参科	Scrophulariaceae
一叶萩	*Flueggea suffruticosa*	叶下珠科	Phyllanthaceae	大戟科	Euphorbiaceae
雀儿舌头	*Leptopus chinensis*	叶下珠科	Phyllanthaceae	大戟科	Euphorbiaceae
黄珠子草	*Phyllanthus virgatus*	叶下珠科	Phyllanthaceae	大戟科	Euphorbiaceae
柳穿鱼	*Linaria vulgaris* subsp. *chinensis*	车前科	Plantaginaceae	玄参科	Scrophulariaceae
水蔓菁	*Pseudolysimachion linariifolium* subsp. *dilatatum*	车前科	Plantaginaceae	玄参科	Scrophulariaceae
茶菱	*Trapella sinensis*	车前科	Plantaginaceae	芝麻科	Pedaliaceae
北水苦荬	*Veronica anagallis-aquatica*	车前科	Plantaginaceae	玄参科	Scrophulariaceae
阿拉伯婆婆纳	*Veronica persica*	车前科	Plantaginaceae	玄参科	Scrophulariaceae
婆婆纳	*Veronica polita*	车前科	Plantaginaceae	玄参科	Scrophulariaceae
光果婆婆纳	*Veronica rockii*	车前科	Plantaginaceae	玄参科	Scrophulariaceae
水苦荬	*Veronica undulata*	车前科	Plantaginaceae	玄参科	Scrophulariaceae
草本威灵仙	*Veronicastrum sibiricum*	车前科	Plantaginaceae	玄参科	Scrophulariaceae
角果藻	*Zannichellia palustris*	眼子菜科	Potamogetonaceae	茨藻科	Najadaceae
团羽铁线蕨	*Adiantum capillus-junonis*	凤尾蕨科	Pteridaceae	铁线蕨科	Adiantaceae
普通铁线蕨	*Adiantum edgeworthii*	凤尾蕨科	Pteridaceae	铁线蕨科	Adiantaceae
银粉背蕨	*Aleuritopteris argentea*	凤尾蕨科	Pteridaceae	中国蕨科	Sinopteridaceae
陕西粉背蕨	*Aleuritopteris argentea* var. *obscura*	凤尾蕨科	Pteridaceae	中国蕨科	Sinopteridaceae
华北薄鳞蕨	*Aleuritopteris kuhnii*	凤尾蕨科	Pteridaceae	中国蕨科	Sinopteridaceae
槲寄生	*Viscum coloratum*	檀香科	Santalaceae	桑寄生科	Loranthaceae
葛萝槭	*Acer davidii* subsp. *grosseri*	无患子科	Sapindaceae	槭科	Aceraceae
元宝槭	*Acer truncatum*	无患子科	Sapindaceae	槭科	Aceraceae
五味子	*Schisandra chinensis*	五味子科	Schisandraceae	木兰科	Magnoliaceae
鞘柄菝葜	*Smilax stans*	菝葜科	Smilacaceae	百合科	Liliaceae
黑三棱	*Sparganium stoloniferum*	香蒲科	Typhaceae	黑三棱科	Sparganiaceae

新旧属名变动对照表
Comparison of genera between the old and current systems

中文名	新拉丁名 (学名)	旧拉丁名 (学名)	科名
地肤	*Bassia scoparia* (L.) A. J. Scott	*Kochia scoparia* (L.) Schrad.	苋科
杂配藜	*Chenopodiastrum hybridum* (L.) S. Fuentes, Uotila & Borsch	*Chenopodium hybridum* L.	苋科
猪毛菜	*Kali collinum* (Pall.) Akhani & E. H. Roalson	*Salsola collina* Pall.	苋科
无翅猪毛菜	*Kali komarovii* (Iljin) Akhani & E. H. Roalson	*Salsola komarovii* Iljin	苋科
刺沙蓬	*Kali tragus* (L.) Scop.	*Salsola tragus* L.	苋科
灰绿藜	*Oxybasis glauca* (L.) S. Fuentes, Uotila & Borsch	*Chenopodium glaucum* L.	苋科
刺藜	*Teloxys aristata* (L.) Moq.	*Chenopodium aristatum* L.	苋科
石防风	*Kitagawia terebinthacea* (Fisch. ex Trevir.) Pimenov	*Peucedanum terebinthaceum* (Fisch. ex Trevir.) Turcz.	伞形科
岩茴香	*Rupiphila tachiroei* (Franch. & Sav.) Pimenov & Lavrova	*Ligusticum tachiroei* (Franch. & Sav.) M. Hiroe & Constance	伞形科
白薇	*Vincetoxicum atratum* (Bunge) C. Morren & Decne.	*Cynanchum atratum* Bunge	夹竹桃科
竹灵消	*Vincetoxicum inamoenum* Maxim.	*Cynanchum inamoenum* (Maxim.) Loes. ex Gilg & Loes.	夹竹桃科
华北白前	*Vincetoxicum mongolicum* Maxim.	*Cynanchum mongolicum* (Maxim.) Kom.	夹竹桃科
徐长卿	*Vincetoxicum pycnostelma* Kitag.	*Cynanchum paniculatum* (Bunge) Kitag. ex H. Hara	夹竹桃科
变色白前	*Vincetoxicum versicolor* (Bunge) Decne.	*Cynanchum versicolor* Bunge	夹竹桃科
独角莲	*Sauromatum giganteum* (Engl.) Cusimano & Hett.	*Typhonium giganteum* Engl.	天南星科
刺五加	*Eleutherococcus senticosus* (Rupr. & Maxim.) Maxim.	*Acanthopanax senticosus* (Rupr. & Maxim.) Harms	五加科
无梗五加	*Eleutherococcus sessiliflorus* (Rupr. & Maxim.) S. Y. Hu	*Acanthopanax sessiliflorus* (Rupr. & Maxim.) Seem.	五加科
鹿药	*Maianthemum japonicum* (A. Gray) LaFrankie	*Smilacina japonica* A. Gray	天门冬科
阿尔泰狗娃花	*Aster altaicus* Willd.	*Heteropappus altaicus* (Willd.) Novopokr.	菊科
女菀	*Aster fastigiatus* Fisch.	*Turczaninovia fastigiata* (Fisch.) DC.	菊科
狗娃花	*Aster hispidus* Thunb.	*Heteropappus hispidus* (Thunb.) Less.	菊科
山马兰	*Aster lautureanus* (Debeaux) Franch.	*Kalimeris lautureana* (Debeaux) Kitam.	菊科
蒙古马兰	*Aster mongolicus* Franch.	*Kalimeris mongolica* (Franch.) Kitam.	菊科
全叶马兰	*Aster pekinensis* (Hance) Kitag.	*Kalimeris integrifolia* Turcz. ex DC.	菊科
东风菜	*Aster scaber* Thunb.	*Doellingeria scabra* (Thunb.) Nees	菊科
小红菊	*Chrysanthemum chanetii* H. Lév.	*Dendranthema chanetii* (H.Lév.) C.Shih	菊科
野菊	*Chrysanthemum indicum* L.	*Dendranthema indicum* (L.) Des Moul.	菊科
甘菊	*Chrysanthemum lavandulifolium* (Fisch. ex Trautv.) Makino	*Dendranthema lavandulifolium* (Fischb. ex Trautv.) Kitam.	菊科
楔叶菊	*Chrysanthemum naktongense* Nakai	*Dendranthema naktongense* (Nakai) Tzvelev	菊科
紫花野菊	*Chrysanthemum zawadskii* Herbich	*Dendranthema zawadskii* (Herbich) Tzvelev	菊科
黄瓜菜	*Crepidiastrum denticulatum* (Houtt.) Pak & Kawano	*Paraixeris denticulata* (Houtt.) Nakai	菊科
尖裂假还阳参	*Crepidiastrum sonchifolium* (Maxim.) Pak & Kawano	*Ixeridium sonchifolium* (Maxim.) C. Shih	菊科
香丝草	*Erigeron bonariensis* L.	*Conyza bonariensis* (L.) Cronquist	菊科
小蓬草	*Erigeron canadensis* L.	*Conyza canadensis* (L.) Cronquist	菊科
苦荬	*Ixeris chinensis* (Thunb.) Nakai	*Ixeridium chinense* (Thunb.) Tzvelev	菊科
琥珀千里光	*Jacobaea ambracea* (Turcz. ex DC.) B. Nord.	*Senecio ambraceus* Turcz. ex DC.	菊科
额河千里光	*Jacobaea argunensis* (Turcz.) B. Nord.	*Senecio argunensis* Turcz.	菊科
麻花头	*Klasea centauroides* (L.) Kitag.	*Serratula centauroides* L.	菊科
碗苞麻花头	*Klasea centauroides* subsp. *chanetii* (H. Lév.) L. Martins	*Serratula chanetii* H.Lév.	菊科
多花麻花头	*Klasea centauroides* subsp. *polycephala* (Iljin) L. Martins	*Serratula polycephala* Iljin	菊科
翅果菊	*Lactuca indica* L.	*Pterocypsela indica* (L.) C. Shih	菊科
毛脉翅果菊	*Lactuca raddeana* Maxim.	*Pterocypsela raddeana* (Maxim.) C. Shih	菊科
山莴苣	*Lactuca sibirica* (L.) Benth. ex Maxim.	*Lagedium sibiricum* (L.) Soják	菊科
乳苣	*Lactuca tatarica* (L.) C. A. Mey.	*Mulgedium tataricum* (L.) DC.	菊科
大丁草	*Leibnitzia anandria* (L.) Turcz.	*Gerbera anandria* (L.) Sch. Bip.	菊科
福王草	*Nabalus tatarinowii* (Maxim.) Nakai	*Prenanthes tatarinowii* Maxim.	菊科
多裂福王草	*Nabalus tatarinowii* subsp. *macranthus* (Stebbins) N. Kilian	*Prenanthes macrophylla* Franch.	菊科
蚂蚱腿子	*Pertya dioica* (Bunge) S. E. Freire	*Myripnois dioica* Bunge	菊科
漏芦	*Rhaponticum uniflorum* (L.) DC.	*Stemmacantha uniflora* (L.) Dittrich	菊科
短星菊	*Symphyotrichum ciliatum* (Ledeb.) G. L. Nesom	*Brachyactis ciliata* Ledeb.	菊科
长舌钻叶紫菀	*Symphyotrichum subulatum* var. *ligulatum* (Shinners) S. D. Sundb.	*Aster subulatus* var. *ligulatus* Shinners	菊科
日本安蕨	*Anisocampium niponicum* (Mett.) Yea C. Liu, W. L. Chiou & M. Kato	*Athyrium niponicum* (Mett.) Hance	蹄盖蕨科
河北蛾眉蕨	*Deparia vegetior* (Kitag.) X. C. Zhang	*Lunathyrium vegetius* (Kitag.) Ching	蹄盖蕨科
黑鳞短肠蕨	*Diplazium sibiricum* (Turcz. ex Kunze) Sa. Kurata	*Allantodia crenata* (Sommerf.) Ching	蹄盖蕨科
蚓果芥	*Braya humilis* (C. A. Mey.) B. L. Rob.	*Neotorularia humilis* (C. A. Mey.) Hedge & J. Léonard	十字花科
垂果南芥	*Catolobus pendulus* (L.) Al-Shehbaz	*Arabis pendula* L.	十字花科
毛曼香芥	*Clausia trichosepala* (Turcz.) Dvořák	*Hesperis trichosepala* Turcz.	十字花科
涩芥	*Strigosella africana* (L.) Botsch.	*Malcolmia africana* (L.) R. Br.	十字花科
六道木	*Zabelia biflora* (Turcz.) Makino	*Abelia biflora* Turcz.	忍冬科
华北老牛筋	*Eremogone grueningiana* (Pax & K. Hoffm.) Rabeler & W. L. Wagner	*Arenaria grueningiana* Pax & K.Hoffm.	石竹科
老牛筋	*Eremogone juncea* (M. Bieb.) Fenzl	*Arenaria juncea* M. Bieb.	石竹科
红瑞木	*Swida alba* (L.) Opiz	*Cornus alba* L.	山茱萸科
沙梾	*Swida bretschneideri* (L. Henry) Soják	*Cornus bretschneideri* L. Henry	山茱萸科
费菜	*Phedimus aizoon* (L.) 't Hart	*Sedum aizoon* L.	景天科
扁秆荆三棱	*Bolboschoenus planiculmis* (F. Schmidt) T. V. Egorova	*Scirpus planiculmis* F. Schmidt	莎草科
球穗扁莎	*Cyperus flavidus* Retz.	*Pycreus flavidus* (Retz.) T. Koyama	莎草科
红鳞扁莎	*Cyperus sanguinolentus* Vahl	*Pycreus sanguinolentus* (Vahl) Nees	莎草科
水莎草	*Cyperus serotinus* Rottb.	*Juncellus serotinus* (Rottb.) C. B. Clarke	莎草科

中文名	学名	异名	科
萤蔺	Schoenoplectus juncoides (Roxb.) Palla	Scirpus juncoides Roxb.	莎草科
水葱	Schoenoplectus tabernaemontani (C. C. Gmel.) Palla	Scirpus tabernaemontani C. C. Gmel.	莎草科
三棱水葱	Schoenoplectus triqueter (L.) Palla	Scirpus triqueter L.	莎草科
太行山南麓草	Trichophorum schansiense Hand.-Mazz.	Scirpus schansiensis (Hand.-Mazz.) Tang & F. T. Wang	莎草科
松下兰	Hypopitys monotropa Crantz	Monotropa hypopitys L.	杜鹃花科
蔓黄芪	Phyllolobium chinense Fisch. ex DC.	Astragalus complanatus Bunge	豆科
豆茶决明	Senna nomame (Makino) T. C. Chen	Cassia nomame (Makino) Kitag.	豆科
槐	Styphnolobium japonicum (L.) Schott	Sophora japonica L.	豆科
旋蒴苣苔	Dorcoceras hygrometrica Bunge	Boea hygrometrica (Bunge) R. Br.	苦苣苔科
东陵绣球	Heteromalla bretschneideri (Dippel) Bing Liu & Su Liu	Hydrangea bretschneideri Dippel	绣球科
绣球	Hortensia macrophylla (Thunb.) H. Ohba & S. Akiyama	Hydrangea macrophylla (Thunb.) Ser.	绣球科
内折香茶菜	Isodon inflexus (Thunb.) Kudo	Rabdosia inflexa (Thunb.) O. Deg. & I. Deg.	唇形科
蓝萼香茶菜	Isodon japonicus var. glaucocalyx (Maxim.) H. W. Li	Rabdosia japonica var. glaucocalyx (Maxim.) H. Hara	唇形科
碎米桠	Isodon rubescens (Hemsl.) H. Hara	Rabdosia rubescens (Hemsl.) H. Hara	唇形科
口外糙苏	Phlomoides jeholensis (Nakai & Kitag.) Kamelin & Makhm.	Phlomis jeholensis Nakai & Kitag.	唇形科
块根糙苏	Phlomoides tuberosa (L.) Moench	Phlomis tuberosa L.	唇形科
糙苏	Phlomoides umbrosa (Turcz.) Kamelin & Makhm.	Phlomis umbrosa Turcz.	唇形科
三花莸	Schnabelia terniflora (Maxim.) P. D. Cantino	Caryopteris terniflora Maxim.	唇形科
洼瓣花	Gagea serotina (L.) Ker Gawl.	Lloydia serotina (L.) Rchb.	百合科
蜀葵	Alcea rosea L.	Althaea rosea (L.) Cav.	锦葵科
棋盘花	Anticlea sibirica (L.) Kunth	Zigadenus sibiricus (L.) A. Gray	藜芦科
柘	Maclura tricuspidata Carrière	Cudrania tricuspidata (Carrière) Bureau ex Lavallée	桑科
柳兰	Chamerion angustifolium (L.) Holub	Epilobium angustifolium L.	柳叶菜科
小花山桃草	Oenothera curtiflora W. L. Wagner & Hoch	Gaura parviflora Lehm.	柳叶菜科
凹舌兰	Dactylorhiza viridis (L.) R. M. Bateman, Pridgeon & M. W. Chase	Coeloglossum viride (L.) Hartm.	兰科
北方盔花兰	Galearis roborowskyi (Maxim.) S. C. Chen, P. J. Cribb & S. W. Gale	Orchis roborowskyi Maxim.	兰科
河北盔花兰	Galearis tschiliensis (Schltr.) P. J. Cribb, S. W. Gale & R. M. Bateman	Orchis tschiliensis (Schltr.) Soó	兰科
对叶兰	Neottia puberula (Maxim.) Szlach.	Listera puberula Maxim.	兰科
蜻蜓兰	Platanthera tenella Kraenzl.	Tulotis souliei (Kraenzl.) H. Hara	兰科
二叶兜被兰	Ponerorchis cucullata (L.) X. H. Jin, Schuit. & W. T. Jin	Neottianthe cucullata (L.) Schltr.	兰科
沟酸浆	Erythranthe tenella (Bunge) G. L. Nesom	Mimulus tenellus Bunge	透骨草科
水蔓菁	Pseudolysimachion linariifolium subsp. dilatatum (Nakai & Kitag.) D. Y. Hong	Veronica linariifolia subsp. dilatata (Nakai & Kitag.) D. Y. Hong	车前科
光稃茅香	Anthoxanthum glabrum (Trin.) Veldkamp	Hierochloe glabra Trin.	禾本科
纤毛鹅观草	Elymus ciliaris (Trin. ex Bunge) Tzvelev	Roegneria ciliaris (Trin. ex Bunge) Nevski	禾本科
鹅观草	Elymus kamoji (Ohwi) S. L. Chen	Roegneria kamoji (Ohwi) Ohwi ex Keng	禾本科
缘毛鹅观草	Elymus pendulinus (Nevski) Tzvelev	Roegneria pendulina Nevski	禾本科
荻	Miscanthus sacchariflorus (Maxim.) Benth. & Hook. f. ex Franch.	Triarrhena sacchariflora (Maxim.) Nakai	禾本科
小扁豆	Heterosamara tatarinowii (Regel) Paiva	Polygala tatarinowii Regel	远志科
拳参	Bistorta major Gray	Polygonum bistorta L.	蓼科
支柱蓼	Bistorta suffulta (Maxim.) H. Gross	Polygonum suffultum Maxim.	蓼科
珠芽蓼	Bistorta vivipara (L.) Delarbre	Polygonum viviparum L.	蓼科
西伯利亚蓼	Knorringia sibirica (Laxm.) Tzvelev	Polygonum sibiricum Laxm.	蓼科
高山蓼	Koenigia alpina (All.) T. M. Schust. & Reveal	Polygonum alpinum All.	蓼科
两栖蓼	Persicaria amphibia (L.) Delarbre	Polygonum amphibium L.	蓼科
柳叶刺蓼	Persicaria bungeana (Turcz.) Nakai	Polygonum bungeanum Turcz.	蓼科
水蓼	Persicaria hydropiper (L.) Delarbre	Polygonum hydropiper L.	蓼科
酸模叶蓼	Persicaria lapathifolia (L.) Delarbre	Polygonum lapathifolium L.	蓼科
长鬃蓼	Persicaria longiseta (Bruijn) Kitag.	Polygonum longisetum Bruijn	蓼科
圆基长鬃蓼	Persicaria longiseta var. rotundata (A. J. Li) Bo Li	Polygonum longisetum var. rotundatum A. J. Li	蓼科
尼泊尔蓼	Persicaria nepalensis (Meisn.) Miyabe	Polygonum nepalense Meisn.	蓼科
红蓼	Persicaria orientalis (L.) Spach	Polygonum orientale L.	蓼科
扛板归	Persicaria perfoliata (L.) H. Gross	Polygonum perfoliatum L.	蓼科
箭叶蓼	Persicaria sagittata var. sieboldii (Meisn.) Nakai	Polygonum sieboldii Meisn.	蓼科
刺蓼	Persicaria senticosa (Meisn.) H. Gross	Polygonum senticosum (Meisn.) Franch. & Sav.	蓼科
戟叶蓼	Persicaria thunbergii (Siebold & Zucc.) H. Gross	Polygonum thunbergii Siebold & Zucc.	蓼科
篦齿眼子菜	Stuckenia pectinata (L.) Börner	Potamogeton pectinatus L.	眼子菜科
兴安升麻	Actaea dahurica (Turcz. ex Fisch. & C. A. Mey.) Franch.	Cimicifuga dahurica (Turcz. ex Fisch. & C. A. Mey.) Maxim.	毛茛科
银莲花	Anemonastrum chinense (Kitag.) Holub	Anemone cathayensis Kitag.	毛茛科
长毛银莲花	Anemonastrum narcissiflorum subsp. crinitum (Juz.) Raus	Anemone narcissiflora var. crinita (Juz.) Tamura	毛茛科
蕨麻	Argentina anserina (L.) Rydb.	Potentilla anserina L.	蔷薇科
银露梅	Dasiphora davurica (Nestl.) Kom. & Aliss.	Potentilla glabra G. Lodd.	蔷薇科
金露梅	Dasiphora fruticosa (L.) Rydb.	Potentilla fruticosa L.	蔷薇科
水榆	Micromeles alnifolia (Siebold & Zucc.) Koehne	Sorbus alnifolia (Siebold & Zucc.) K. Koch	蔷薇科
山桃	Prunus davidiana (Carrière) N. E. Br.	Amygdalus davidiana (Carrière) de Vos ex L. Henry	蔷薇科
稠李	Prunus padus L.	Padus avium Mill.	蔷薇科
山杏	Prunus sibirica L.	Armeniaca sibirica (L.) Lam.	蔷薇科
毛樱桃	Prunus tomentosa Thunb.	Cerasus tomentosa (Thunb.) Masam. & S. Suzuki	蔷薇科
榆叶梅	Prunus triloba Lindl.	Amygdalus triloba (Lindl.) Ricker	蔷薇科
鸡冠茶	Sibbaldianthe bifurca (L.) Kurtto & T. Erikss.	Potentilla bifurca L.	蔷薇科
臭檀吴萸	Tetradium daniellii (Benn.) T. G. Hartley	Euodia daniellii (Benn.) Hemsl.	芸香科
挂金灯	Alkekengi officinarum var. franchetii (Mast.) R. J. Wang	Physalis alkekengi var. franchetii (Mast.) Makino	茄科
乌蔹莓	Causonis japonica (Thunb.) Raf.	Cayratia japonica (Thunb.) Gagnep.	葡萄科

按科排列的物种列表
Species checklist order by families

阿福花科 Asphodelaceae
  北黄花菜 Hemerocallis lilioasphodelus
  小黄花菜 Hemerocallis minor
菝葜科 Smilacaceae
  鞘柄菝葜 Smilax stans
白花丹科 Plumbaginaceae
  二色补血草 Limonium bicolor
百合科 Liliaceae
  七筋姑 Clintonia udensis
  轮叶贝母 Fritillaria maximowiczii
  洼瓣花 Gagea serotina
  小顶冰花 Gagea terraccianoana
  三花顶冰花 Gagea triflora
  有斑百合 Lilium concolor var. pulchellum
  山丹 Lilium pumilum
  卷丹 Lilium tigrinum
  黄花油点草 Tricyrtis pilosa
柏科 Cupressaceae
  圆柏 Juniperus chinensis
  侧柏 Platycladus orientalis
报春花科 Primulaceae
  点地梅 Androsace umbellata
  河北假报春 Cortusa matthioli subsp. pekinensis
  海乳草 Glaux maritima
  狼尾花 Lysimachia barystachys
  黄连花 Lysimachia davurica
  狭叶珍珠菜 Lysimachia pentapetala
  粉报春 Primula farinosa
  箭报春 Primula fistulosa
  胭脂花 Primula maximowiczii
  岩生报春 Primula saxatilis
  七瓣莲 Trientalis europaea
茶藨子科 Grossulariaceae
  刺果茶藨子 Ribes burejense
  瘤糖茶藨子 Ribes himalense var. verruculosum
  东北茶藨子 Ribes mandshuricum
  美丽茶藨子 Ribes pulchellum
菖蒲科 Acoraceae
  菖蒲 Acorus calamus
车前科 Plantaginaceae
  柳穿鱼 Linaria vulgaris subsp. chinensis
  车前 Plantago asiatica
  平车前 Plantago depressa
  大车前 Plantago major
  水蔓菁 Pseudolysimachion linariifolium subsp. dilatatum
  茶菱 Trapella sinensis
  北水苦荬 Veronica anagallis-aquatica
  阿拉伯婆婆纳 Veronica persica
  婆婆纳 Veronica polita
  光果婆婆纳 Veronica rockii
  水苦荬 Veronica undulata
  草本威灵仙 Veronicastrum sibiricum
扯根菜科 Penthoraceae
  扯根菜 Penthorum chinense
柽柳科 Tamaricaceae
  宽苞水柏枝 Myricaria bracteata
  甘蒙柽柳 Tamarix austromongolica
唇形科 Lamiaceae
  藿香 Agastache rugosa
  筋骨草 Ajuga ciliata
  白苞筋骨草 Ajuga lupulina
  多花筋骨草 Ajuga multiflora

水棘针 Amethystea caerulea
麻叶风轮菜 Clinopodium urticifolium
光萼青兰 Dracocephalum argunense
香青兰 Dracocephalum moldavica
岩青兰 Dracocephalum rupestre
香薷 Elsholtzia ciliata
密花香薷 Elsholtzia densa
海州香薷 Elsholtzia splendens
木香薷 Elsholtzia stauntonii
活血丹 Glechoma longituba
内折香茶菜 Isodon inflexus
蓝萼香茶菜 Isodon japonicus var. glaucocalyx
碎米桠 Isodon rubescens
夏至草 Lagopsis supina
益母草 Leonurus japonicus
大花益母草 Leonurus macranthus
錾菜 Leonurus pseudomacranthus
细叶益母草 Leonurus sibiricus
欧地笋 Lycopus europaeus
地笋 Lycopus lucidus
薄荷 Mentha canadensis
康藏荆芥 Nepeta prattii
口外糙苏 Phlomoides jeholensis
块根糙苏 Phlomoides tuberosa
糙苏 Phlomoides umbrosa
丹参 Salvia miltiorrhiza
荔枝草 Salvia plebeia
荫生鼠尾草 Salvia umbratica
裂叶荆芥 Schizonepeta tenuifolia
三花莸 Schnabelia terniflora
黄芩 Scutellaria baicalensis
纤弱黄芩 Scutellaria dependens
大齿黄芩 Scutellaria macrodonta
京黄芩 Scutellaria pekinensis
狭叶黄芩 Scutellaria regeliana
并头黄芩 Scutellaria scordifolia
黏毛黄芩 Scutellaria viscidula
毛水苏 Stachys baicalensis
华水苏 Stachys chinensis
甘露子 Stachys sieboldii
百里香 Thymus mongolicus
地椒 Thymus quinquecostatus
荆条 Vitex negundo var. heterophylla
酢浆草科 Oxalidaceae
酢浆草 Oxalis corniculata
直酢浆草 Oxalis stricta
大戟科 Euphorbiaceae
铁苋菜 Acalypha australis
裂苞铁苋菜 Acalypha supera
齿裂大戟 Euphorbia dentata
乳浆大戟 Euphorbia esula
地锦草 Euphorbia humifusa
通奶草 Euphorbia hypericifolia
斑地锦 Euphorbia maculata
大戟 Euphorbia pekinensis
地构叶 Speranskia tuberculata
大麻科 Cannabaceae
大麻 Cannabis sativa
黑弹树 Celtis bungeana
大叶朴 Celtis koraiensis
华忽布 Humulus lupulus var. cordifolius
葎草 Humulus scandens

青檀 *Pteroceltis tatarinowii*

灯芯草科 Juncaceae
小灯芯草 *Juncus bufonius*
扁茎灯芯草 *Juncus gracillimus*
尖被灯芯草 *Juncus turczaninowii*

豆科 Fabaceae
合萌 *Aeschynomene indica*
合欢 *Albizia julibrissin*
山槐 *Albizia kalkora*
紫穗槐 *Amorpha fruticosa*
两型豆 *Amphicarpaea edgeworthii*
草珠黄芪 *Astragalus capillipes*
华黄芪 *Astragalus chinensis*
达乌里黄芪 *Astragalus dahuricus*
灰叶黄芪 *Astragalus discolor*
短花梗黄芪 *Astragalus hancockii*
斜茎黄芪 *Astragalus laxmannii*
草木樨状黄芪 *Astragalus melilotoides*
黄芪 *Astragalus membranaceus*
糙叶黄芪 *Astragalus scaberrimus*
笐子梢 *Campylotropis macrocarpa*
树锦鸡儿 *Caragana arborescens*
鬼箭锦鸡儿 *Caragana jubata*
小叶锦鸡儿 *Caragana microphylla*
北京锦鸡儿 *Caragana pekinensis*
红花锦鸡儿 *Caragana rosea*
豆茶山扁豆 *Chamaecrista nomame*
农吉利 *Crotalaria sessiliflora*
山皂荚 *Gleditsia japonica*
野皂荚 *Gleditsia microphylla*
野大豆 *Glycine soja*
刺果甘草 *Glycyrrhiza pallidiflora*
甘草 *Glycyrrhiza uralensis*
狭叶米口袋 *Gueldenstaedtia stenophylla*
米口袋 *Gueldenstaedtia verna*
河北木蓝 *Indigofera bungeana*
花木蓝 *Indigofera kirilowii*
长萼鸡眼草 *Kummerowia stipulacea*
鸡眼草 *Kummerowia striata*
大山黧豆 *Lathyrus davidii*
矮山黧豆 *Lathyrus humilis*
山黧豆 *Lathyrus quinquenervius*
胡枝子 *Lespedeza bicolor*
长叶胡枝子 *Lespedeza caraganae*
兴安胡枝子 *Lespedeza davurica*
多花胡枝子 *Lespedeza floribunda*
阴山胡枝子 *Lespedeza inschanica*
尖叶铁扫帚 *Lespedeza juncea*
牛枝子 *Lespedeza potaninii*
绒毛胡枝子 *Lespedeza tomentosa*
细梗胡枝子 *Lespedeza virgata*
天蓝苜蓿 *Medicago lupulina*
花苜蓿 *Medicago ruthenica*
苜蓿 *Medicago sativa*
白花草木樨 *Melilotus albus*
草木樨 *Melilotus officinalis*
二色棘豆 *Oxytropis bicolor*
蓝花棘豆 *Oxytropis caerulea*
硬毛棘豆 *Oxytropis hirta*
窄膜棘豆 *Oxytropis moellendorffii*
砂珍棘豆 *Oxytropis racemosa*
蔓黄芪 *Phyllolobium chinense*
葛 *Pueraria montana* var. *lobata*
红花刺槐 *Robinia × ambigua* 'Idahoensis'
毛刺槐 *Robinia hispida*
刺槐 *Robinia pseudoacacia*
苦参 *Sophora flavescens*

苦马豆 *Sphaerophysa salsula*
槐 *Styphnolobium japonicum*
高山野决明 *Thermopsis alpina*
披针叶野决明 *Thermopsis lanceolata*
山野豌豆 *Vicia amoena*
大花野豌豆 *Vicia bungei*
广布野豌豆 *Vicia cracca*
大叶野豌豆 *Vicia pseudo-orobus*
北野豌豆 *Vicia ramuliflora*
大野豌豆 *Vicia sinogigantea*
歪头菜 *Vicia unijuga*
贼小豆 *Vigna minima*

杜鹃花科 Ericaceae
松下兰 *Hypopitys monotropa*
红花鹿蹄草 *Pyrola asarifolia* subsp. *incarnata*
鹿蹄草 *Pyrola calliantha*
照山白 *Rhododendron micranthum*
迎红杜鹃 *Rhododendron mucronulatum*

防己科 Menispermaceae
蝙蝠葛 *Menispermum dauricum*

凤尾蕨科 Pteridaceae
团羽铁线蕨 *Adiantum capillus-junonis*
普通铁线蕨 *Adiantum edgeworthii*
银粉背蕨 *Aleuritopteris argentea*
陕西粉背蕨 *Aleuritopteris argentea* var. *obscura*
华北薄鳞蕨 *Aleuritopteris kuhnii*

凤仙花科 Balsaminaceae
水金凤 *Impatiens noli-tangere*

禾本科 Poaceae
京芒草 *Achnatherum pekinense*
羽茅 *Achnatherum sibiricum*
巨序剪股颖 *Agrostis gigantea*
看麦娘 *Alopecurus aequalis*
光稃茅香 *Anthoxanthum glabrum*
三芒草 *Aristida adscensionis*
荩草 *Arthraxon hispidus*
矛叶荩草 *Arthraxon prionodes*
野古草 *Arundinella hirta*
菵草 *Beckmannia syzigachne*
白羊草 *Bothriochloa ischaemum*
无芒雀麦 *Bromus inermis*
拂子茅 *Calamagrostis epigeios*
假苇拂子茅 *Calamagrostis pseudophragmites*
细柄草 *Capillipedium parviflorum*
虎尾草 *Chloris virgata*
丛生隐子草 *Cleistogenes caespitosa*
北京隐子草 *Cleistogenes hancei*
野青茅 *Deyeuxia pyramidalis*
龙常草 *Diarrhena mandshurica*
毛马唐 *Digitaria ciliaris* var. *chrysoblephara*
马唐 *Digitaria sanguinalis*
长芒稗 *Echinochloa caudata*
稗 *Echinochloa crus-galli*
无芒稗 *Echinochloa crus-galli* var. *mitis*
西来稗 *Echinochloa crus-galli* var. *zelayensis*
牛筋草 *Eleusine indica*
纤毛鹅观草 *Elymus ciliaris*
披碱草 *Elymus dahuricus*
鹅观草 *Elymus kamoji*
缘毛鹅观草 *Elymus pendulinus*
老芒麦 *Elymus sibiricus*
大画眉草 *Eragrostis cilianensis*
小画眉草 *Eragrostis minor*
画眉草 *Eragrostis pilosa*
野黍 *Eriochloa villosa*
远东羊茅 *Festuca extremiorientalis*
紫羊茅 *Festuca rubra*

牛鞭草 *Hemarthria sibirica*
白茅 *Imperata cylindrica*
洽草 *Koeleria macrantha*
羊草 *Leymus chinensis*
广序臭草 *Melica onoei*
细叶臭草 *Melica radula*
臭草 *Melica scabrosa*
大臭草 *Melica turczaninowiana*
抱草 *Melica virgata*
荻 *Miscanthus sacchariflorus*
芒 *Miscanthus sinensis*
乱子草 *Muhlenbergia huegelii*
日本乱子草 *Muhlenbergia japonica*
求米草 *Oplismenus undulatifolius*
狼尾草 *Pennisetum alopecuroides*
白草 *Pennisetum flaccidum*
虉草 *Phalaris arundinacea*
芦苇 *Phragmites australis*
早熟禾 *Poa annua*
硬质早熟禾 *Poa sphondylodes*
碱茅 *Puccinellia distans*
金色狗尾草 *Setaria pumila*
狗尾草 *Setaria viridis*
大油芒 *Spodiopogon sibiricus*
长芒草 *Stipa bungeana*
黄背草 *Themeda triandra*
虱子草 *Tragus berteronianus*
锋芒草 *Tragus mongolorum*
中华草沙蚕 *Tripogon chinensis*
西伯利亚三毛草 *Trisetum sibiricum*
胡桃科 Juglandaceae
麻核桃 *Juglans hopeiensis*
胡桃楸 *Juglans mandshurica*
胡桃 *Juglans regia*
胡颓子科 Elaeagnaceae
沙枣 *Elaeagnus angustifolia*
牛奶子 *Elaeagnus umbellata*
中国沙棘 *Hippophae rhamnoides* subsp. *sinensis*
葫芦科 Cucurbitaceae
盒子草 *Actinostemma tenerum*
假贝母 *Bolbostemma paniculatum*
裂瓜 *Schizopepon bryoniifolius*
刺果瓜 *Sicyos angulatus*
赤瓟 *Thladiantha dubia*
虎耳草科 Saxifragaceae
落新妇 *Astilbe chinensis*
柔毛金腰 *Chrysosplenium pilosum* var. *valdepilosum*
五台金腰 *Chrysosplenium serreanum*
独根草 *Oresitrophe rupifraga*
球茎虎耳草 *Saxifraga sibirica*
花蔺科 Butomaceae
花蔺 *Butomus umbellatus*
花荵科 Polemoniaceae
中华花荵 *Polemonium chinense*
桦木科 Betulaceae
红桦 *Betula albosinensis*
坚桦 *Betula chinensis*
硕桦 *Betula costata*
黑桦 *Betula dahurica*
白桦 *Betula platyphylla*
糙皮桦 *Betula utilis*
鹅耳枥 *Carpinus turczaninowii*
榛 *Corylus heterophylla*
毛榛 *Corylus mandshurica*
千金榆 *Distegocarpus cordatus*
铁木 *Ostrya japonica*
虎榛子 *Ostryopsis davidiana*

蒺藜科 Zygophyllaceae
蒺藜 *Tribulus terrestris*
夹竹桃科 Apocynaceae
罗布麻 *Apocynum venetum*
折冠牛皮消 *Cynanchum boudieri*
白首乌 *Cynanchum bungei*
鹅绒藤 *Cynanchum chinense*
地梢瓜 *Cynanchum thesioides*
萝藦 *Metaplexis japonica*
杠柳 *Periploca sepium*
白薇 *Vincetoxicum atratum*
竹灵消 *Vincetoxicum inamoenum*
华北白前 *Vincetoxicum mongolicum*
徐长卿 *Vincetoxicum pycnostelma*
变色白前 *Vincetoxicum versicolor*
荚蒾科 Viburnaceae
五福花 *Adoxa moschatellina*
接骨木 *Sambucus williamsii*
蒙古荚蒾 *Viburnum mongolicum*
欧洲荚蒾 *Viburnum opulus*
鸡树条 *Viburnum opulus* subsp. *calvescens*
金丝桃科 Hypericaceae
黄海棠 *Hypericum ascyron*
赶山鞭 *Hypericum attenuatum*
金粟兰科 Chloranthaceae
银线草 *Chloranthus japonicus*
金鱼藻科 Ceratophyllaceae
粗糙金鱼藻 *Ceratophyllum muricatum* subsp. *kossinskyi*
五刺金鱼藻 *Ceratophyllum platyacanthum* subsp. *oryzetorum*
堇菜科 Violaceae
鸡腿堇菜 *Viola acuminata*
双花堇菜 *Viola biflora*
球果堇菜 *Viola collina*
裂叶堇菜 *Viola dissecta*
总裂叶堇菜 *Viola dissecta* var. *incisa*
西山堇菜 *Viola hancockii*
蒙古堇菜 *Viola mongolica*
北京堇菜 *Viola pekinensis*
紫花地丁 *Viola philippica*
早开堇菜 *Viola prionantha*
细距堇菜 *Viola tenuicornis*
毛萼堇菜 *Viola tenuicornis* subsp. *trichosepala*
斑叶堇菜 *Viola variegata*
锦葵科 Malvaceae
苘麻 *Abutilon theophrasti*
蜀葵 *Alcea rosea*
田麻 *Corchoropsis crenata*
光果田麻 *Corchoropsis crenata* var. *hupehensis*
小花扁担杆 *Grewia biloba* var. *parviflora*
野西瓜苗 *Hibiscus trionum*
野葵 *Malva verticillata*
辽椴 *Tilia mandshurica*
蒙椴 *Tilia mongolica*
景天科 Crassulaceae
长药八宝 *Hylotelephium spectabile*
华北八宝 *Hylotelephium tatarinowii*
瓦松 *Orostachys fimbriata*
钝叶瓦松 *Orostachys malacophylla*
费菜 *Phedimus aizoon*
小丛红景天 *Rhodiola dumulosa*
狭叶红景天 *Rhodiola kirilowii*
红景天 *Rhodiola rosea*
垂盆草 *Sedum sarmentosum*
繁缕景天 *Sedum stellariifolium*
桔梗科 Campanulaceae
细叶沙参 *Adenophora capillaris* subsp. *paniculata*
展枝沙参 *Adenophora divaricata*

狭长花沙参 Adenophora elata
毛萼石沙参 Adenophora polyantha subsp. scabricalyx
多歧沙参 Adenophora potaninii subsp. wawreana
荠苨 Adenophora trachelioides
雾灵沙参 Adenophora wulingshanica
紫斑风铃草 Campanula punctata
羊乳 Codonopsis lanceolata
党参 Codonopsis pilosula
桔梗 Platycodon grandiflorus
菊科 Asteraceae
高山蓍 Achillea alpina
和尚菜 Adenocaulon himalaicum
束亚亚菊 Ajania parviflora
豚草 Ambrosia artemisiifolia
三裂叶豚草 Ambrosia trifida
铃铃香青 Anaphalis hancockii
牛蒡 Arctium lappa
黄花蒿 Artemisia annua
艾 Artemisia argyi
茵陈蒿 Artemisia capillaris
无毛牛尾蒿 Artemisia dubia var. subdigitata
南牡蒿 Artemisia eriopoda
华北米蒿 Artemisia giraldii
白莲蒿 Artemisia gmelinii
歧茎蒿 Artemisia igniaria
柳叶蒿 Artemisia integrifolia
牡蒿 Artemisia japonica
野艾蒿 Artemisia lavandulifolia
蒙古蒿 Artemisia mongolica
蒌蒿 Artemisia selengensis
大籽蒿 Artemisia sieversiana
线叶蒿 Artemisia subulata
阴地蒿 Artemisia sylvatica
裂叶蒿 Artemisia tanacetifolia
阿尔泰狗娃花 Aster altaicus
女菀 Aster fastigiatus
狗娃花 Aster hispidus
山马兰 Aster lautureanus
蒙古马兰 Aster mongolicus
全叶马兰 Aster pekinensis
东风菜 Aster scaber
紫菀 Aster tataricus
三脉紫菀 Aster trinervius subsp. ageratoides
苍术 Atractylodes lancea
婆婆针 Bidens bipinnata
柳叶鬼针草 Bidens cernua
大狼耙草 Bidens frondosa
小花鬼针草 Bidens parviflora
鬼针草 Bidens pilosa
狼耙草 Bidens tripartita
翠菊 Callistephus chinensis
节毛飞廉 Carduus acanthoides
丝毛飞廉 Carduus crispus
天名精 Carpesium abrotanoides
烟管头草 Carpesium cernuum
石胡荽 Centipeda minima
小红菊 Chrysanthemum chanetii
野菊 Chrysanthemum indicum
甘菊 Chrysanthemum lavandulifolium
楔叶菊 Chrysanthemum naktongense
小山菊 Chrysanthemum oreastrum
紫花野菊 Chrysanthemum zawadskii
刺儿菜 Cirsium arvense var. integrifolium
大刺儿菜 Cirsium arvense var. setosum
魁蓟 Cirsium leo
烟管蓟 Cirsium pendulum
块蓟 Cirsium viridifolium

剑叶金鸡菊 Coreopsis lanceolata
两色金鸡菊 Coreopsis tinctoria
黄瓜菜 Crepidiastrum denticulatum
尖裂假还阳参 Crepidiastrum sonchifolium
北方还阳参 Crepis crocea
蓝刺头 Echinops davuricus
羽裂蓝刺头 Echinops pseudosetifer
鳢肠 Eclipta prostrata
飞蓬 Erigeron acris
一年蓬 Erigeron annuus
香丝草 Erigeron bonariensis
小蓬草 Erigeron canadensis
林泽兰 Eupatorium lindleyanum
线叶菊 Filifolium sibiricum
天人菊 Gaillardia pulchella
粗毛牛膝菊 Galinsoga quadriradiata
菊芋 Helianthus tuberosus
泥胡菜 Hemisteptia lyrata
山柳菊 Hieracium umbellatum
猫耳菊 Hypochaeris ciliata
欧亚旋覆花 Inula britannica
旋覆花 Inula japonica
线叶旋覆花 Inula linariifolia
蓼子朴 Inula salsoloides
苦荬菜 Ixeris chinensis
琥珀千里光 Jacobaea ambracea
额河千里光 Jacobaea argunensis
麻花头 Klasea centauroides
碗苞麻花头 Klasea centauroides subsp. chanetii
多花麻花头 Klasea centauroides subsp. polycephala
翅果菊 Lactuca indica
毛脉翅果菊 Lactuca raddeana
山莴苣 Lactuca sibirica
乳苣 Lactuca tatarica
翼柄翅果菊 Lactuca triangulata
大丁草 Leibnitzia anandria
火绒草 Leontopodium leontopodioides
长叶火绒草 Leontopodium longifolium
绢茸火绒草 Leontopodium smithianum
狭苞橐吾 Ligularia intermedia
全缘橐吾 Ligularia mongolica
福王草 Nabalus tatarinowii
多裂福王草 Nabalus tatarinowii subsp. macranthus
猬菊 Olgaea lomonossowii
山尖子 Parasenecio hastatus
蚂蚱腿子 Pertya dioica
毛连菜 Picris hieracioides
日本毛连菜 Picris japonica
漏芦 Rhaponticum uniflorum
黑心金光菊 Rudbeckia hirta
草地风毛菊 Saussurea amara
大头风毛菊 Saussurea baicalensis
中华风毛菊 Saussurea chinensis
紫苞雪莲 Saussurea iodostegia
风毛菊 Saussurea japonica
蒙古风毛菊 Saussurea mongolica
银背风毛菊 Saussurea nivea
小花风毛菊 Saussurea parviflora
篦苞风毛菊 Saussurea pectinata
卷苞风毛菊 Saussurea tunglingensis
乌苏里风毛菊 Saussurea ussuriensis
华北鸦葱 Scorzonera albicaulis
鸦葱 Scorzonera austriaca
桃叶鸦葱 Scorzonera sinensis
林荫千里光 Senecio nemorensis
伪泥胡菜 Serratula coronata
腺梗豨莶 Sigesbeckia pubescens

591

续断菊 *Sonchus asper*
长裂苦苣菜 *Sonchus brachyotus*
苦苣菜 *Sonchus oleraceus*
短星菊 *Symphyotrichum ciliatum*
长舌钻叶紫菀 *Symphotrichum subulatum* var. *ligulatum*
兔儿伞 *Syneilesis aconitifolia*
山牛蒡 *Synurus deltoides*
朝鲜蒲公英 *Taraxacum coreanum*
蒲公英 *Taraxacum mongolicum*
白缘蒲公英 *Taraxacum platypecidum*
深裂蒲公英 *Taraxacum scariosum*
狗舌草 *Tephroseris kirilowii*
橙舌狗舌草 *Tephroseris rufa*
碱菀 *Tripolium pannonicum*
款冬 *Tussilago farfara*
意大利苍耳 *Xanthium italicum*
西方苍耳 *Xanthium occidentale*
苍耳 *Xanthium sibiricum*
黄鹌菜 *Youngia japonica*
多花百日菊 *Zinnia peruviana*
卷柏科 Selaginellaceae
蔓出卷柏 *Selaginella davidii*
垫状卷柏 *Selaginella pulvinata*
红枝卷柏 *Selaginella sanguinolenta*
中华卷柏 *Selaginella sinensis*
旱生卷柏 *Selaginella stauntoniana*
卷柏 *Selaginella tamariscina*
壳斗科 Fagaceae
栗 *Castanea mollissima*
槲栎 *Quercus aliena*
槲树 *Quercus dentata*
蒙古栎 *Quercus mongolica*
栓皮栎 *Quercus variabilis*
辽东栎 *Quercus wutaishanica*
苦苣苔科 Gesneriaceae
珊瑚苣苔 *Corallodiscus lanuginosus*
旋蒴苣苔 *Dorcoceras hygrometrica*
苦木科 Simaroubaceae
臭椿 *Ailanthus altissima*
苦木 *Picrasma quassioides*
兰科 Orchidaceae
珊瑚兰 *Corallorhiza trifida*
紫点杓兰 *Cypripedium guttatum*
大花杓兰 *Cypripedium macranthos*
山西杓兰 *Cypripedium shanxiense*
凹舌兰 *Dactylorhiza viridis*
火烧兰 *Epipactis helleborine*
裂唇虎舌兰 *Epipogium aphyllum*
北方盔花兰 *Galearis roborowskyi*
河北盔花兰 *Galearis tschiliensis*
手参 *Gymnadenia conopsea*
裂瓣角盘兰 *Herminium alaschanicum*
角盘兰 *Herminium monorchis*
羊耳蒜 *Liparis campylostalix*
原沼兰 *Malaxis monophyllos*
尖唇鸟巢兰 *Neottia acuminata*
北方鸟巢兰 *Neottia camtschatea*
对叶兰 *Neottia puberula*
二叶舌唇兰 *Platanthera chlorantha*
蜻蜓兰 *Platanthera souliei*
二叶兜被兰 *Ponerorchis cucullata*
绶草 *Spiranthes sinensis*
冷蕨科 Cystopteridaceae
冷蕨 *Cystopteris fragilis*
羽节蕨 *Gymnocarpium jessoense*
狸藻科 Lentibulariaceae
弯距狸藻 *Utricularia vulgaris* subsp. *macrorhiza*

藜芦科 Melanthiaceae
棋盘花 *Anticlea sibirica*
北重楼 *Paris verticillata*
藜芦 *Veratrum nigrum*
楝科 Meliaceae
楝 *Melia azedarach*
香椿 *Toona sinensis*
蓼科 Polygonaceae
拳参 *Bistorta officinalis*
支柱蓼 *Bistorta suffulta*
珠芽蓼 *Bistorta vivipara*
卷茎蓼 *Fallopia convolvulus*
齿翅蓼 *Fallopia dentatoalata*
西伯利亚蓼 *Knorringia sibirica*
高山蓼 *Koenigia alpina*
两栖蓼 *Persicaria amphibia*
柳叶刺蓼 *Persicaria bungeana*
水蓼 *Persicaria hydropiper*
酸模叶蓼 *Persicaria lapathifolia*
长鬃蓼 *Persicaria longiseta*
圆基长鬃蓼 *Persicaria longiseta* var. *rotundata*
尼泊尔蓼 *Persicaria nepalensis*
红蓼 *Persicaria orientalis*
扛板归 *Persicaria perfoliata*
箭叶蓼 *Persicaria sagittata* var. *sieboldii*
刺蓼 *Persicaria senticosa*
戟叶蓼 *Persicaria thunbergii*
萹蓄 *Polygonum aviculare*
习见萹蓄 *Polygonum plebeium*
华北大黄 *Rheum franzenbachii*
酸模 *Rumex acetosa*
齿果酸模 *Rumex dentatus*
毛脉酸模 *Rumex gmelinii*
羊蹄 *Rumex japonicus*
刺酸模 *Rumex maritimus*
巴天酸模 *Rumex patientia*
列当科 Orobanchaceae
大黄花 *Cymbaria daurica*
小米草 *Euphrasia pectinata*
山罗花 *Melampyrum roseum*
疗齿草 *Odontites vulgaris*
脐草 *Omphalotrix longipes*
欧亚列当 *Orobanche cernua* var. *cumana*
列当 *Orobanche coerulescens*
黄花列当 *Orobanche pycnostachya*
短茎马先蒿 *Pedicularis artselaeri*
中国马先蒿 *Pedicularis chinensis*
返顾马先蒿 *Pedicularis resupinata*
穗花马先蒿 *Pedicularis spicata*
红纹马先蒿 *Pedicularis striata*
华北马先蒿 *Pedicularis tatarinowii*
松蒿 *Phtheirospermum japonicum*
地黄 *Rehmannia glutinosa*
阴行草 *Siphonostegia chinensis*
鳞毛蕨科 Dryopteridaceae
鞭叶耳蕨 *Polystichum craspedosorum*
柳叶菜科 Onagraceae
柳兰 *Chamerion angustifolium*
深山露珠草 *Circaea alpina* subsp. *caulescens*
水珠草 *Circaea canadensis* subsp. *quadrisulcata*
露珠草 *Circaea cordata*
毛脉柳叶菜 *Epilobium amurense*
柳叶菜 *Epilobium hirsutum*
沼生柳叶菜 *Epilobium palustre*
小花柳叶菜 *Epilobium parviflorum*
月见草 *Oenothera biennis*
小花山桃草 *Oenothera curtiflora*

黄花月见草 *Oenothera glazioviana*
大果月见草 *Oenothera macrocarpa*

龙胆科 Gentianaceae
百金花 *Centaurium pulchellum* var. *altaicum*
达乌里秦艽 *Gentiana dahurica*
秦艽 *Gentiana macrophylla*
假水生龙胆 *Gentiana pseudoaquatica*
鳞叶龙胆 *Gentiana squarrosa*
纤茎秦艽 *Gentiana tenuicaulis*
笔龙胆 *Gentiana zollingeri*
扁蕾 *Gentianopsis barbata*
花锚 *Halenia corniculata*
肋柱花 *Lomatogonium carinthiacum*
辐状肋柱花 *Lomatogonium rotatum*
北方獐牙菜 *Swertia diluta*
红直獐牙菜 *Swertia erythrostica*
瘤毛獐牙菜 *Swertia pseudochinensis*

麻黄科 Ephedraceae
木贼麻黄 *Ephedra equisetina*
单子麻黄 *Ephedra monosperma*
草麻黄 *Ephedra sinica*

马齿苋科 Portulacaceae
大花马齿苋 *Portulaca grandiflora*
马齿苋 *Portulaca oleracea*
环翅马齿苋 *Portulaca umbraticola*

马兜铃科 Aristolochiaceae
北马兜铃 *Aristolochia contorta*

牻牛儿苗科 Geraniaceae
牻牛儿苗 *Erodium stephanianum*
粗根老鹳草 *Geranium dahuricum*
毛蕊老鹳草 *Geranium platyanthum*
鼠掌老鹳草 *Geranium sibiricum*
老鹳草 *Geranium wilfordii*
灰背老鹳草 *Geranium wlassovianum*

毛茛科 Ranunculaceae
两色乌头 *Aconitum alboviolaceum*
牛扁 *Aconitum barbatum* var. *puberulum*
华北乌头 *Aconitum jeholense* var. *angustius*
北乌头 *Aconitum kusnezoffii*
河北白喉乌头 *Aconitum leucostomum* var. *hopeiense*
高乌头 *Aconitum sinomontanum*
类叶升麻 *Actaea asiatica*
兴安升麻 *Actaea dahurica*
辽吉侧金盏花 *Adonis ramosa*
银莲花 *Anemonastrum chinense*
长毛银莲花 *Anemonastrum narcissiflorum* subsp. *crinitum*
小花草玉梅 *Anemone rivularis* var. *flore-minore*
大花银莲花 *Anemone sylvestris*
糙叶耧斗菜 *Aquilegia viridiflora*
紫花耧斗菜 *Aquilegia viridiflora* var. *atropurpurea*
华北耧斗菜 *Aquilegia yabeana*
槭叶铁线莲 *Clematis acerifolia*
芹叶铁线莲 *Clematis aethusifolia*
短尾铁线莲 *Clematis brevicaudata*
灌木铁线莲 *Clematis fruticosa*
大叶铁线莲 *Clematis heracleifolia*
棉团铁线莲 *Clematis hexapetala*
黄花铁线莲 *Clematis intricata*
大行铁线莲 *Clematis kirilowii*
长瓣铁线莲 *Clematis macropetala*
羽叶铁线莲 *Clematis pinnata*
半钟铁线莲 *Clematis sibirica* var. *ochotensis*
卷萼铁线莲 *Clematis tubulosa*
翠雀 *Delphinium grandiflorum*
细须翠雀 *Delphinium siwanense*
朝鲜白头翁 *Pulsatilla cernua*
白头翁 *Pulsatilla chinensis*

细叶白头翁 *Pulsatilla turczaninovii*
水毛茛 *Ranunculus bungei*
茴茴蒜 *Ranunculus chinensis*
毛茛 *Ranunculus japonicus*
单叶毛茛 *Ranunculus monophyllus*
北京水毛茛 *Ranunculus pekinensis*
石龙芮 *Ranunculus sceleratus*
唐松草 *Thalictrum aquilegiifolium* var. *sibiricum*
贝加尔唐松草 *Thalictrum baicalense*
丝叶唐松草 *Thalictrum foeniculaceum*
腺毛唐松草 *Thalictrum foetidum*
长喙唐松草 *Thalictrum macrorhynchum*
东亚唐松草 *Thalictrum minus* var. *hypoleucum*
瓣蕊唐松草 *Thalictrum petaloideum*
长柄唐松草 *Thalictrum przewalskii*
展枝唐松草 *Thalictrum squarrosum*
细唐松草 *Thalictrum tenue*
金莲花 *Trollius chinensis*

梅花草科 Parnassiaceae
细叉梅花草 *Parnassia oreophila*
多枝梅花草 *Parnassia palustris* var. *multiseta*

猕猴桃科 Actinidiaceae
软枣猕猴桃 *Actinidia arguta*
葛枣猕猴桃 *Actinidia polygama*

母草科 Linderniaceae
陌上菜 *Lindernia procumbens*

木樨科 Oleaceae
流苏树 *Chionanthus retusus*
小叶梣 *Fraxinus bungeana*
花曲柳 *Fraxinus chinensis* subsp. *rhynchophylla*
巧玲花 *Syringa pubescens*
北京丁香 *Syringa reticulata* subsp. *pekinensis*
红丁香 *Syringa villosa*

木贼科 Equisetaceae
问荆 *Equisetum arvense*
木贼 *Equisetum hyemale*
犬问荆 *Equisetum palustre*
草问荆 *Equisetum pratense*
节节草 *Equisetum ramosissimum*

泡桐科 Paulowniaceae
兰考泡桐 *Paulownia elongata*
毛泡桐 *Paulownia tomentosa*

葡萄科 Vitaceae
乌头叶蛇葡萄 *Ampelopsis aconitifolia*
掌裂草葡萄 *Ampelopsis aconitifolia* var. *palmiloba*
葎叶蛇葡萄 *Ampelopsis humulifolia*
白蔹 *Ampelopsis japonica*
乌蔹莓 *Causonis japonica*
五叶地锦 *Parthenocissus quinquefolia*
地锦 *Parthenocissus tricuspidata*
山葡萄 *Vitis amurensis*
桑叶葡萄 *Vitis heyneana* subsp. *ficifolia*

漆树科 Anacardiaceae
黄栌 *Cotinus coggygria* var. *cinerea*
黄连木 *Pistacia chinensis*
盐麸木 *Rhus chinensis*
火炬树 *Rhus typhina*
漆树 *Toxicodendron vernicifluum*

千屈菜科 Lythraceae
耳基水苋 *Ammannia auriculata*
水苋菜 *Ammannia baccifera*
千屈菜 *Lythrum salicaria*

荨麻科 Urticaceae
赤麻 *Boehmeria silvestrii*
小赤麻 *Boehmeria spicata*
蝎子草 *Girardinia diversifolia* subsp. *suborbiculata*
艾麻 *Laportea cuspidata*

墙草 *Parietaria micrantha*
小叶冷水花 *Pilea microphylla*
透茎冷水花 *Pilea pumila*
狭叶荨麻 *Urtica angustifolia*
麻叶荨麻 *Urtica cannabina*
宽叶荨麻 *Urtica laetevirens*
茜草科 Rubiaceae
北方拉拉藤 *Galium boreale*
四叶葎 *Galium bungei*
喀喇套拉拉藤 *Galium karataviense*
线叶拉拉藤 *Galium linearifolium*
异叶轮草 *Galium maximoviczii*
林猪殃殃 *Galium paradoxum*
拉拉藤 *Galium spurium*
蓬子菜 *Galium verum*
薄皮木 *Leptodermis oblonga*
鸡屎藤 *Paederia foetida*
中国茜草 *Rubia chinensis*
茜草 *Rubia cordifolia*
林生茜草 *Rubia sylvatica*
蔷薇科 Rosaceae
龙牙草 *Agrimonia pilosa*
蕨麻 *Argentina anserina*
灰毛地蔷薇 *Chamaerhodos canescens*
地蔷薇 *Chamaerhodos erecta*
灰栒子 *Cotoneaster acutifolius*
水栒子 *Cotoneaster multiflorus*
西北栒子 *Cotoneaster zabelii*
甘肃山楂 *Crataegus kansuensis*
山楂 *Crataegus pinnatifida*
银露梅 *Dasiphora davurica*
金露梅 *Dasiphora fruticosa*
齿叶白鹃梅 *Exochorda serratifolia*
蚊子草 *Filipendula palmata*
路边青 *Geum aleppicum*
山荆子 *Malus baccata*
水榆 *Micromeles alnifolia*
风箱果 *Physocarpus amurensis*
薄叶皱叶委陵菜 *Potentilla ancistrifolia var. dickinsii*
白萼委陵菜 *Potentilla betonicifolia*
委陵菜 *Potentilla chinensis*
大萼委陵菜 *Potentilla conferta*
翻白草 *Potentilla discolor*
匍枝委陵菜 *Potentilla flagellaris*
莓叶委陵菜 *Potentilla fragarioides*
蛇莓 *Potentilla indica*
腺毛委陵菜 *Potentilla longifolia*
多茎委陵菜 *Potentilla multicaulis*
雪白委陵菜 *Potentilla nivea*
绢毛匍匐委陵菜 *Potentilla reptans var. sericophylla*
等齿委陵菜 *Potentilla simulatrix*
西山委陵菜 *Potentilla sischanensis*
朝天委陵菜 *Potentilla supina*
菊叶委陵菜 *Potentilla tanacetifolia*
轮叶委陵菜 *Potentilla verticillaris*
山桃 *Prunus davidiana*
欧李 *Prunus humilis*
稠李 *Prunus padus*
山杏 *Prunus sibirica*
毛樱桃 *Prunus tomentosa*
榆叶梅 *Prunus triloba*
杜梨 *Pyrus betulifolia*
秋子梨 *Pyrus ussuriensis*
刺蔷薇 *Rosa acicularis*
美蔷薇 *Rosa bella*
山刺玫 *Rosa davurica*
牛叠肚 *Rubus crataegifolius*

华北覆盆子 *Rubus idaeus var. borealisinensis*
石生悬钩子 *Rubus saxatilis*
地榆 *Sanguisorba officinalis*
鸡冠茶 *Sibbaldianthe bifurca*
北京花楸 *Sorbus discolor*
花楸 *Sorbus pohuashanensis*
毛花绣线菊 *Spiraea dasyantha*
华北绣线菊 *Spiraea fritschiana*
土庄绣线菊 *Spiraea pubescens*
三裂绣线菊 *Spiraea trilobata*
茄科 Solanaceae
挂金灯 *Alkekengi officinarum var. franchetii*
毛曼陀罗 *Datura inoxia*
曼陀罗 *Datura stramonium*
小天仙子 *Hyoscyamus bohemicus*
天仙子 *Hyoscyamus niger*
宁夏枸杞 *Lycium barbarum*
枸杞 *Lycium chinense*
日本散血丹 *Physaliastrum echinatum*
华北散血丹 *Physaliastrum sinicum*
小酸浆 *Physalis minima*
脬囊草 *Physochlaina physaloides*
野海茄 *Solanum japonense*
白英 *Solanum lyratum*
木龙葵 *Solanum scabrum*
青杞 *Solanum septemlobum*
秋海棠科 Begoniaceae
中华秋海棠 *Begonia grandis subsp. sinensis*
秋水仙科 Colchicaceae
少花万寿竹 *Disporum uniflorum*
球子蕨科 Onocleaceae
荚果蕨 *Matteuccia struthiopteris*
忍冬科 Caprifoliaceae
糯米条 *Abelia chinensis*
日本续断 *Dipsacus japonicus*
金花忍冬 *Lonicera chrysantha*
北京忍冬 *Lonicera elisae*
樱桃忍冬 *Lonicera fragrantissima subsp. phyllocarpa*
忍冬 *Lonicera japonica*
金银忍冬 *Lonicera maackii*
小叶忍冬 *Lonicera microphylla*
丁香叶忍冬 *Lonicera oblata*
华北忍冬 *Lonicera tatarinowii*
异叶败酱 *Patrinia heterophylla*
少蕊败酱 *Patrinia monandra*
败酱 *Patrinia scabiosifolia*
糙叶败酱 *Patrinia scabra*
华北蓝盆花 *Scabiosa tschiliensis*
大花蓝盆花 *Scabiosa tschiliensis var. superba*
缬草 *Valeriana officinalis*
朝鲜锦带花 *Weigela coraeensis*
锦带花 *Weigela florida*
六道木 *Zabelia biflora*
瑞香科 Thymelaeaceae
草瑞香 *Diarthron linifolium*
狼毒 *Stellera chamaejasme*
河朔荛花 *Wikstroemia chamaedaphne*
羊眼子 *Wikstroemia ligustrina*
伞形科 Apiaceae
白芷 *Angelica dahurica*
拐芹 *Angelica polymorpha*
峨参 *Anthriscus sylvestris*
北柴胡 *Bupleurum chinense*
红柴胡 *Bupleurum scorzonerifolium*
雾灵柴胡 *Bupleurum sibiricum var. jeholense*
黑柴胡 *Bupleurum smithii*
田葛缕子 *Carum buriaticum*

葛缕子 *Carum carvi*
毒芹 *Cicuta virosa*
蛇床 *Cnidium monnieri*
绒果芹 *Eriocycla albescens*
短毛独活 *Heracleum moellendorffii*
石防风 *Kitagawia terebinthacea*
辽藁本 *Ligusticum jeholense*
水芹 *Oenanthe javanica*
大齿山芹 *Ostericum grosseserratum*
山芹 *Ostericum sieboldii*
北京前胡 *Peucedanum caespitosum*
华北前胡 *Peucedanum harry-smithii*
岩茴香 *Rupiphila tachiroei*
变豆菜 *Sanicula chinensis*
防风 *Saposhnikovia divaricata*
泽芹 *Sium suave*
迷果芹 *Sphallerocarpus gracilis*
小窃衣 *Torilis japonica*
桑寄生科 Loranthaceae
北桑寄生 *Loranthus tanakae*
桑科 Moraceae
构 *Broussonetia papyrifera*
水蛇麻 *Fatoua villosa*
柘 *Maclura tricuspidata*
桑 *Morus alba*
鸡桑 *Morus australis*
蒙桑 *Morus mongolica*
莎草科 Cyperaceae
扁秆荆三棱 *Bolboschoenus planiculmis*
麻根薹草 *Carex arnellii*
青绿薹草 *Carex breviculmis*
矮丛薹草 *Carex callitrichos* var. *nana*
白颖薹草 *Carex duriuscula* subsp. *rigescens*
溪水薹草 *Carex forficula*
点叶薹草 *Carex hancockiana*
异鳞薹草 *Carex heterolepis*
异穗薹草 *Carex heterostachya*
鸭绿薹草 *Carex jaluensis*
大披针薹草 *Carex lanceolata*
尖嘴薹草 *Carex leiorhyncha*
翼果薹草 *Carex neurocarpa*
扁秆薹草 *Carex planiculmis*
丝引薹草 *Carex remotiuscula*
宽叶薹草 *Carex siderosticta*
异型莎草 *Cyperus difformis*
球穗扁莎 *Cyperus flavidus*
褐穗莎草 *Cyperus fuscus*
头状穗莎草 *Cyperus glomeratus*
旋鳞莎草 *Cyperus michelianus*
具芒碎米莎草 *Cyperus microiria*
白鳞莎草 *Cyperus nipponicus*
红鳞扁莎 *Cyperus sanguinolentus*
水莎草 *Cyperus serotinus*
针蔺 *Eleocharis valleculosa* var. *setosa*
牛毛毡 *Eleocharis yokoscensis*
复序飘拂草 *Fimbristylis bisumbellata*
两歧飘拂草 *Fimbristylis dichotoma*
萤蔺 *Schoenoplectus juncoides*
水葱 *Schoenoplectus tabernaemontani*
三棱水葱 *Schoenoplectus triqueter*
太行山蔺藨草 *Trichophorum schansiense*
山茱萸科 Cornaceae
红瑞木 *Swida alba*
沙梾 *Swida bretschneideri*
商陆科 Phytolaccaceae
商陆 *Phytolacca acinosa*
垂序商陆 *Phytolacca americana*
芍药科 Paeoniaceae
草芍药 *Paeonia obovata*
省沽油科 Staphyleaceae
省沽油 *Staphylea bumalda*
十字花科 Brassicaceae
新疆南芥 *Arabis borealis*
蚓果芥 *Braya humilis*
荠 *Capsella bursa-pastoris*
白花碎米荠 *Cardamine leucantha*
大叶碎米荠 *Cardamine macrophylla*
碎米荠 *Cardamine occulta*
裸茎碎米荠 *Cardamine scaposa*
垂果南芥 *Catolobus pendulus*
毛萼香芥 *Clausia trichosepala*
播娘蒿 *Descurainia sophia*
花旗杆 *Dontostemon dentatus*
小花花旗杆 *Dontostemon micranthus*
蒙古葶苈 *Draba mongolica*
葶苈 *Draba nemorosa*
糖芥 *Erysimum amurense*
小花糖芥 *Erysimum cheiranthoides*
波齿糖芥 *Erysimum macilentum*
北香花芥 *Hesperis sibirica*
独行菜 *Lepidium apetalum*
密花独行菜 *Lepidium densiflorum*
豆瓣菜 *Nasturtium officinale*
诸葛菜 *Orychophragmus violaceus*
风花菜 *Rorippa globosa*
蔊菜 *Rorippa indica*
沼生蔊菜 *Rorippa palustris*
欧亚蔊菜 *Rorippa sylvestris*
垂果大蒜芥 *Sisymbrium heteromallum*
全叶大蒜芥 *Sisymbrium luteum*
涩芥 *Strigosella africana*
石蒜科 Amaryllidaceae
矮韭 *Allium anisopodium*
砂韭 *Allium bidentatum*
黄花葱 *Allium condensatum*
对叶山葱 *Allium listera*
长柱韭 *Allium longistylum*
薤白 *Allium macrostemon*
长梗韭 *Allium neriniflorum*
野韭 *Allium ramosum*
山韭 *Allium senescens*
雾灵韭 *Allium stenodon*
细叶韭 *Allium tenuissimum*
球序韭 *Allium thunbergii*
茖葱 *Allium victorialis*
石竹科 Caryophyllaceae
卷耳 *Cerastium arvense* subsp. *strictum*
石竹 *Dianthus chinensis*
瞿麦 *Dianthus superbus*
华北老牛筋 *Eremogone grueningiana*
老牛筋 *Eremogone juncea*
长蕊石头花 *Gypsophila oldhamiana*
河北石头花 *Gypsophila tschiliensis*
浅裂剪秋罗 *Lychnis cognata*
剪秋罗 *Lychnis fulgens*
种阜草 *Moehringia lateriflora*
鹅肠菜 *Myosoton aquaticum*
蔓孩儿参 *Pseudostellaria davidii*
毛脉孩儿参 *Pseudostellaria japonica*
细叶孩儿参 *Pseudostellaria sylvatica*
女娄菜 *Silene aprica*
坚硬女娄菜 *Silene firma*
石缝蝇子草 *Silene foliosa*
山蚂蚱草 *Silene jeniseensis*

蔓茎蝇子草 *Silene repens*
石生蝇子草 *Silene tatarinowii*
林繁缕 *Stellaria bungeana* var. *stubendorfii*
兴安繁缕 *Stellaria cherleriae*
中国繁缕 *Stellaria chinensis*
叉歧繁缕 *Stellaria dichotoma*
繁缕 *Stellaria media*
无瓣繁缕 *Stellaria pallida*
沼生繁缕 *Stellaria palustris*
柿科 Ebenaceae
柿 *Diospyros kaki*
君迁子 *Diospyros lotus*
鼠李科 Rhamnaceae
北枳椇 *Hovenia dulcis*
锐齿鼠李 *Rhamnus arguta*
卵叶鼠李 *Rhamnus bungeana*
鼠李 *Rhamnus davurica*
小叶鼠李 *Rhamnus parvifolia*
东北鼠李 *Rhamnus schneideri* var. *manshurica*
少脉雀梅藤 *Sageretia paucicostata*
酸枣 *Ziziphus jujuba* var. *spinosa*
薯蓣科 Dioscoreaceae
穿山龙 *Dioscorea nipponica*
薯蓣 *Dioscorea polystachya*
水鳖科 Hydrocharitaceae
黑藻 *Hydrilla verticillata*
水鳖 *Hydrocharis dubia*
大茨藻 *Najas marina*
小茨藻 *Najas minor*
苦草 *Vallisneria natans*
水龙骨科 Polypodiaceae
华北石韦 *Pyrrosia davidii*
有柄石韦 *Pyrrosia petiolosa*
睡菜科 Menyanthaceae
睡菜 *Menyanthes trifoliata*
荇菜 *Nymphoides peltata*
松科 Pinaceae
华北落叶松 *Larix gmelinii* var. *principis-rupprechtii*
日本落叶松 *Larix kaempferi*
白杆 *Picea meyeri*
青杆 *Picea wilsonii*
白皮松 *Pinus bungeana*
油松 *Pinus tabuliformis*
檀香科 Santalaceae
华北百蕊草 *Thesium cathaicum*
百蕊草 *Thesium chinense*
急折百蕊草 *Thesium refractum*
槲寄生 *Viscum coloratum*
蹄盖蕨科 Athyriaceae
日本安蕨 *Anisocampium niponicum*
麦秆蹄盖蕨 *Athyrium fallaciosum*
中华蹄盖蕨 *Athyrium sinense*
河北蛾眉蕨 *Deparia vegetior*
黑鳞短肠蕨 *Diplazium sibiricum*
天门冬科 Asparagaceae
知母 *Anemarrhena asphodeloides*
攀援天门冬 *Asparagus brachyphyllus*
兴安天门冬 *Asparagus dauricus*
长花天门冬 *Asparagus longiflorus*
南玉带 *Asparagus oligoclonos*
龙须菜 *Asparagus schoberioides*
曲枝天门冬 *Asparagus trichophyllus*
绵枣儿 *Barnardia japonica*
铃兰 *Convallaria majalis*
禾叶山麦冬 *Liriope graminifolia*
舞鹤草 *Maianthemum bifolium*
鹿药 *Maianthemum japonicum*

五叶黄精 *Polygonatum acuminatifolium*
小玉竹 *Polygonatum humile*
二苞黄精 *Polygonatum involucratum*
热河黄精 *Polygonatum macropodum*
玉竹 *Polygonatum odoratum*
黄精 *Polygonatum sibiricum*
狭叶黄精 *Polygonatum stenophyllum*
天南星科 Araceae
东北南星 *Arisaema amurense*
一把伞南星 *Arisaema erubescens*
浮萍 *Lemna minor*
虎掌 *Pinellia pedatisecta*
半夏 *Pinellia ternata*
独角莲 *Sauromatum giganteum*
紫萍 *Spirodela polyrhiza*
无根萍 *Wolffia globosa*
铁角蕨科 Aspleniaceae
北京铁角蕨 *Asplenium pekinense*
过山蕨 *Asplenium ruprechtii*
通泉草科 Mazaceae
通泉草 *Mazus pumilus*
弹刀子菜 *Mazus stachydifolius*
透骨草科 Phrymaceae
沟酸浆 *Erythranthe tenella*
透骨草 *Phryma leptostachya* subsp. *asiatica*
碗蕨科 Dennstaedtiaceae
溪洞碗蕨 *Dennstaedtia wilfordii*
蕨 *Pteridium aquilinum* subsp. *japonicum*
卫矛科 Celastraceae
南蛇藤 *Celastrus orbiculatus*
卫矛 *Euonymus alatus*
白杜 *Euonymus maackii*
中亚卫矛 *Euonymus semenovii*
无患子科 Sapindaceae
葛萝槭 *Acer davidii* subsp. *grosseri*
元宝槭 *Acer truncatum*
栾 *Koelreuteria paniculata*
文冠果 *Xanthoceras sorbifolium*
五加科 Araliaceae
东北土当归 *Aralia continentalis*
辽东楤木 *Aralia elata* var. *glabrescens*
刺五加 *Eleutherococcus senticosus*
无梗五加 *Eleutherococcus sessiliflorus*
五味子科 Schisandraceae
五味子 *Schisandra chinensis*
苋科 Amaranthaceae
牛膝 *Achyranthes bidentata*
凹头苋 *Amaranthus blitum*
绿穗苋 *Amaranthus hybridus*
长芒苋 *Amaranthus palmeri*
反枝苋 *Amaranthus retroflexus*
刺苋 *Amaranthus spinosus*
皱果苋 *Amaranthus viridis*
轴藜 *Axyris amaranthoides*
地肤 *Bassia scoparia*
杂配藜 *Chenopodiastrum hybridum*
尖头叶藜 *Chenopodium acuminatum*
藜 *Chenopodium album*
小藜 *Chenopodium ficifolium*
毛果绳虫实 *Corispermum tylocarpum*
猪毛菜 *Kali collinum*
无翅猪毛菜 *Kali komarovii*
刺沙蓬 *Kali tragus*
灰绿藜 *Oxybasis glauca*
碱蓬 *Suaeda glauca*
盐地碱蓬 *Suaeda salsa*
刺藜 *Teloxys aristata*

香蒲科 Typhaceae
　　黑三棱 *Sparganium stoloniferum*
　　水烛 *Typha angustifolia*
　　达香蒲 *Typha davidiana*
　　宽叶香蒲 *Typha latifolia*
　　短序香蒲 *Typha lugdunensis*
　　小香蒲 *Typha minima*
小檗科 Berberidaceae
　　黄芦木 *Berberis amurensis*
　　细叶小檗 *Berberis poiretii*
　　西伯利亚小檗 *Berberis sibirica*
　　红毛七 *Caulophyllum robustum*
小二仙草科 Haloragaceae
　　穗状狐尾藻 *Myriophyllum spicatum*
　　狐尾藻 *Myriophyllum verticillatum*
绣球科 Hydrangeaceae
　　钩齿溲疏 *Deutzia baroniana*
　　大花溲疏 *Deutzia grandiflora*
　　小花溲疏 *Deutzia parviflora*
　　东陵绣球 *Heteromalla bretschneideri*
　　绣球 *Hortensia macrophylla*
　　太平花 *Philadelphus pekinensis*
玄参科 Scrophulariaceae
　　北玄参 *Scrophularia buergeriana*
　　山西玄参 *Scrophularia modesta*
　　华北玄参 *Scrophularia moellendorffii*
旋花科 Convolvulaceae
　　打碗花 *Calystegia hederacea*
　　长叶藤长苗 *Calystegia pellita* subsp. *longifolia*
　　柔毛打碗花 *Calystegia pubescens*
　　欧旋花 *Calystegia sepium* subsp. *spectabilis*
　　银灰旋花 *Convolvulus ammannii*
　　田旋花 *Convolvulus arvensis*
　　南方菟丝子 *Cuscuta australis*
　　菟丝子 *Cuscuta chinensis*
　　金灯藤 *Cuscuta japonica*
　　啤酒花菟丝子 *Cuscuta lupuliformis*
　　北鱼黄草 *Merremia sibirica*
　　裂叶牵牛 *Pharbitis hederacea*
　　牵牛 *Pharbitis nil*
　　圆叶牵牛 *Pharbitis purpurea*
鸭跖草科 Commelinaceae
　　饭包草 *Commelina benghalensis*
　　鸭跖草 *Commelina communis*
　　竹叶子 *Streptolirion volubile*
亚麻科 Linaceae
　　宿根亚麻 *Linum perenne*
　　野亚麻 *Linum stelleroides*
岩蕨科 Woodsiaceae
　　东亚岩蕨 *Woodsia intermedia*
　　耳羽岩蕨 *Woodsia polystichoides*
　　等基岩蕨 *Woodsia subcordata*
眼子菜科 Potamogetonaceae
　　菹草 *Potamogeton crispus*
　　眼子菜 *Potamogeton distinctus*
　　穿叶眼子菜 *Potamogeton perfoliatus*
　　小眼子菜 *Potamogeton pusillus*
　　竹叶眼子菜 *Potamogeton wrightii*
　　篦齿眼子菜 *Stuckenia pectinata*
　　角果藻 *Zannichellia palustris*
杨柳科 Salicaceae
　　加杨 *Populus ×canadensis*
　　银白杨 *Populus alba*
　　青杨 *Populus cathayana*
　　山杨 *Populus davidiana*
　　小叶杨 *Populus simonii*
　　毛白杨 *Populus tomentosa*

　　乌柳 *Salix cheilophila*
　　旱柳 *Salix matsudana*
　　绦柳 *Salix matsudana* f. *pendula*
　　蒿柳 *Salix schwerinii*
　　中国黄花柳 *Salix sinica*
　　谷柳 *Salix taraikensis*
叶下珠科 Phyllanthaceae
　　一叶萩 *Flueggea suffruticosa*
　　雀儿舌头 *Leptopus chinensis*
　　黄珠子草 *Phyllanthus virgatus*
罂粟科 Papaveraceae
　　白屈菜 *Chelidonium majus*
　　地丁草 *Corydalis bungeana*
　　小药巴蛋子 *Corydalis caudata*
　　紫堇 *Corydalis edulis*
　　房山紫堇 *Corydalis fangshanensis*
　　北京延胡索 *Corydalis gamosepala*
　　蛇果黄堇 *Corydalis ophiocarpa*
　　小黄紫堇 *Corydalis raddeana*
　　珠果黄堇 *Corydalis speciosa*
　　阜平黄堇 *Corydalis wilfordii*
　　秃疮花 *Dicranostigma leptopodum*
　　角茴香 *Hypecoum erectum*
　　野罂粟 *Papaver nudicaule*
榆科 Ulmaceae
　　刺榆 *Hemiptelea davidii*
　　黑榆 *Ulmus davidiana*
　　春榆 *Ulmus davidiana* var. *japonica*
　　旱榆 *Ulmus glaucescens*
　　裂叶榆 *Ulmus laciniata*
　　脱皮榆 *Ulmus lamellosa*
　　大果榆 *Ulmus macrocarpa*
　　榔榆 *Ulmus parvifolia*
　　榆 *Ulmus pumila*
雨久花科 Pontederiaceae
　　凤眼莲 *Eichhornia crassipes*
　　雨久花 *Monochoria korsakowii*
　　鸭舌草 *Monochoria vaginalis*
鸢尾科 Iridaceae
　　野鸢尾 *Iris dichotoma*
　　马蔺 *Iris lactea*
　　紫苞鸢尾 *Iris ruthenica*
　　细叶鸢尾 *Iris tenuifolia*
　　粗根鸢尾 *Iris tigridia*
远志科 Polygalaceae
　　小扁豆 *Heterosamara tatarinowii*
　　西伯利亚远志 *Polygala sibirica*
　　远志 *Polygala tenuifolia*
芸香科 Rutaceae
　　白鲜 *Dictamnus dasycarpus*
　　黄檗 *Phellodendron amurense*
　　臭檀吴萸 *Tetradium daniellii*
　　花椒 *Zanthoxylum bungeanum*
　　青花椒 *Zanthoxylum schinifolium*
泽泻科 Alismataceae
　　东方泽泻 *Alisma orientale*
　　野慈姑 *Sagittaria trifolia*
紫草科 Boraginaceae
　　斑种草 *Bothriospermum chinense*
　　狭苞斑种草 *Bothriospermum kusnezowii*
　　长柱斑种草 *Bothriospermum longistylum*
　　多苞斑种草 *Bothriospermum secundum*
　　柔弱斑种草 *Bothriospermum zeylanicum*
　　大果琉璃草 *Cynoglossum divaricatum*
　　北齿缘草 *Eritrichium borealisinense*
　　鹤虱 *Lappula myosotis*
　　紫草 *Lithospermum erythrorhizon*

长筒滨紫草 *Mertensia davurica*
勿忘草 *Myosotis alpestris*
湿地勿忘草 *Myosotis caespitosa*
紫筒草 *Stenosolenium saxatile*
弯齿盾果草 *Thyrocarpus glochidiatus*
砂引草 *Tournefortia sibirica*
钝萼附地菜 *Trigonotis amblyosepala*

附地菜 *Trigonotis peduncularis*
蒙山附地菜 *Trigonotis tenera*
紫葳科 Bignoniaceae
楸 *Catalpa bungei*
梓 *Catalpa ovata*
黄金树 *Catalpa speciosa*
角蒿 *Incarvillea sinensis*

《中国常见植物野外识别手册》丛书已出卷册

《中国常见植物野外识别手册——山东册》　　刘冰　著

《中国常见植物野外识别手册——古田山册》　　方腾、陈建华　主编

《中国常见植物野外识别手册——苔藓册》　　张力、贾渝、毛俐慧　著

《中国常见植物野外识别手册——衡山册》　　何祖霞　主编

《中国常见植物野外识别手册——祁连山册》　　冯虎元、潘建斌　主编

《中国常见植物野外识别手册——荒漠册》　　段士民、尹林克　主编

《中国常见植物野外识别手册——北京册》　　刘冰、林秦文、李敏　主编